黄土高原沟道坝系相对稳定原理与工程规划研究

张红武　张欧阳　徐向舟　刘立斌　著

黄河水利出版社
·郑州·

内 容 提 要

本书通过相似分析及模型试验的验证，提出了沟道坝系模型试验的方法，并从试验的角度研究论述了裸地沟坡模型的降雨产沙特性；研究了黄河下游河道冲淤及河床形态变化对侵蚀产沙区的响应机理；论证了黄土高原典型小流域坝系布局的拦沙效果及其发展规律；论述并运用沟道的自平衡机制，对坝系相对稳定原理进行了理论阐释和深入研究，并通过模型试验研究了淤地坝(系)的相对稳定过程与效应；研究论证了淤地坝拦沙减蚀的力学机理及保持相对稳定的原理。另外，还创造性地提出淤地坝的坝体新结构形式，并对区划黄土高原粗沙粒径进行了理论探索；列举了应用相对稳定原理指导流域坝系建设实例。

本书可供水土保持学、地理学、环境科学、泥沙动力学等专业的研究和管理人员及高等院校相关专业师生阅读参考。

图书在版编目(CIP)数据

黄土高原沟道坝系相对稳定原理与工程规划研究/张红武等著.—郑州:黄河水利出版社,2010.6

ISBN 978-7-80734-573-2

Ⅰ.①黄… Ⅱ.①张… Ⅲ.①黄土高原-挡水坝-水利工程 Ⅳ.①TV64

中国版本图书馆 CIP 数据核字(2010)第 066487 号

出 版 社:黄河水利出版社

地址:河南省郑州市顺河路黄委会综合楼 14 层　　邮政编码:450003

发行单位:黄河水利出版社

发行部电话:0371-66026940、66020550、66028024、66022620(传真)

E-mail:hhslcbs@126.com

承印单位:河南省瑞光印务股份有限公司

开本:787 mm×1 092 mm　1/16

印张:17

字数:414 千字　　印数:1—1 500

版次:2010 年 6 月第 1 版　　印次:2010 年 6 月第 1 次印刷

定价:45.00 元

前　言

黄土高原地区是我国乃至世界上水土流失最严重、生态环境最脆弱的地区之一，经流水长期强烈侵蚀，逐渐形成千沟万壑、地形支离破碎的特殊自然景观。据1990年公布的全国土壤侵蚀遥感普查资料，在黄土高原地区，水土流失面积达45.4万km^2，占总土地面积的71%。水土流失多集中在汛期（6～9月），占全年的60%～90%。黄土高原各典型地区主要侵蚀类型为水蚀及重力侵蚀，主要侵蚀发生时间为汛期，主要侵蚀空间分布特征具有垂直分带性。特殊的自然条件是造成黄土高原水土流失的主要原因。

黄土高原强烈的土壤侵蚀，不仅导致黄土高原地区水土及营养元素流失，土地日益贫瘠，耕地数量减少，自然环境恶化，造成新的贫困，而且影响黄河下游河道的防洪安全。从黄土高原侵蚀下来的大量泥沙输送至下游河道造成河床强烈淤积并成为地上悬河，河势强烈摆动，洪水威胁日益严重。历史上，炎黄子孙既得益于黄河与黄土的哺育而生息繁荣，又受害于黄河与黄土相伴造成的黄河下游河道"善淤、善决、善徙"的特性而治水不止。在历朝历代，如何制订治黄方略均是治国安邦的决策课题。对黄河治理方略的认识尽管一直存在较大的争议，但治黄之本在于水土保持的观点已基本形成共识。鉴于水土严重流失区面积仅占黄土高原地区总面积的20%，而输入黄河的泥沙却占总入黄沙量的80%左右，故采用现代工程措施拦减泥沙是最容易奏效的。在生物措施难以短期发挥作用且又在自然条件变得极其严酷后很难长期生效的情况下，只有从基本的流域单元入手，通过修筑控制性拦沙工程或淤地坝系等工程措施，改变黄土高原水土严重流失区的侵蚀地理环境，才是黄河治本之策。淤地坝是修建在水土流失地区各级沟道中的水土保持工程。淤地坝系是以骨干坝为主体、中小型淤地坝相配套并能联合运用的小流域治理工程。这些工程既是治理水土流失、拦减入黄泥沙的最有效措施，也是改善生态环境、促进流域经济社会可持续发展的重要战略性措施，对于黄河上、中、下游的治理开发都具有重要意义。

由于黄土高原自然地理环境极为复杂，多种侵蚀类型交互耦合、产沙地层多样、人类活动剧烈，进行野外试验观测非常困难，且因对沟道侵蚀过程的野外试验方法与技术还不成熟等，因此目前现场试验资料较少且不系统。尤其是设计条件下的技术参数还难以同步测取，测试结果因没有把握相似关系而难以在定量上对工程实际进行指导，甚至在定性上出现误导，显然不能满足对流域治理方案及侵蚀产沙基本规律研究的需要。另外，对于各项沟道坝系建设方案又难以直接在原型上进行试验比选。正因为如此，在淤地坝及沟道坝系建设中，对于诸如坝系总体布局、淤地坝减蚀作用和范围、沟道坝地拦泥减沙效应等关键技术问题，长期缺乏系统和深入的研究，急需借助模型试验来揭示土壤侵蚀及沟道重力侵蚀规律，研究建坝顺序、布坝密度，以及沟道与坡面产沙的相应关系，确定合理的坝系布局结构、相对平衡时的合理拦沙库容、坝系分布及相应的坝高等，以便探讨水土保持措施作用机理并论证优化配置方案，为坝系建设提供有关参数。正是由于沟道坝系工程规划工作具有特殊性，一直缺乏成熟的模式可供套用，因此2000年黄河水利委员会（以下简称黄委）第三期水土保持科研基金拨出专款（1999年立项），由清华大学承担了"黄土高原沟道坝系相对稳定原理与工程规划”项目(项目编号2000－06)的研究。从水利部2003年把黄土高原淤地坝建设作为今后一个时期我国水利建设的“三大亮点”工程之一的情况看,该课题的立项显然是有超前性的。也正是由于该项研究工作适应了水土保持工程的实际需要,项目进行过程中同淤地坝建设结合较紧,不仅利用中间成果指导了工程规划,而且促进了本项目自身的研究,加强了成果的实用性。2005年、2008年黄委水土保持局及黄委先后组织召开的“黄土高原沟道坝系相对稳定原理与工程规划”成果审查会和验收会上,与会专家都给予了高度评价。

本书出版得到了清华大学水沙科学与水利水电工程国家重点实验室的资助,还得到国家自然科学青年基金项目(项目编号40201008)“流域系统发育演变过程的复杂性及调控机理实验研究”、全国高等院校优秀博士论文作者专项基金项目(项目编号199935)“黄河治理方略”、国家自然科学基金委员会与水利部联合资助重大项目(项目编号59890200)“江河泥沙灾害形成机理及其防治研究”的资助。本书引入流域系统的概念,将流域系统的侵蚀产沙、输移和沉积子系统有机联系在一起,先论述了侵蚀产沙子系统——黄土高原的侵蚀产沙特征,然后论述这一系统对输移子系统——黄河下游河道的影响,最后又回到对侵蚀产沙子系统的控制——黄土高原治理,论证以中游黄土高原水土保持为中心的黄河治理方略的正确性。黄土高原水土保持治理的最有效方式是淤地坝系建设,而其关键则是要合理规划,以求坝系相对稳定。

本书主要以模型试验与科学分析相结合的研究手段,以黄土高原沟道侵蚀—环境影响—治理方略为主线,在回顾前人研究成果的基础上,通过归纳分析和模型试验,抓住降雨与侵蚀产沙这对主要矛盾,提出了沟道坝系半比尺模型试验方法;结合黄土高原侵蚀环境背景,通过试验手段揭示了沟坡产流产沙的微观机理,从试验的角度验证了在沟坡系统中,沟道侵蚀量远大于坡面侵蚀量,由此证实在黄土高原的水土保持实践中,通过加强淤地坝等治沟工程建设来控制沟道水土流失的决策是正确的;通过对黄河下游河道冲淤及河床形态变化对侵蚀产沙区不同水沙条件的不同响应机理的研究,论证了根治黄河的策略在于中游水土保持及上、中、下游通盘考虑的合理性;通过研究淤地坝的淤积抬高对上、下游的不同影响机理,表明流域侵蚀产沙的形式和强度与流域侵蚀基准面的高低密切相关,说明了淤地坝拦沙减蚀的力学机理,研究结果表明了淤地坝在水土保持诸措施中对减少进入流域下游泥沙能够起到极其显著作用的最根本原因。以上研究说明了小流域(淤地坝)坝系工程是针对黄土高原严重水土流失地区侵蚀(输沙)特点而修筑的一种针对性极强的沟道治理措施。实验室单坝放水试验和沟道坝系的降雨模拟试验结果都表明,淤地坝(坝系)相对稳定是客观存在的,也是可以实现的;研究还表明,不同的建坝顺序和建坝密度的拦沙效果是不一样的,需要按照规划区域范围的大小不同,选用不同的方法进行规划及合理性评价。

全书由张红武、刘立斌统稿,其中第1章由张红武、徐向舟、张欧阳执笔,第2章由张红武、徐向舟执笔,第3章由张欧阳、徐向舟执笔,第4章由张欧阳、张红武执笔,第5章由徐向舟、张红武执笔,第6章由徐向舟、张红武、刘立斌执笔,第7章由徐向舟、刘立斌、张红武执笔,第8章由刘立斌执笔,第9章由张红武执笔。

沟道侵蚀和淤地坝相对稳定及其基本理论是黄土高原治理的重要理论基础,有很多问题尚处于探索之中,随着研究的不断深入,必将对黄土高原治理理论起到积极的推动作用。作者殷切希望本书的出版能够引起相关人士对黄河治理工作的更大关注和支持,并希望对从事黄河流域治理研究的学者和管理人员有所裨益,共同将黄土高原及黄河治理工作推向前进。

在本书的研究和写作过程中，得到黄委水土保持局汪习军及长江水利委员会水文局王俊等有关领导的大力支持，特此致以衷心的感谢！本书研究成果包含多个物理模型试验的研究成果，清华大学钟德钰副研究员、张羽博士、冯顺新博士、董占地工程师等，黄河水利科学研究院马怀宝高级工程师，长江水利委员会水文局许全喜、白亮、周厚芳、童辉及清华大学水木科技研究所张红艺、卜海磊、马怀玉等参加了试验工作及资料整理与分析工作，他们为本书的出版作出了积极的贡献，特此致谢！黄河水利出版社为本书的出版给予了大力支持，编校人员为此付出了辛勤的劳动，在此表示诚挚的感谢！

由于作者水平有限，书中难免出现谬误和不妥之处，敬请读者批评指正。

张红武

2010 年 2 月

目 录

前 言
第1章 绪 论 ……………………………………………………………………(1)
1.1 黄土高原水土流失与治理概况 ……………………………………………(1)
1.2 黄河的治本之策 ……………………………………………………………(5)
1.3 沟道坝系相对稳定及工程规划研究进展 …………………………………(9)
1.4 水土保持研究方法概述 ……………………………………………………(11)
1.5 研究内容、研究成果及章节安排 ……………………………………………(13)
第2章 土壤侵蚀及沟道坝系模型试验方法研究 ………………………………(18)
2.1 模型试验方法研究现状 ……………………………………………………(18)
2.2 土壤侵蚀相似原理概述 ……………………………………………………(22)
2.3 土壤侵蚀模型的特殊性及与河工模型类比 ………………………………(24)
2.4 土壤侵蚀模型设计方法探索 ………………………………………………(28)
2.5 模型试验方法验证 …………………………………………………………(31)
2.6 讨论与展望 …………………………………………………………………(46)
第3章 黄土高原流域演化与沟坡侵蚀产沙规律 ………………………………(49)
3.1 流域地貌演化与黄土高原侵蚀阶段 ………………………………………(49)
3.2 黄土高原的土壤侵蚀背景特征 ……………………………………………(53)
3.3 黄土高原侵蚀产沙特征 ……………………………………………………(61)
3.4 流域演化模型试验研究 ……………………………………………………(70)
3.5 沟坡侵蚀动力过程的模型试验研究 ………………………………………(81)
3.6 基准面变化对侵蚀产沙的影响试验研究 …………………………………(91)
第4章 黄土高原侵蚀产沙对下游河道的影响 …………………………………(96)
4.1 黄河流域产水产沙、输移和沉积系统的划分 ………………………………(96)
4.2 粗沙临界粒径的理论划分 …………………………………………………(102)
4.3 黄土高原强烈侵蚀对黄河下游河道冲淤的影响 …………………………(108)
4.4 黄土高原强烈侵蚀对黄河下游河床形态调整的影响 ……………………(123)
第5章 黄土高原坝系建设的作用和效益 ………………………………………(139)
5.1 黄土高原淤地坝建设情况 …………………………………………………(139)
5.2 黄土高原淤地坝的作用 ……………………………………………………(144)
5.3 淤地坝效益分析计算方法 …………………………………………………(147)
5.4 沟道坝系效益分析实例 ……………………………………………………(151)
第6章 坝系相对稳定原理及试验研究 …………………………………………(160)
6.1 淤地坝的拦沙减蚀机理 ……………………………………………………(160)
6.2 坝系相对稳定基本原理 ……………………………………………………(162)

6.3 坝系相对稳定原理的模型试验研究 …… (164)
6.4 淤地坝新技术与新方法 …… (174)
第7章 坝系规划及模型试验研究 …… (177)
7.1 沟道坝系的规划与评价 …… (177)
7.2 沟道坝系规划模型试验研究 …… (179)
7.3 不同沟道级别坝系的工程规划方法研究 …… (185)
第8章 应用相对稳定原理指导流域坝系建设实例 …… (193)
8.1 韭园沟示范区坝系优化规划布设 …… (193)
8.2 阳曲坡流域坝系工程建设相对稳定可行性研究 …… (219)
第9章 结 论 …… (250)
参考文献 …… (253)

第 1 章　绪　论

1.1　黄土高原水土流失与治理概况

黄土高原地区是我国乃至世界上水土流失最严重、生态环境最脆弱的地区之一，它西起日月山，东至太行山，北界阴山，南抵秦岭、伏牛山。高原由西北向东南倾斜，海拔多在 1 000 ~ 2 000 m，除许多石质山地外，大部分为厚层黄土覆盖。全地区总土地面积 64.2 万 km^2，涉及青海、甘肃、宁夏、内蒙古、陕西、山西、河南等省（自治区）50 个地（市）、317 个县（旗），总人口 8 740 万人，其中农业人口占 79%。经流水长期强烈侵蚀，逐渐形成千沟万壑、地形支离破碎的特殊自然景观。据 1990 年公布的全国土壤侵蚀遥感普查资料，在黄土高原地区水土流失面积达 45.4 万 km^2，占总土地面积的 71%。水土流失多集中在汛期(6 ~ 9 月)，占全年的 60% ~ 90%（焦菊英、王万中、郝小品，1999a）。黄土高原各典型地区主要侵蚀类型为水蚀及重力侵蚀，主要侵蚀发生时间为汛期，主要侵蚀空间分布特征具有垂直分带性（王占礼、邵明安，2001），特殊的自然条件是造成黄土高原水土流失的主要原因。

1.1.1　黄土高原水土流失的下垫面条件

黄土高原位于中国地台的西部和祁连山地槽的东部。古地形的基本轮廓是在白垩纪燕山运动以后形成的。高原上主要山脉和河流把高原分隔成三部分：①山西高原。吕梁山以东至太行山西麓，有许多褶皱断块山岭和断陷盆地，山岭多呈北北东走向，主峰海拔均超过 2 000 m，山地下部多为黄土覆盖。主要的河谷盆地有太原盆地、临汾盆地、忻县盆地、运城盆地、榆社盆地、寿阳盆地等。②陕甘黄土高原。吕梁山和六盘山（陇山）之间，黄土连续分布，厚度很大，其堆积顶面海拔一般为 1 000 ~ 1 300 m。地层出露完整，地貌形态多样，是中国黄土自然地理最典型地区。③陇西高原。六盘山以西，高原海拔约 2 000 m，黄土厚度逐渐增大，成为波状起伏的岭谷。高原沟间地和沟谷地貌形态迥然有别。沟间地地貌主要类型是塬、梁、峁。沟谷除河流的干支河谷外，还有为数众多的小沟谷。

流域的下垫面性质是影响水土流失的内在条件，包括下垫面的地质、地貌、土壤和植被覆盖等因素。流域下垫面地质地貌的演变主要通过影响径流的汇集过程对径流侵蚀和输沙起作用。流域下垫面土壤的物理、化学性质既影响降雨产流过程，也反映土壤的抗蚀性能。植被种类、覆盖率及分布既影响流域降雨滴溅侵蚀，又影响径流冲刷侵蚀。

黄土高原地区气候条件恶劣，植被稀少，自古即是自然条件极为严酷、水蚀风蚀最为严重的地区之一。土壤及地面组成物质与水土流失的强弱有直接的关系。黄土高原大面积的强烈水土流失，与地表覆盖深厚疏松、垂直节理发育的黄土直接有关。黄土高原是世界上黄土覆盖最深厚、黄土地形最典型的地区，黄土厚度一般为数十米至 200 m。该地区 70% 的地面覆盖了第四纪黄土，黄土主要由粉沙壤土组成，粉沙含量占 60%，质地均匀，结构疏松，富含钙质，遇水极易崩解分散，抗蚀力很弱，极易流失。黄土的颗粒组成从北到南逐渐由粗变细,土壤的黏结力由南向北逐渐减弱,黄土高原的土壤侵蚀模数也就由南向北逐渐加大(刘东生等,1985)。

黄土高原的地貌条件是导致水土流失的另一重要因素。地貌条件中坡度和坡长与侵蚀的关系最为密切。黄土高原沟壑纵横,地面形态具有特殊性,一有径流就会很快汇集成股流。该地区相对高差 100 ~ 200 m,径流从梁峁顶直达沟底,沿程逐渐汇集增大,加上黄土抗冲性弱,容易引起强烈的侵蚀(周佩华,1997),黄土高原的土壤侵蚀严重程度为全国之最。该地区的侵蚀以各种类型的沟蚀为主,根据多年来模拟降雨试验和暴雨后实地测量结果,在片蚀和细沟侵蚀地段,细沟侵蚀量占总侵蚀量的 60% ~ 80%,在浅沟侵蚀地段,浅沟侵蚀量约占总侵蚀量的 50%,沟蚀的强弱主要与土壤抗冲性有关(周佩华、郑世清、吴普特等,1997)。

朱显谟(1994)从黄土高原地区特殊的环境条件入手,反复论证了黄土—土壤结构剖面的形成是在黄土沉积、成壤和成岩三种过程同时同地进行而形成的现象。黄土高原的黄土大体上可以明确为外源沉积,而且主要是风成沉积。黄土颗粒之间常常为点棱接触,互相支架,形成多孔结构,简称"黄土—点棱接触支架式多孔结构"。这一结构解释了黄土高渗透、高蓄水容量以及旁渗性极低和充水后又易湿陷等性能的原因。黄土的侵蚀性能还与土壤的含水量及容重关系密切。由于土壤抗剪力能较好地反映土壤本身抵抗雨滴击打及径流冲刷破坏能力的强弱,所以它可以作为土壤抗蚀力的表征参数(Al-Drrah M M, Bradford J M, 1981,1982a,1982b)。研究表明,黄土高原表层土壤抗剪强度起初随含水率增加而缓慢增大,在含水率为 12% ~ 14% 时达到最大,然后迅速减弱;容重对土壤抗剪强度的影响表现为:随容重增大,土壤抗剪强度呈直线趋势较快增大(赵晓光、石辉,2003;李占斌,1996)。

1.1.2 黄土高原水土流失的降雨条件

黄土高原地区大部分属干旱、半干旱地带,空气干燥,云量少,光照充足。年降水量大部分地区在 350 ~ 550 mm,从东南往西北逐步递减,年内分布极不均匀。一般 6 ~ 9 月降雨量占全年总量的 60% ~ 70%,冬春少雨,3 ~ 6 月降雨居中,小于 5 mm 的无效降雨占同期降雨量的 13% ~ 60%,易发生春旱。年际变化也很大,多雨年与少雨年的雨量相差 3 ~ 4 倍。汛期有 50% ~ 60% 的降雨属暴雨型,强度大,历时短,降雨强度大于1 mm/min、历时几分钟到十几分钟的暴雨就能造成水土流失或洪水灾害(孟庆枚,1996)。根据暴雨的成因和降雨特点,可把黄土高原的暴雨分为三种类型(焦菊英、王万中、郝小品,1999a):A 型暴雨,即由局地强对流条件引起的小范围、短历时、高强度暴雨;B 型暴雨,即由锋面型降雨引起的夹有局地雷暴性质的较大范围、中历时、中强度暴雨;C 型暴雨,即由锋面型降雨引起的大面积、长历时、低强度暴雨。其中 A 型暴雨是引起土壤侵蚀的主要暴雨,其侵蚀性降雨发生的比例占侵蚀性降雨总次数的 52.9%,其侵蚀量占总侵蚀量的 64%,在坡面和沟道中 70% 的极强烈侵蚀量是由 A 型暴雨产生的。A 型暴雨的降雨历时一般在 30 ~ 120 min,最长一般不超过 180 min,最短只有几分钟;最常发生的降雨历时在 60 min 内,主降雨历时大都只有几分钟至二三十分钟。暴雨的雨量为 10 ~ 30 mm,一般不超过 50 mm。从不同时段雨量的集中程度看,最大 10 min 降雨量占总降雨量的 25% ~ 70%,最大 30 min 降雨量占总降雨量的 55% ~ 95%,最大 60 min 降雨量占总降雨量的 85% 以上。因此,黄土高原水土流失的集中度相当高,其土壤侵蚀主要是由少数几次特大暴雨所引起的,许多地方一次暴雨的侵蚀量占全年总侵蚀量的60%以上,甚至超过90%(周佩华、张学栋、唐克丽,2000)。对于一个地区来说,不仅一年的侵蚀量集中到一二次降雨过程之中,而且多年的侵蚀量也往往决定于几场降雨(焦菊英、王万中、郝小品,1999a)。A型暴雨的雨区面积一般在500 km^2以下,中心雨区只有十几平方公里,甚至几平方公里,而且流域空间降雨的均匀性很差,流域降水不均匀系数η值一般在0.58左右,有的只有0.2、0.3;面雨量离差系数C_v值一般为0.5~0.7,有的超过1.0(焦菊英、王万中、郝小品,1999a)。根据黄土高原暴雨实测资料的面代表性分析,对于局地性降雨来说,按10%误差计算,流域出口站可代表的流域面积为15~20 km^2;按20%的误差计算,流域出口站可代表的流域面积为30~50 km^2;流域面积超过50 km^2时,流域出口站面雨量的误差程度超过30%(焦菊英、王万忠、郝小品,1999b)。

降雨是发生水力侵蚀的主要外营力。降雨特性(降雨量、降雨强度、雨型以及前期影响雨量等)直接影响侵蚀力的大小。在水力侵蚀最活跃的黄土高原地区,夏秋暴雨频繁,属典型超渗产流区,降雨强度是影响产流产沙的关键因子。能够引起土壤侵蚀的降雨称为侵蚀性降雨。王万忠、焦菊英(1996a)根据陕西省子洲县团山沟3号径流场33次降雨产流产沙的过程变化情况,统计分析了不同类型降雨坡面产流过程中的降雨变化及产流产沙过程变化。从产流过程中降雨变化的总体情况看,由于黄土性土壤具有超渗产流的显著特点,因此不论产流发生前降雨量多大、历时多长,关键是触发产流的瞬时降雨强度要达到0.5 mm/min左右。彭文英、张科利(2001)通过对陕西省安塞县降雨侵蚀资料的分析得知,引起不同农作物下垫面的侵蚀性起始产流的雨量、雨强差异并不明显,产流产沙主要是在最大30 min时段内、雨强大于0.4 mm/min的条件下产生的,它们的差异也主要发生在该时段内。

1.1.3 黄土高原水土流失概况

黄土高原水土流失形式主要有水蚀、风蚀和重力侵蚀。其中水蚀可分为溅蚀、面蚀、细沟侵蚀、切沟侵蚀、冲沟侵蚀。重力侵蚀的主要形式为崩塌、滑坡、泻溜。在水土流失的特点上集中体现在四个方面:一是水土流失面积广。黄土高原地区几乎到处都存在水土流失,其中侵蚀模数大于1 000 t/(km^2·a)的水土流失面积45.5万km^2,占总面积的70.9%;侵蚀模数大于5 000 t/(km^2·a)的强度水土流失面积为19.1万km^2,占水土流失面积的42%。二是侵蚀强度大。侵蚀模数大于5 000 t/(km^2·a)的强度水蚀面积为14.65万km^2,占全国同类面积的38.8%;侵蚀模数大于8 000 t/(km^2·a)的极强度水蚀面积为8.51万km^2,占全国同类面积的64.1%;侵蚀模数大于15 000 t/(km^2·a)的剧烈水蚀面积为3.67万km^2,占全国同类面积的89%。三是流失量多。多年平均输入黄河的沙量16亿t,筑成截面为1 m×1 m的土堤,可绕地球赤道27圈半。水土流失使黄河的平均含沙量高达35 kg/m^3,是长江的29倍。四是产沙地区、时间集中。黄河泥沙主要来自面积为7.86万km^2的多沙粗沙区,这一地区年均输入黄河泥沙14.6亿t,占黄河年沙量的80%以上。从小流域看,泥沙主要来自于沟道,产沙时间主要集中在汛期(孙太旻、赵家银,2003)。

黄土高原黄土丘陵沟壑区和黄土高塬沟壑区是水土流失的主要区域,面积约为25万km^2,侵蚀模数一般为5 000~10 000 t/(km^2·a),少数地区高达20 000~30 000 t/(km^2·a)(孟庆枚,1996)。该地区土地面蚀和沟蚀均十分严重。面蚀以坡耕地为主,一般15°~25°的坡耕地,每年每公顷土地流失土壤75~100 t,土地日趋瘠薄。沟蚀主要发生在沟壑区,该区沟壑面积占30%~40%。黄土丘陵沟壑区的主要特点是地形破碎、千沟万壑,15°以上的土地面积占50%～70%。该区依据地形地貌差异分为5个副区，1～2副区以梁峁状丘陵为主，3～5副区以梁状丘陵为主。1～2副区主要分布于陕西、山西、内蒙古3省（区），面积为9.79万km^2，沟壑密度2～7 km/km^2，沟道深度100～300 m，多呈“V”字形，沟壑面积大。3～5副区主要分布于青海、宁夏、甘肃、河南4省（区），面积12.08万km^2，沟壑密度2～4 km/km^2。小流域上游一般为涧地和掌地，地形较平坦，沟道较少，中下游有冲沟。黄土高塬沟壑区主要分布于甘肃东部、陕西延安南部和渭河以北、山西南部等地，面积3.27万km^2。该区地形由塬、坡、沟组成，塬面宽平，坡度1°～3°，其中甘肃董志塬和陕西洛川塬面积最大、塬面较为完整；坡陡沟深，沟壑密度1～3 km/km^2；沟道多呈“V”字形，沟壑面积较小。

黄土高原地区的沟道侵蚀主要表现为沟底下切、沟岸扩张、沟头前进等几种形式。强烈的水土流失，特别是沟蚀，把地面切割得支离破碎、千沟万壑。全区长度大于0.5 km的沟道达27万条，仅河龙区间（河口镇—龙门）沟长在0.5～30 km的沟道就有8万多条（孟庆枚，1996）。黄土丘陵沟壑区和黄土高塬沟壑区大部分地区沟头每年前进1～3 m，有的地方一次暴雨就使沟头前进20～30 m，甚至达到100 m以上。宁夏固原县在1957～1977年的20年间，由于沟蚀，损失土地6 666.7 hm^2左右；甘肃董志塬在近1 000年间，由于沟蚀，塬面面积减少了一半。

黄土高原的沟壑区是泥沙的主要来源地。据黄河水利委员会研究成果，黄土丘陵沟壑区沟谷面积占总面积的45%～55%，而产沙量却占50%～70%；黄土高塬沟壑区沟谷面积占总面积的30%～40%，而产沙量却占85%以上（孟庆枚，1996）。多年平均输入黄河泥沙量20世纪50～70年代高达16亿t，经过多年的治理，进入黄河的泥沙量大幅度减少，其中水利水保措施减沙量为3亿t，但20世纪80年代到21世纪初多年平均输入黄河泥沙量仍然高达7.5亿t（孟庆枚，1996）。严重的水土流失制约了区域经济社会的发展，大量泥沙入黄，致使一些水库难以保持有效库容，对黄河下游防洪安全也构成了极大威胁。因而，加快黄土高原水土流失的治理步伐，对于促进我国经济社会的可持续发展，保障西部大开发的顺利实施和黄河的长治久安，都有十分重大而深远的意义。

1.1.4　黄土高原水土流失治理概况

黄土高原强烈的土壤侵蚀和水土流失，不仅使当地生态环境恶化，地形遭受切割，地面完整性和生物多样性遭到破坏，交通阻断，耕地减少，土壤大量营养元素流失，肥力衰退，土地退化，农业减产，贫困加剧，经济与社会的发展受到影响，而且还淤积河道，给黄河下游防洪安全构成了极大威胁，严重影响水资源的开发利用。黄土高原地区的水土流失有其特殊性，正确认识与把握水土流失规律和特点，对于搞好水土流失治理和生态环境建设具有重要意义。

新中国成立后，黄土高原作为水土保持工作的重点地区，得到了党和国家的高度重视，在全国率先开展了大规模的水土流失治理与科学研究工作，已取得了举世瞩目的成就。在许多治理较好的地区和中、小流域，有效地控制了水土流失，显著地改变了贫困山区的面貌，减少了河流泥沙，保证了黄河安澜，为促进国民经济持续发展发挥了积极作用。

黄土高原地区人民群众在与水土流失长期斗争的实践中，总结出了以生物措施、工程措施、农业耕作措施为主要内容的水土保持综合治理措施体系，成为治理水土流失的有效途径，对于改善该区的生态环境、促进区域经济发展和减少入黄泥沙起到了积极的作用（孙太旻、赵家银,2003)。在生物措施建设上,先后开展了人工林、经济林、果园、人工草地建设,主要作用是拦截雨滴,涵养水源,调节地面径流,固结土壤,增加植被,防风固沙,保持水土,解决“三料”(肥料、饲料、燃料),改善小气候,促进农、林、牧、副全面发展。在工程措施建设上,主要有淤地坝、沟头防护工程、谷坊等,主要作用是抬高侵蚀基准面,防止沟底下切、沟岸扩张、沟头前进;拦泥淤地,减少入黄泥沙;蓄水养殖、发展灌溉,解决生活用水;以坝代路,改善交通条件。在农业耕作措施建设上,一是开展了坡面修梯田、条田的治理,主要作用是减缓坡度,截短坡长,改变小地形,变“三跑田”为“三保田”,提高土地生产力,为调整土地利用结构、陡坡退耕还林还草创造条件;二是等高沟垄种植、草田轮作。主要作用是改良土壤,提高透水性及蓄水、保土、保肥能力,增强土壤抗蚀、抗冲能力。同时,还开展了生态修复措施建设,主要是通过实施封育保护措施,利用大自然的自我修复功能,促进植物的健康生长发育,从而达到改善生态环境的目的,目前已显现出了良好的效果。此外,在水土保持分区治理及关键措施配置上,对黄土高塬沟壑区、黄土丘陵沟壑区和风沙区等9个不同水土流失类型区,按照各区的不同特点,因地制宜地配置相应的水土保持措施,收到了明显的成效。在黄河上游,为减轻多沙支流突发性洪水对黄河干流的淤积影响,现也有较多举措,科研方面也有一定进展。例如1998年汛后张红武、许雨新等针对内蒙古西柳沟入黄洪水造成的灾害,曾向包钢提出阻截、送导、扩边的处治方案,即:①在沟口上游,用钢筋混凝土杩杈组合坝阻截泥沙、削减入黄洪水流势,同1987年解决寻峪沟洪水对故县水利枢纽影响而设置透水网格坝的原理类同(张红武等,1999);②在交汇口上游侧设置下挑杩杈组合坝,送导入黄泥流并便于干流输送;③在沟口段下游侧扩大支流边岸,拓宽冲积扇范围,缓解干流淤积压力。

淤地坝是黄土高原地区广大人民群众在长期的生产实践和同水土流失的斗争中,探索、创造出来的一种水土保持工程措施,在治理水土流失方面发挥着重要的作用。为提高整个流域的防御能力,实现沟道水沙资源的全面开发和利用,近些年人们逐渐以小流域为单元,在沟道中合理布设骨干坝和中小型淤地坝等沟道工程,从而建成沟道防治体系,即所谓的沟道坝系。半个多世纪来,黄河流域累计建成骨干坝1 480余座,总控制面积10 041 km^2,总库容15.2亿m^3,其中拦泥库容8.48亿m^3。已建成淤地坝11.35万座,淤地32万hm^2,保护川台地1.87万hm^2(孟庆枚,1996)。“八五”期间规划建设的14条坝系已具规模,并在防洪、拦泥、淤地、浇灌等方面发挥着巨大的综合效益。根据《黄河近期重点治理开发规划》,近期黄土高原水土保持生态建设将以多沙粗沙区为重点,并把淤地坝的建设作为小流域综合治理的主体工程。2003年,水利部把黄土高原淤地坝建设作为今后一个时期我国水利建设的“亮点工程”之一,组织编制了《黄土高原地区水土保持淤地坝规划》(中华人民共和国水利部,2003),安排专项基金,启动实施了黄土高原地区淤地坝建设工程。按照规划,到2010年,在现有的淤地坝基础上,再建设淤地坝6万座,工程实施区水土流失综合治理程度达到60%;到2015年,建设淤地坝10.7万座,整个黄土高原地区淤地坝建设全面展开;到2020年,建设淤地坝16.3万座,实现黄土高原地区主要入黄支流基本建设成较为完善的沟道坝系,发挥重要的拦沙效益。

1.2 黄河的治本之策

黄河流经中国腹地,炎黄子孙既得益于黄河与黄土的哺育而生息繁荣,又受害于黄河与黄土相伴造成的黄河下游河道“善淤、善决、善徙”的特性而治水不止。在中华民族的生存发展史中，有很大的篇幅都与黄河治理有关。在历朝历代，如何制订治黄方略均是治国安邦的决策课题。备受后人推崇的最早的治黄成功事例是传说中的大禹治水。他改进了共工和鲧“围堵障水”的做法，采用“疏川导滞”之策，平息了水患。这一传说，实际上是对先民治河的总结（谢鉴衡、赵文林，1996）。从周以后的文献记载中，可证实防御洪水的黄河大堤的雏形远在春秋战国时期以前即已存在。以后诸侯国家兴起，可以组织更多的人力、物力，从一时一地出发，于是在大河两侧出现各自为政甚至以邻为壑的堤防。规模比较大的和比较长的就成为我国早期的长城了。文字记载十分确切的是在西汉汉哀帝即位之初贾让提出的治河三策，是继鲧、禹之后较早提出创见并且见于正史记载的重要治黄方略。贾让当时面对的黄河下游河道“河高出民屋”，已是“地上悬河”，堤防宽窄很不一致，布局更是混乱，所以他主张筑堤治河是治河的下策。治河三策中的上策主张放弃旧有河道，人工改道北流。他认为：“此功一立，河定民安，千载无患，故谓之一策。”中策主张开渠引水，分洪入漳。“此诚富国安民，兴利除害，支数百岁，故谓之中策。”限于当时的社会经济条件，贾让的治河三策均没能切实执行，而东汉王景的宽河行洪之策却得到了大规模实施。王景治河选定行河路线自荥阳东至千乘海口千余里，修渠筑堤，并利用沿河大泽进行放淤，其线路较优，取得了无重大改道变迁的成就，备受后人赞赏。但由于黄河上中游来沙量太大，大量的泥沙淤积在河道，这种安澜只是相对的，后来还是出现了泛滥决口的现象，至少隋唐五代时期比较明显。明代潘季驯提出了“束水攻沙”的治河理论并付诸实践。他主张南北两岸“坚筑堤防”，努力完善堤防系统，如用缕堤束水攻沙，用遥堤约束洪水泛滥，用格堤阻止滩区行洪并促进滩地落淤；为防御大洪水，又修建滚水坝分泄水，并且在当时黄河南流的条件下，充分利用淮河之水，借助洪泽湖的调节能力“蓄清刷黄”。潘季驯治河抓住黄河泥沙淤积的根本问题，值得后人借鉴。因此，在潘季驯之后的明、清治河举措，多遵循他的治河原则，他的治河思想和方法甚至影响至今。虽然“束水攻沙”能提高水流的输沙能力，增大输入海洋的泥沙量，但黄河的淤积量仍然很大，河床继续淤高，泥沙灾害日益积累，以至于1855年发生了铜瓦厢决口改道的剧变。

自4 000多年前的大禹治水以来，历经多少前辈的治河实践，一直未能改变黄河这条泥龙恣意游荡的脾性。据史书记载，2 600多年里黄河泛滥1 500次、改道26次。下游决口泛滥范围，北抵津沽，南达江淮，纵横25万km^2。频繁的决口改道，给两岸群众带来了深重的灾难。而今，随着黄河流域人口的急剧增长，社会经济的迅速发展和人类活动强度的大大增加，母亲河的忧患仍然存在。由于黄河流域水资源总量相对较少，但人口众多，用水量大增，因此冲沙入海的水量大大削减，下游河床不断淤积抬高，行洪能力大大减弱。高滩滩面漫水机遇已与1855年铜瓦厢决口前的情况接近，河道已趋于预警高度，悬河形势极为严峻，严重威胁着下游两岸人民生命财产的安全。另外，由于水量剧减，又产生了季节性断流灾害。自1972年以来的27年中就有21年断流，尤其是20世纪90年代，年年出现断流的情形。断流已经影响到依靠黄河供水的城乡生活和工农业生产用水，不仅直接造成重大经济损失，还带来了诸多的生态环境问题（张俊华、张红武、陈书奎等，1999；姚文艺、赵业安、汤立群等，1999），如加重了河口地区土地盐碱化，河口湿地生态系统退化，生物多样性减少，黄河三角洲日渐贫瘠等。黄河断流与洪涝灾害相互交织，黄河安澜中隐伏着危机，治黄事业无比艰巨而又任重道远。特别是随着国民经济的发展和黄河的演变，对黄河治理和开发提出了更高的要求，使治黄面临着许多挑战。如何使治黄事业更为符合客观的自然规律和社会经济规律,亟待继续探索和奋斗。

对黄河治理方略的认识一直存在较大的争议。如李保如(1984)、徐福龄(1993)、蔡为武(1995)认为,治黄的根本措施是下游河道整治,张光斗(1995)认为这一论断抓住了治黄的关键。而吴以敩、吴致尧、周佩华、吴普特等(1994)认为治黄之本在于水土保持。从流域系统(S. A. Schumm, 1977)的角度看,流域系统的产水产沙子系统通过水沙过程实现与输移子系统的耦合,从而把上中游的产水产沙状况与下游河床地貌形态的演变联系起来。根据钱宁等(1980)、赵业安、潘贤娣(1989)、许炯心(1997)和张欧阳、许炯心、张红武(2002)、张欧阳等(Zhang Ouyang, et al., 2007)的研究成果,黄河下游河道的冲淤和形态调整过程与上、中游的来水来沙条件密切相关,不同水沙条件的洪水不仅决定了下游河道的冲淤状况,还决定了下游河床调整的方向。因此,要最大限度地治理好黄河,还得从中游的水土保持着手,把下游河道的整治与上、中游的水土流失治理结合起来。治黄成败的经验教训及科学研究成果表明,采用"拦、排、放、调、挖,综合治理"等措施,标本兼治,近远结合,可以妥善解决泥沙问题;采取"上拦下排,两岸分滞"的方针,可有效地控制洪水,将两者有机地结合起来,即形成一个防洪减淤的工程体系。显而易见,如此治黄已将黄河作为一个整体来考虑治理对策,人们对黄河的研究与治理实践进入了一个崭新的阶段。昔日千疮百孔的黄河大堤,而今变成了宏伟的"水上长城",成为海河与淮河的分水岭,在人们的努力下,取得了连续60多年伏秋大汛不决口的奇迹和综合治理开发的丰硕成果,治黄成就举世公认。应该承认,黄河治理开发取得了巨大进展,黄河已开始变成为人们兴利造福的河流。

治黄的根本在于中游的水土流失治理,减少泥沙来量是黄河的治本之策(张红武等,1999)。经过实践的检验,这是成功的治黄之策。但在中游水土流失治理的看法上也存在一定的分歧。有人认为绿化黄土高原是治理黄河之本,林草不仅保持水土效果显著,而且能长期稳定地发挥作用(朱士光,1999)。但黄土高原降水量稀少而且集中,大部分地区满足不了植被生长的需求,而且20万~25万aB. P. 以来,黄河中游地区内陆湖泊的消亡与黄河的贯通,引起黄土高原河流侵蚀基准面下降,导致冲沟的普遍发育,成为黄土高原水土流失的主要控制因素之一。因此,李容全、邱维理、张亚立等(2005)认为分级分段人为抬高地方侵蚀基准面,应是治理黄土高原地区水土流失的基本方略,这一认识与张红武等提出的治黄方略一致。张红武、张俊华、姚文艺(1997,1999)认为治理黄河方略必须针对"水少沙多"这一症结进行科学制订。为使黄土高原地区入黄沙量大大减少,应采用现代工程措施,将水土严重流失区整治成一片片错落有致的相对平原,改变其侵蚀地理环境。采取工程措施,加大流域沟道坝系建设,将黄土高原改造成一系列的小平原,利用巨大的拦沙库容,将黄土高原水沙拦截在当地的治黄策略,得到大多数人的认同。

众所周知,黄河难治的症结在于沙多,而沙多的原因是黄土高原地区严重的水土流失。该地区西为祁连山余脉,西北为贺兰山,东至管涔山及太行山,北起阴山,南抵秦岭,共有64万km^2,海拔1 000~1 500 m,相对高差100~300 m。这是世界上黄土覆盖最深厚、黄土地形最典型的地区。在特殊的边界条件下,中游暴雨是黄土高原土壤强烈侵蚀以及水土严重流失的动力因素,"愈冲愈陡,愈陡愈冲"(谢家泽,1995),使黄土高原被切割得支离破碎、沟壑纵横,每年来自黄土丘陵沟壑区的泥沙达10亿t左右,土壤侵蚀模数可达20 000 t/(km^2·a),大量泥沙入黄,致使一些水库淤废失效,下游河道不断淤高,防洪压力日趋加重。不少人认为,黄土高原历史上曾经是植被良好的繁荣富庶之地,希望通过植树种草，改变黄土高原的生态环境，从而达到根治黄河的目的。但是也应认识到，黄河塑造出的华北大平原是中华民族繁衍生息的中心地带，黄河早在远古时期就是一条多沙河流。《左传》引用周诗："俟河之清，人寿几何"，表明更早的年代黄河已相当浑浊，因为黄河沙多的自然现象应该比这句周诗要早得多。黄河所流经的中游地区，特别是现在界定的严重水土流失区中的大部分地区，自古即是自然条件极为严酷、水蚀风蚀最为严重的地区。这可以《诗经 · 尔雅 · 十月之交》为证："烨蝉震电，不宁不令。百川沸腾，山冢萃崩。高岸为谷，深谷为陵。"该诗生动地描绘了2 000多年前大暴雨后山洪暴发时黄土高原土壤强烈侵蚀的自然景观。再如《禹贡》中所称："禹别九洲，随山浚川。"表明当时黄土高原地区土壤侵蚀已十分严重，大量泥沙入黄，使黄河下游河道淤积日益严重，人们才会产生"随山浚川"，亦即随着山去导滞，疏浚上游河道的设想。原始的或常规的生产方式很难保证植物生长有良好的立地条件，"皮之不存，毛将焉附"，因此也就难以达到具有一定覆盖度的植被状况（张红武、张俊华、姚文艺，1999）。《诗经 · 大雅 · 云汉》描述了周宣王时大旱多年的情景："旱既大甚，涤涤山川，旱魃为虐，如帙如焚。"也就是说，大地旱得好像起火燃烧，山川干涸。因而，对古代黄河中游地区植被状况的估计应该考虑自然气候的制约影响。

对于黄土高原地区的水土保持，必须跳出传统理论框架，采用现代工程措施，如修筑控制性拦沙工程、淤泥坝系及必要的挡土墙，变沟壑为平地；也可采用人工定向爆破等措施，使一座座高耸的峁峁梁梁填充沟壑，变坡地为相对平原。同时，辅以必要的生物措施。这些措施把经多年治理如今仅占黄土高原地区总面积约20%，而入黄泥沙却占总入黄沙量80%左右的水土严重流失区，改造成一片片错落有致的相对平原（张红武、张俊华、姚文艺，1997）。在这种失去了侵蚀地理环境的"平原"之上，水土流失被遏制，该地貌类型区入黄泥沙可减少70%～80%（实际上入黄泥沙不可能也不需要减少100%，否则将会使下游河道遭受较强的冲刷，特别是给河口三角洲地区带来很大麻烦）。只有从最基本的流域单元入手，通过工程措施改变水土严重流失区的侵蚀地理环境，才是黄河治本之策，而这决非很久之后才可能实现的事情，只要立即动手，分步实施，10 多年足矣。在这些具备涵养水源条件的人造"黄土平原"上，再采取相应的生物措施，不远的将来就不难实现"再造山川秀美的西北地区"的宏伟目标。从现有的技术经济条件来说，这完全是可行的，而且面向 21 世纪我国经济发展向西部战略转移，从社会与生态环境协调的角度讲，这也是十分必要的。

另外，黄河下游地区水资源严重短缺，属长期性、区域性、资源性缺水，而且黄土高原"相对平原"建设拦截了大量泥沙和径流，导致下游更加缺水。因此，治黄还要考虑与外流域调水结合的综合治理方略，不仅把黄河作为一个整体来研究治理对策，而且还把邻近流域作为一个系统加以考虑。缓解黄河下游水资源供需矛盾的根本措施是开源，即从外流域调水济黄，增补黄河有效水资源量，把防洪与用水问题等统筹兼顾，最大限度实现黄淮海平原的水资源优化调配，这是适应发展的长期战略措施。

从黄河治理的角度讲，只有从基本的流域单元入手，通过工程措施（如修筑控制性拦沙工程、淤地坝系等）改变黄土高原水土严重流失区的侵蚀地理环境，才是黄河治本之策（张红武、张俊华、姚文艺，1999）。鉴于水土严重流失区面积仅占黄土高原地区总面积的20%，而入黄泥沙却占总入黄沙量的80%左右，故采用淤地坝系等工程措施是容易见效的。由此表明，黄土高原沟道坝系建设是涉及治黄的战略问题。淤地坝既是拦减入黄泥沙最有效的措施，也是退耕还林工程的重要保障措施，对解决农民土地问题，治理区的封育保护、生态修复,巩固退耕还林成果都具有重要意义。由于黄土高原自然地理环境极为复杂,多种侵蚀类型交互耦合、产沙地层多样、人类活动剧烈,进行野外试验观测非常困难,且因对沟道侵蚀过程的野外观测技术和方法还不成熟等,因此目前现场试验资料较少且不系统,尤其是设计条件下的技术参数还难以同步测取,不能满足对流域治理方案及侵蚀产沙基本规律研究的需要。另外,对于各项沟道坝系建设方案又难以全部在原型上进行试验比选。正因为如此,在淤地坝及沟道坝系建设中,对于诸如坝系总体布局、淤地坝减蚀作用和范围、沟道坝地拦泥减沙效应等关键技术问题,长期缺乏系统和深入的研究,急需借助模型试验来揭示土壤侵蚀及沟道重力侵蚀规律,研究建坝顺序、布坝密度,以及沟道与坡面产沙的相应关系,确定合理的坝系布局结构、相对平衡时的合理拦沙库容、坝系分布及相应的坝高等,甚至利用模型手段预测淤地坝溃坝过程及其对下游的影响或所引起的连锁反应,以便探讨水土保持措施作用机理并论证优化配置方案,为坝系建设提供有关参数。因而,必须利用能够检验沟道坝系不同治理方案优劣的模型试验手段。显然,黄土高原拦沙治理方面的研究成果的可靠性,在很大程度上取决于能否找出合理的试验模拟方法,同时还取决于对沟道坝系拦沙效应的把握程度。通过模型试验研究沟道坝系的拦沙效应,可为小流域淤地坝(系)的规划和设计提供技术支撑,以便淤地坝在黄土高原地区的水土保持综合治理中得到完善和发展,因而在工程实际和学术方面都具有十分重要的意义。

1.3　沟道坝系相对稳定及工程规划研究进展

1.3.1　坝系的相对稳定原理

坝系相对稳定的提法始于20世纪60年代,当时称做“淤地坝的相对平衡”。人们从天然聚湫对洪水泥沙的全拦全蓄、不满不溢现象得到启发,认为当淤地坝达到一定的高度、坝地面积与坝控制流域面积的比例达到一定的数值之后,淤地坝将对洪水泥沙长期控制而不致影响坝地作物生长,即洪水泥沙在坝内被消化利用,达到产水产沙与用水用沙的相对平衡。根据极限含沙量的概念,在小流域内减少汛期径流就能有效地控制水土流失(姚文艺等,1999),因而从这一角度讲,通过构建淤地坝系减少径流即可达到拦减泥沙的目的。曾茂林、钱意颖、张胜利、刘立斌等不少专家、学者从淤地坝的发展可以达到相对稳定的设想出发,对坝系的相对稳定做了许多研究。目前的普遍提法是“坝系相对稳定”,主要是为了加强与坝系工程的防洪安全的联系。方学敏总结前人的观点,将坝系相对稳定的含义表述为(方学敏,1995):①坝体的防洪安全。即在特定暴雨洪水频率下,能保证坝系工程的安全。②坝地作物的保收。即在另一特定暴雨洪水频率下,能保证坝地作物不受损失或少受损失。③控制洪水泥沙。即绝大部分的洪水泥沙拦截在坝内,沟道流域的水沙资源能得到充分利用。④后期坝体的加高维修工程量小,群众可以负担。要达到坝系相对稳定,设计淤地坝时必须考虑当地的水文条件(如设计洪量及历时、设计暴雨量及历时等)、所控制小流域的地理条件、地质条件、坝地的面积、所栽培的农作物种类等。据曾茂林、方学敏等(1995)的研究,在百年一遇的暴雨情况下,当坝内水深小于0.8 m、积水时间小于3~7昼夜,或坝地面积与流域面积之比为1/25~1/15时,随着坝地的淤积,定期加高坝体,基本可以达到相对稳定状态。

在坝系相对稳定研究中,把坝系中淤地面积与坝系控制流域面积的比值称为坝系相对稳定系数。该系数是衡量坝系相对稳定程度的指标,其大小取决于沟道坝系所在小流域的10年一遇洪水的洪量模数与土壤侵蚀模数的大小(王英顺、马红,2003)。相对稳定系数有两个计算公式,分别以淤积厚度和防洪标准计算(朱小勇、雷元静、刘立斌,1997):

$$\zeta_1 = \frac{A_1}{A_C} = \frac{M_s}{\delta_1 \gamma_0} \tag{1-1}$$

式中:ζ_1 为以淤积厚度计算的相对稳定系数;A_1 为满足最小淤积厚度所需的坝地面积;A_C 为坝控面积;M_s 为土壤侵蚀模数;δ_1 为坝地允许淤积厚度;γ_0 为土壤干容重。

$$\zeta_2 = \frac{A_2}{A_C} = \frac{W_P}{\delta_2} \tag{1-2}$$

式中:ζ_2 为以防洪标准计算的相对稳定系数;A_2 为满足防洪标准所需的坝地面积;W_P 为频率为 P 的洪量模数;δ_2 为坝地允许淹水深度。

上述两个公式中计算结果较大者即为坝系的相对稳定系数。当流域中已有坝地面积与坝控流域面积的比值大于相对稳定系数时,坝系达到了相对稳定;反之,坝系没有达到相对稳定。坝系相对稳定系数反映了流域坡面产流产沙与坝系滞洪拦沙之间的平衡关系。对于黄土高原不同的类型区,坝系相对稳定系数的取值范围有所差异。同样的防洪标准,同样的作物耐淹深度,由于不同地区的洪量模数不同,其要求的坝系相对稳定系数也不同,有的相差在1倍以上;不同地区的侵蚀模数不同,导致坝地年平均淤积厚度差别也较大,侵蚀模数大的地区,要求的相对稳定系数要大一些(王英顺、马红,2003)。

从形式上看,坝系相对稳定系数是以面积关系来表示二维平面指标的,但就其内涵来讲,实际已远远超出了平面指标的范围,体现出了多维性和综合性。更为重要的是,这一指标是人们在长期的淤地坝建设实践中总结出来的,具有较强的说服力和一定的可靠性,同时具有简单明了的特点,易于理解和掌握,有利于在实践中推广运用(朱小勇、雷元静、刘立斌,1997)。尽管有的学者对淤地坝的相对稳定原理提出了质疑(李敏、张丽,2004),但沟道坝系的相对稳定现象是客观存在的。黄土高原已有多条基本实现了相对稳定的坝系,达到多年洪水不出沟,被就地就近拦蓄或利用(郑新民,2003)。陕西的八里河、三十里长涧、黄土洼,甘肃的老坝头、千湫子等都是已达到相对稳定的天然库坝。山西省汾西县康和沟小流域坝系,陕西省绥德县王茂沟小流域坝系等都是实现了相对稳定、取得了显著拦泥增产效益的成功的工程范例。坝系相对稳定是沟道发展淤地坝的最终目标,是淤地坝发展的必然结果(曾茂林、朱小勇等,1999)。

沟道坝系实现相对稳定的主要原因是淤地坝的拦沙减蚀作用和坝地面积的增长。由于坝地面积的增长,即使上游来水来沙量不变,每次洪水后坝地的增高幅度也将减小。淤地坝建成以后,由于坝内淤积,覆盖了原侵蚀沟面,从而有效地控制了沟道侵蚀,其减蚀机理主要表现在:①局部抬高侵蚀基准,减弱重力侵蚀,控制沟蚀发展;②拦蓄洪水泥沙,减轻沟道冲刷;③减缓地表径流,增加地表落淤;④增加坝地,提高农业单产,促进陡坡退耕还林还牧,减少坡面侵蚀(方学敏、万兆惠、匡尚富,1998)。

1.3.2 坝系的工程规划

目前,黄土高原沟道坝系的规划方法常用经验规划法和数学模型法(包括线性规划法和非线性规划法)。经验规划法是根据规划者的经验,在定性分析的基础上,从有限几组规划方案中优选作为规划成果的方法。段喜明、王治国（1999）认为黄土高原小流域淤地坝布坝密度与工程规模、防洪标准、淤地速度、运用迟早、收益多少以及造价高低等因素密切相关，是坝系优化的前提，就当前许多地方的坝系布设密度来看，一般在0.3～0.5座/km^2。陈伯让(2003)利用35条小流域淤地坝系查勘规划成果资料,分析出不同侵蚀强度分区中骨干坝布坝密度、骨干坝与中小型淤地坝的配置比例,认为剧烈、极强度、强度、中轻度侵蚀地区骨干坝单坝控制面积分别为3～3.5 km^2、3.5～5 km^2、4～7 km^2、6～9 km^2。但经验规划法没有确定的数学模型，以及特定的指标衡量体系，因而规划的精度不高，规划的主观性很强，不便在小流域推广运用。线性规划法是把生态经济理论和系统工程的线性规划理论相结合，采用层次分析法进行系统诊断，揭示小流域生态经济系统全部内容和内在联系的方法，采用LP模型，优化土地资源的组合方式和水土保持措施体系配置（黄河上中游管理局，1992；武永昌，1994）。其优点是：速度快、精度高。缺点是：LP模型为静态模型，它表示既定条件下的结果，小流域水土保持措施体系，尤其是沟道工程体系，是开放的动态系统，其工程费与效益、坝高与库容、坝高与淤地面积之间都存在着非线性关系，因此从目前的情况看，线性规划法主要用于塬坡面水土保持综合治理的优化布置。多目标非线性规划法是根据小流域生态经济系统多功能、多效益的特点，实现多目标优化，以满足小流域治理多层次、多方位需求的方法（秦向阳、郑新民，1994；蔺明华等，1995；张胜利、李光录，2000）。多目标非线性规划法克服了单目标、多目标线性规划模型的局限性，拓宽了系统工程最优化理论的运用范畴，从广义上讲，可以解决包括塬坡面在内的水土保持措施体系优化布局问题，但是这种方法尚不够成熟，要经过多次分析、试算（李靖、秦向阳、柳林旺，1995）。

一般来说,淤地坝系的优化应解决三个问题:①在人工初选的许多坝址中优选出较佳坝址;②确定建坝的座数、最佳的拦泥坝高及滞洪坝高;③确定最佳的建坝顺序及时间间隔。为了减少决策变量个数,目前坝系优化的数学模型方法只涉及骨干坝(武永昌,1994)。其中骨干坝的最佳建坝顺序及时间间隔问题,是坝系优化规划的重要内容之一,坝系的最佳建坝顺序与时间间隔是指各坝的坝址、坝高(或库容)、控制面积上的平均侵蚀模数等参数都确定时,使坝系在计算期内总效益最大的建坝顺序与时间间隔(武永昌、黄林,1995)。各淤地坝库容可以先行确定,也可以与建坝顺序问题同时确定。

1.4　水土保持研究方法概述

水土保持工程规划设计中,需要采取有效的工程措施来减少水土流失,尤其是黄土高原小流域在修建水保工程后所发生的演变过程,对各方面影响甚大,有必要做出预报,作为制定工程规划并进一步发挥工程作用的依据。小流域土壤侵蚀及其水土保持模型正是预测和研究水土保持工程规划实施后效果的重要手段。

水土保持的研究方法,可分为对流域水土保持现象的直接观测(观测过程中不改变侵蚀条件)和对流域水土保持现象的试验研究两大类,如图1-1所示。

水土保持现象的直接观测包括水土保持监测和水土保持调查两种方法。前者是通过地面观测、航空监测、卫星监测等手段，全面观测流域的水土流失及其预防和治理措施；后者是通过水文法、淤积法、测针法、地貌学方法和摄影测量等手段，调查有代表性的典型

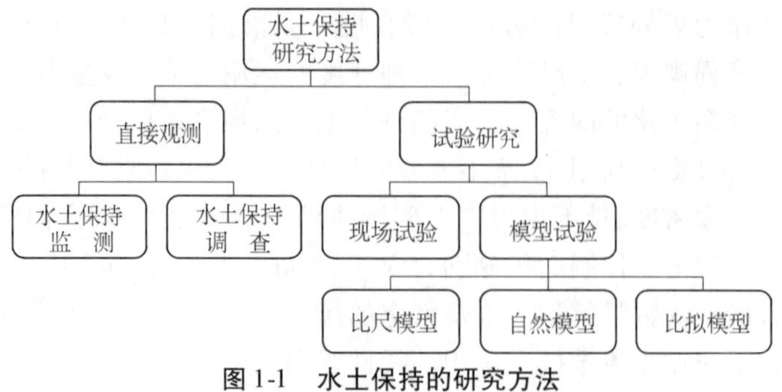

图 1-1　水土保持的研究方法

水土保持事件（如典型地段、典型时段等），经过统计分析，找出某一区域水土保持的一般规律。

黄土高原淤地坝的现场试验研究随着淤地坝的发展经历了以下几个阶段：①淤地坝的试验研究阶段（1949～1970 年），主要进行单坝的试验研究，即工程结构、筑坝技术、设计洪水标准、坝地改良与生产利用等；②骨干坝建设研究阶段（1970～1995 年），通过总结特大洪水状态下部分淤地坝垮坝的经验教训，提出在沟道中兴建治沟骨干工程（骨干坝），以提高坝系的总体防洪能力；③坝系相对稳定研究阶段（1995～2003 年），以小流域为单元、沟道坝系为对象，对坝系相对稳定、水资源合理利用、综合防护体系建设等进行研究，使沟道坝系能最大限度地发挥防洪、拦泥、淤地、增产、改善生态环境等功能；④坝系建设及管理机制研究阶段（2003 年后），使坝系建设走向科学化、规范化、制度化，为本区淤地坝系的快速发展奠定基础。

水土保持试验方法是通过控制和观测特定因子对流域水土保持的影响，从微观的角度研究水土保持的规律。根据试验区块下垫面的形成情况，水土保持的试验包括现场试验研究和模型试验研究两大类。前者依据流域区块的天然地貌形态，通过观测天然降雨或人工模拟降雨等侵蚀动力条件下下垫面径流泥沙的分配规律，研究流域区块水土流失的机理及各种治理措施的水土保持作用，如径流小区试验。后者是根据天然流域的地貌、地质条件，采用一定的模型土壤重塑地形，通过天然降雨或人工模拟降雨试验（多为模拟降雨），研究背景流域的水土流失的机理及各种治理措施的水土保持作用。模型试验可在远离背景流域水土流失现场的实验室或试验场中进行。

早在 20 世纪 30 年代美国就已经开始应用人工模拟降雨的方法对坡面产流和土壤侵蚀的过程进行试验，我国在 20 世纪中期也开始了降雨模拟研究，例如黄委子洲径流站于 1960 年使用苏制瓦尔达依式人工降雨器进行试验。几十年来，不少学者运用自然模型试验研究了黄土高原坡面及沟道的侵蚀产沙机理。如徐为群等（1995a，1995b）、姚文艺（1996）等学者研究了不同降雨动力条件下坡面侵蚀过程中坡面流、细沟及下垫面地形的演变过程。再如，张红武在 2000 年曾以黄土作为模型沙，在大比降砖砌水槽中开展了一般水流和高含沙水流沟道发育模拟及淤地坝垮坝试验。由于自然模型有不定量模拟具体现象的特点，这种试验手段尚不能直接运用于实际工程论证之中，但该类型模型试验中的观测和操作技术可以移植到其他模型试验之中。已有人探索通过模型试验的手段模拟和复演淤地坝的拦沙现象。如蒋定生等（1994）和袁建平等（袁建平、蒋定生等，2000；袁建平、雷廷武等，2000）以具体的原型为背景，按照几何比尺制成小流域模型，研究了坡面、沟道侵蚀及水土保持措施对小流域产水产沙的影响。虽然学术界对于上述比尺模型的设计和试验结果存在较多争议,但已有的研究成果仍有许多值得借鉴的内容。由于径流在坡面和沟道流动有其独特性,同时有关土壤侵蚀机理及工程治理方面的认识还有较大局限,因此黄土高原小流域模型设计方法还很不成熟。

根据模型试验对原型下垫面地貌模拟方法的不同,水土保持模型试验又可分为比尺模型、自然模型、比拟模型3大类。比尺模型必须通过原型与模型之间的几何相似、运动相似及动力相似3个原则,来实现模型试验与原型水力现象之间的相似关系。鉴于水土保持现象的复杂性,目前还很难建成十分严格的水土保持比尺模型;暂把模型下垫面用土壤构筑,且根据原型地貌按比例缩小的水土保持模型试验都归入这一类试验中。对于下垫面用土壤构筑的,却不根据原型地貌按比例缩小(即基本按原型尺度构筑)的水土保持模型试验都归为自然模型试验,目前已经完成和正在进行的大部分沟坡水土保持模型试验都属此类。水土保持的比拟模型试验是指下垫面不用土壤或模型沙构筑的其他模型试验。比拟相似模型可以重现自然现象的某种形态或功能,但模拟试验中所用材料、受力情况等可能和原型没有严格相似方面的比尺关系,因而这类试验有很大的局限性。

一方面，黄土高原沟道坝系水土保持的监测和调查工作为全面、系统地监控和及时掌握坝系工程建设与运行的基本情况，积累了大量的基础资料，其作用是不可替代的；另一方面，通过水土保持试验的方法，可以抽象出某些水土保持因子，深入研究这些因子对于淤地坝相对稳定和优化规划的影响，其作用同样是不可替代的，并且在工程实践中已经被广泛应用。

1.5　研究内容、研究成果及章节安排

1.5.1　研究内容

本书从最基本的典型沟道小流域入手,在回顾黄土高原强烈侵蚀产沙特性的基础上,运用物理模型试验,研究黄土高原流域演化及沟道侵蚀产沙特征、黄土高原沟道坝系维持相对稳定的原理,以及提出各种不同沟道坝系工程规划的科学方法。具体研究内容包括:

(1)生态脆弱区不同立地条件下水文学和水力学特征。

(2)沟道侵蚀产沙物理模型模拟方法。

(3)流域演化特征及与河道冲淤和河床形态变化的耦合关系。

(4)不同沟道坝系相对稳定的水文学、水力学基础与原理(相对稳定的条件与标准)。

(5)不同沟道坝系的工程规划方法。

从理论上讲,我们还可通过选取适当的模型沙、雨强和降雨时间等途径来尽量使模型与原型流域相似,但由于水土流失模拟的复杂性和特殊性,模型和原型的侵蚀产沙难以做到完全相似,因此需要采用修正比尺的手段率定产沙量比尺。

1.5.2　研究成果

1.5.2.1　土壤侵蚀及沟道坝系模型试验方法研究

首先分析了土壤侵蚀的相似原理,认为在水力侵蚀最活跃的黄土高原地区,降雨强度是

影响产流产沙的关键因子，从而需要抓住降雨与侵蚀产沙这对主要矛盾，根据降雨侵蚀空间或时间的集积效果来实现模型流域与原型流域产沙特征的相似。为保证沟道坝系地貌演变相似，除降雨历时遵循重力相似条件外，模型降雨产沙关系还应通过借助天然资料率定产沙量比尺的途径与原型相对应，从而提出土壤侵蚀半比尺模型的设计方法，即：

(1)按照几何相似条件，要求初始地貌与原型相似。

(2)为保证侵蚀形态的相似性，下垫面需要采用模型沙(常取原型土壤)制作裸地模型，其初始含水量同原型相近，且模型降雨强度必须大于模型沙相应的临界雨强。

(3)降雨历时遵循重力相似条件。

(4)为保证沟道坝系地貌演变相似，模型降雨产沙关系要与原型相对应，应满足产沙相似条件。但一般情况下产沙量比尺尚需要采用比尺修正法确定，即该比尺为原型产沙量同模型产沙量的比值，其中模型产沙量通过预备试验确定，原型产沙量则等于侵蚀模数与流域面积的乘积。

研究方法的突破为本项目其他研究成果的创新打下了良好基础。

1.5.2.2　流域演化及沟坡侵蚀试验研究

(1)流域演化试验结果显示，不同地表物质组成、不同雨强、不同降雨历时的流域演化过程形成的流域地貌形态大体相似，不同条件下流域侵蚀轮回相似，所不同的是所经历的时间不同。因此，我们可以通过改变降雨等外动力条件和下垫面物质组成等内在条件进行流域演化的模拟试验，加快试验进程，可以得到相同的效果；流域系统不同的侵蚀产沙强度对河道和三角洲系统的形成与演化具有不同的影响结果：流域侵蚀量小，物质组成黏性较强，则形成弯曲河型，主槽明显；流域侵蚀量大，物质组成黏性较差，常形成游荡河型，主槽不明显，河床摆动剧烈，通过控制流域侵蚀产沙，可以在一定程度上控制河床的摆动幅度和频率。

(2)沟坡侵蚀试验研究结果表明，次降雨径流量与雨强及产沙量之间呈现如下关系：对于初始含水量饱和的沟坡模型，随着次降雨径流量的增大，流域出口产沙量也随之呈幂函数关系增大。但对于初始含水量虽然相同但不饱和的沟坡模型，次降雨产沙量与径流量之间相关性并不显著；对于初始含水量饱和的坡面类比模型，沟坡系统产沙量对雨强变化的反应不如坡面敏感，并从试验的角度验证了在沟坡系统中，沟道侵蚀量远大于坡面侵蚀量，由此证实在黄土高原的水土保持实践中，通过加强淤地坝等治沟工程建设来控制沟道水土流失的决策是正确的。

(3)沟坡侵蚀试验表明，坡面和沟坡模型的产沙浓度在降雨过程中表现出多峰多谷的不规则锯齿形变化，其原因是沟道和坡面细沟的重力侵蚀。对于沟坡模型，除坡面流引起的产沙紊动外，坡面浑水汇集于沟道以后，沟岸的崩塌、下陷等重力侵蚀现象都将引起瞬时流量和含沙浓度的剧烈变化，从而通过试验手段揭示了沟坡产流产沙的微观机理。

1.5.2.3　黄土高原强烈侵蚀产沙对下游河道冲淤的影响研究

(1)运用河流动力学原理，分别从描述泥沙运动特性和异质粒子与紊流跟随性两个角度，对黄河"粗泥沙"的理论界定进行了探讨，根据泥沙运动特性，黄河中游划分粗细沙的临界粒径应该为0.075 mm。由于黄河下游河道长度随时间延伸或缩短，且进入下游的洪水量级也会不断变化，不同时期河床比降及其水流强度都会相应变化，黄河"粗泥沙"临界粒径应有所增减。例如，黄河下游早期黄河"粗泥沙"临界粒径约为0.1 mm，而在黄河下游的未来，黄河"粗泥沙"临界粒径将可能小于0.05 mm。

(2)水文资料分析结果表明,三门峡—高村河段的冲淤量与不同来源区水沙具有很好的相关关系,在其他条件不变的情况下,多沙粗沙区每增加或减少1 t泥沙,这一河段将增加或减少淤积量0.586 t,大于全河段的比例,表明这一来源区洪水的泥沙输移更困难。在多沙粗沙区,河龙区间每增加1 t的泥沙,下游河道将增淤0.58 t,大于整个多沙粗沙区泥沙在下游的淤积比例,表明河龙区间来沙对下游河道淤积的影响更大,这一地区的治理对下游河道减淤的效果最佳。

(3)在高含沙水流模型试验过程中,发现高含沙水流作用可以形成阶梯—深潭系统,一般认为这一系统只有在山区卵石河流才能形成。这一发现可以解释高含沙水流的阵性和不稳定现象。

1.5.2.4 黄土高原强烈侵蚀产沙对下游河床演变的影响研究

(1)采用I_X作为河床横断面形态变化的指标,其中X代表的变量包括河宽(B)、水深(h)、宽深比(B/h)、河底高程(H_g,变化在88.03~92.54 m),$I_X = X_a/X_b$(a和b分别代表洪水前和洪水后),分析了不同来源区洪水对黄河下游游荡型河段的不同影响:上游少沙区来源洪水总趋势是使河床形态略变宽浅;多沙粗沙区来源洪水造成的淤积部位的不同导致了横断面形态不同的变化方向,由于高含沙洪水发生频率高,下游游荡型河段宽深比总体上减小,河床横断面形态变窄深;多沙细沙区来源洪水导致的河床冲淤是以淤积为主,但淤积量不很大,总趋势是使河床形态略变窄深;下游少沙区来源洪水含沙量小,主要使下游河道略冲刷,冲刷发生在主槽,使河床变窄深,变窄深的幅度在四类来源区中最大。这一结果表明,当黄土高原侵蚀产沙量大幅度减小时,黄河下游河道略冲刷,冲刷发生在主槽,使河床变窄深,形成优良河势,有利于河道整治。

(2)实测水文资料分析和模型试验结果均表明,河床形态对含沙量的变化表现出复杂的响应特征,清水冲刷导致河道水深增加,宽深比减小,当含沙量增大时,宽深比增大,河道变宽浅,当含沙量最大达到高含沙水流范畴时,河道主槽水深复又最大,宽深比减小。

(3)物理模型试验结果表明,在高含沙水流试验过程中,主槽基本上一直保持单一窄深的形态,从河道平面摆动频率来看,有越来越稳定的趋势。在水流不漫滩和保持高含沙水流的条件下,能够较长时期和长距离保持相对稳定。但从纵向上看,如果高含沙水流沿程含沙量减小,低于高含沙水流的含沙量临界值,主河道会大量淤积,破坏单一河道的稳定性。

1.5.2.5 淤地坝拦沙减蚀研究

(1)根据韭园沟流域各项水保措施的特征年拦截能力计算,除1977年外,其余年份各项水保措施对水、沙等拦截能力对比均为:坝地 > 梯田 > 草地 > 林地,坝地的拦水能力是其他3项措施的10~208倍,坝地的拦沙能力是其他3项措施的18~296倍,坝地的拦氮能力是其他3项措施的13~360倍,坝地的拦磷能力是其他3项措施的18~297倍,坝地的拦有机质能力是其他3项措施的22~361倍。在南小河沟流域,各项水保措施对全氮、全磷和有机质拦截能力对比为:坝地 > 梯田 > 林地 > 草地,坝地的拦氮能力是其他3项措施的695~1 009倍,坝地的拦磷能力是其他3项措施的643~893倍,坝地的拦有机质能力是其他3项措施的785~1 067倍。在南小河沟流域的各项水土保持措施中,虽然坝地面积较小(占水保措施总面积的0.77%),但拦截的土壤营养物质均占所有水保措施拦截总量的80%左右。可见,坝地有非常显著的拦沙减蚀效益。

(2)实地分析研究表明,小流域(淤地坝)坝系工程就是针对黄土高原严重水土流失地区侵蚀(输沙)特点而修建的一种对流域拦沙减蚀作用针对性极强的沟道治理措施。在沟道中修建淤地坝,对其上游土壤侵蚀及其输沙的影响表现为:不仅直接拦截了来自上游沟道及坡面输送下来的大量泥沙,减少了可能进入下游的泥沙输移量,而且从土力学的角度给出了物理图形。即随着淤地坝的淤积抬高,在其上游逐渐形成新的均衡淤积剖面,逐步抬高了其控制区域的局部侵蚀基准面,使淤地坝上游沟谷及其两侧沟谷坡的土体滑动面减小,土体抗滑稳定性增加,土壤侵蚀的重力能量逐渐降低,侵蚀作用随之减弱,控制沟头前进和沟岸崩塌扩张,这便是淤地坝拦沙减蚀的力学机理,也是淤地坝在水土保持诸措施中对减少进入流域下游泥沙能够起到极其显著作用的最根本原因。

(3)试验研究表明,在地形坡度不变的情况下,随着侵蚀基准面的下降,流域侵蚀产沙的强度会越来越大,在同样的降雨强度和降雨历时的条件下,侵蚀产沙量增加的幅度更大;相应地,其侵蚀方式也会由坡面水力侵蚀逐步向沟坡重力侵蚀乃至水力、重力复合侵蚀的方向发展,说明流域侵蚀产沙的形式和强度与流域侵蚀基准面的高低密切相关。需要进一步加以说明的是,因为是实验室试验,就必须考虑试验的方法步骤既要满足拟合野外自然地理地貌的要求,也要考虑试验的阶段性和连续性以及试验的成本等多方面的因素。实验室试验的具体表现真实地反映了自然地理地貌中,流域侵蚀产沙的形式和强度与流域侵蚀基准面之间确实呈现这样一个关系:在地形坡度不变的情况下,随着淤地坝的渐趋淤积,流域沟道侵蚀基准面逐步抬升,流域侵蚀产沙的强度会越来越小,在同样的降雨强度和降雨历时的条件下,淤地坝淤积面积越大,表明平均侵蚀基准面抬升越高,侵蚀产沙量减小的幅度越大;相应地,其侵蚀方式也会由水力、重力复合侵蚀逐步弱化转变为以坡面水力侵蚀为主,偶尔夹杂局部地段的沟坡重力侵蚀。

1.5.2.6　沟道坝系相对稳定原理及工程规划研究

野外调查表明,随着淤地坝的逐步淤积抬高,在其上游逐渐形成新的均衡淤积剖面,必然使得坝体以上流域重力侵蚀产沙的势能逐渐降低、侵蚀作用逐步减弱到与坝地的淤积抬升同步增长的动态稳定状态,从而使得流域的侵蚀产沙与淤地坝(坝系)的拦沙运用之间实现相对稳定。实验室单坝放水试验和沟道坝系的降雨模拟试验结果都表明,随着放水(或降雨)模拟次数的增多,坝地淤积的高程增加量逐渐减小,并且随着淤地坝上游坝地的抬高,沟道的侵蚀基准面提高,沟道的平均比降也逐步减小,一直到逐渐趋近一个恒量;此时,淤地坝尚有一定的库容,并仍能拦截洪水从上游挟带下来的泥沙,但由于坝前的淤地增高非常缓慢,淤地坝的高度只要少许增加即可满足拦沙要求,由此展示了淤地坝(坝系)已经呈现出上游来沙与淤地坝(坝系)之间渐趋相对稳定的态势。以上两种研究方法一致说明,淤地坝(坝系)相对稳定是客观存在的,也是可以实现的。

1.5.2.7　应用相对稳定原理对黄河流域淤地坝系建设进行指导

利用“黄土高原沟道坝系相对稳定原理与工程规划”研究成果指导了黄河流域淤地坝系建设,本书给出了相应的典型实例。

1.5.3　章节安排

本书内容主要以物理模型试验内容为主,以黄土高原沟道侵蚀—环境影响—治理方略为主线,在回顾前人研究成果的基础上,通过归纳分析和模型试验,抓住降雨与侵蚀产沙这对主要矛盾,提出了沟道坝系半比尺模型试验方法;结合黄土高原侵蚀环境背景,通过试验手段揭示了沟坡产流产沙的微观机理,从试验的角度验证了在沟坡系统中,沟道侵蚀量远大于坡面侵蚀量,由此证实在黄土高原的水土保持实践中,通过加强淤地坝等治沟工程建设来控制沟道水土流失的决策是正确的;通过对黄河下游河道冲淤及河床形态变化对侵蚀产沙区不同水沙条件的不同响应机理的研究,论证了根治黄河的策略在于中游水土保持及上、中、下游通盘考虑的合理性;通过研究淤地坝的淤积抬高对上、下游的不同影响机理,表明流域侵蚀产沙的形式和强度与流域侵蚀基准面的高低密切相关,说明了淤地坝拦沙减蚀的力学机理,研究结果表明了淤地坝在水土保持诸措施中对减少流域下游入黄泥沙能够起到极其显著作用的最根本原因。以上研究说明了小流域(淤地坝)坝系工程是针对黄土高原严重水土流失地区侵蚀(输沙)特点而修筑的一种针对性极强的沟道治理措施。实验室单坝放水试验和沟道坝系的降雨模拟试验结果都表明,淤地坝(坝系)相对稳定是客观存在的,也是可以实现的;研究还表明,不同的建坝顺序和建坝密度的拦沙效果是不一样的,需要按照规划区域范围的不同,选用不同的方法进行规划及合理性评价。

全书共分九章。第 1 章绪论,概述了黄土高原的治理概况、黄河治理方略,沟道坝系相对稳定与工程规划研究进展及章节安排;第 2 章土壤侵蚀及沟道坝系模型试验方法研究,主要阐述了土壤侵蚀相似的基本原理、土壤侵蚀模型的特殊性及与水力模型类比,土壤侵蚀模型设计思路、方法及产沙量比尺的确定,并对模型试验方法进行了验证;第 3 章黄土高原流域演化与沟坡侵蚀产沙规律,从流域演化与侵蚀的基本原理出发,论述了黄土高原的侵蚀环境背景及产沙特性,并用物理模型模拟了流域演化过程及沟坡动力侵蚀产沙特性;第 4 章黄土高原侵蚀产沙对下游河道的影响,以物理模型试验结果为基础,结合黄河水文站观测资料,论述了黄土高原强烈侵蚀产沙对黄河下游河道冲淤变化和河床形态变化的影响,建立了黄土高原侵蚀及治理与黄河治理的有机联系;第 5 章黄土高原坝系建设的作用和效益,主要阐述了黄土高原水土保持措施及其对黄土高原水资源与水环境的影响;第 6 章坝系相对稳定原理及试验研究,论述了淤地坝拦沙减蚀的基本原理及单个淤地坝和坝系相对稳定的基本条件;第 7 章坝系规划及模型试验研究,从模型试验和理论分析两个角度分析了黄土高原淤地坝系建设规划的原理、方法及合理性;第 8 章应用相对稳定原理指导流域坝系建设实例,以韭园沟、阳曲坡流域为例阐述了黄土高原不同立地条件下的规划建设实例;第 9 章结论,总结了黄土高原沟道坝系相对稳定原理与工程规划研究相关结论与成果。

第2章　土壤侵蚀及沟道坝系模型试验方法研究

黄土高原沟道坝系建设关系到治黄的战略问题,但在淤地坝及沟道坝系建设中,对于诸如坝系总体布局、沟道坝地拦泥减沙效应等关键技术问题,长期缺乏系统和深入的研究,急需借助能够检验沟道坝系不同治理方案优劣的模型试验手段,来提高科学论证水平。由于探索黄土高原水土保持模型试验方法是十分困难的,已有文献多回避模型的相似准则,因而本章拟在阐述相关问题相似原理的基础上,提出时间分割和空间分割的模型试验思路,分析提出可以利用空间的集积效果,把水土保持中的相关问题由三维空间问题置换为二维或一维问题来研究的思维方法。此外,还对土壤侵蚀模型和水力模型进行了类比分析,提出了土壤侵蚀的相似理论及其土壤变形相似的处理方法,并进一步提出土壤侵蚀半比尺模型的设计方法。

2.1　模型试验方法研究现状

自从1895年Wallay在德国首先开展坡面冲刷过程的野外模型研究以来,不同学科的学者进行了大量的模型试验。这些学科主要有水土保持、农业工程、水利工程、林学和地貌学。可按方法或目的将这些试验分为下面几类(胡世雄、靳长兴,1999):①研究土壤侵蚀过程和主要影响因素的径流小区试验;②验证种植、耕作土壤保持措施效果的径流小区试验;③集中观测水文过程,尤其是入渗、侧向亚表层流及径流产生方式的径流小区或山坡试验;④确定不同地表径流入渗、沉积搬运的降水阈值的径流小区或小流域试验,这是流域水沙平衡研究的一部分;⑤确定剥蚀速率的试验,这是山坡发育演化研究的一部分;⑥研究坡面冲刷过程的试验;⑦集中研究坡面冲刷的水力特征及其与细沟、沟道(河道)产生的关系的径流小区或流域试验;⑧流域河网演化及地形几何学的试验研究。目前关于坡面过程及土壤侵蚀研究的试验内容主要包括溅蚀、雨滴组成与终速、结皮形成、细沟侵蚀过程、面蚀、沟蚀及土壤侵蚀产流产沙,以及各种水土保持措施的效益估算等方面,最终为进一步搞清坡面流及坡面动力侵蚀过程的演变机理、建立新一代土壤侵蚀模型、治理水土流失、建设现代化农业及可持续农业提供条件。

按照模型与原型的尺度比例来划分,室内模型试验可以分为两大类(Schumm, et al., 1987),一类是全尺度模型试验(Segment of unscaled reality),即模型的主要几何尺寸和受力都与原型一样,没有比例上的缩小,如径流小区试验和表2-1中列举的某些沟坡侵蚀机理的试验;另一类是缩小尺度的模型试验,原型地貌现象可以在缩小尺度的模型上体现,比尺模型试验(Scale model)和比拟模型试验(Anolog model)都可以是缩小尺度的模型试验。比尺模型试验是将被研究对象的特征地貌现象按一定的比例缩小,并要求模型与原型的几何形态和各物理量相似。

径流小区试验研究,一般是在坡面上通过隔离地块的径流、泥沙测定,研究不同地类、坡

表 2-1　黄土高原侵蚀机理的自然模型试验实例

研究者,研究时间:试验地点或背景	试验材料和方法	试验目的或结论
蒋定生等,1984:陕西杨凌西北水保所;范世香等,1991:赤峰市郊山坡地防护林	饱和含水黄土;降雨模拟	地面坡度对地表径流的影响
吴普特等,1991,1992,1993,1996:陕北安塞茶坊试验站	饱和含水黄土;降雨模拟	坡度对溅蚀的影响及与薄层水流侵蚀的关系;雨滴击溅对薄层水流侵蚀的作用
范荣生等,1993:西安水资源科学研究所	黄土,每次试验土壤干容重和雨前土壤湿度保持一致;降雨模拟	陡坡侵蚀产沙特点及含沙量过程
沈冰等,1995:西安理工大学	西峰黄土,初始土壤含水量为2%;降雨模拟	短历时降雨强度对坡地入渗、坡面产流和坡面漫流过程的影响
徐为群等,1995a,1995b:中科院地理所	黄土;降雨模拟	黄土坡面侵蚀过程中产流产沙和坡面形态的演变过程
姚文艺,1996:黄河水利科学研究院	细沙;降雨模拟	坡面及降雨形成的浅层沿程变量流的流动阻力规律
孙虎等,1998:陕西省神木县	试验场附近的黄土;降雨模拟	神府煤矿区的人为弃土水土流失
郑粉莉,1998:陕西杨凌西北水保所	双土槽系统;饱和含水黄土;降雨和放水模拟	降雨侵蚀和径流侵蚀的关系及二者对坡面产沙的贡献
张科利,秋吉康弘,张兴奇,1998;张科利,唐克丽,2002:清华大学	饱和含水黄土;放水模拟	黄土坡面细沟侵蚀发生的水动力学机理及其输沙特征
张红武等,2000:清华大学	饱和含水黄土,大比降砖砌水槽试验	一般及高含沙水流沟道发育模拟与淤地坝垮坝试验
张红武等,2000:清华大学	饱和含水拟焦沙,降雨模拟,两小流域对照	自然侵蚀与工程治理后的效果比较
丁文峰,李占斌,崔灵周,2001;丁文峰,李占斌,鲁克新,2001:陕西杨凌西北水保所	饱和含水黄土;玻璃水槽和径流冲刷试验	坡面径流的流速分布、坡面细沟侵蚀发生的临界条件
沙际德,白清俊,2001:陕西长武县	饱和含水黄土;放水模拟	黏性土坡面细沟流的水力特性
肖培青等,2001:陕西杨凌西北水保所	双土槽系统;饱和含水黄土;降雨和放水模拟	上游来水来沙对细沟侵蚀产沙过程的影响
李勉等,2002:陕西杨凌西北水保所	饱和含水黄土;放水模拟;REE示踪	黄土坡面细沟侵蚀过程
张晴雯等,2002,2004:陕北安塞	饱和含水黄土;放水模拟	细沟侵蚀动力过程和极限沟长
孔亚平等,2001,2003:陕西杨凌西北水保所	饱和含水黄土母质;降雨模拟	黄土坡面侵蚀产沙与坡长的关系及沿程变化规律
韩鹏等,2003:陕西杨凌西北水保所	黄土,雨前含水量差别不大;降雨模拟	黄土坡面细沟发育过程中的重力侵蚀现象
王文龙等,2003:陕西杨凌西北水保所	黄土,初始含水量约为15%;降雨模拟	黄土丘陵沟壑区坡面侵蚀水动力过程
郑良勇等,2003:陕西杨凌西北水保所	饱和含水黄土;放水模拟	黄土高原陡坡土壤侵蚀特性

续表 2-1

研究者,研究时间:试验地点或背景	试验材料和方法	试验目的或结论
肖培青等,2004:黄河水利科学研究院北郊试验基地	黄土、沙砾土及料礓石黄土,初始含水量不饱和;放水 + 降雨模拟	研究暴雨和径流冲刷条件下模拟边坡的细沟形成机理及其侵蚀特征
张欧阳等,2004:清华大学顺义基地	顺义李各庄黄土,初始含水量不饱和;降雨模拟	研究暴雨冲刷条件下黄土高原侵蚀特征
张欧阳等,2004:清华大学顺义基地	拟焦沙,初始含水量接近饱和;降雨模拟	研究暴雨冲刷条件下黄土高原不同治理方案的效果
张晴雯等,2005:陕北安塞	黄绵土;放水模拟;REE 示踪	确定不同水动力条件下细沟流动剥蚀率
胡霞等,2005:中科院地理所	山西张家沟黄土等;初始含水量不饱和;降雨模拟	结皮的发育特征以及与土壤溅蚀的关系

度、坡长和水土保持措施等因素的产水、产沙机理及水保措施对产水产沙的影响作用。1917 年美国密苏里农业试验站 M. F. Miller 创设了第一批试验小区,由此开始了因子定量化的综合性工作(Browning, 1976)。美国土壤保持局进行了大量的径流小区试验,经归纳资料得到通用土壤流失方程 USLE 及修正的土壤流失方程 RUSLE(李风、吴长文,1997)。20 世纪七八十年代以来,国外学者为建立各种各样的坡面侵蚀预报模型(如 ANSWERS、CREAMS、EPIC 等)进行了许多径流小区的坡面冲刷试验(蔡强国,1988)。我国的径流小区试验始于 1944 年,由当时的天水水土保持试验区率先进行试验。1953 年后,天水、西峰及绥德三个水土保持科学试验站渐次形成较为完善的试验研究规模。

野外径流小区分标准径流小区和全坡长径流小区两种。前者是统一尺寸的矩形区域,在美国为长 22.1 m × 宽 1.85 m,在我国为长 20 m × 宽 5 m。标准径流小区的形状和尺寸一致,试验和观测的手段也可以统一,便于试验成果的统计和比较。但标准径流小区是微观的地块观测设施,当这种数据向较大的流域转化时存在尺度偏差(Poesen, et al., 1994;Kang, et al., 2001)。全坡长野外径流小区在一定程度上弥补了上述不足,它一般在所研究的小流域中选择完整的自然坡面,小区范围可包括从峁顶到坡脚线,其长和宽可随地形而定,如 Oostwoud 等(1998)、胡明鉴等(2002)对野外自然山体或滑坡的人工降雨模拟研究。

径流小区试验为水土流失现象取得最直接的第一手资料,具有其他试验手段所不可替代的作用,目前在国内外已有相当广泛的应用。然而由于这种类型的试验都以野外试验为基础,而流域降雨侵蚀过程的许多方面难以在野外作准确的观测,研究结果很难推广到不同条件的其他流域,因此有必要发展室内模型试验。

不按严格的比尺关系进行的模型试验(可称为自然模型试验),在国内外研究水土流失机理时常被使用。Laws 和 Parsons 对天然降雨雨滴粒径与雨强关系等的试验成果为室内降雨模拟操作提供了参考依据(Laws 和 Parsons,1943)。Ellison(1944)很早就已经通过室内模拟降雨试验研究了降雨击溅对水土流失的影响。Park 等(1983)、Foster 等(1984a, 1984b)等运用自然模型试验的手段,在坡面水土流失的微观机理研究方面取得了较好的试验成果。长期以来,许多学者运用自然模型试验研究黄土高原坡面及沟道的侵蚀机理,取得了较多成果。表 2-1 列举了多年来有关的试验工作。

有的学者研究了黄土坡面各因素对侵蚀的影响,如坡度(蒋定生、黄国俊,1984;范世香、韩绍文,1991;吴普特、周佩华,1991,1993)、坡长(孔亚平、张科利、唐克丽,2001;孔亚平、张科利,2003)、薄层水流(吴普特、周佩华,1992;吴普特、周佩华,1996)、土壤特性(郑良勇、李占斌、李鹏,2003)等;有的学者研究了降雨动力对坡面侵蚀的影响,如沈冰等(沈冰、王文焰、沈晋,1995)、郑粉莉(1998)等的工作;有的学者研究了不同降雨动力条件下坡面侵蚀过程中坡面流、细沟及下垫面地形的演变过程,如徐为群等(1995a,1995b)、姚文艺(1996)、王文龙等(2003)的工作。对于水土流失中的一些比较复杂的现象,也已经有人开始研究。如韩鹏等(2003)认为试验过程中产沙量的波动主要与重力侵蚀有关,超出水力侵蚀量的部分应为重力侵蚀产沙量,并据此通过降雨模拟试验研究了黄土坡面细沟发育过程中的重力侵蚀现象。

经过多年的努力,我国学者已经自行研制了世界上较为先进的水土保持试验设备,并掌握了较为成熟的观测技术,如河海大学和中科院西北水保所的高自动化、大面积的降雨模拟大厅(刘震等,1998);雷廷武等(2002)研制的采用 γ 射线透射法测量土壤侵蚀径流中的含沙量的方法,其量测速度和精度都比传统的样品烘干法有很大的提高;REE 示踪技术也已经应用于室内水土流失试验中,它不仅可以定量测定不同坡位的侵蚀量,还可以揭示冲刷过程中各坡位相对侵蚀量的变化趋势(吴普特、刘普灵,1997;李勉等,2002)。

鉴于自然模型自身的特点,这种试验手段尚不能直接运用于实际工程规划的项目之中,但是该类型模型试验中的观测和操作技术可以移植到其他模型试验之中。

水土保持比尺模型试验是在生产实践推动下发展起来的,例如,黄河水利委员会近两年积极推动的“模型黄土高原”建设,最主要的目的也是要开发出同原型存在相似关系的比尺模型。这类模型试验的一个突出特点往往是需要考虑降雨的作用。降雨对流域下垫面上的土壤侵蚀作用,不仅受到雨强的影响,还与地表结皮、土地利用方式、植被等因素有关。因此,目前土壤流失比尺模型并不成熟,表 2-2 列举了近年一些学者在水土保持比尺模型试验方面所做的部分工作。Strahler(1958)曾试图用量纲分析的原理,解决流域地貌演变的比尺模型相似问题。石辉等(1997a,1997b)的试验以安塞纸坊沟的小范家沟为原型,根据小流域的地貌特征按 1:75 的比例缩小,制成小流域模型,进行了坡面侵蚀和沟道侵蚀的定量研究。但这次试验中,只是将模型的几何尺寸按比例缩小,所有的受力情况和下垫面条件等均未考虑比尺问题,因此试验中尽管模型与原型的沟坡比例相同,但沟坡的实际长度缩小,致使径流不能充分发育,改变了实际流域的土壤侵蚀方式,最后得出的沟坡侵蚀关系也是不可靠的。Hancock 等采用坝体按原型缩小的室内模型试验,演示了尾矿坝的冲垮现象,并对尾矿坝的表面夯实等方面提出了建议,但该试验尚“无法确定(模型)坝体上的细沟发育过程与原型过程的比例关系”(Hancock 和 Willgoose,2004)。蒋定生等(1994)和袁建平等(袁建平,1999;袁建平、蒋定生等,2000;袁建平、雷廷武等,2000)以具体的小流域为背景,用流域几何地貌根据原型按比例缩小,工程治理度、植物郁闭度及降雨和土壤条件都与原型一致的室内模型,研究了水土保持措施对小流域产水产沙的影响,在一定程度上实现了模型与原型水土流失现象的相似。虽然学术界对于这些模型试验的某些设计方面尚存在争议,如张丽萍、张妙仙(2000)对该模型试验产流畸变系数进行了质疑,但应该承认的是,他们的研究成果仍有许多值得借鉴的内容。

由于在自然界和室内降雨模拟试验中,径流在坡面和细沟流动有其独特性,而且有关土壤侵蚀机理及工程治理方面的认识还有较大不足,因此将其他模型试验的相似条件直接移

表 2-2　水土保持比尺模型试验实例(含尾矿坝)

研究者及时间	试验背景	试验方法和手段	试验目的或结论
石生新、蒋定生,1994	纸坊沟和方塌沟的水土保持措施	坡度、平坡比、植被覆盖度等与原型地貌同;降雨模拟试验,模型降雨与原型同;模型沙与原型同	定性地比较各种水保措施的减蚀作用
蒋定生等,1994;周清,1994	马家沟的水土保持措施	模型地貌满足几何相似,工程治理度与原型同;降雨模拟试验,模型降雨与原型同;模型沙采用与原型接近的黄绵土	流域产水产沙与水土流失治理度之间的关系
石辉等,1997a,1997b	小范家沟的沟坡侵蚀	模型地貌几何相似(几何长度比尺 75);降雨模拟试验,模型降雨与原型同;模型沙与原型接近(陕西杨凌的黄土)	小流域侵蚀产沙空间分布与沟道发育的联系
张丽萍等,1999	神府—东胜矿区人为泥石流及蒋家沟自然泥石流	根据代表性的泥石流沟形状修建缩小的模型;人工降雨和放水试验;模型降雨与原型同,流量根据径流小区面积和雨强换算;模型沙与原型同(煤渣、石渣)	分析了不同类型、不同地区泥石流源地松散体起动条件及泥石流过程
袁建平,1999;袁建平、蒋定生等,2000;袁建平、雷廷武等,2000	纸坊沟的工程措施和林草措施	模型地貌满足几何相似,工程治理度、植物郁闭度与原型同;降雨模拟试验,模型降雨与原型同;模型沙与原型同(黄绵土)	小流域在不同治理度下、不同林草植被覆盖度下水沙变化规律
金德生等,2000	概化的流域水系	按过程响应模型的 5 原则设计;定雨强的人工降雨试验	不同中径组成物质流域发育特征
张红武等,2000	黄土高原淤地坝	分别采用黄土和拟焦沙,在两座特制水槽进行放水试验,坝体按比例缩小	淤地坝相对稳定试验及淤地坝溃坝试验
小田晃等,2001	云山须泽的泥石流	模型地貌满足几何相似;放水试验;与原型接近的泥石流材料	缝隙群及缝隙坝对泥石流的阻止作用
Hancock 和 Willgoose,2003	概化的流域水系	概化的流域地貌,边界可自由发展;模型下垫面材料和降雨都与实际流域有差异	分析了无边界流域的演化过程
Hancock 和 Willgoose,2004	尾矿坝的冲垮现象	坝体按比例缩小的概化模型;热电厂粉煤灰做模型沙;降雨强度很小,且降雨动能几乎可以忽略	从定性上研究集中径流对尾矿坝长期稳定性的影响
张红武等,2009	栾川钼钨矿尾矿库溃坝洪水研究	库区、坝体及下游沟道缩小 100 倍,拟焦沙为模型沙,初期坝采用米石制作	从定量上研究尾矿库溃坝过程及对下游影响,并提出处治对策

植到水土保持模型试验之中必然会有许多困难。有的学者已经试图采用别的研究思路来尽量实现流域地貌在室内的缩小模拟。如金德生等(金德生,1990;金德生等,1992;金德生、郭庆伍,1995b)提出了关于流域过程响应模型的 5 个相似准则,即实现模型流域与原型流域之间:流域地貌的形态特征相似;流域的物质组成结构相似或相同;相对演变速率相近或相似;消能方式及消耗率相近或相似;因果关系相同及"异构同功"。

2.2　土壤侵蚀相似原理概述

对于黄土高原水土保持模型试验,导出的相似关系往往不能同时成立。不过,土壤侵蚀及其治理措施所对应的物理法则并非都起支配作用,从而能够将居于次要作用的相似关系忽略掉。因此,我们可先抛开相似的一般性,就两三个特殊现象,抓住居于支配地位的主要矛盾,推求各自的相似条件,开展不同侧重点的模型试验,最后把研究结果加以综合,再恢复其一般性。由于对特殊现象起支配作用的物理法则通常比一般现象要少,因此相似准则往往可以放宽。

例如,对于土壤侵蚀问题,一般的土壤既有黏性,又有内摩擦性,导出同时满足这两种性质的相似关系是不可能的。但作为不同地区的土壤,若各自是黏性可忽略的沙性土壤或者内部摩擦力非常小的黏性土壤,分别考虑不同的相似条件,利用相似模型进行试验则是可能的。因此,就有可能根据分别采用沙性模型土和黏性模型土进行的模型试验结果,综合分析后推测出一般土壤的侵蚀规律。

2.2.1　时间及空间分割

尽管土壤侵蚀整个现象非常复杂,很难求出相似关系,但若把现象分割成几部分,抓住各自的主要矛盾,制作各自的相似模型就可能成为现实。分割方法因现象不同而异,不过对于相关的研究,主要的分割方法按时空可归结为时间分割法和空间分割法。

(1)时间分割法。所谓时间分割法即是按时间把遵循不同物理法则的一个接着一个发生的两种以上的现象分割开来,对每种现象分别求出不同的相似准则来进行模型试验的方法。例如对沟道侵蚀进行模拟时,如果沟道因水力侵蚀首先下切,然后又受重力侵蚀影响而坍塌,则可分别根据水力侵蚀相似准则和重力侵蚀相似准则设计模型。

(2)空间分割法。所谓空间分割法是按空间把遵循不同物理法则的现象分割开来,再对各部分现象分别求出不同的相似准则,进而开展模型试验的方法,这样也能使相似准则放宽。

例如,飞机的风洞试验通常是在作为主 π 数的雷诺数比原型低的风速下进行的,由于不完全遵守相似准则而会引起一定误差。一般来讲,雷诺数不同物体周围的流动状态也就不同,但这在很大程度上又取决于最靠近物体的区域,即边界层内的流动状态由层流向紊流过渡的范围。事实上,雷诺数一旦增高,由层流边界层向紊流边界层的过渡带就移向物体的前端。若在置于流体中的物体表面上安装一个小凸起,就会扰乱边界层内的流动,层流边界层就变成了紊流边界层。在风洞试验中,为了用比较低的雷诺数进行试验也能出现与原型相同的边界层,就要把模型飞机的表面做得粗糙些。

实际上,在支配现象的物理法则存在指向性差异的情况下,可以把所研究的现象按方向分别处理。例如,在河工模型中,若使水平比尺等于垂直比尺,那么模型的水深就变得非常小,对于原型来说可以忽略表面张力的影响,而对模型来说表面张力却变得非常大,使其影响达到难以接受的程度,故受表面张力影响,垂直比尺不能太大。进一步观察河道中水流的运动,由于流动主要是紊流,所以可以认为起支配作用的物理法则是水的惯性和重力,黏性起次要作用,而且由于惯性力主要作用于水平方向上,重力作用于垂直方向上,所以可以对这两个方向分别求相似准则。

2.2.2　集积效果的相似

在我们处理的现象中,并非对一个个元素的特性感兴趣,而往往把现象的整体性能作为研究对象。例如,对水土保持研究来说,并不是研究每个土壤颗粒的运动,而是引入与表示宏观性质的物理量有关的物理法则来把握现象。亦即,我们解决工程问题多是从宏观的角度来观察现象的,以集积效果作为研究的对象。在模型试验中,根据考虑空间或时间的集积效果,可适当放宽相似准则。

2.2.2.1 时间的集积效果

在不以某现象每一瞬时的变化为研究对象,而仅以在一定时间之后的变化为研究对象的情况下,利用时间的集积效果能使相似准则放宽。例如,对于山区河流中的卵石跃动,卵石从上游跌到河床后交换动量,其后离开床面而跃动,沿一定轨迹而停下来。跃动的轨迹主要由碰撞之后的动量和卵石与河床的摩擦来决定,所以我们对卵石与河床碰撞接触时交换动量的过程并不感兴趣,只有碰撞河床前后的动量变化才是研究对象。因此,可放宽碰撞中的相似准则,只保证碰撞持续时间的集积效果相似就可以了。与此相反,有时以现象的时间变化为研究对象。

2.2.2.2 空间的集积效果

如前所述,在土壤的变形和处理中,我们感兴趣的并不是颗粒的运动,而是它的集积效果,所以不考虑土壤颗粒的几何相似,多数情况下在模型试验中使用与原型相同的土壤。与此相反,泥土的堆积、沉淀虽然在包含许多颗粒这一点上是一样的,但因一个个颗粒的运动是研究的对象,故不能只考虑集积效果而使用与原型相同的土壤作为模型土。

另外,在土工织物防护土坝过水的模型中,由于原型的织物纤维线本身很细,所以使该线按几何比尺缩小实际上是非常困难的。在这种情况下,可以认为并不是一根根纤维线的作用,而是许多线的集积效果支配着织物的特性。所以,在模型中可减少纤维线的根数,使用与原型材料特性相同的织物替代。

利用空间的集积效果,可将水土保持中的相关问题由三维空间问题置换为二维或一维问题。

2.3 土壤侵蚀模型的特殊性及与河工模型类比

2.3.1 概述

河工动床模型试验经过长期的研究,已建立了较为完善的相似理论。小流域侵蚀模型试验与河工模型中的河道输沙模型试验在某些方面相近,如径流的流动、泥沙的输送等。但土壤侵蚀模型试验也有许多独特之处:①土壤侵蚀模型试验主要研究人工降雨(模拟流域侵蚀系统中的输入因子——侵蚀动力)对下垫面(土壤、植被及田间工程等)的打击和侵蚀作用;②土壤侵蚀模型试验中,下垫面土壤为有机、无机胶结物固结的颗粒以及通过生物附着和根系作用而成的土壤块体,因而土壤不能视为单个颗粒。实际上研究土壤侵蚀关注的是集积效果,也不需要研究单个土壤颗粒的运动(可不考虑土壤颗粒的相似性,人们往往采用原型土作为模型土,放弃了土壤颗粒本身的相似性)。如果套用河工动床模型的研究思路,土壤侵蚀模型主要包括几何相似、运动相似、动力相似和泥沙运动相似4个方面。

2.3.2　几何、运动及动力相似

几何相似是指原型与模型的几何形态相似。这类试验所选的原型小流域面积不可能很大，小流域的水文过程包括坡面和沟道泥沙汇集、流动，以及降雨的入渗、土壤中的水分运动过程。因此，大家都认为应进行正态整体模型试验，模型和原型中任何相应的线长度具有同一比例：

$$\frac{L_{pi}}{L_{mi}}=\lambda_L \quad (i=1,2,\cdots,n) \tag{2-1}$$

运动相似是指模型与原型中流体运动状态相似。即模型中的流体与原型中的流体在任何相应点的速度、加速度等必须相互平行且有同一比例：

$$\frac{V_{pi}}{V_{mi}}=\lambda_V \quad (i=1,2,\cdots,n) \tag{2-2}$$

$$\frac{a_{pi}}{a_{mi}}=\lambda_a \quad (i=1,2,\cdots,n) \tag{2-3}$$

在模型的制作过程中，由于模型沙往往与原型同为土壤，糙率常常不能满足相似条件，但对于夏季降雨充沛的原型，降雨径流侵蚀集中在植被较为茂盛、抗侵蚀强度与糙率均较大的地区，因而在模型上可不进行植草以免糙率太大而可满足阻力相似条件，甚至还便于满足泥沙的起动相似条件（模型坡面侵蚀才能表现出来）。另外，对于沟道模型，很容易参照河道模型的做法，达到运动相似的要求（往往是高含沙水流运动）。

动力相似是指模型与原型的作用力相似。即模型与原型中作用于任何相应点的力，必须相互平行且有同一比例：

$$\frac{f_{pi}}{f_{mi}}=\lambda_f \quad (i=1,2,\cdots,n) \tag{2-4}$$

对于运动的水流来说，作用力通常有质量力（如重力、离心力等）、压力、黏滞力、惯性力等多种。若要这些力同时满足式(2-4)，则模型必须同时遵从佛氏模型定律、欧拉模型定律等，但实际上这是不可能的。所以，在研究小流域侵蚀模型的动力相似时，一般选择主要作用力进行研究。为反映集积效果，可引入宏观物理量来说明侵蚀现象。此外，土壤侵蚀所受的影响还有土壤重力、土壤的弹性力（可忽略）、土壤颗粒的惯性力及侵蚀动力。

2.3.3　泥沙运动相似

泥沙运动相似，严格来讲，应该是在流体中的泥沙在模型和原型相应各点所受的各种力以及泥沙的速度、加速度都必须平行且有同一比例：

$$\frac{f_{pgi}}{f_{mgi}}=\lambda_{fg} \quad (i=1,2,\cdots,n) \tag{2-5}$$

$$\frac{V_{pgi}}{V_{mgi}}=\lambda_{Vg} \quad (i=1,2,\cdots,n) \tag{2-6}$$

$$\frac{a_{pgi}}{a_{mgi}}=\lambda_{ag} \quad (i=1,2,\cdots,n) \tag{2-7}$$

土壤侵蚀模型试验中的原型和模型的流体都是水流，进行试验时，模型的水流在坡面汇集和沟道汇流过程中，紊流得到充分发展。在水流的流动过程中主要受重力的作用，故主要

考虑水流满足重力相似条件,即:

$$\lambda_V = \lambda_L^{\frac{1}{2}} \tag{2-8}$$

由速度、时间、长度的关系得:

$$\lambda_t = \frac{\lambda_L}{\lambda_V} = \lambda_L^{\frac{1}{2}} \tag{2-9}$$

由水流连续相似条件得:

$$\lambda_Q = \lambda_V \lambda_A = \lambda_L^{\frac{5}{2}} \tag{2-10}$$

关于流域产沙,研究表明,产沙过程主要是推移质运动。如果采用某一推移质的输沙率公式,即可推得输沙率比尺。

有关研究表明,泥沙输移取决于颗粒雷诺数 Re_d 和修正的颗粒弗劳德数 Fr_d。若泥沙运动主要为推移质运动,则 Re_d 和底部糙率的影响都可以忽略,但悬沙分布和摩阻坡度的相似即出现偏离。

2.3.4　土壤侵蚀相似讨论

由于土壤侵蚀模型试验着重的是有关被研究现象(水土流失,在流域侵蚀系统中,输出因子为水土流失的结果,表现为不同形态的侵蚀堆积地貌)的相似,所以在保证模型与原型具有相同的水力学特征的前提下,主要根据喷头的控制面积及水泵的供水量和压力等限制因素,综合确定模型的几何比尺。

大气降水是水土流失现象的基本动力,可分解成雨滴击溅力及地表径流冲刷搬运力。强烈沟蚀的另一个动力是重力,重力侵蚀与水力侵蚀交织在一起(时空均如此),且两者常互为动力,进一步加强了侵蚀。存在的问题是重力侵蚀一般难以做到自模拟。土壤水力侵蚀在空间上覆盖全流域;在水蚀类型中,一般面蚀占主导地位,沟蚀居于次要地位。

土壤结构与特性的差异显著影响土壤侵蚀率,这一差异主要影响土壤的渗透能力,如团聚作用。对于地表水流动力侵蚀,单位时间失去的土壤 q_s'(kg/s)可以表示如下:

$$q_s' = kA\tau_s' \tag{2-11}$$

式中:k 为侵蚀系数;A 为面积;τ_s'为土壤侵蚀拖动力。

土壤侵蚀受力包括颗粒的惯性力、内摩擦力、黏着力、土壤重力、土壤的弹性力(可忽略)、外力——侵蚀动力。

一年内的径流侵蚀,主要来自7、8月中的一两次高强度或大雨量的侵蚀暴雨,因而不能用侵蚀模数笼统研究侵蚀过程。

水蚀过程如下:降水—入渗—土壤饱和或雨强大于土壤渗透速度—径流(黄土区多为短历时高强度阵雨,从而为超渗产流)。

降雨侵蚀力因子:

$$R = \sum EI \tag{2-12}$$

式中:E 为一场暴雨雨滴落地时的总能量;I 为雨强。

其中,雨强单位为mm/h或mm/min,本项目研究时雨强单位主要取后者。

对于坡面,取土壤侵蚀率[kg/(m^2·s)]表征单位时间单位面积上侵蚀产沙量,比“地块多年平均降雨径流土壤侵蚀量[t/(hm^2·a)]”合理。

对于沟道,往往形成高含沙水流,从而需要按照高含沙洪水模型相似律进行设计,以便满足水流运动相似(重力相似、阻力相似)、泥沙运动相似(悬移相似、挟沙相似及沟道变形相似等)。

2.3.5 土壤变形的相似处理

用工程措施治理黄土高原的研究,用解析法分析机械的性能比较困难,所以几乎都是基于实测资料进行的。然而,使用实物进行试验需要很多费用,而且土壤受到湿度、温度及干容重等许多参数的影响,很难得到较有代表性的资料。因此,需要使用模型进行试验。

土壤受外界扰动而变形的情况与下面的 6 个力有关,即土壤颗粒的惯性力、土壤颗粒间的摩擦力、土壤颗粒间的黏着力、土壤的重力、土壤的弹性力、土壤与外界工具的黏结力。另外,摩擦力、黏着力、黏结力、弹性力还受到土壤变形及其速率、土与外界工具黏结面的几何形状等因素的影响。

多数情况下,由于土壤的弹性力很小,变形速度的影响也很小,所以这两种因素都可以忽略。若要模型中土壤的一些特性与原型相同,只要在模型中使用与原型相同的土壤,使其应力和压力相等就可以了。若假定工具表面上的薄土壤层与工具黏结,不作相对运动,则土壤与工具的黏结力可以忽略。

(1)支配现象的物理法则。支配现象的物理法则除外力 F,还有:

惯性力

$$F_i = \rho l^2 V^2 \tag{2-13}$$

重力

$$F_g = \rho g l^3 \tag{2-14}$$

黏着力

$$F_c = c l^2 \tag{2-15}$$

内摩擦力

$$F_f = N\mu \tag{2-16}$$

上述各式中:ρ 为土壤的密度;c 为土壤的黏着应力;μ 为土壤的内摩擦系数,$\mu = \tan\phi$,ϕ 为土壤的内摩擦角,假定它是与土壤变形及变形速度无关的常数;l 为长度;V 为速度;N 为力;g 为重力加速度。

(2)相似准则。天然土壤可以分为黏土和沙土两类。黏土颗粒间的黏着力比重力和摩擦力大得多。因此,只有黏着力 F_c、惯性力 F_i 和外力 F 在黏土的变形中起重要作用,相似法则为:

$$\pi_1 = \frac{F_i}{F_c} = \frac{\rho V^2}{c} \tag{2-17}$$

$$\pi_2 = \frac{F}{F_c} = \frac{F}{c l^2} \tag{2-18}$$

至于沙土,因颗粒较粗,作用于颗粒间的黏着力与重力及摩擦力相比可以忽略。为使模型土壤的内摩擦系数与原型土相等,使用与原型相同的土壤作为模型土。然而,颗粒的几何相似得不到满足。考虑到在土壤变形过程中,由于颗粒运动的集积效果才是研究的对象,所以每个颗粒的几何相似条件可放宽。

综上所述,对于沙土来说,相似准则为:

$$\pi_3 = \mu/\mu' \quad (\text{相同土壤} \mu = \mu') \tag{2-19}$$

$$\pi_4 = \frac{F_i}{F_g} = \frac{V^2}{gl} \tag{2-20}$$

$$\pi_5 = \frac{F}{F_g} = \frac{F}{\rho g l^3} \tag{2-21}$$

虽然黏土和沙土的相似准则是用天然土壤来近似的,然而把天然土壤的变形模型化之前,需要通过预备试验把用黏土还是用沙土来近似模拟搞清楚(张红武、江恩惠等,1994)。如果是具有黏土和沙土两种性质的土壤,则按上述思路开展模型试验就有困难了。

2.4 土壤侵蚀模型设计方法探索

2.4.1 设计思路及方法

从前文的论述可知,黄土高原土壤侵蚀及沟道坝系模型试验过程中,土壤侵蚀和堆积现象极其复杂,导出的相似关系往往不相容,因而不得不先抛开相似的一般性,集中研究特殊现象,再利用原型资料对模型进行率定,使模型预测有关问题时较为可靠。通常情况下,由于对特殊现象起支配作用的物理法则比一般现象要少,因此相似准则可以放宽,只着重集积效果相似等。鉴于降雨是下垫面发生水力侵蚀的主要外营力,降雨特性(降雨量、降雨强度、雨型以及前期影响雨量等)直接影响侵蚀力的大小,因此在水力侵蚀最活跃的黄土高原地区,降雨强度是影响产流产沙的关键因子。因此,需要抓住降雨与侵蚀产沙这对主要矛盾,根据降雨侵蚀空间或时间的集积效果来实现模型流域与原型流域产沙特征的相似。

实际工程中并不以土壤侵蚀现象的每一瞬时的变化为研究对象,而多以某段时间之后的变化为研究重点,利用时间的集积效果就能够使相似准则放宽。由于黄土高原土壤的年侵蚀量主要是由少数几场特大暴雨所引起,因此可以用模型中相应历时的人工降雨试验的产沙量,来模拟原型流域一年的土壤流失量。

把侵蚀现象按空间来分割,各部分由各自的物理法则来支配,从而也能使相似法则放宽。在土壤侵蚀和治理的试验模拟过程中,我们感兴趣的并不是单个颗粒的运动轨迹,而是它的集积效果。例如,在沟道坝系拦沙现象中,研究的主要内容是淤地坝整体的拦沙减蚀效果,因此可以把小流域土壤侵蚀现象的整体性能作为研究对象。在选用模型土时可采用与原型相同或接近的土壤(不一定为追求单个土壤颗粒的运动相似而要求土壤粒径相似或强调选用轻质沙),并通过产沙量的观测,研究沟道坝地的年抬高速率,在技术上进行简化,使方法具有实用价值。

基于上述认识,我们对于具体的模型,首先按原型流域地貌资料及几何相似条件,采用原型土壤制作裸地模型,每次降雨试验前,模型的初始含水量与原型暴雨侵蚀前的情况尽量一致(天然情况下土壤初始含水量接近饱和,模型土壤饱和后也便于降雨产沙量与雨强形成幂函数关系)。再按照大于同模型沙材料相应的临界雨强等条件进行降雨试验,来模拟原型的水土流失现象。为保证沟道坝系地貌演变相似,除降雨历时遵循重力相似条件外,模型降雨产沙关系还要通过借助天然资料率定产沙量比尺的途径与原型相对应。

在模型的制作过程中,采用与原型一样或接近的土壤作模型沙,模型糙率常常不能满足相似条件。但对于夏季降雨充沛的原型,降雨径流侵蚀集中在植被较为茂盛、原型流域抗侵蚀强度与糙率均较大的地区,因此在模型上不进行植草以免糙率太大(实际上原型的植被等因素在模型中也难以一一对应地体现出来),从而可能近似满足水流阻力相似条件。同时,因为原型存在植被后抗蚀对应的临界流速较大,在模型降雨侵蚀试验中还可能使土壤的起动相似条件偏离不大。此外,还可将其他方面对土壤侵蚀的影响综合反映在原型的年产沙量变化上,用裸地模型来模拟原型的侵蚀情况。从这些角度讲,沟道坝系采用裸地模型进行降雨侵蚀试验有其合理性。

2.4.2　半比尺模型设计方法

严格地讲,降雨强度应遵循如下相似条件:

$$\lambda_I = \frac{\lambda_L}{\lambda_t} = \lambda_L^{0.5} \tag{2-22}$$

但对于几何比尺较大的模型,模型降雨强度按比例缩小后难以使下垫面遭到雨溅破坏及产生相应的土壤侵蚀,尤其是采用同原型土壤作模型沙时更是如此。根据试验研究,不同的模型沙都有相对应的临界雨强,若用轻质沙代替模型土壤,临界雨强即可相应减小,根据目前的降雨器,最小雨强控制在 0.2 mm/min 左右时,试验结果尚较为可靠(但大多试验常常控制在 0.5 mm/min 甚至 1.0 mm/min 以上),而黄土高原主要侵蚀性降雨雨强一般为 0.5 ~ 3 mm/min,因而可求出降雨强度比尺一般为 3 ~ 10。

如果按照可能选取的模型沙(极限状态采用极细颗粒的塑料沙模拟原型土壤的侵蚀状况)和实验室可控制的临界雨强反求几何比尺,由式(2-20)可知,几何比尺小于 100,说明黄土高原小流域模型严格做到降雨侵蚀关系相似需要很大投资(不仅模型需要做很大,而且采用轻质沙也大大增加试验成本)。即使是几何比尺不大,但由于雨滴本身的大小难以严格做到几何相似,再加上各种因素交互影响,产沙量比尺也未必能够满足下文给出的产沙相似条件。由此表明,黄土高原小流域沟道坝系模型试验如果不选取轻质沙,雨强变态往往是难免的,基于主要比尺靠原型资料率定的上述半比尺模型设计方法更具有广泛的适用性。

根据几何相似要求,下垫面及工程结构物的垂直比尺 λ_H 应和水平比尺 λ_L 相等,即:

$$\lambda_H = \lambda_L \tag{2-23}$$

在降雨模拟侵蚀试验中,重力的影响是主要的,所以降雨时间比尺可以按照重力相似条件计算:

$$\lambda_t = \lambda_L^{0.5} \tag{2-24}$$

同样,由模型比尺的概念易知流域降雨的产沙量比尺:

$$\lambda_\Psi = \frac{\Psi_p}{\Psi_m} = \frac{A_p He_p \gamma_{0p}}{A_m He_m \gamma_{0m}} = \lambda_L^2 \lambda_{He} \lambda_{\gamma_0} \tag{2-25}$$

式中:Ψ 为流域的降雨产沙量,kg;A 为流域面积,km^2;He 为流域表面土壤的降雨平均冲淤厚度;γ_0 为流域下垫面土壤的干容重,kg/m^3;下标 p 和 m 分别代表原型和模型对应的物理量,下同。

如果采用原型土壤作为模型沙可得:

$$\lambda_\Psi = \lambda_L^2 \lambda_{He} \tag{2-26}$$

如果模型冲淤与原型严格相似,则模型侵蚀厚度的比尺与垂直比尺相等,上式可变为:

$$\lambda_{\Psi} = \lambda_L^3 \tag{2-27}$$

而在模型试验中雨强、模型沙等因素很难做到与原型完全相似,模型与原型的侵蚀厚度的比值也难以与垂直比尺相等,故参照解决丁坝局部冲刷模拟时冲刷深度不等于垂直比尺而提出的修正比尺法,引入修正系数 k(张红武、曹丰生等,1999),将侵蚀厚度的比尺与垂直比尺的关系表示为(张红武、徐向舟等,2005):

$$\lambda_{He} = k\lambda_L \tag{2-28}$$

进一步将此式代入式(2-26),则小流域降雨产沙量比尺:

$$\lambda_{\Psi} = k\lambda_L^3 \tag{2-29}$$

模型的降雨产沙量通过预备试验测定,于是可以将原型和模型的降雨产沙量之比作为产沙量比尺。

上述提出的黄土高原沟道坝系模型设计方法需满足以下条件(张红武、徐向舟等,2005):

(1)按照几何相似条件,要求初始地貌与原型相似。

(2)为保证侵蚀形态的相似性,下垫面需要采用模型沙(常取原型土壤)制作裸地模型,其初始含水量同原型相近,且模型降雨强度必须大于模型沙相应的临界雨强。

(3)降雨历时遵循重力相似条件。

(4)为保证沟道坝系地貌演变相似,模型降雨产沙关系要与原型相对应,满足产沙相似条件。但一般情况下产沙量比尺尚需要采用比尺修正法确定,即该比尺为原型产沙量与模型产沙量的比值,其中模型产沙量通过预备试验确定,原型产沙量则等于侵蚀模数与流域面积的乘积。

从理论上讲,在满足几何相似、降雨历时相似条件的前提下,还可通过选取适当的模型沙、雨强等途径来尽量使模型流域产沙及产流与原型相似。如果模型的侵蚀产沙量比尺还不能满足相似条件即式(2-27),仍需要利用原型资料按照式(2-29)来修正产沙量比尺。至于产流过程的相似性,也因出现偏差而需加以修正。

完全的几何比尺模型试验在理论方法上和具体试验中都存在难以克服的困难。上述提出土壤侵蚀及沟道坝系模型的相似律实际是半比尺模型设计方法。

徐向舟以无量纲数 $q_{sd} = He/L$ 表征流域地貌的降雨侵蚀度,简称侵蚀度,He 为流域表面土壤的次降雨平均冲淤厚度,将原型侵蚀度 q_{sd} 与模型值之间的比值称为侵蚀度比尺(用 $\lambda_{q_{sd}}$ 表示),于是:

$$\lambda_{q_{sd}} = \lambda_{He}/\lambda_L = \frac{He_{p(1)}}{L_{p(1)}} \Bigg/ \frac{He_{m(1)}}{L_{m(1)}} = \frac{He_{p(2)}}{L_{p(2)}} \Bigg/ \frac{He_{m(2)}}{L_{m(2)}} = \cdots = \frac{He_{p(i)}}{L_{p(i)}} \Bigg/ \frac{He_{m(i)}}{L_{m(i)}} = k \tag{2-30}$$

式中:λ 为几何长度比尺;i 表示降雨组次;λ_{He} 为冲淤厚度比尺;k 表示原型次降雨侵蚀度与模型次降雨侵蚀度的比值,称为模型相对原型的绝对修正系数。

徐向舟试图以式(2-30)表明,在水土保持的模型试验中,历次降雨后模型的修正系数都接近于某一常数,而实际操作中显然无法事先确定该系数。

2.5　模型试验方法验证

2.5.1　类比模型试验概述

基于上述认识，本书借鉴其他模型试验较为常用的经验，根据黄土高原生产实践的具体要求和现有的技术设备条件，提出一种可行的方案，制作出同原型在主要方面存在相似关系的水土保持模型，来解决一些黄土高原治理科研工作中迫切需要解决的问题。

假如黄土高原有一处待治理的小流域，该流域建坝前历年的降雨产沙情况已知（体现在年侵蚀产沙模数上），现在希望通过模型试验预测建坝后该流域的侵蚀产沙情况，假设当地的降雨条件可按设计给定，治理方面除建坝以外没有采取别的措施。

由于原型流域系统的土壤侵蚀资料毕竟太少，尤其是缺乏与不同频率暴雨条件相应且小流域实施治理措施后的产沙资料，来系统地对模型试验方法进行检验，因此将在大模型上观测建坝后的产沙资料换算到原型后，再将小模型建坝后预测的产沙量同大模型预测的产沙量进行对照，以便验证本书模型试验方法的合理性。本书研究思路示意图如图2-1所示。

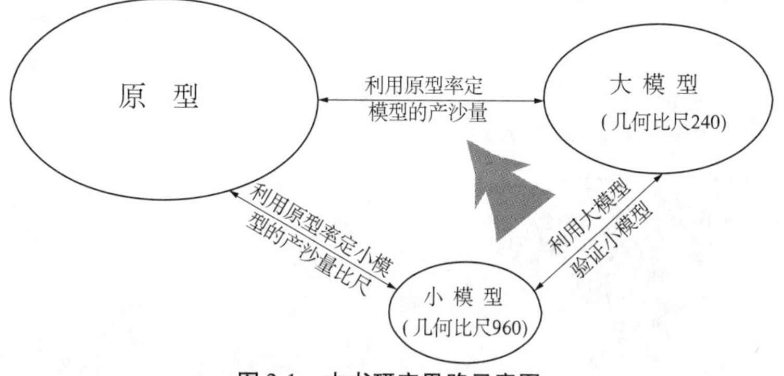

图 2-1　本书研究思路示意图

首先按原型流域地貌资料及几何相似条件，采用原型土壤制作几何比尺分别为 240 及 960 的两座裸地模型，再按照大于临界雨强及历时遵循重力相似原则的控制试验条件进行降雨模拟，来模拟原型的水土流失现象。为保证沟道坝系地貌演变相似，两座模型降雨产沙关系都应与原型相对应，产沙量比尺需要采用原型资料加以率定。鉴于两个模型之间的物理现象更便于比较，就利用几何比尺为 240 的模型与几何比尺为 960 的模型进行对照来验证试验方法的合理性（张红武、徐向舟等，2005），从而将在模型沟道上建坝后出现的地貌演变现象与原型地貌现象发生联系，以便利用模型试验论证原型水土流失治理的方案。

为方便起见，在下文的叙述中将按原型流域地貌 1/240 缩小的模型称为大模型或模型 A，将按原型流域地貌 1/960 缩小的模型称为小模型或模型 B。利用大模型对小模型进行验证时，只需将大模型建坝后历年的实测产沙量与小模型建坝后历年的产沙量（都经产沙量比尺换算成原型值）对比即可。

本书研究的主要目标之一是从基本的典型沟道小流域入手，研究黄土高原沟道坝系维持相对稳定的原理和坝系工程规划的科学方法。黄土高塬沟壑区典型小流域地表形态主要由梁、峁和分隔梁峁的沟谷组成，多为黄土覆盖。以沟缘线为界，分为沟谷地和沟间地，沟谷面积约占流域总面积的 49. 73% ,沟间地面积约占流域总面积的 50. 27% ;峁梁顶坡度为 0° ~5°,峁梁为 10° ~25°,沟坡一般在 25°以上;峁梁坡长多在 50 m 左右,最长可达 100 m (蔡强国,1998)。图 2-2(a)、(b)显示了黄土丘陵沟壑区的典型地貌形态,由此可以看出黄土梁和沟道的集水关系以及沟头(沟掌)的冲沟发育情况。图 2-2(c)、(d)是根据原型流域地貌特征概化设计的类比模型下垫面地貌,包含沟道、坡面、梁、沟掌等地貌形态。

(a) 黄土高原典型的沟掌地貌(1)
(唐克丽等, 2004)

(b) 黄土高原典型沟掌地貌(2)
(中国水利电力部黄河水利委员会, 1988)

(c) 黄土高原典型沟道流域地貌(1)

(d) 黄土高原典型沟道流域地貌(2)

(e) 大模型的沟道流域地貌

(f) 小模型的沟道流域地貌

图 2-2　黄土高原典型小流域及大小模型地貌

作为方法探讨和规律性的研究，我们把具备黄土高原侵蚀产沙特点共性的典型沟道流域作为原型。同时为使模型有相应的流域面积、侵蚀模数等参数，又要以一个符合黄土丘陵沟壑区实际情况的典型小流域为背景。为此，我们把所收集的王家沟、西黑岱沟等天然资料进行归纳分析，在找出共性的前提下兼顾特殊性，以概化后的黄土丘陵沟壑区某流域作为研究的原型，得到所概化后的流域面积为 3.3 km^2。根据 1969 年对原型相关部位侵蚀地貌的定位观测结果（张治国、王桂平等，1995），该流域多年平均土壤侵蚀模数为 20 811 t/km^2。

淤地坝的拦沙减蚀现象是由泥沙在坝地的淤积所引起的，因此可将原型流域的水土流失情况概化为与侵蚀模数有一定关系的裸地模型的降雨产沙情况。黄土高原年侵蚀量主要是由有限的几次暴雨引起的，原型可以用相应历时降雨引起的产沙量来表示流域一年的降雨产沙效果。引起黄土高原侵蚀产沙的主要类型降雨 A 型暴雨的降水历时一般在 30 ~ 120 min（焦菊英等，1999a），多年平均汛期暴雨次数一般为 3 ~ 4 次，骨干工程设计洪水频率条件下对应的年暴雨次数可取为 4 次，则年暴雨总历时相应达到 120 ~ 480 min，取平均值为 300 min，概化原型的年降雨产沙量，相当于原型流域出口处一年的产沙量总和，可根据原型流域多年平均侵蚀模数来计算：

$$\Psi_p = M_{\Psi p} \times A_p = 20\ 811 \times 3.3 = 6.87(\text{万 t})$$

式中：$M_{\Psi p}$ 为多年平均侵蚀产沙模数，t/km^2；A_p 为流域面积，km^2。

大模型和小模型的初始微地貌形态根据模型长度比尺由原型值转换而得。模型的流域面积、沟道长度、高差、沟床比降等参数均以背景流域尺寸按几何比尺缩小，其中大模型下垫面的地貌按照原型流域尺度的 1/240 设计，小模型下垫面的地貌根据原型按照 1/960 的比例缩小。背景流域的地形、地貌均保持着未经治理的自然状态。

降雨时间比尺根据式（2-24）进行计算。对于大模型，该比尺等于 15.5，其降雨持续时间为：

$$t = \frac{t_p}{\lambda_t} = \frac{300}{\sqrt{240}} = \frac{300}{15.5} = 19.35\ (\text{min}) \tag{2-31}$$

为此，大模型的降雨历时可取平均值约为 20 min。大模型的降雨强度根据现有降雨设备性能和侵蚀性降雨的要求确定，约为 1.6 mm/min。

同样，小模型的降雨时间比尺为 31，则降雨持续时间为：

$$t = \frac{t_p}{\lambda_t} = \frac{300}{\sqrt{960}} = 9.68\ (\text{min})$$

因而，小模型试验时取降雨历时为 10 min。降雨产沙量比尺需要根据原型及模型建坝前的侵蚀产沙量对比而得，故通过下述预备试验给出结果。

2.5.2　试验设备与方法

2.5.2.1　降雨模拟技术概述

在野外试验小区的试验中，通过天然降雨观测流域的产流产沙情况，试验周期长，效率低。而通过降雨模拟试验，不仅可以严格控制试验条件，模拟不同强度的天然降雨，而且大大缩短试验周期，以便于观测研究土壤侵蚀的发生演变过程以及与各个影响因素之间的内在机理。早在 20 世纪 30 年代美国就已经开始应用人工模拟降雨的方法对坡面产流和土壤侵蚀的过程进行试验研究，50 年代中期以后人工模拟降雨技术取得了较快的发展。我国在 20 世纪中期也开始了降雨模拟研究，黄委子洲径流站于 1960 年使用苏制瓦尔达依式人工降雨器进行渗透试验（赵志进、李桂英，1989）。目前，中科院地理所、黑龙江水保所、西安理工大学、中科院水利部水土保持研究所等单位都拥有比较先进的降雨模拟器或降雨模拟大厅。

降雨模拟器是水土保持试验中的主要设施。根据试验的要求，降雨模拟器可以设计成多种不同的形式。Bubenzer(1979)总结了水土保持科学研究中常用的63种人工降雨模拟器。Shelton 和 Bernuth 等(1985)按照雨滴形成的方式，将降雨器分成悬箱式、管端式和喷嘴式等类型，喷嘴式降雨器可用于较大面积的模拟降雨。吴长文、徐宁娟(1995)将目前发展的人工降雨模拟装置分成四种形式：喷嘴式、喷洒式(又称为管网式)、悬线式和针头式四种。在实践中，可以借助喷头或喷嘴的运动，使降雨分布更加均匀，或者在较少喷头(喷嘴)的情况下，扩大降雨面积。如 Hignett、Gusli 等(1995)的摆动针头下喷式降雨模拟器，Meyer、McCune(1958)的往复下喷式多喷头降雨模拟器等。但上述类型降雨器的机械结构往往比较复杂。在保持喷头或喷嘴不动的条件下，通过其他方式也能实现降雨的均匀性。Shelton 等(1985)使用的多喷头下喷式降雨模拟器通过在供水管中注入空气以使降雨分布均匀。Thompson 等(1985)和孙役(1988)设计的降雨模拟器都是一种固定的水箱，其底板下嵌有均匀分布的针头以保证降雨的均匀分布。

近年来室内降雨模拟技术已有很大的发展，降雨模拟的雨幕控制智能化、自动化水平也有很大的提高。但是大型的室内降雨模拟器建造费用和运行成本都很高，难以广泛应用。徐向舟、刘大庆、张红武等(2006)提出了一个适于水土保持基础研究的降雨模拟系统，可以模拟较大面积的降雨，而且这种系统降雨分布均匀，性能稳定，操作方便，制作和运行的成本都比较低廉。

模拟天然降雨，首先要了解天然降雨的特征资料。天然降雨的主要特性包括(陈文亮、王占礼，1991)：①降雨量、降雨强度；②降雨分布的均匀性；③雨滴直径的大小和分配；④雨滴的击溅速度等。降雨量通常用降雨深度(mm)来表示。单位时间内的降雨量称为降雨强度(mm/min)。降雨分布的均匀性是降雨的一个重要特征。降雨的均匀性可以通过降雨量等值线分布图或者均匀系数 K 来表示：

$$K = 1 - \frac{\sum |H_i - \overline{H}|}{n\overline{H}} \quad (i = 1,2,\cdots,n) \tag{2-32}$$

式中：$\overline{H}$ 为同一时段降雨面上的平均降雨量，用算术平均值计算；H_i 为同一时段降雨面上的测点雨量；n 为降雨面上的雨量测点总数。

雨滴粒径的大小及其分配是降雨动能的重要参数之一。雨滴的粒径越大，它的质量和终速也越大，因而对地面和作物的打击力也越大。在天然降雨中，雨滴的粒径一般不会超过6 mm(R. Gunn, G. D. Kinzer, 1949)。因为当雨滴粒径太大时，雨滴会变形破裂，形成小的雨滴。以我国的黄土高原地区为例，该地区雨滴的中值粒径 d_{50} 在1.49~1.93 mm(蒋定生等，1997)。

雨滴到达地面的瞬间，其下落的速度称为击溅速度。一定大小的雨滴在空气中自由下落，当其速度达到一定值时，空气的阻力与雨滴自身受到的重力相等，雨滴匀速下落，此速度称为雨滴的终速。早期 Laws(1941)对雨滴终速的观测成果现在仍被业内广泛认可。根据 Laws 的成果进行数据回归分析，可以得到雨滴终速与雨滴粒径之间的关系：

$$V_T = 3.81\ln D + 3.67 \tag{2-33}$$

式中：D 为相应的雨滴粒径，mm。

要使95%的雨滴达到其相应的终速，最小的降落高度达到7~8 m即可。雨滴的终速也可以根据物体在静止流体中的沉降规律，运用推导的物理公式进行计算(牟金泽，1983；Park, et al., 1983；周佩华、豆葆璋、孙清芳等，1981)。但对于粒径大于1.5 mm的雨滴，计算终速与实测值存在较大误差。

在降雨模拟试验中,一般采用能量相似的办法来模拟天然降雨的侵蚀作用。早在 1958 年 Wischmeier、Smith 就指出雨滴的动能是模拟降雨侵蚀的最好参量。这个结论已经被国内外大量学者的模拟降雨试验成果所证实(周佩华、豆葆璋、孙清芳等,1981;Park, et al., 1983;杨丕庚、赵志进等,1984;陈文亮、王占礼,1991)。但是降雨能量的观测不如雨强、雨滴粒径等参量的观测那么方便和直观。因此,有必要找出其他各降雨因子的原型与模型之间的关系,并符合能量相似原则。实际上,降雨模拟试验往往都是根据动能相似的原则来设计,而通过调节雨强来实现的,如杨丕庚、赵志进等(1984)的研究。因为无论是天然降雨还是模拟降雨,降雨强度和降雨动能都有密切的关系。

设某场降雨雨滴的大小均匀且降雨高度不变,即所有雨滴的击溅速度 v_1 是常数;雨强为 I,降雨时间为 t,则这段时间内单位面积上降雨对下垫面作用的总动能为:

$$E = \frac{1}{2}Mv_1^2 = \frac{1}{2}\rho Itv_1^2 = kI \tag{2-34}$$

式中:M 为 t 时段内单位面积上的降雨总质量;ρ 为雨滴密度;k 为常数。

式(2-34)表明,降雨高度不变的均匀降雨,其动能只和雨强有关,两者一一对应。即只要调整雨强的大小,就可以控制降雨的动能。上述结论也适于降雨高度不变,且雨滴的大小和分布不随雨强的大小而变化的非均匀降雨。对天然降雨的特性研究也表明,降雨动能与雨强有很好的对应关系。表 2-3 中列举了关于天然降雨动能与雨强之间对应关系的部分研究成果。

表 2-3　降雨动能与雨强之间的对应关系

作者	降雨动能与雨强之间的关系	单位	
		雨强 I	动能
Wischmeier 和 Smith (1958)	$E' = 916 + 331\lg I$	in/h	foot - ton/acre - inch
周佩华等(1981)	$e = 23.49I^{0.27}$	mm/min	J/(m² · mm)
Rosewell(1986)	$e = 0.41I - 0.56$	mm/min	J/(m² · s)
Uson 和 Ramos(2001)	$e = 0.39I - 0.3$	mm/min	J/(m² · s)
徐向舟等(2006)	$e = 0.20I + 0.083$(管网式) $e = 0.28I - 0.043$(喷射式)	mm/min	J/(m² · s)

注:e 为单位时间单位降雨面积上的降雨动能;E' 为单位体积降雨的动能。

总之,在室内降雨模拟试验中,在降雨高度一定的前提下,只要保证雨滴的大小及其分布基本不变,则只需调节雨强的大小,就能控制相应的降雨能量(薛燕妮、徐向舟等,2007)。

本书研究的降雨模拟除满足与天然降雨的基本特征相似以外,还要求有效降雨面积比较大,能满足试验场地一定高差的要求,制造和操作都比较方便易行。根据试验基地现有的技术设备及试验场地要求,确定在 2#试验场采用 SX2002 管网式降雨模拟试验系统,有效降雨面积 3.5 m×2.5 m,下垫面地形最大高差约 0.7 m;在 1#试验场采用 SX2004 旋转喷射式降雨模拟试验系统,该降雨系统由 10 个降雨模拟单元组成,有效降雨面积 10.8 m×6 m,下垫面地形最大高差约 2.9 m。

2.5.2.2　SX2002 管网式降雨模拟试验系统的性能

黄土高原的土壤侵蚀主要由几次特大暴雨所引起,往往一次特大暴雨的侵蚀量占年侵蚀总量的 60% 以上,甚至超过 90%。降雨模拟系统主要是针对这些大暴雨并观测其所引起的侵蚀过程,因此降雨模拟系统的降雨强度要大。试验中已用的有效降雨均匀度达到了 80% 以上,雨滴粒径在 3 mm 以下,降雨高度 3.5 m,雨强的大小可根据试验的要求在 1.0 ~

4.0 mm/min任选，且降雨稳定，易于控制。

SX2002 管网式降雨模拟试验系统由降雨器(7)、支架(8)以及供水系统三部分组成(如图2-3 及图2-4 所示)。其中支架由角钢和槽钢焊制，高4.0 m。PVC 管制成的降雨模拟器放置于支架的顶部，喷孔直径1 mm，相邻喷孔间距10 cm。该降雨系统由潜水泵(2)供水。为保证供水压力的稳定，潜水泵的电源必须经过稳压器以防电流波动；水源不断向稳压水池(1)供水，以保持水面稳定。试验中雨强值通过压力表(5)监测。调节分流管上的控水阀门(4)，以便改变雨强的大小(徐向舟、张红武等，2006；徐向舟、张红武等，2004)。

为了避免降雨稳定前雨水对水土流失量的影响，可用帆布挡雨篷(9)将初始降雨挡住，等降雨稳定后才将挡雨篷收拢；降雨试验结束时，迅速拉开挡雨篷，挡住雨水，然后关闭电闸，以避免降雨器内残余水流对水土流失的影响。为防止喷孔被杂质堵塞而影响降雨的均匀性，每次降雨试验前先排放尾管(15)内含杂质的积水；然后将降雨器内的水压力调到较大值，把积存在降雨器内的杂质冲出。

图2-3　SX2002 管网式降雨模拟试验系统实景

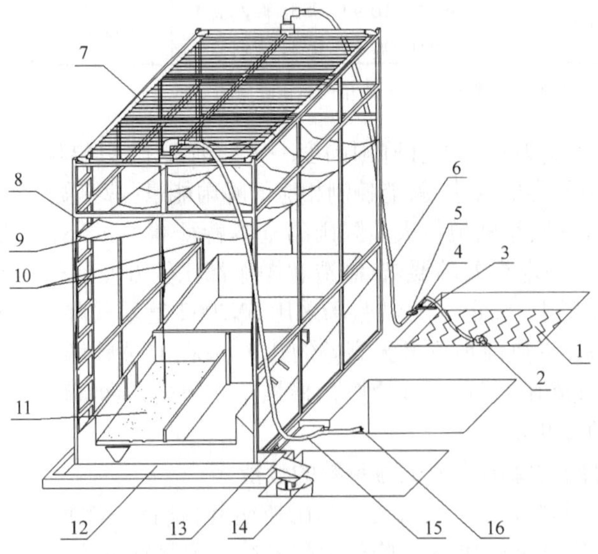

1—稳压水池；2—潜水泵；3—分流管；4—阀门；5—压力表；6—供水管；7—降雨器；8—支架；9—挡雨篷；10—拉绳；11—下垫面模型；12—引水槽；13—排水孔；14—径流桶；15—尾管；16—堵头

图2-4　SX2002 管网式降雨模拟试验系统结构

2.5.2.3　SX2004 旋转喷射式降雨模拟试验系统的性能

SX2004 旋转喷射式降雨模拟试验系统由喷头和供水系统组成（如图 2-5、图 2-6 所示）。旋转喷射式喷头是一种下喷式喷头，其喷水原理是：具有一定压力的水流进入喷头之后，推动喷头内部一个螺旋形的叶片转动，最后以一定的角度自喷嘴喷出，散成雨滴下降。喷嘴口径不同，其降雨强度也不同，一般喷嘴直径越大降雨强度也越大。中科院西北水保所（周佩华、张学栋、唐克丽，2000）和河海大学（刘震、郝振纯，1998）的降雨模拟试验大厅都采用了这种形式的喷头。多个旋转喷射式降雨模拟器组合，可以形成很大面积雨场的模拟降雨。通过供水管路的合理设计，可以调整供水压力，使不同高程的喷头进水压力一致，满足高差较大的沟坡模型侵蚀试验的要求。本研究从中科院地理研究所引进旋转喷射式喷头，经改进以后建成多喷头组合式降雨模拟系统，如图 2-5、图 2-6 所示。该降雨系统由 10 个独立的降雨单元组成，每个降雨单元的雨幕覆盖范围是直径大约为 5 m 的圆面。图中稳压水源从供水钢管（1）输入到降雨器中，该钢管既可以为降雨器喷头提供水源，又起到支架的作用。旋转喷射式喷头（7）位于支架的顶部，喷口向下，距下垫面大约 7 m。本研究中各降雨单元的入口流量可以通过控水阀门（10）控制，流量的大小可以通过压力表（9）监测。尽管各降雨器单元的入口水压不等，但通过控水阀门的调节作用，可以使各降雨喷头的供水压力一致，以达到降雨的均匀性。降雨器单元可以通过锚杆（12）固定，将降雨器安放在模型试验所需的位置。

降雨模拟试验前，必须对雨滴粒径、均匀度、雨强等指标进行率定，达到试验的要求后方可开始正式试验。

图 2-5　SX2004 旋转喷射式降雨模拟试验系统实景

2.5.2.4　模拟降雨的观测方法

由于降雨强度的大小对侵蚀产沙量的变化非常敏感，因此在本研究中，每次降雨模拟试验前，都必须进行雨强的率定。对于野外大面积、下垫面无法遮盖的天然降雨观测，可以采用在雨场的不同位置布设多个雨量计，然后求平均值的方法来确定该地区的雨强。但在人工模拟降雨试验中，由于场地边界的可控性，可以采用全流场接流的方法来率定整个试验场的平均降雨。这种方法克服了降雨不均匀性（一般均匀度达到 80% 就被认为满足试验的需要）所造成的误差，具有较高的观测精度。

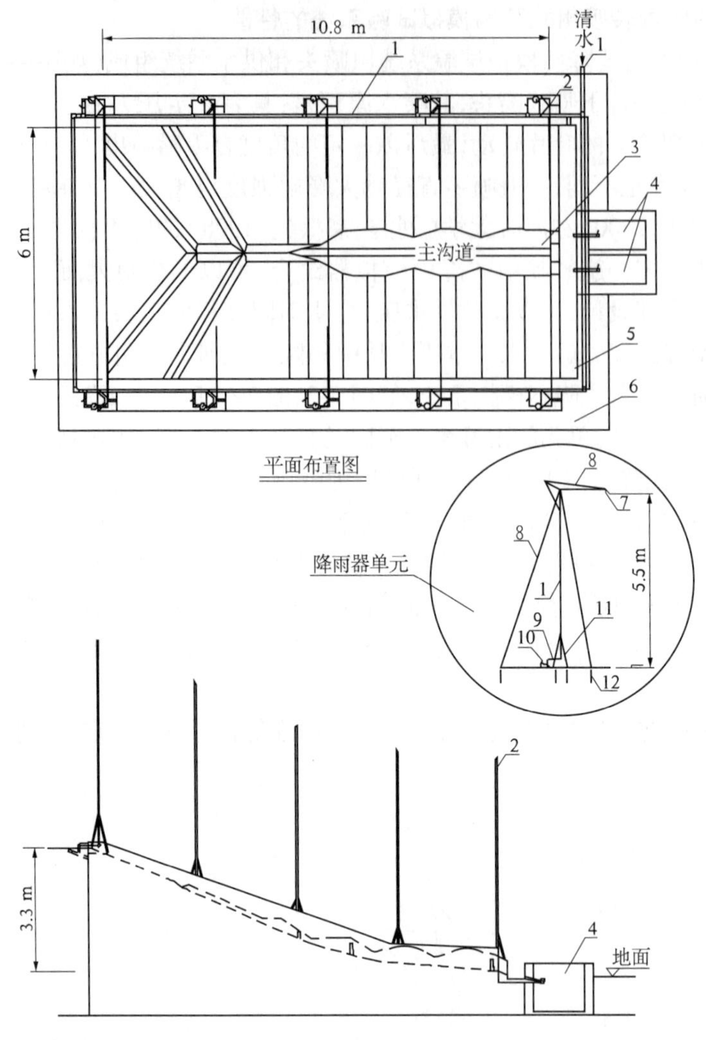

1—供水钢管;2—SX2004 旋转喷射式降雨器;3—下垫面模型;4—径流池;5—引水槽;6—过道;7—喷头;8—拉索;9—压力表;10—控水阀门;11—角钢支架;12—锚杆

图 2-6　SX2004 旋转喷射式降雨模拟试验系统结构

可用全流场接流法对模拟降雨雨强进行精确率定。在进行雨强率定试验前,先在模型区上覆盖不透水的塑料布,使模型区内所有的降雨都通过塑料布集中到导流沟中,并经导流沟流入带有刻度的径流桶或径流池中。径流桶雨水的水位与体积的关系事先已经率定。经过一段时间的模拟降雨后,导流沟内的雨水流量基本稳定,这时开始计时,同时记录径流桶(或径流池)的水位读数;以后桶(或池)中水位每上升一定的高度,记录一次水位及对应的时间。试验结束后,绘出某一雨强条件下雨水体积 B 与对应的时间 T 之间的关系曲线。只要雨强稳定,B 和 T 就有很好的线性相关关系,其斜率即为降雨区单位时间内的降雨量 Q。由于模型的水平投影面积 A 已知,因此可以根据下式计算出雨强的大小:

$$I = 6 \times 10^4 \times \frac{Q}{A} \tag{2-35}$$

式中:I 为降雨强度,mm/min;Q 为模型流域出口处径流的流量,m^3/s;A 为模型流域的投影面积，m^2。

由于采用本方法得到的是全雨场短时间内降雨强度的连续多个观测结果，所以这种方法不仅可以精确测定最近组次降雨试验的雨强大小，还可以检验降雨的稳定性。

对于降雨面积较大的试验模型，如本研究中的 1#模型，可以砌筑水平横截面不变的水池作为径流池，这时池中的浑水的体积 B 与径流池的水位 H 成线性关系。对于降雨面积较小的试验模型，如本研究中的 2#模型，一般采用容积较小的塑料桶接流，这样既方便试验操作，又有利于提高观测精度。但常见的塑料桶一般口大底小，桶中浑水的体积 B 与水位 H 之间的关系需事先通过试验率定。

2.5.2.5　产沙量的观测方法

在水土保持比尺模型试验中，出口产沙量是计算模型流域次降雨侵蚀程度的主要参数，也是评价比尺模型相似性的重要指标。流域出口产沙量的准确与否，直接关系到试验成果的可靠性，许多学者对其进行了研究（方彦军等，1999；雷廷武等，2002；符素华等，2003）。在我国黄土高原地区，常用的含沙量测量方法是：降雨模拟试验结束后，把引水槽中的淤泥扫入径流池，将水搅拌均匀，然后从中取出代表水样，并根据代表水样的含沙量和径流池中浑水的体积推求冲刷量（水利电力部农村水利水土保持司，1988）。黄土高原土壤的组成物质以粉沙（0.002 ~ 0.01 mm）为主，其含量可达 50% 以上，极少见夹有 1 mm 以上的颗粒（刘东生等，1964），在搅动过程中，基本上不会有泥沙颗粒沉降至径流池底部，所以能够测得较为准确的含沙量。本研究中模型试验的下垫面土壤均取自清华大学黄河研究中心北京市顺义区试验场附近的黄土，试验中发现上述土壤中夹杂着大量粒径较大的泥沙颗粒，这部分粗颗粒泥沙沉降速度很快，用传统测量法很难正确地测量土壤侵蚀量。符素华等（2003）曾提出采用分层测量法测定径流桶中的泥沙量，即采用分层的办法分别取得含沙量较小的上层浑水样、含沙量较大的下层浑水样以及底部淤积的含沙量和体积，进而求出径流桶中泥沙的总质量，以避免因粗颗粒泥沙沉降过快对含沙浓度测量精度造成的影响。但根据我们在水土保持试验中的实际操作经验，径流池底部淤积物中粗细沙混合密实度不均，且含水量处于超饱和状态，所以所取样品含沙量难以与底部淤积平均含沙量一致，而径流池中泥沙含量主要在这一部分，因此这种方法仍存在较大误差的可能性。本项研究提出一种烘干法与密度瓶法相结合的模型出口产沙量观测方法，即将泥沙加水搅拌后分层，上层颗粒较细、溶于水的泥沙质量采用密度瓶法配合径流桶测定，底部颗粒较粗的泥沙通过加热烘烤除去水分然后用天平直接测量出泥沙的净重，两者之和即为径流池中的泥沙量。其特点是相当于用完全归纳法统计出径流池中的泥沙干质量。

现以清华大学黄河研究中心李各庄试验场 1#模型的次降雨产沙量观测为例，说明烘干法与密度瓶法相结合测定径流池中泥沙含量的步骤。

次降雨模拟试验结束后，浑水储于长方形的径流池中。首先测量径流池上层浑水中的泥沙量，读出水位读数，并在水面处取一水样以测定浓度；然后将潜水泵置于某一水深，将水泵位置以上浑水抽出，这时再读出径流池中水位读数，并在水面处取样；如此多次，直至池中出现颜色较深的浊水为止。由于径流池的横截面积已知，根据潜水泵排水前后的水位读数差可以计算出水泵每次排出浑水的体积；该体积乘以开泵前后两次水面处水样含沙浓度的平均值，即可得潜水泵排出的净泥沙量。值得一提的是，试验的测试结果说明，由于大部分泥沙已经沉于池底，水泵排出的泥沙量很小，几乎可以忽略。

然后将池底的水沙混合物分批收集到与径流桶同容积的塑料桶中，加水搅拌；将溶有细沙的浑水移到径流桶中通过密度瓶法测量，而塑料桶桶底残留的粗颗粒泥沙用烘干法除去水分后，用天平称量即可。径流桶浑水含沙量的测量方法如下：待水面静止后读出径流桶的水位读数，由此可以计算出桶中浑水的体积；然后将浑水充分搅拌，同时用密度瓶在浑水表面、浑水中部及浑水底部各取一水样，3 个水样含沙量的平均值即为径流桶中浑水的含沙量。取样时需用木棒不停地搅动浑水，并将密度瓶（其进水口直径很小）迅速送到所需取水层，待密度瓶取满后（此时水面不再泛出气泡），迅速取出水样。

将用密度瓶法测得的由水泵排出的细沙质量和各径流桶中浑水的细沙质量，以及用烘干法测得的各径流桶桶底的粗沙质量相加，其总和即为次降雨流域出口产沙的总质量。

野外试验每次降雨的产流产沙量均在模型沟口取样获得。沟口挖集流坑一个，把集流桶置于其中并将模型之水沙导入桶内，集流桶为直读式，桶盖上竖有标尺，桶内设浮标，由浮标随桶内水位上升指示读数，试验中每 5 min 左右读数一次，经率定，径流桶每注入 500 mL 水沙，标尺上升 1 cm。据此，可得对应某个读数径流深：

$$\text{径流深(mm)} = \frac{\text{桶内水沙深度(cm)} \times 500\ \text{mL} \times 10^{-3}}{A(\text{m}^2)}$$

式中：A 为模型面积。

泥沙取样可用量筒，每隔 5 min 在沟口取径流 50 mL，再用烘干法称得泥沙质量，并算出所占质量百分比 P_1，则每个取样时段内的输沙量等于该时段内的径流量和 P_1 的乘积（徐向舟、张红武等，2007）。

2.5.3　类比模型试验

本研究通过类比模型的降雨产沙试验来检验沟道坝系模型试验方法的可靠性。试验在清华大学黄河研究中心的李各庄基地进行。其中大模型 A 在 1# 试验场制作，场地投影面积 10.8 m × 6 m，降雨模拟设备采用 SX2004 旋转喷射式降雨模拟试验系统。小模型的验证试验分两组，第一组在 2# 试验场进行，降雨模拟设备采用 SX2002 管网式降雨模拟试验系统（编号为 B_a）；第二组在 3# 降雨模拟厅进行，降雨模拟设备采用 SX2004 旋转喷射式降雨模拟试验系统（编号为 B_b）。

模型制作对试验结果的可靠性有很大影响，整个制模过程一般分以下几个步骤：

（1）依据几何比尺在平整好的地面上将流域形状放样，用砖砌成边墙，边墙应稍高于流域边界各对应点的模型高度。为利于散水，防止流域外降水溅入模型，用水泥砂浆将砖墙顶部做成三角形。

（2）边墙做好后，在其内侧用油漆点出选定的流域边界控制点的高程，并将各点按原型的地形连接起来，作为模型填土边界高程控制线。

（3）填土。填土前把模型底部的杂物清理干净，然后挖松表土层约 20 cm 深，以利于同上部填土结合。填土时，每次铺土厚 20 cm，耙平踩实后，将新土壤夯实，土壤容重控制在 $1.4 \times 10^3\ \text{kg/m}^3$ 左右。填土应高出所勾画的边界高程控制线 5 cm 左右，以利于模型的微地形制作。

（4）模型微地形的制作。填土完毕后，在模型上放出沟道中心线和沟缘线，比照航片或地形图，并根据对原型标示物的实地考察雕刻出模型的地貌形状，做出条形梯田、地埂、陡坎、侵蚀沟等。

(5)用小耙把模型表面耙松,然后多次进行低强度少量喷水,使土体上下均匀沉陷和湿润,以消除前期含水量对试验结果的影响。

所有模型均根据原型流域地貌概化,采用一定的模型沙手工拍实做成。制作大模型和 B_a 模型的模型沙都是李各庄黄土,经率定,该黄土的干容重是 1.56×10^3 kg/m³,中值粒径为 0.034 8 mm。制作 B_b 模型的模型沙由李各庄黄土和粉沙按一定的比例混合而成。大、小系列模型的特征参数如表 2-4 所示。

表 2-4　原型及模型侵蚀产沙特征参数

特征参数	原型 P	大模型 A	小模型 B_a	小模型 B_b	说明
主沟道长度 L(m)	3 008	12.53	3.13	3.13	几何相似
坝高 H(m)	*	$\frac{1}{240}H_p$	$\frac{1}{960}H_p$	$\frac{1}{960}H_p$	近似几何相似
流域面积 A(km²)	3.3	5.73×10^{-5}	3.58×10^{-6}	3.58×10^{-6}	几何相似
降雨时间 t(min)	120 ~ 480	20	10	10	重力相似
降雨时间比尺 λ_t	1	15.5	31	31	重力相似
建坝前次降雨产沙量 Ψ(kg)	68.68×10^6	121.53	2.677	2.20	分别由原型资料及预备试验确定
产沙量比尺 λ_Ψ	1	5.65×10^5	2.566×10^7	3.122×10^7	
干容重 γ_0(10^3 kg/m³)	1.56	1.56	1.56	1.56	表面手工拍实

注:* 坝高不考虑逐步加高方案,作为方法研究,将相关流域情况概化后对坝高取较大值:1#、2#、8#坝高约为 68 m;7#坝高约为 35 m;3#、4#、5#、6#、9#、10#、11#、12#坝高约为 20 m。H_p 表示原型坝高。

每次降雨模拟试验前先率定雨强,保证其误差在允许的范围内。试验过程中,每隔一定的时间(1 ~2 min)观测流域出口处的流量和含沙浓度。降雨后沟道的地形变化采用水准仪和测杆配合观测。流域出口处径流池中收集的次降雨泥沙量采用烘干法和密度瓶法配合测定。

大模型的模拟降雨每次持续 20 min,雨强约 1.60 mm/min。每次试验前先用小雨强湿润地面。对于大模型流域中同一个初始地形的系列降雨模拟试验,每次降雨后,除修建淤地坝等必要的工作外,保持其他地形不被扰动,间歇 24 h 再进行下一次降雨,这样除地形做好后的第一次降雨模拟试验以外,其余各次降雨下垫面的初始含水量和密实度都差不多。

小模型 B_a 次降雨侵蚀度较大(相对修正系数 $k_{DBa}<1$);小模型 B_b 次降雨侵蚀度较小,经预备试验反复率定后其相对修正系数 k_{DBb} 接近于 1。对于所有的小模型试验,每次降雨试验前都采用喷雾器将地面充分湿润,模型降雨历时为 10 min。试验中分别率定大、小模型建坝前的降雨产沙特性,以确定次降雨产沙量比尺;然后进行大、小模型建坝后的降雨产沙试验,以验证设计方法的可靠性。

本试验中,大模型流域按设计的平面图纸和各特征点高程做好后,进行了 7 组降雨模拟试验,其试验结果如表 2-5 所示。在大模型建坝前的 Po5 组试验中,降雨、下垫面土壤湿度和密实度等因素与建坝后历次降雨(Pa1 ~ Pa10)相应的条件最接近,这一组降雨产沙资料即为所需模拟的治理前流域的降雨产沙资料:雨强 1.53 mm/min,降雨历时 20 min,产沙量 121.53 kg,于是再由原型产沙量得到模型的降雨产沙量比尺。

表 2-5　大模型的降雨产沙试验结果

试验场地	试验组次	降雨前所建淤地坝坝号	雨强(mm/min)	初始含水量	产沙量(kg)	径流量(m^3)	说明
1#场地,大模型(投影面积:10.8 m×6 m)	Po1		1.07	Po1 组次初始含水量为 7.5%,其余组次初始含水量约为 15%	123.19	0.83	获取大模型建坝前的降雨产沙资料
	Po2		1.01		174.63	1.31	
	Po3		1.43		162.64	1.59	
	Po4		1.29		148.36	1.69	
	Po5		1.53		121.53	1.79	
	Po6		1.37		103.09	1.72	
	Po7		1.62		110.50	1.93	
	Pa1	1#	1.73	Pa1 组次初始含水量为 11.4%,其余组次初始含水量约为 15%	40.09	0.89	获取大模型建坝后的降雨产沙资料
	Pa2		1.76		138.06	1.78	
	Pa3	2#	1.48		72.98	1.46	
	Pa4	3#,4#,5#,6#	1.51		44.66	1.49	
	Pa5	7#	1.74		48.90	1.66	
	Pa6	8#,9#,10#,11#,12#	1.82		47.14	1.46	
	Pa7		1.49		36.70	1.52	
	Pa8		1.71		47.21	1.26	
	Pa9		1.74		61.34	1.60	
	Pa10		1.49		40.61	1.39	

对 B_a 模型在未建坝条件下进行了 7 组不同雨强的降雨模拟试验(如表 2-6 所示)。试验结果表明,在每次降雨时间相同的情况下,对于裸地且没有大型壅水设施(如淤地坝等)的坡面或沟坡模型的系列降雨产沙现象,如果下垫面初始地形相同且初始含水量饱和,则流域出口产沙量与降雨强度成幂函数关系。在本试验条件下,该函数关系表达式为:

$$\Psi_B = 0.993 I_B^{1.98} \quad (R^2 = 0.94) \tag{2-36}$$

式中：Ψ_B 为小模型 B_a 次降雨实测产沙量；I_B 为小模型 B_a 次降雨实测雨强；R^2 为 $\Psi_B—I_B$ 相关关系的平方。

表 2-6　B_a 模型在未建坝不同雨强条件下的降雨产沙关系

序号	试验组次	降雨强度 I_B(mm/min)	产沙量 Ψ_B (kg)	$\Psi_B—I_B$ 回归分析
1	C2 - 04 - 10 - 23 - 01(0.040)	0.94	1.17	$\Psi_B=0.993I_B^{1.98}$ $R^2=0.94$
2	C2 - 04 - 10 - 24 - 01(0.042)	2.07	2.93	
3	C2 - 04 - 11 - 02 - 01(0.046)	2.24	4.66	
4	C2 - 04 - 11 - 02 - 01(0.044)	2.48	6.03	
5	C2 - 04 - 11 - 07 - 01(0.040)	1.71	2.99	
6	C2 - 04 - 11 - 22 - 01(0.038)	1.26	2.26	
7	C2 - 04 - 11 - 28 - 01(0.037)	0.54	0.21	

对 B_b 模型在未建坝条件下进行了多组不同雨强的降雨模拟试验，也得出相近的结论。

根据式(2-36)，可对历次降雨中，由于实际率定的雨强与预期雨强(本试验中采用历次实际率定雨强的平均值)之间的误差造成的产沙量误差作如下调整：

$$\Psi_B^* = \Psi_B \times \left(\frac{\bar{I}_B}{I_B}\right)^{1.98} \tag{2-37}$$

式中：Ψ_B^* 为调整后次降雨产沙量；$\bar{I}_B$ 为预期雨强。

由于小模型的投影面积较小，当按照较小雨强时模型上的出口产沙量很小，试验的观测精度难以满足要求，这个问题在模型建坝后将更加突出。另外，雨强还不应小于原型土壤作为模型沙时侵蚀性降雨对应的雨强。因此，在土壤侵蚀模型试验中，存在一个临界雨强，模型雨强必须大于此值。在本模型试验中，临界雨强大于 1.3 mm/min。为了使土壤侵蚀产沙量观测更加准确，本研究选取模型雨强为 1.65 mm/min。由式(2-36)可以计算出小模型的产沙量为 2.677 kg，所以产沙量比尺为 $68.68\times10^6/2.677=2.566\times10^7$，可求出模型的修正系数 k 等于 0.029。

大、小模型未建坝的系列降雨模拟试验后，就进行模型建坝后的系列降雨模拟试验。这时须重塑地形，用铁锨将模型表面的粗化结皮层移去，并深翻与整平，在表面添加一层新土，按照概化地形图纸构筑地形，最后用手工仔细拍实。进行小模型模拟的沟道坝系的降雨模拟试验时，其降雨次数和布坝顺序与大模型一致(各坝的位置如图 2-7 所示)。每次降雨模拟试验前，按照表 2-5 及表 2-7 所示的布坝方案，在小模型流域上布设淤地坝，按照给定的模型雨强对小模型流域进行 10 次降雨模拟试验，观测出历次降雨后的流域出口产沙量和沟道地形变化。由表 2-7 看出，试验中除第一组因为试验操作人员的失误造成雨强偏大以外，其余各组降雨的强度都接近 1.65 mm/min。

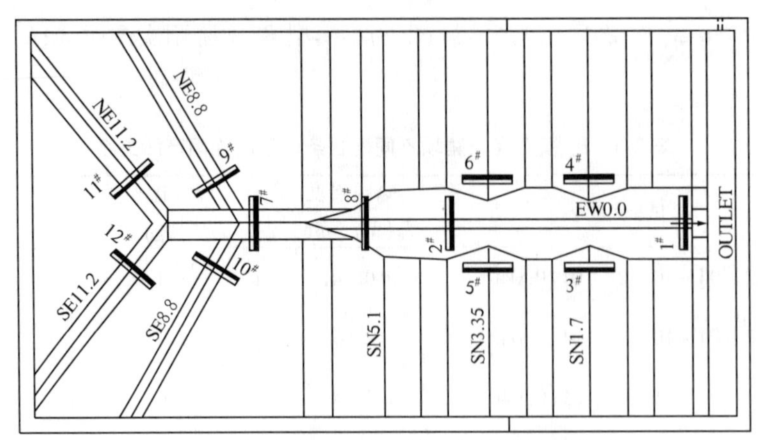

图 2-7　大、小模型下垫面的平面图及坝系布置

表 2-7　小模型建坝后的降雨产沙试验结果

试验场地	试验组次	坝号	雨强（mm/min）	初始含水量	产沙量（kg）	径流量（m^3）	说明
2#场地，小模型（投影面积：1.5 m×2.71 m）	Ma1	1#	2.70	饱和含水	5.04	0.089 8	利用比尺模型预测建坝后的降雨产沙关系
	Ma2		1.71		6.72	0.065 5	
	Ma3	2#	1.74		4.48	0.065 4	
	Ma4	3#，4#，5#，6#	1.64		1.51	0.056 6	
	Ma5	7#	1.56		1.40	0.059 0	
	Ma6	8#，9#，10#，11#，12#	1.56		2.11	0.056 6	
	Ma7		1.56		1.65	0.056 6	
	Ma8		1.61		2.73	0.043 8	
	Ma9		1.58		1.64	0.060 0	
	Ma10		1.65		1.55	0.058 3	

经多次率定，对于 B_a 模型，当该试验场地所用的 SX2002 管网式降雨模拟器的降雨强度为 1.65 mm/min 时，模型建坝前的次降雨产沙量为 2.677 kg。对于 B_b 模型，当该试验场地所用的 SX2004 旋转喷射式降雨模拟器的降雨强度约为 1.5 mm/min 时，模型建坝前的次降雨产沙量接近 B_a 模型建坝前次降雨产沙量要求的 1.90 kg（为 2.20 kg）。根据产沙量比尺的定义，可得大模型 A 的产沙量比尺为：

$$\lambda_{\Psi B}=\frac{\Psi_p}{\Psi_m}=\frac{68.68\times10^6}{121.53}=5.65\times10^5$$

可进一步由几何比尺求出模型 A 相对于原型的修正系数 K 为 0.041。类似地，可以算得小模型 B_a、小模型 B_b 的产沙量比尺分别为 2.566×10^7 和 3.122×10^7。

根据各大、小模型建坝前的次降雨产沙量，以及小流域降雨产沙量比尺与模型绝对修正系数之间的关系式、相对修正系数的定义，可得出小模型 B_a 和小模型 B_b 相对于大模型 A 的修正系数 k_{DBa} 和 k_{DBb} 分别约为 0.71 和 0.86，表明降雨强度相似偏离较小时修正系数即会更接近于 1。

2.5.4　产沙量验证

首先,验证大、小模型次降雨侵蚀度不一致的情况。按照建坝前率定的雨强,对小模型 B_a 进行建坝后的降雨模拟试验,小模型 B_a 相对大模型 A 的修正系数 $k_{DBa}=0.71$。将建坝后小模型 B_a 预测的降雨产沙量与大模型相应的产沙量比较,可知小模型预测精度,即小模型预测的产沙量相对误差为:

$$e=\frac{\Psi_{pD}-\Psi_{pB}}{\Psi_{pB}}\times 100\% \tag{2-38}$$

式中:Ψ_{pB}为大模型实测产沙量通过产沙量比尺转化为原型的值;Ψ_{pD}为小模型实测产沙量经消除雨强误差处理后通过产沙量比尺转化为原型的值。

预测结果列于表 2-8 中。由该表可知,除第 1 组(Ma1 或 Pa1)降雨因为试验操作失误,实测雨强比原设计值偏大 63.91%,对产沙量造成较大的误差以外,其余各组次降雨强度都接近 1.65 mm/min,试验的产沙量误差基本可控制在 50% 以内(最大误差 56.2%)。对于水保模型来讲,其试验精度已满足要求。由此表明,我们上述提出的模型试验方法是合理的。

表 2-8　小模型预测产沙量与大模型预测产沙量的对比

试验组次		Ma1 或 Pa1	Ma2 或 Pa2	Ma3 或 Pa3	Ma4 或 Pa4	Ma5 或 Pa5	Ma6 或 Pa6	Ma7 或 Pa7	Ma8 或 Pa8	Ma9 或 Pa9	Ma10 或 Pa10
大模型(Pa)	实测产沙量(kg)	40.1	138.1	73.0	44.7	48.9	47.1	36.7	47.2	61.3	40.6
	换算原型产沙量(万 t)	2.27	7.80	4.13	2.53	2.76	2.66	2.07	2.67	3.46	2.29
小模型(Ma)	实测产沙量(kg)	5.04	6.72	4.48	1.51	1.40	2.11	1.65	2.73	1.64	1.55
	换算原型产沙量(万 t)	—	9.68	6.45	2.17	2.02	3.04	2.38	3.93	2.36	2.23
实测雨强(mm/min)		2.70	1.71	1.74	1.64	1.56	1.56	1.56	1.61	1.58	1.65
误差分析	雨强误差(%)	63.91	3.90	5.69	-0.58	-5.06	-5.06	-5.06	-2.37	-4.16	0.32
	产沙量误差(%)	—	24.1	56.2	-14.2	-26.8	14.3	15.0	47.2	-31.8	-2.62

注:1. 模型设计雨强为 1.65 mm/min。
2. 模型第 1 组降雨模拟试验由于操作失误,引起较大误差。

图 2-8 是流域治理过程中一条没有建坝的支沟(名称为"SN5.1")历次降雨后沟底平均高程增量的变化过程,图中小模型高程增量已按修正系数转换为大模型的值。从图 2-8 可以看出,大部分组次降雨试验的沟底高程演变趋势都与大模型一致,即与邻近各组次的沟道坝系降雨模拟试验相比,大模型淤积量大,对应的小模型淤积量相对大些,或者冲刷量相对小些。

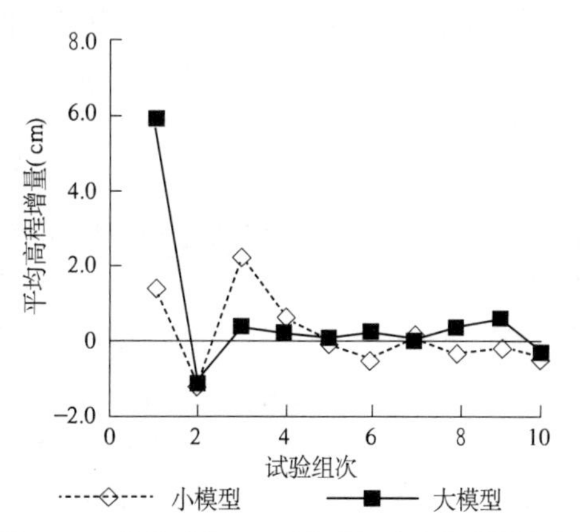

图 2-8　无坝沟道"SN5.1"沟底平均高程增量演变

对于水土保持模型试验,上述模型试验产沙量预测精度已经较高,由此表明本书提出的黄土高原沟道坝系模型试验方法是合理的。

为进一步比较小模型和大模型建坝前沟道的侵蚀演变趋势,也可以将历次降雨模拟试验后小模型沟道平均高程增量按照上述修正比尺法加以换算(实际上,小模型相对大模型水平比尺为4,由关系式可求出修正系数为0.71,冲淤厚度比尺为1.6),然后把降雨模拟试验结果与大模型沟道相应的沟底高程增量对比,即不难看出侵蚀后沟底变化趋势。

根据黄土高原的沟壑治理经验(康熠等,2003),淤地坝遭遇设计大洪水时,泥沙淤积速度是很快的。在本研究的大模型试验中,除库容较大的1#坝两次模拟降雨后淤满以外,其余的淤地坝均在一次高强度降雨模拟试验后淤满,图2-9显示了1#坝两次降雨的淤积过程。从该图可以看出,1#坝在第一次高强度降雨模拟过程中淤积强度很大,表明本模型试验中的坝地淤积速度与黄土高原实际情况较为接近。

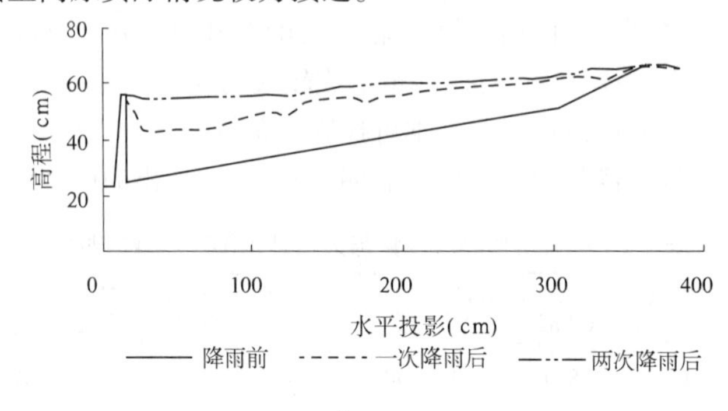

图2-9 1#坝的淤积过程

2.6 讨论与展望

2.6.1 讨论

从理论上讲,我们在满足几何相似、降雨历时相似条件的前提下,还可通过选取适当的模型沙、雨强等途径来尽量使模型流域产沙及产流与原型相似。如果模型的侵蚀产沙量比尺还不能满足相似条件(2-27),仍需要利用原型资料按照式(2-29)来修正产沙量比尺。至于产流过程的相似性,也因出现偏差而需加以修正。

能够引起土壤侵蚀的降雨称为侵蚀性降雨。在比尺模型试验中,有研究者担心模型降雨会变成雨强极小的"毛毛雨",达不到侵蚀性降雨的要求。本研究在饱和含水的裸地小流域模型试验中,模型的出口产沙量是和雨强的幂函数成正比的(幂指数大约为3),所以雨强的轻微减小就可能导致产沙量大幅度的减小,因此确定的雨强应大于引起模型土壤侵蚀的起动雨强。另外,还可以通过率定修正比尺的途径,使模型的降雨产沙量与原型相应的降雨产沙量对应。为使土壤侵蚀及沟道坝系模型有更大的发展空间,模型下垫面也可以不用原型土壤,而采用抗蚀性较弱的模型沙,这样即能在模型雨强偏离相似性较少的情况下,使模型的次降雨侵蚀程度与原型保持一致。

目前,本书试验的原型背景侵蚀资料是通过裸地试验场的降雨模拟观测到的,但是试验的成果可以直接推广应用到针对具体小流域的生产实践中。淤地坝实质上是一种小型水库,而小型水库的淤积状态主要与水库自身的库容及入库水流的流量和泥沙浓度有关,因而坝控流域范围内的降雨动力及流域下垫面自身的侵蚀特性（包括植被、土地利用、土壤含水量、土壤物理化学性质等因素）对来水来沙条件的影响，都可以反映在坝库上游的来水量和含沙浓度的变化上。因此，根据原型的侵蚀模数，通过裸地模型来模拟小流域的侵蚀产沙现象是完全可行的，尤其对于黄土高原沟道坝系的坝地淤积现象。本书的第 6 章和第 7 章将以黄土高原实际小流域为背景，采用半比尺模型试验方法，研究黄土高原典型小流域的坝系优化布设和相对稳定的问题。

流域的侵蚀模数是水土保持研究中最基本的概念，该指标在模型试验中易于观测，可与常规的水文观测接轨，容易推广。因此，根据原型流域地貌的几何形态及侵蚀模数来确定沟道坝系比尺模型的有关条件，将使模型试验的设计和运行具有可操作性。

2.6.2　模型设计和试验方法的新进展

我国学者目前已经自行研制了较为先进的水土保持试验设备，并掌握了较为成熟的观测技术。如河海大学和中科院西北水保所的高自动化、大面积的降雨模拟大厅（刘震、郝振纯，1998；周佩华等，2000）；雷廷武等（2002）研制的采用 γ 射线透射法测量土壤侵蚀径流中的含沙量的方法，其量测速度和精度都比传统的样品烘干法有很大的提高；REE 示踪技术也已经应用于室内水土流失试验中（李勉，2002）。不得不承认的是，就目前设备水平讲，只有降雨器最小雨强控制在相当大时，采用原型土作为模型沙的试验在定性上才有些意义，从而对模型规模及试验结果都有制约作用。

降雨强度严格的相似条件为 $\lambda_I=\lambda_L/\lambda_t=\lambda_L^{0.5}$。张红武、徐向舟、吴腾等（2006）根据各大、小模型建坝前的次降雨产沙量，得出的修正系数分别约为 0.71 和 0.86，表明降雨强度相似偏离较小时修正系数会更接近于 1。但对几何比尺较大的模型，降雨强度按比例缩小后难以使下垫面遭到雨溅破坏并产生土壤侵蚀，尤其采用原型土壤作模型沙时更是如此。

天然下垫面土壤为有机、无机胶结物固结的颗粒以及通过生物附着和根系作用而成的土壤块体，土壤不能视为单个颗粒，因而不考虑土壤颗粒的相似性而采用原型土作为模型土的做法，不仅放弃了土壤颗粒本身的相似性，而且因土壤结构与特性同原型的差异而显著影响土壤侵蚀率的相似性。因此，选取其他材料作为土壤侵蚀模型土的做法不应该受到排挤，甚至说是颇有前途的（张红武，2008）。

小流域的水文过程包括坡面和沟道泥沙汇集、流动，以及降雨的入渗、土壤中的水分运动过程，大多数人都认为应进行正态模型试验。实际上，在支配现象的物理法则存在指向性差异的情况下，可以把所研究的现象按方向分别处理。例如，在土壤侵蚀及沟道坝系模型中，若使水平比尺等于垂直比尺，那么模型的水深就变得非常小，对于原型来说可以忽略表面张力的影响，而对模型来说表面张力却变得非常之大，使其影响达到难以接受的程度。显然，土壤侵蚀与沟道坝系模型也有必要几何变态（张红武，2008）。只有水平比尺大于垂直比尺，才可能在投资有限时建成小流域整体模型，并更易满足水流阻力相似及降雨侵蚀关系相似条件。

正是为了使土壤侵蚀及沟道坝系模型有更大的发展空间，除尽力寻找轻质材料作为模型土以外，在降雨器最小雨强不会过小的条件下，为使降雨强度相似条件得到满足，还考虑了几何变态的途径。近几年清华大学黄河研究中心通过流域模型试验开展了几何变态的尝试，例如 2008 年 5 月底采用几何变态的设计比尺，开展四川堰塞湖溢流槽冲刷发育与泄流过程试验，取得了较好的试验结果。

综上所述，本研究最近得到的设计及试验方法包括以下几个方面（张红武，2008）：

（1）以场地及设备条件确定平面比尺。

（2）选择比原型土容重小且主要特性同原型土壤相近的材料作为模型土，以便减小降雨器雨强，使模拟的侵蚀特性同原型土相近，并结合雨强相似要求确定垂直比尺。

（3）下垫面按几何比尺制作裸地模型形态，其初始含水量同原型相近。

（4）降雨历时遵循重力相似条件。

（5）沟道坝系地貌演变应满足产沙相似条件。

（6）为使模型流域侵蚀产沙及产流过程与原型相似，最后再用原型资料修正产沙、产流量比尺。

2009 年张红武等又在对淤地坝及堰塞湖垮坝模型试验经验的基础上，给出了尾矿库溃坝模型相似条件。强调指出，为保证溃坝后的泥流固液体积比相对原型不失真，不至于固体颗粒间相互作用显著而导致模型流态不相似，要求体积比含沙量比尺接近 1；另一方面，为使坝面单位面积或单位体积尾矿沙塌失量与几何相似对应，又需含沙量比尺同干容重比尺接近。在模型尾矿沙选择方面，要求材料主要的物理、力学性质方面同原型材料具有相似性或相同性，如应满足渗透性、变形性质和强度性质与尾矿材料相同等条件，且模型材料不宜过分追求某些相似条件而选取轻质沙，以便能反映溃坝时的自重影响。

第3章　黄土高原流域演化与沟坡侵蚀产沙规律

3.1　流域地貌演化与黄土高原侵蚀阶段

3.1.1　侵蚀循环理论概述

黄土高原现代地貌格局是内外营力共同作用的结果。美国地貌学家戴维斯根据对北美河流地貌的观察，将地貌环境条件进行了一定的简化，于1899年提出了侵蚀循环理论（Davis，1899）。该理论第一次系统论述了地貌随时间而演化的模式，认为地貌的发育是长期而有序的，地貌演化是结构、营力和时间的函数。他假定一个地区起始地形是平原，地壳在开始时有一次急速上升，其后进入长期的稳定期；按生命顺序，把整个地貌演化过程分为幼年、壮年、老年三个时期，各期地貌有明显的差异（见图3-1）。

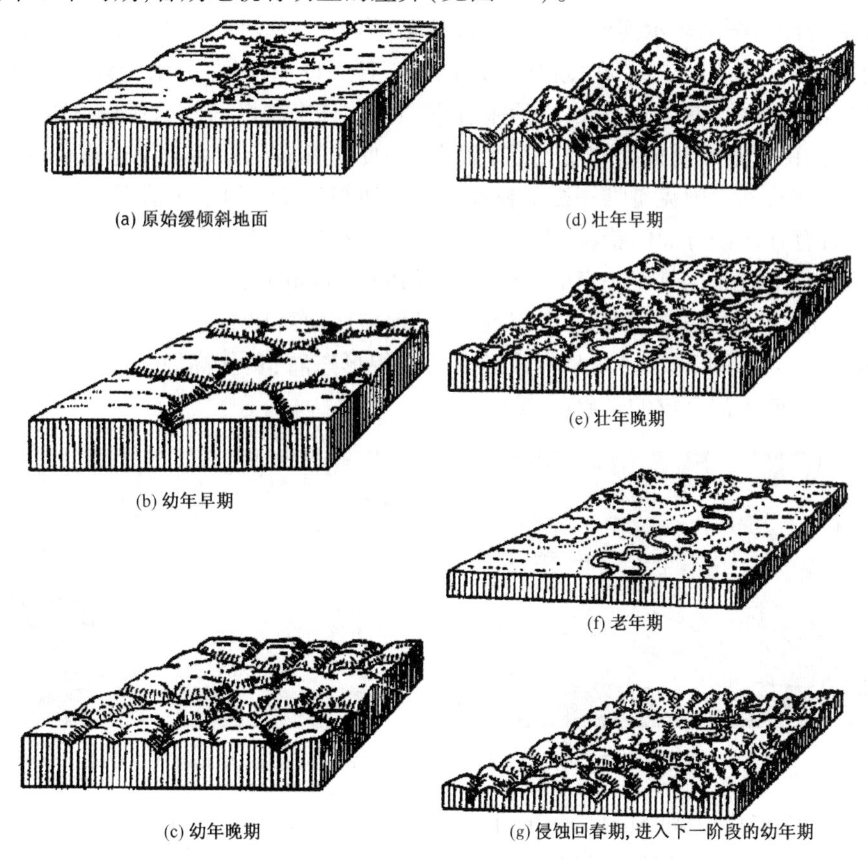

图3-1　地貌演化阶段示意图（Chorley，Schumm，Sugden，1985）

幼年期河流沿被抬升的原始倾斜地面发育，在河谷之间存在着宽广平坦的分水地（图 3-1(a)）；随着河流的下切，地面深切，形成峡谷，并扩展其沟谷系统，原来平坦的地面遭受切割，但仍保持着不少上升前的地面形态，造成“V”形峡谷和平坦地面并存的地貌，谷坡陡峭，坡顶与分水地面有一明显坡折（图 3-1(b)）；侵蚀作用开始加剧，河谷展宽，较大的河流逐渐趋于均衡状态（图 3-1(b)、(c)）。

壮年期谷坡不断后退，原始上升的高地面被全部蚀去，分水岭两侧的谷坡日益接近，最终相交，在数量上支沟占绝对优势，向下侵蚀和侧向侵蚀作用活跃地进行着，横剖面为“V”形，侵蚀作用强烈（图 3-1(d)）；主河（干）的下切侵蚀作用明显减弱，纵剖面开始逐步达到平衡，河流侧蚀作用加强，使谷坡逐渐扩展而变成缓坡宽谷，横剖面为初始“U”形，河谷比较开阔，山脊也浑圆低矮（图 3-1(e)）。

老年期丘陵进一步削蚀降低，河流的干流和大部分支流下蚀作用微弱，侧蚀和堆积明显加强，形成宽广的河流冲积平原；个别硬岩地段，因抗蚀性强而保留下来，成为低矮孤立的残丘，整个流域地形起伏和缓，侵蚀作用明显减弱。戴维斯所提出的侵蚀循环的最终地貌是高差小、坡度缓、高程接近海面（侵蚀基准面）的呈波状起伏的地面，称为“准平原”，标志着一次有顺序的演变行将结束（图 3-1(f)）。随后，若有另一次地壳急速上升发生，则地貌将按上述顺序作又一次的演化，故称之为循环，并把这个突变称为“地貌回春”，地貌演化进入下一阶段的幼年期（图 3-1(g)）。随着讨论的深入，他补充了“循环中断”的概念，在循环尚未结束时，地壳出现了上升，开始了新一轮循环，使原本的循环不能继续下去。

戴维斯曾经用图示表示河流地貌的发育阶段，称为侵蚀轮回，戴维斯认为谷坡是逐渐后退并同时降低的（图 3-2 左）。在侵蚀开始的初期，谷底迅速深切，分水岭几乎没有下降，当进入壮年期时，地面高差达到最大，以后主谷下切侵蚀越来越慢，分水岭则相对降低较快，地形起伏变小。由于戴维斯提出的模式过于简单，即使在其宣传最盛时期也遭到许多中东欧地貌学家的反对，其中彭克是唯一提出替代方案的地貌学家。但由于语言问题，彭克的观点表述不清，且存在术语方面的错误，再加之戴维斯的反驳，他的观点没能在英语国家完全得到认可，但彭克的观点仍具有一定的正确性（Chorley, Schumm, Sugden,1985）。他认为谷坡不是戴维斯所认为的那样逐渐后退并降低，而是保持底面高程不变，谷坡平行后退且顶面高程随时间变化不大（图 3-2 右）。从侵蚀形成的地貌形态看，黄土高原的侵蚀情况与彭克的模式更接近，形成千沟万壑的景象。

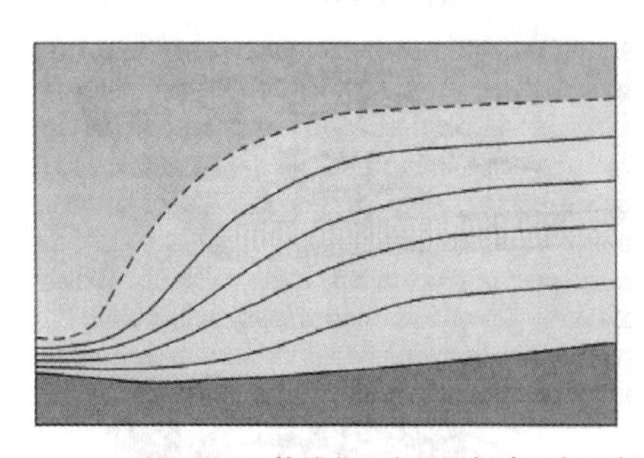
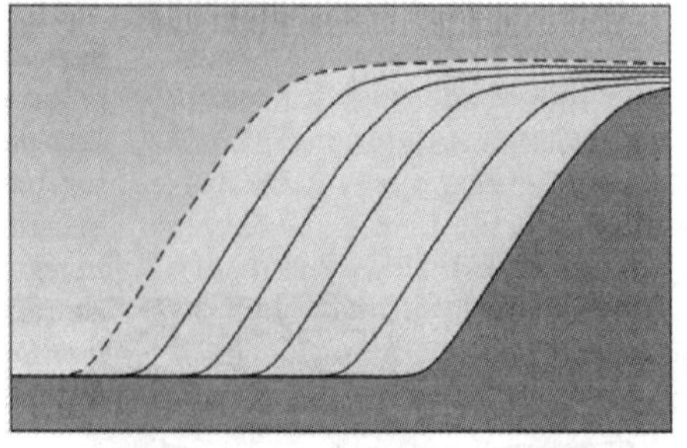

图 3-2　戴维斯（左）和彭克（右）坡面后退模式的比较（Mcknight,1999）

20 世纪 50 年代以来，Strahler、Chorley 等（Strahler,1952,1958；Chorley, Schumm, Sugden,1985）提出一种用来解释地貌演化的理论，认为只要侵蚀过程的控制因素不变，地形经过自我调整,就不会随时间而变化。一个地区(如小流域)的各个地形几何要素存在着内在的紧密联系,若某些地形因素(如沟道比降)发生变化,其他所有要素(如谷底形态、谷坡等)都会发生相应的变化。1952 年,美国地貌学家斯特拉勒提出面积—高程分析方法,将戴维斯的侵蚀循环理论定量化(Strahler,1952)。其具体做法是:设流域面积为 A,流域最高点与最低点的高差为 H,在流域的等高线地形图上,量出每一条等高线以上的面积 a,再量出每条等高线与流域最低点的高差 h,设:

$$x = \frac{a}{A}; \quad y = \frac{h}{H}$$

绘制相对高程(y)与相对面积(x)的关系曲线 $y=f(x)$,此即为面积—高程积分曲线,积分为:

$$S = \int_0^H f(x)\,\mathrm{d}x = \int_0^1 x\,\mathrm{d}y \tag{3-1}$$

S 反映流域地貌形态和发育,因此可以用 S 值的大小来量化戴维斯模型的流域地貌演化阶段,当高程积分曲线值 $S>0.6$ 时为幼年期,$0.35 \leqslant S \leqslant 0.6$ 时为壮年期,$S<0.35$ 时为老年期(图 3-3)。

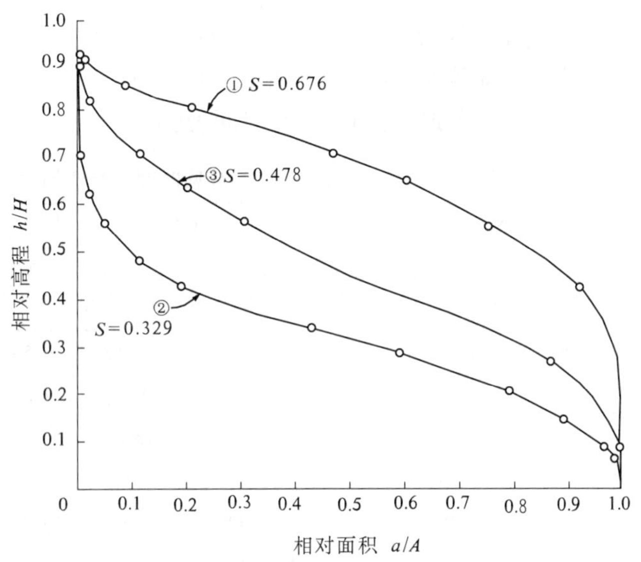

图 3-3 斯特拉勒面积—高程积分曲线图(Strahler,1952)

3.1.2 黄土高原地貌侵蚀阶段

黄土高原现在的地貌形态是在始于地质历史时期的地壳运动抬升和长期流水作用下形成的。流水对地形的作用在地貌学上称为外力地质作用,在黄土高原地区表现为较强烈的侵蚀、搬运和堆积。流水作用的强度受到地形等因素的影响,而这种影响与响应的关系是复杂的。陆中臣等(1991)根据高程曲线,从侵蚀的角度提出了侵蚀积分值理论。侵蚀积分值是高程曲线的一个定量指标,定义为:以高程曲线的上、下端点为顶点的矩形被高程曲线一分为二,上半部分面积与矩形总面积之比,数学表达式为:

$$E_i = \frac{HA - \int_0^H H_0 a\mathrm{d}h}{HA} = 1 - \int_0^1 x\mathrm{d}y = 1 - S \tag{3-2}$$

对于黄土高原丘陵沟壑区和高塬沟壑区来说，侵蚀积分值(E_i)与流域地貌发育阶段间的定量关系为：

$$丘陵沟壑区:\begin{cases} E_i < 29\% & 侵蚀早期 \\ 29\% \leqslant E_i < 68\% & 侵蚀中期 \\ E_i \geqslant 68\% & 侵蚀晚期 \end{cases}$$

$$高塬沟壑区:\begin{cases} E_i < 38\% & 侵蚀早期 \\ 38\% \leqslant E_i < 60\% & 侵蚀中期 \\ E_i \geqslant 60\% & 侵蚀晚期 \end{cases}$$

陆中臣等(1991)在丘陵沟壑区和高塬沟壑区共选择了几百个典型小流域，作了量测并绘制了高程曲线，并对侵蚀积分值进行了计算。结果表明，丘陵沟壑区的最大侵蚀积分值为0.622，多数在0.4～0.5，说明该区已经历了第一阶段，目前正处于第二阶段中期，正是侵蚀速率最大的时期，侵蚀模数10 150 t/(km^2·a)。高塬沟壑区的最大侵蚀积分值为0.389，平均为0.384，处于地貌发育的第一阶段，侵蚀速率相对较小，但处于加速侵蚀阶段，今后的侵蚀速率将增大。黄土高原沟谷地貌发育阶段、侵蚀轮回时间与产沙的关系见表3-1(陆中臣等，2006)，黄土高原丘陵沟壑区侵蚀发育所需的总时间为(63±5)万年。

表3-1　黄土高原沟谷地貌发育阶段、侵蚀轮回时间与产沙的关系

侵蚀类型	加速侵蚀所占百分比(%)	侵蚀早期(万年)	临界点		侵蚀中期(万年)	临界点		侵蚀晚期(万年)	侵蚀模数(t/(km^2·a))	整个轮回时间(万年)
			侵蚀积分值(%)	侵蚀模数(t/(km^2·a))		侵蚀积分值(%)	侵蚀模数(t/(km^2·a))			
丘陵沟壑区	0	-31～-7.5	29	6 665	-7.5～6.5	68	7 588	6.5～32	2 600	63±5
	30	-31～-7.5	29	6 665	-7.5～4.5	68	10 150	4.5～24		55±5
	44	-31～-7.5	29	6 665	-7.5～3.5	68	13 250	3.5～20		51±5
高塬沟壑区	0	-7～-0.5	38	1 799	-0.5～8.5	60	2 154	8.5～15	2 000	22±3
	30	-7～-0.5	38	2 600	-0.5～6.0	60	2 970	6.0～11		18±3
	44	-7～-0.5	38	3 300	-0.5～4.5	60	3 600	4.5～9		16±3

侵蚀与产沙对水土保持、流域治理以及水污染治理都有重要的意义。借助于对流域侵蚀、泥沙输移和堆积过程的研究计算，就有可能模拟计算流域地貌的演化过程，预测流域地貌的演变趋势，甚至有可能模拟出所关心的微地形的形成细节。通过对河道泥沙输移规律的研究，可以建立模拟河床地貌变化的河床演变数学模型；通过对河口泥沙沉积规律的研究，可以建立河口演变数学模型；同样，通过对河流上游侵蚀与产沙规律的研究，也可以建立上游侵蚀地貌演变数学模型(陆中臣等，1991)。设$Z(x,y,t)$表示点(x,y)处t时刻的地面高程，$E(x,y,t)$表示该点t时刻的侵蚀速率(向下侵蚀为正，堆积为负)，$T(x,y,t)$表示构造运动形变速率(抬升为正，沉降为负)，则有下式成立：

$$E(x,y,t) = -\frac{\mathrm{d}Z(x,y,t)}{\mathrm{d}t} + T(x,y,t) \tag{3-3}$$

$$Z(x,y,t) = \int_0^t [T(x,y,t) - E(x,y,t)]\mathrm{d}t + Z(x,y,0) \tag{3-4}$$

而正如前面所讨论的，$E(x,y,t)$又是降雨、径流、地形、地质、土壤、植被以及人类活动的函数，这样通过上式就把地貌过程与这些因素联系起来了。

黄河中游地区，特别是黄土高原的土壤侵蚀，历来是黄河泥沙的主要来源，大量下泄的泥沙是黄河下游河道淤积、决口、改道的症结。在历史上，黄河中游的土壤侵蚀速率在不同时期随着环境状况、人类活动范围与强度的变化，往往有较大的差异。近年来，在人类活动影响甚小的情况下黄河中游土壤侵蚀的基本状况问题已引起人们极大的关注，只有通过对自然状况下黄河中游土壤侵蚀的深入了解，才能有效地推估后来受人类活动的影响而导致的侵蚀状况变化的可能量级。历史上黄土高原受人类活动的影响，环境变化较大，生态环境恶化严重，突出表现为强烈的现代地貌过程所导致的土壤侵蚀。黄土高原地貌与土壤侵蚀演变互为因果，现代地貌与土壤侵蚀是在历史地貌与土壤侵蚀演变的基础上形成的，认识黄土高原历史地貌与土壤侵蚀演变过程，是认识黄土高原自然环境演变过程的重要途径，也是研究黄土高原历史时期生态环境变迁的重要内容。新中国成立以来，我国地理、水利等学科的学者对黄土高原历史地貌与土壤侵蚀演变作了长期的研究，取得了不少研究成果。

3.2 黄土高原的土壤侵蚀背景特征

3.2.1 黄土高原土壤侵蚀的地质地貌背景

黄土高原在大地构造上分属两个性质不同的单元，六盘山以西为祁连山褶皱带，以东是华北地台的两个次一级构造单元——鄂尔多斯台向斜和山西台背斜。这一构造基本轮廓主要是由白垩纪末的燕山运动最后奠定的。强烈的构造运动使台向斜、台背斜四周的地层发生褶皱、断裂，隆起部分成为山地，如六盘山、吕梁山、太行山、贺兰山及渭河北岸的山地等；而断陷部分成为谷地，如河套平原、汾渭断陷谷地等。

第三纪以后，受印度板块对亚欧板块的持续挤压和青藏高原阶段性隆升的影响，本区在构造上表现出相对稳定、差异性升降和断陷盆地加剧的特点。老第三纪构造处在抬升后的相对稳定阶段，地面发育残积红色风化壳；山地遭受剥蚀和夷平，少量山间盆地到后期开始接受红色碎屑堆积。新第三纪是全球陆地面积强烈增大的时期，差不多已经达到现在的轮廓。中新世晚期本区形成许多断陷盆地，地势反差进一步加大，盆地内接受红色湖相沉积，在湖相地层外围出现同期异相沉积——红黏土。进入上新世，四周山地发育红色风化壳，湖相沉积继续发育，但湖水逐渐变浅，而同时，红黏土沉积越来越广，其中因含有三趾马动物群化石而被称为“三趾马红土”。上新世末（约340万年前），一次强烈的构造上升使得绝大部分湖水退去，内陆湖泊环境宣告结束，我国北方进入准平原化阶段。黄土高原的形成经历了剥蚀侵蚀期（6 500万年前～600万年前）、红土堆积期（600万年前～240万年前）和黄土沉积期（240万年前至今）（陈明扬，1995）。黄土堆积前，黄土高原古地形主要有基岩山地沉降盆地、基岩丘陵上升盆地、河谷阶地及基岩盆地等类型（中国科学院黄土高原综合科学考察队，1992）。它们对以后黄土地层和地貌的形成有重要影响，而且控制了它们形成后的发展和演变。

地层是岩土侵蚀的对象，岩土侵蚀强烈发生的重要条件之一就是侵蚀区必须具备易侵蚀岩土。黄河中游河龙区间是黄土高原侵蚀最为强烈的地区，分布的地层主要有第四纪全新世风积沙、河流冲—洪积沙，第四纪黄土，第三纪上新世三趾马红土，前第三纪沙泥岩等（孙传尧，2001）。第四纪全新世风积沙分布在榆林长城以北广大地区，为浅黄、灰白色现代风成沙，粒径多在0.11～0.15 mm，广布于地表及谷坡，在地貌上呈大片分布的不定型片沙、沙堆和沙丘；第四纪全新世河流冲—洪积沙广泛分布在现代较大河谷及支沟中，地貌上形成河漫滩、一级阶地；第四纪黄土分布广，厚度大，易于侵蚀，是岩土侵蚀的主要对象；第三纪上新世三趾马红土位于第四纪黄土之下，固结性差，风化剥落严重，零星出露于黄土梁峁区沟谷两岸及分水岭处；前第三纪沙泥岩主要指中生代白垩纪、侏罗纪、三叠纪及二叠纪沙岩、泥岩及沙泥岩互层，全套地层基本上以沙岩为主，沙岩含量在70%左右，河龙区间黄河各大支流出露的沙泥岩风化强烈，结构松散，成为岩土侵蚀的主要对象。

黄土高原地处我国地形的第二阶梯，多数地面千沟万壑，其中六盘山以东地区的沟谷密度普遍大于六盘山以西地区。黄土高原塬、梁、峁等地形顶部自东向西、自北向南呈现波状缓慢上升，高原面形态比较显著。黄土高原内部的地貌分异主要由于新构造上升幅度的差异而引起。一般西部较东部大，高原边缘和内部山地上升的幅度更大。六盘山在黄土沉积前已有相当高的海拔，从而构成黄土高原东、西两部分的一条重要自然地理界线。根据构造背景的不同，可以将黄土高原进一步划分为三个次一级的地貌区：①与陇西构造盆地（六盘山以西）相对应的陇西黄土高原；②位于鄂尔多斯台向斜东南部（六盘山与吕梁山之间）的陇东、陕北和晋西黄土高原；③介于吕梁山与太行山之间和秦岭北面（与汾渭地堑裂谷系大致相当）的山西高原（如大同盆地、忻定盆地、太原盆地、临汾盆地和运城盆地）和渭河谷地。在不同地貌区，黄土地貌的形态组合类型、河流蚀积体系等也存在差异。黄土高原地貌种类多样，按照形态成因相结合的原则分类，其主要地貌类型见表3-2（盛海洋、丁爱萍，2002）。在上述各种组合地貌类型中，属于黄土加基岩或黄土物质组成的地貌约占黄土高原面积的75%以上。另外，不同形态的黄土丘陵在各个区域均有较多的分布。

表3-2　黄土高原地貌类型

基本形态	形态组合类型	分布举例	基本形态	形态组合类型	分布举例
平原	冲积平原	汾河、渭河、伊洛河中下游地区	丘陵	红土丘陵沟壑、黄土台状丘陵沟壑	东乡、临夏西南、准格尔旗北部、浑源西北部
				黄土梁状丘陵沟壑	渭源、定西、会宁南部、通渭北部
	冲洪积平原	关中秦岭北麓山前、桑干河山前地带等		黄土梁峁丘陵沟壑	离石、延安、吴旗、安塞、柳林等
				黄土峁状丘陵沟壑	神木、米脂、绥德、河曲、兴县等
	河谷平原	延河中游、无定河中游、渭河上游、祖厉河中下游、葫芦河沿岸等		黄土缓坡丘陵沟壑	海蒙、右玉县等
	侵蚀平原	靖边南部、定边		黄土梁峁状丘陵宽谷	永登、皋兰、静宁西部

续表 3-2

基本形态	形态组合类型	分布举例	基本形态	形态组合类型	分布举例
平原	黄土覆盖的山前倾斜平原	万荣孤山山麓、关中北山南麓山前地带	丘陵	薄层黄土基岩、峡谷丘陵、土石丘陵、石质丘陵	晋陕黄河峡谷两侧、济源东南丘陵、准格尔旗东部
台地	侵蚀台地	盐池县西南	山地	黄土覆盖的低山	三门峡黄河南侧山地、山西浮山东部山地等
	黄土高塬沟壑	洛川、西峰、长武、镇原、富县东部等		土石低山、石质低山	渭北山地、新安县北部、渑池
	黄土台塬沟壑	潼关—三门峡黄河西侧等		黄土覆盖的中山	华家岭、白于山
	黄土残塬沟壑	宜川、隰县、吉县、大宁、庆阳南部等		土石中山、石质中山	子午岭、吕梁山、六盘山
	黄土平梁沟壑	遂川中部、延长中东部		石质高山	青海东部拉青山

塬、梁、峁是主要的黄土地貌类型。一方面，黄土高原最常见的塬、梁和峁是黄土堆积过程中对下伏地形的继承，也可以是堆积后受沟谷侵蚀而发育起来的；另一方面，由于黄土堆积时代较新，土质疏松，容易受地表水流的侵蚀，沟谷系统十分发育，地形破碎，地表切割深度可达400～600 m。现今主要沟谷系统和塬、梁、峁地貌格局在晚更新世之前就已形成。黄土塬、梁、峁的发育过程可以概括为三种基本模式（中国科学院黄土高原综合科学考察队，1992）：

（1）黄土塬和台塬→黄土平梁（梁塬）→残塬梁峁→梁峁丘陵。

（2）波状起伏平原→黄土台状丘陵→黄土平梁丘陵→梁峁丘陵。

（3）黄土梁峁宽谷→梁峁宽谷沟壑→梁峁丘陵→峁状丘陵→蚀余丘陵。

根据侵蚀循环的基本理论，黄土高原的演化主要是从塬向梁和峁演化的，从最初顶面平坦的高原，经水流的侵蚀切割，成为现在千沟万壑的地貌形态。黄土塬是黄土高原重要的地貌类型，这里地形平坦、土层深厚、土壤肥沃，长期是黄土高原人类活动的中心地带，因此也成为黄土高原历史地貌研究的主要区域。历史上黄土高原黄土塬分布相当广阔，塬面广大，不像现在到处是纵横的沟壑（史念海，2001）。如西周时周塬东西长度超过70 km，南北宽大于20 km，而现在周塬已被沟壑切割成南北向的条块状，最宽处塬面不足13 km。西周、春秋时期陇东的董志塬叫太塬，可见当时塬面相当辽阔，唐代时其南北长度仍达42.5 km，东西宽32.0 km，目前长度依旧，而宽度最宽处仅18.0 km，最窄处只有0.5 km。对于历史时期黄土塬切割、破碎的过程，多归因于沟壑的形成和发展。如周塬在魏晋之际被漳河分割，南部分出了积石塬；陕西神木杨家城切过长城长达3 km的6条沟谷形成于明代以后的300多年里；陕西淳化北梁武帝村秦汉时是甘泉宫，现在甘泉宫遗址被长4～5 km的沟谷切割，这些沟谷主要是北宋以来发育形成的。对于黄土塬的地貌演变规律，史念海（2001）在分析陕西长城塬历史地貌演变过程后认为，秦修长城时长城塬面积较大，后受东西两侧支沟相向侵蚀，被分成了长城塬、长虫塬、薛家塬等，被分割的塬其实已经成了长梁，而薛家塬南的太山峁则成了典型的黄土峁。因此，黄土塬受沟谷侵蚀有由黄土塬向黄土梁、黄土峁演变的规律性。

构造抬升对黄土塬区黄土侵蚀有重要影响。河谷区受到了多次构造侵蚀期的明显侵蚀，但在黄土塬上的黄土地层中则未见侵蚀面的发育（杜娟、赵景波，2001），这种模式与

Penck 的模式很接近。侵蚀作用不但使大型的高原被分割为许多黄土塬，而且使黄土塬进一步受到侵蚀而变为破碎塬和丘陵。杜娟、赵景波(2001)认为引起黄土塬分割、破坏的主要原因是构造抬升。如洛川塬和西安白鹿塬就分别有被黑木沟和鲸鱼沟分割为更小黄土塬的趋势，蓝田与临潼之间的横陵塬实际上已被侵蚀成为丘陵。虽然黄土塬的分割、破坏是通过流水作用进行的，但流水侵蚀强弱是受构造控制的。在紧邻黄土高原东侧的华北平原为构造下降区，冲沟很少出现。此外，在有些情况下，构造运动的抬升也会对黄土塬面产生较明显的侵蚀，如在构造抬升呈现一侧强和一侧弱的情况下，黄土塬面呈倾斜状态，这种倾斜的地形有利于水流的汇集和侵蚀作用的发生，从而会产生较强的侵蚀。

3.2.2　黄土高原不同时期的侵蚀

黄土高原岩土侵蚀由来已久，自 248 万年前黄土堆积开始，伴随着黄河的孕育和形成，岩土侵蚀时强时弱，在黄土高原黄土地层中留下了明显的痕迹。在相邻的不同时代黄土地层间，多为平行不整合或角度不整合的接触关系，当是古侵蚀面与古沟谷坡面的形迹遗存，说明存在着长时期的沉积间断。

黄土高原在沉积的同时也存在着侵蚀，主要是流水、重力等因素造成的。这种侵蚀受到气候、构造运动以及人类活动的控制。自中更新世以来土壤侵蚀就已存在，更新世以来黄土高原一直是一个强烈的侵蚀区。赵景波等(1999)根据黄土高原古地理及气候演变、黄土地层年代学和侵蚀期与堆积期的资料分析，得出黄土高原出现之前为红土高原，气候以温暖半湿润弱波动为特征，250 万年以来的黄土高原可分为 3 个阶段。第一阶段出现在距今 250 万 ~ 140 万年，为高原内部弱侵蚀循环期，气候冷暖振动幅度较小；第二阶段出现在距今 140 万 ~ 4 000 年，侵蚀动力加强，为高原自然侵蚀加强时期，气候冷暖振动幅度较大；第三阶段出现在 4 000 年以来，为高原异常加速侵蚀外流期。黄土高原地貌在第四纪的形成演变过程中，侵蚀与堆积随时间变化处于不同的地位，可以分出不同的侵蚀期。赵景波等(2002)认为黄土高原侵蚀期有气候侵蚀期、构造侵蚀期、人为侵蚀期 3 种类型，此外还有气候与构造共同作用产生的侵蚀期和构造与人类共同作用产生的侵蚀期。

在黄土发育的干冷期，由于植被稀疏，侵蚀量大于温湿期，但堆积量远大于侵蚀量。温湿期风尘堆积少，降水量增多，流水动力增强，是黄土高原理论上的侵蚀期，但此时由于植被发育对土层起保护作用，因而并不能产生明显的侵蚀。当气候干冷时，由于植被稀疏侵蚀作用明显，侵蚀量应大于温湿期。由此看来，由于气候变化导致的流域植被覆盖变化对黄土高原的侵蚀有很重要的影响，黄土高原水土保持治理也应该考虑区域水分是否能满足植被生长的需要。

构造抬升引起侵蚀基准面下降，进而导致黄土高原侵蚀加快，出现构造侵蚀期。人类活动破坏了黄土高原的植被和土层结构，导致黄土高原侵蚀加剧，从而出现了人为因素引起的现代侵蚀加速期。构造抬升会引起侵蚀基准面下降，加速河流下切，使土壤侵蚀增强，黄土高原现代侵蚀加速主要发生在人为侵蚀期。杜娟、赵景波(2001)对黄土高原构造侵蚀期的研究结果表明，黄土高原的构造侵蚀期具有特殊性，它不是以侵蚀面的形式出现的，而是以侵蚀沟谷、河流阶地的形式表现出来的。160 万年以来，黄土高原一共发生了 6 次构造侵蚀期，构造侵蚀期对河谷区、丘陵区的侵蚀和对黄土塬边的侵蚀影响很大，它是分割破坏黄土高原的主要原因，构造侵蚀期对黄土塬面侵蚀影响较小，但在构造运动不均匀而造成塬面倾斜的情况下，可对塬面产生明显的侵蚀。在 160 万年来的多次构造侵蚀期的影响下，黄土高原产生了河谷区深达 100～500 m 的侵蚀高差，各侵蚀期下切深度有一定的差别，从老到新各期下切深度呈减小趋势。

袁宝印等（1987）认为黄土高原出现明显的侵蚀是从第五层古土壤（S5）形成开始的，侵蚀强度随气候变化时强时弱，到现在至少经历了 5 次较强的侵蚀期，分别发生于 560 kaB. P.、200 kaB. P.、125 kaB. P.、10 kaB. P. 和 6 kaB. P.。桑广书（2004）也认为末次间冰期结束后的全新世初是黄土高原的侵蚀期，仰韶文化以来的人类历史时期也是黄土高原新的侵蚀期。邓成龙、袁宝印（2001）将黄土高原末次间冰期以来细分为三次侵蚀期、两次堆积期（见表 3-3）。

表 3-3　黄土高原末次间冰期以来的侵蚀期与堆积期

侵蚀期与堆积期	时间（kaB. P.）	侵蚀模数或堆积模数（t/（km^2·a））	
第一侵蚀期	127～73	侵蚀模数	2 126
第一堆积期	73～62	堆积模数	1 607
第二侵蚀期	62～26	侵蚀模数	972
第二堆积期	26～10	堆积模数	172
第三侵蚀期	6～0	侵蚀模数	—

黄土高原历史时期的侵蚀还可以通过河道的淤积来反映。焦恩泽、张翠萍（1994，1996）通过研究禹门口—潼关黄河小北干流历史时期的河道变化得出，黄河小北干流河道历史时期以淤积为主，淤积量的大小、河道的稳定性与黄土高原水土流失关系密切。秦汉以前黄河小北干流河道无变化，属河道稳定时期，隋唐以后河道开始不稳定，明清以后河道严重淤积，明隆庆四年（公元 1570 年）河道东西摆动达 15 000 m。综合分析叶青超、李春荣、潘贤娣等关于黄河小北干流河道淤积量，可以得出小北干流历史时期河道淤积量，见表 3-4。虽然不同研究者得出的数值有一定的差异，但可以看出河道淤积速率有增大的趋势。

表 3-4　黄河小北干流历史时期河道淤积量估算

作者	年代（A. D.）	计算时段（a）	年均淤积厚度（m）	年均淤积量（10^3 m^3）	潼关河床平均上升值（m）
叶青超	155～1960	1 805	0.021 0	0.247 2	0.021 0
李春荣	1583～1960	377	0.042 4	—	—
焦恩泽	1583～1960	377	0.037 3	0.241 0	0.041 0
焦恩泽	1929～1960	31	0.043 6	0.493 0	0.046 0
潘贤娣	1950～1960	10	0.045 1	0.051 0	0.048 0

从气候变化发展趋势看，未来 200 年黄土高原有向干冷发展的表现（赵景波、黄春长、朱显谟，1999）。这对黄土高原的治理是不利的，但通过人类活动的积极作用，加强水土保持和淤地坝建设，黄土高原的加速侵蚀向自然侵蚀或小于自然侵蚀的变化将会发生，侵蚀量可能变小。

3.2.3　黄土高原自然侵蚀背景值

流域侵蚀产沙是自然侵蚀和人类活动加速侵蚀的结果,为了甄别人类活动对流域侵蚀产沙的影响,需要知道自然侵蚀状况,即自然侵蚀背景值。自然侵蚀背景值可定义为:在历史上人类活动对黄河中游地区自然环境的影响小到可以忽略不计时,完全由于自然状况造成的黄土高原的侵蚀量(吴祥定等,1994)。推估这种背景值,目的在于了解在自然环境背景下,即没有人类活动干扰的条件下,黄土高原的自然土壤侵蚀量。这不仅有助于加深对不同时代侵蚀量大小的认识,更重要的是可以设法分辨出自然侵蚀与人为加速侵蚀的量级,估算人为破坏的作用和大小。自然侵蚀背景值对估算黄土高原侵蚀速率,探讨控制侵蚀量、减轻下游河道淤积的途径,确定流域治理目标,评估流域治理效益等都是极有价值的背景依据。

研究侵蚀背景值主要采用区域对照法,如英国地貌学家道格拉斯采用异体空间对比方法区分加速侵蚀而求得自然侵蚀背景值,其方法的应用不仅受时效的制约,而且受流域控制条件的限制(陆中臣等,1991)。示踪元素分析法如^{14}C、^{137}Cs 法也常用来研究泥沙来源和侵蚀背景值。最近也有人提出了基于多源地图信息重组的土壤侵蚀背景值估算方法(赖彦斌等,2005)。估算自然侵蚀背景值,最重要的是要选定一个大体上可以认为人类对环境干扰不大的时代,在这个时代里所造成黄土高原的人为加速侵蚀量很小。显然,在完全没有人类出现的远古时代,应该是真正的自然环境背景状况。

事实上,距今时代越远,可供分析的资料就越少,与现代黄河的实况差距也就越大。同时,还应该看到,在地质时期黄土高原的自然侵蚀就早已存在,而且由于气候、植被和原始地貌条件等因素变化的影响,自然侵蚀有较大的变化。自第四纪黄土沉积以来,曾经历三个大的侵蚀旋回,近万年来已进入第四个旋回(刘东生等,1985)。在每一个旋回,自然侵蚀量的差别较大。据景可、陈永宗(1983)的研究结果,虽然黄土高原的侵蚀存在多个旋回,但从总体上看,无论是在地质历史时期还是在人类发展的历史时期,黄土高原的侵蚀存在加速发展的趋势。因此,在选择自然侵蚀背景值的时代时,应尽可能考虑距今相对较近,而人类活动对黄河中游环境影响又相对很小的历史时期。已有大量研究成果表明,在历史上可以定出一段时期作为推估自然侵蚀背景值的时代。吴祥定等(1994)认为在历史上的秦汉后期,特别是自西汉以后,黄河中游地区环境有较大变化,下游河道有较大变迁。而在这以前的先秦至西汉时期(距今2 000年左右),自然环境受人类干扰甚小,可用来作为推估自然侵蚀背景值的时代,其理由如下:

(1)春秋战国时期,黄河中游的农业虽已有所发展,但还仅限于泾河、渭河下游及其以东地区。因此,植被保持较好,水土流失较轻,河水含沙量较少,下游的决堤也较少。尽管我国在秦代对黄土高原、鄂尔多斯高原及河套等地区已进行了开拓和经营,但人口还是较少的,牧业在经济中具有重要地位,地理环境基本上为自然生态系统(中国科学院黄土高原综合科学考察队,1991)。

(2)秦汉以前黄河多沙起因和人类活动的关系较少,黄土高原处在以自然侵蚀为主的阶段(陈永宗,1991)。秦汉时期在黄河中游地区大规模移民和农业的迅速发展,使得这一带自然环境有重大的变化(王守春,1991;杨平林,1991)。西汉以后,随着黄河中游地区人口的增加,农业经济的发展,天然植被减少,水土流失加重,下游河槽淤积严重(钮仲勋,1991)。因此,可以认为秦汉时期是一个重要的转折时期。

(3)黄河的筑堤大致起自战国中期,一段时期内,河道相对平稳,下游决溢较少。自西汉以后,据史书记载,决溢甚多,部分河段已成“悬河”(杨国顺,1993),已经比较接近现代黄河状况。

估算自然侵蚀背景值的途径较多,国内外常用的有区域对照法和示踪元素法等。在黄土高原地区,比较有代表性的估算土壤自然侵蚀背景值的方法主要有小流域土壤侵蚀模型外推法、示踪元素分析法、黄河冲积扇推算法和古黄河口泥沙淤积量推算法等。

3.2.3.1　小流域土壤侵蚀模型外推法

影响黄土高原土壤侵蚀的因素包括降水、沟谷切割裂度、平均坡度、砒砂岩面积比例、风沙土面积比例、植被盖度等,可以依据这些影响因素建立起小流域土壤侵蚀强度的估算模型。然后将黄河流域分成许多不同类型的小流域,分别建立各类小流域的土壤侵蚀模型,计算出土壤侵蚀临界值,并外推出整个流域的自然侵蚀背景值。由于黄河流域的各类小流域尚未完成这类分析,故外推整个流域范围的自然侵蚀背景值,目前还有相当大的难度。

陆中臣等(1991)基于侵蚀积分值理论,运用流域侵蚀模型,计算了黄土高原的侵蚀模数,认为丘陵沟壑区从地质时期以来(距今 31 万年,侵蚀早期阶段),侵蚀模数逐渐增加,从 350 t/(km^2 · a)增加到距今 7 万年侵蚀中期阶段的 6 665 t/(km^2 · a),至今为 10 146 t/(km^2 · a);黄土高塬沟壑区自然侵蚀从地质时期以来存在自然侵蚀,侵蚀模数从 7 万年前的 350 t/(km^2 · a)增加至目前的 1 990 t/(km^2 · a)。史培军等曾初步建立了黄甫川流域的土壤侵蚀模型,计算出不同时间尺度(10 ~ 1 000 年)的土壤侵蚀临界值(金争平等,1992)。如果将上述两类途径推估出来的侵蚀值,即每年 10 亿 t 和 6.5 亿 t,结合起来考虑,那么可以认为,在历史上人类影响较小的情况下,黄河中游土壤自然侵蚀背景值为每年 6.5 亿 ~ 10 亿 t(吴祥定等,1994)。

3.2.3.2　示踪元素分析法

白占国(1994)以洛川黄土塬区为例,通过^{14}C 测定分析了不同时间段的沟谷侵蚀速率,在距今 33 万 ~25 万年、25 万 ~14 万年、14 万 ~1 万年和 1 万年以来,侵蚀模数分别为 945、672、542、2 536 t/(km^2 · a),沟谷溯源侵蚀速率分别为 180、120、56.6、504 mm/a,1 万年以前年均土壤侵蚀量存在下降趋势,没有自然加速侵蚀存在。但是 1 万年以来的侵蚀速率较以前明显增加,尤其 40 年以来的沟谷溯源侵蚀速率达到 250 mm/a。按黄土高原水土流失面积 45.4 万 km^2 计,1 万年以来的侵蚀量为 11.5 亿 t/a。

3.2.3.3　黄河冲积扇推算法

叶青超等(1983)曾经根据黄河冲积扇形成模式,确定冲积扇可划分为由于地壳上升而抬高的冲积扇、由于地壳下沉而埋藏的冲积扇和现代冲积扇复合体三种类型。然后根据黄河冲积扇形成模式、下游河道淤积特性和河口地区泥沙沉积比等资料,对不同时期冲积扇的面积、沉积物平均厚度、泥沙比重和河道迁徙的时间等参数进行分析,初步得出冲积扇、陆上三角洲、水下三角洲、外海和整个下游河道的堆积量,相应地估算出黄土高原全新世不同时期的年平均侵蚀速率(景可、陈永宗,1983)。依据黄河冲积扇冲积模式,估算出全新世不同时期年平均侵蚀速率也是有差别的(叶青超等,1983)。所算出的全新世中期(距今 6 000 ~ 3 000 年)年侵蚀量约为 9.75 亿 t,可以视为自然侵蚀值;全新世晚期(公元前 1020 ~ 公元 194 年)年侵蚀量为 11.6 亿 t,仍以自然侵蚀为主。

在不同的历史时期,黄土高原的侵蚀量存在较大的差异,在全新世以来的第三侵蚀期,黄土高原的土壤侵蚀速率也发生了一定的变化。景可、陈永宗(1983)从黄土高原侵蚀、搬运、堆积的地貌过程研究入手,认为黄土高原侵蚀泥沙的堆积区主要在华北平原,华北平原堆积物的90%来自黄土高原。综合黄河冲积扇的泥沙堆积量得出了全新世以来黄土高原侵蚀速率的演变(见表3-5),表明全新世以来黄土高原的土壤侵蚀有加速发展的趋势。

表3-5 全新世以来黄土高原侵蚀速率的变化

时段	侵蚀量(亿 t/a)	侵蚀增长率(%)	自然加速侵蚀量(亿 t/a)	自然加速侵蚀增长率(%)	人为加速侵蚀量(亿 t/a)	人为加速侵蚀增长率(%)
全新世中晚期	10.8	—	10.75	0	0	0
1020 B.C. ~1194 A.D.	11.6	7.4	11.6	7.9	0	0
1494 A.D. ~1855 A.D.	13.3	14.7	12.52	7.9	0.78	6.7
1919 A.D. ~1949 A.D.	16.8	26.3	13.51	7.9	3.29	18.9
1949 A.D. ~1979 A.D.	22.0	31.0	14.58	7.9	7.42	24.6

3.2.3.4 古黄河口泥沙淤积量推算法

根据历史记载,从地貌特征和古河道沉积分布规律来看,西汉古黄河三角洲大致是以孟村为顶点,自西南向东北延展至南大港附近,向东抵达傅家庄,向南大致至宣惠河,其面积约2 200 km²。李元芳(1992)根据三角洲地区大量钻孔沉积物的岩性特征、所含微体古生物化石、^{14}C测年值等推算,公元前4世纪40年代至公元11年所形成的古黄河三角洲沉积体的厚度因地而异,一般来说三角洲顶部较厚,可达4~6 m,三角洲边缘地带厚度较薄,一般在1~3.7 m,整个三角洲沉积物的平均厚度约5.4 m。沉积物容重按1.43 t/m³计,则西汉古黄河三角洲每年陆上沉积为0.54亿t。西汉古黄河三角洲与近代黄河三角洲形态相似,为多个亚三角洲体系组成的高建设性的扇形三角洲,由此推测三角洲各部位泥沙堆积的分配比例相似,陆上、滨海、较深浅海的泥沙淤积比为1:2:2,按此估算西汉古黄河三角洲每年淤积量为2.70亿t。从西汉时期黄河下游及河口地区分流、汇流的情况来看(中国科学院《中国自然地理》编辑委员会,1982),西汉时期河口泥沙堆积总量应是主河口加上分流河口泥沙的总和,推测可能有1/4~1/3的泥沙通过分流河道注入海洋,那么西汉总的入海河口泥沙总量有3.4亿~3.6亿t,参照泥沙在下游淤积分配比例(景可、陈永宗,1983),运用侵蚀堆积相关原理推算,西汉时期黄河下游至河口的泥沙淤积总量每年为6.5亿t左右。考虑到黄河中有90%的泥沙来自中游黄土高原,且泥沙输移比接近1,可以认为当时黄土高原土壤自然侵蚀背景值为6.5亿t左右。

上述方法所得出的结果有一定的出入,示踪元素分析法得出的结果稍大。考虑到远古时期的土壤侵蚀量估算难度大,可以认为四种方法得出的结论基本一致,黄土高原的自然侵蚀背景值一般在6亿~11亿t。史德明(1990)也认为黄土高原的自然侵蚀背景值一般在6.5亿~10亿t。土壤侵蚀高于这个背景值,则可认为人类活动对土壤侵蚀有负面影响;低于这个值,则可认为人类活动对抑制土壤侵蚀有正面影响。

3.2.4 模型试验原型流域的地貌特点

作为方法探讨和淤地坝坝系拦沙效应规律性的模型试验研究,研究的对象不是某一个具体的小流域，而是具备黄土高原侵蚀产沙特点共性的典型沟道流域。但在具体设计模型试验时，为了确定模型与原型的定量关系，又必须以一个符合实际情况的小流域为背景，给出相应的流域面积、沟道长度、侵蚀模数等参数，因此尚需参照天然情况概化出一个"原型"。为此，本研究对上述所收集的王家沟、西黑岱沟等天然资料进行概化。该流域是黄土丘陵沟壑区的典型小流域，其降雨和下垫面条件具备上述黄土高原的一般特征。概化后流域面积3.3 km^2，主沟长约3 km^2，总高差694 m，沟口以上960 m的沟床比降2.3%。中上游沟道呈V字形，平均比降28.5%。流域内基岩之上依次覆盖三趾马红土、离石黄土和马兰黄土。根据1969年对原型相关部位侵蚀地貌的定位观测结果（张治国、王桂平、贾志军等，1995），王家沟流域多年平均径流模数为3.67万 m^3/km^2，多年平均土壤侵蚀模数为20 811 t/km^2，最大为62 812.3 t/km^2，多年平均清水径流深27.2 mm，约为多年平均降水量的5.5%，平均每年冲刷深度为1.48 cm。

3.3　黄土高原侵蚀产沙特征

3.3.1　侵蚀产沙类型

黄土高原的土壤侵蚀可概括为三种类型（张宗祜，1993）：①水流侵蚀；②重力侵蚀；③风力侵蚀。黄土高原土壤侵蚀的上述三大类型中，以水流侵蚀最为重要，其分布面积最广，所造成的水土流失现象也最为严重，也是黄河下游的主要泥沙来源及河道淤积的主要原因。水力侵蚀或水流侵蚀是指由降雨及径流引起的土壤侵蚀，简称水蚀。包括面蚀、潜蚀、沟蚀和冲蚀等次一级类型。沟蚀是集中的线状水流对地表进行侵蚀的一种水土流失形式，其切入地面形成侵蚀沟，沟蚀的基本特点是起侵蚀作用的水流有固定的或比较固定的沟床（沟道）。冲蚀主要指沟谷中时令性流水的侵蚀，其分布广泛，侵蚀强度大，在黄土高原各种沟道都有分布。潜蚀是指地表径流集中渗入土层内部进行机械的侵蚀和溶蚀作用，在垂直节理十分发育的黄土地区相当普遍。影响黄土高原土壤侵蚀的因素主要是地质（构造、岩性）、地貌（坡度、地形高差、沟谷密度等）、气候（降水量、降水强度、气温、风速等）、植被（覆盖率、种类等）。这四种因素的不同组合导致不同的土壤侵蚀强度。土壤侵蚀的发生与否，以及侵蚀的强度，最终取决于上述侵蚀性因素（降水、径流、风速等）与可蚀性因素（地质、地貌、植被等）两者之间相互作用、相互影响的结果。

面蚀是片状水流或雨滴对地表进行的一种比较均匀的侵蚀，它主要发生在没有植被或没有采取可靠的水土保持措施的坡耕地或荒坡上。面蚀是水力侵蚀中最基本的一种侵蚀形式，依其外部表现形式又划分为层状、结构状、沙砾化和鳞片状面蚀等。面蚀所引起的地表变化是渐进的，不易为人们觉察。在黄土高原各种坡形坡面上的不同部位，面蚀作用的具体发生情况不同。在坡面上，直接影响形成有侵蚀能力的径流的因素主要是坡度和坡长。在同一岩性区内，如果岩性的抗侵蚀性变化不大，植被情况基本相似，那么该地区的坡面坡度和坡长对地表径流的侵蚀能力就起着决定性的作用。在坡面最上部，地面倾斜微弱，如塬的中部或梁、峁的顶部，侵蚀程度较差，侵蚀现象不明显；当水流运动速度加大导致侵蚀发生时，在坡的上部只有侵蚀作用，被侵蚀的土粒向坡下搬运，而在坡的中、下部侵蚀作用与堆积作用同时发生。所以，坡的上部为侵蚀区，而坡的中、下部为侵蚀—堆积区。

沟蚀是由片蚀发展而来的,但它又不同于面蚀,沟蚀不仅向下侵蚀表土或岩层,而且向侧向产生侵蚀,并不断地改变沟道的形态。沟蚀按其发育的阶段和形态特征又可细分为细沟侵蚀、浅沟侵蚀、切沟侵蚀。沟蚀一旦形成侵蚀沟,土地即遭到彻底破坏,而且由于侵蚀沟的不断扩展,坡地上的耕地面积就随之缩小,使曾经是大片的土地被切割得支离破碎,对地形破坏影响很大,是黄土高原水土保持的重点对象。细沟侵蚀是暴雨时,坡面径流逐步汇集成小股水流形成的侵蚀。细沟侵蚀将地面冲成深度和宽度一般均不超过 20 cm、方向大致互相平行的复杂细沟网。细沟出现在分水线以下不远的地方,不仅数量很多,分布很密,位置也极不固定,对整个坡面起相对均匀的侵蚀作用。在黄土地区,细沟的横断面常呈矩形,沟缘和斜坡的分界非常明显。浅沟侵蚀是地面径流进一步集中为较大股流,冲刷力增大,向下切入心土,形成纵断面与斜坡平行、无明显沟缘的浅槽沟形的过程。在黄土地区,初期的浅沟下切深度一般在 0.5 ~ 1 m,中期加深加宽使沟壁斜坡与地面无明显界限,整个坡面呈瓦背状。中期以后的浅沟,可因继续下切而向切沟过渡。如果由于斜坡起伏不平而弃荒,浅沟底部首先恢复植被,阻缓下切,逐渐开始淤积。切沟侵蚀是未被防治的细沟侵蚀、浅沟侵蚀、集流洼地、道路及人畜留下的沟槽,在间歇性坡面股流或洪水冲刷下形成沟身切入母质层或风化层,具有很明显沟头、沟壁的侵蚀沟的过程。沟头多呈跌水状或陡坡状,较大的切沟有一个以上的沟头;沟壁很陡,沟床下切至少在 1 m 以上,深度一般为 20 m 左右,对土地蚕食作用极大。

在沟道侵蚀中,沟床的岩性对沟的纵剖面有很大影响。在黄土高原,沟床的岩性大体有三种情况(张宗祜,1993):①由中、晚更新世黄土构成,沟床的岩性比较松软,侵蚀速率较大;②由早更新世黄土或上新世红土构成,沟床的岩性较为坚实,侵蚀速率比较小;③由基岩(砂岩、页岩等)构成,沟床的岩性坚硬,侵蚀速率最小。上述不同岩性组成的沟床,其纵剖面形态在不同地段也不一样,在黄土高原较长的主沟纵剖面形态常呈现缓、陡的变化或突变形成跌水。这一变化又影响着两侧沟坡的侵蚀。沟道侵蚀加深、加宽沟床并促使沟坡、沟头发生侵蚀作用。

重力侵蚀是土体由于自身重力作用而发生位移和土体破坏所产生的失稳移动现象,多发生在深沟大谷的高陡边坡上。在黄土高原,重力侵蚀常表现为滑坡、崩塌和泻溜等现象。黄土高原的滑坡大多发生在沟谷内早更新世石质黄土或上新世红土被侵蚀出露于谷坡的地带,在这一地带,常有地下水溢出。崩塌多发生于中、晚更新世或全新世黄土中。崩塌的侵蚀作用只是破坏边坡地形及土地,通过重力作用就地堆积但不导致大的土体位移。泻溜侵蚀是黄土沟坡上的片状剥离。它发生在一定岩性的边坡上,即多发生在早更新世晚期的黄土边坡上。泻溜侵蚀主要也是通过剥离土体的自身重力作用散落坡下并就地堆积。

风力侵蚀主要发生在黄土高原的最北部以及内蒙古伊克昭盟的南部和东部。对土壤侵蚀起作用的风力是由起沙风临界值以上的风力所决定的,风场的时空变化对风力侵蚀能力有很大影响(赵羽等,1989)。风的吹蚀将分布在一些地区的岩性松散、胶结程度很弱的黄土、细沙以至岩层侵蚀并搬运、堆积在低洼处,如沟谷、河道内。风力侵蚀强度与床面环境有密切的关系。刘连友(1999)分析了晋陕蒙接壤区风蚀量和风蚀强度,该区域年风蚀总量为 100 万 ~ 10 亿 t,平均风蚀强度为 1 600 t/(km^2 · a),并由东南部黄土丘陵沟壑区向西北沙漠区增强,体现了风力和降水变化的地带性特征的影响。

除以上三种基本的土壤侵蚀类型外,在黄河中游多沙粗沙区还存在一种特殊的风水两相流侵蚀(史培军、王静爱,1985;许炯心,2000),风力侵蚀与水力侵蚀叠加,形成一个高强度侵蚀产沙区域。每年 3 ~6 月风力作用的峰值期,风力将大量粗颗粒风成沙和部分基岩风化物搬运到沟道、河漫滩和河道中,并暂时存储在那里;7 ~9 月流水作用的峰值期,来自黄土地区的径流含有大量的细粒成分,形成了高含沙水流中的均质液相,使前期存储的粗颗粒泥沙大量悬浮而向下输移,形成高强度的输沙机制(许炯心,2000)。实际上,1998 年汛后,张红武、钱意颖、程秀文、舒安平等考察黄河上游内蒙古河段西柳沟等多沙支流时,发现这些支流(当地称之为孔兑)在流经沙漠地区时也属于水蚀、风蚀交错区,甚至可认为是风力侵蚀、水力侵蚀、重力侵蚀以及冻融侵蚀并存的多营力复合作用区。加强这类问题的研究有利于解决黄河干流的淤积问题。

3.3.2　侵蚀产沙的空间分布

黄土高原由于不同区域地质、地貌特征和降雨、植被等条件的差异很大,侵蚀产沙也存在很大的地区差异。根据 2000 年黄河泥沙公报,表 3-6 给出黄土高原多年平均水沙量的地区分布情况。从水文站控制的区域看,黄河泥沙主要来自头道拐至龙门区间,其支流的输沙模数达 5 000 t/(km^2·a)以上,而其他支流如汾河和伊洛河、沁河输沙模数则在 1 000 t/(km^2·a)以下。

表 3-6　黄土高原多年平均水沙量地区分布

河流	站名	集水面积(km^2)	年径流量(亿 m^3)	年输沙量(亿 t)	含沙量(kg/m^3)	输沙模数(t/(km^2·a))	系列年
黄河	头道拐	367 898	227.4	1.161	5.11	316	1950 ~2000
黄河	龙门	497 552	277.9	8.216	29.56	1 651	1950 ~2000
黄河	潼关	682 141	364.7	11.85	32.49	1 737	1952 ~2000
黄河	花园口	730 036	400.5	10.54	26.32	1 444	1950 ~2000
洮河	红旗	24 973	47.14	0.26	5.52	1 041	1954 ~2000
黄甫川	黄甫	3 199	1.548	0.487	314.60	15 224	1954 ~2000
窟野河	温家川	8 645	6.251	1.004	160.61	11 614	1954 ~2000
无定河	白家川	29 662	12.01	1.247	103.83	4 204	1956 ~2000
延河	甘谷驿	5 891	2.148	0.466	216.95	7 910	1952 ~2000
泾河	张家山	43 216	17.4	2.458	141.26	5 688	1958 ~2000
北洛河	湫头	25 154	9.248	0.886	95.80	3 522	1957 ~1985
渭河	华县	106 498	72.12	3.575	49.57	3 357	1950 ~2000
汾河	河津	38 728	11.31	0.257	22.72	664	1950 ~2000
伊洛河	黑石关	18 563	27.91	0.139	4.98	749	1950 ~2000
沁河	武陟	12 894	8.955	0.055	6.14	427	1950 ~2000

根据侵蚀产沙类型和强度,黄土高原可分为不同的水土流失类型区:黄土丘陵沟壑区(又分为五大副区:黄土丘陵沟壑第一副区、黄土丘陵沟壑第二副区、黄土丘陵沟壑第三副区、黄土丘陵沟壑第四副区、黄土丘陵沟壑第五副区),黄土高塬沟壑区,黄土阶地区,冲积平原区,土石山区,高地草原区,干旱草原区,风沙区和黄土丘陵林区。黄土丘陵沟壑区和黄土高塬沟壑区为水土严重流失区,风沙区、土石山区等为水土中度流失区,黄土阶地区和冲积平原区水土流失较轻微。黄土高原不同水土流失类型区基本情况见表 3-7(陈江南等,2004)。黄土高原水土流失类型区分区如图 3-4 所示。

表 3-7　黄土高原不同水土流失类型区基本情况

类型区			面积(万 km^2)			人口密度(人/km^2)		地形、地貌						林草覆盖度(%)	水土流失特点	年均侵蚀模数(t/km^2)	年均降水量(mm)	年均径流深(mm)	治理面积(km^2)	治理程度(%)
								主要特征	沟壑密度(km/km^2)	地面坡度组成(%)										
			总	流失	耕地	总	农业			<5°	5°~15°	15°~25°	>25°							
严重流失区	黄土丘陵沟壑区	第一副区	7.08	6.72	2.03	76	69	峁状丘陵，地形破碎	3~8	9	8	16	67	10~15	沟蚀、面蚀均很严重	10 000~30 000	400~500	40~50	19 288	28.6
		第二副区	2.72	2.37	0.76	58	50	峁状丘陵，间有残塬	3~5	7	19	22	52	15	沟蚀、面蚀均很严重	5 000~15 000	450~500	30~60	5 594	23.6
		第三副区	3.55	3.11	1.55	221	204	梁状丘陵为主	2~4	7	32	42	19	20~25	面蚀为主，沟蚀次之	1 000~10 000	500~550	80~130	11 271	36.2
		第四副区	2.34	2.23	0.61	174	142	梁状丘陵为主	2~4	8	21	40	31	25~35	面蚀为主，沟蚀次之	7 000~10 000	400~450	25~50	3 882	17.4
		第五副区	6.19	6.00	1.76	86	64	平梁大峁，有山间盆地	1~3	21	27	39	13	10~20	沟蚀为主，面蚀次之	3 000~6 000	300~400	10~25	11 526	19.2
	黄土高塬沟壑区		3.27	3.16	1.32	180	64	平梁大峁，有山间盆地	1~3	39	17	21	23	20~30	沟蚀为主，面蚀次之	2 000~5 000	500~600	30~50	11 870	37.6
	小计		25.15	23.59	8.03	120	103													
中度流失区	土石山区		13.87	9.33	1.88	63	55	山高、坡陡、谷深	1~3	3	4	21	72	20~40	坡耕地上有面蚀	100~5 000	200~700	50~200	19 632	21.0
	风沙区		6.51	3.70	0.23	16	13	沙丘密布，间有滩地	2~3	90	6	3	1	20~30	风蚀为主，沙丘移动	200~2 000	150~400	15~20	9 710	26.3
	干旱草原区		5.70	4.55	0.38	18	16	低丘宽谷，间有滩地	1~2	2	58	30	10	30~40	风蚀为主，水蚀较轻	200~2 000	180~240	2~5	2 888	6.3
	高地草原区		3.69	1.57	0.13	24	20	高山丘陵，间有滩地	1~2	12	24	31	33	40~80	坡耕地上有面蚀	200~500	400~600	25~80	566	3.5
	黄土丘陵林区		1.97	0.88	0.13	23	19	梁状丘陵，覆盖次生林	2~4	8	3	44	45	60~70	坡耕地上有面蚀	100~200	600~700	25~100	1 849	20.9
	小计		31.74	20.03	2.75	38	33													
轻微流失区	黄土阶地区		2.32	1.98	1.52	419	378	有二、三级宽平台	1~4	84	14	1	1	3~6	面蚀轻微，略有沟蚀	1 000~3 000	500~650	50~150	8 577	43.4
	冲积平原区		5.06	0.24	2.64	410	307	广阔平缓，无割切	0.2~0.3	100				3~5	流失轻微	100~200	200~600	5~150	1 170	49.2
	小计		7.38	2.22	4.16	413	329													
合计			64.27	45.84	14.94	113	95												107 823	23.5

注：由常茂德等编著的《黄土高原地区不同类型区水土保持综合治理模式研究与评价》的表 1-16、表 1-17、表 1-18 和表 3-39 整理而来。

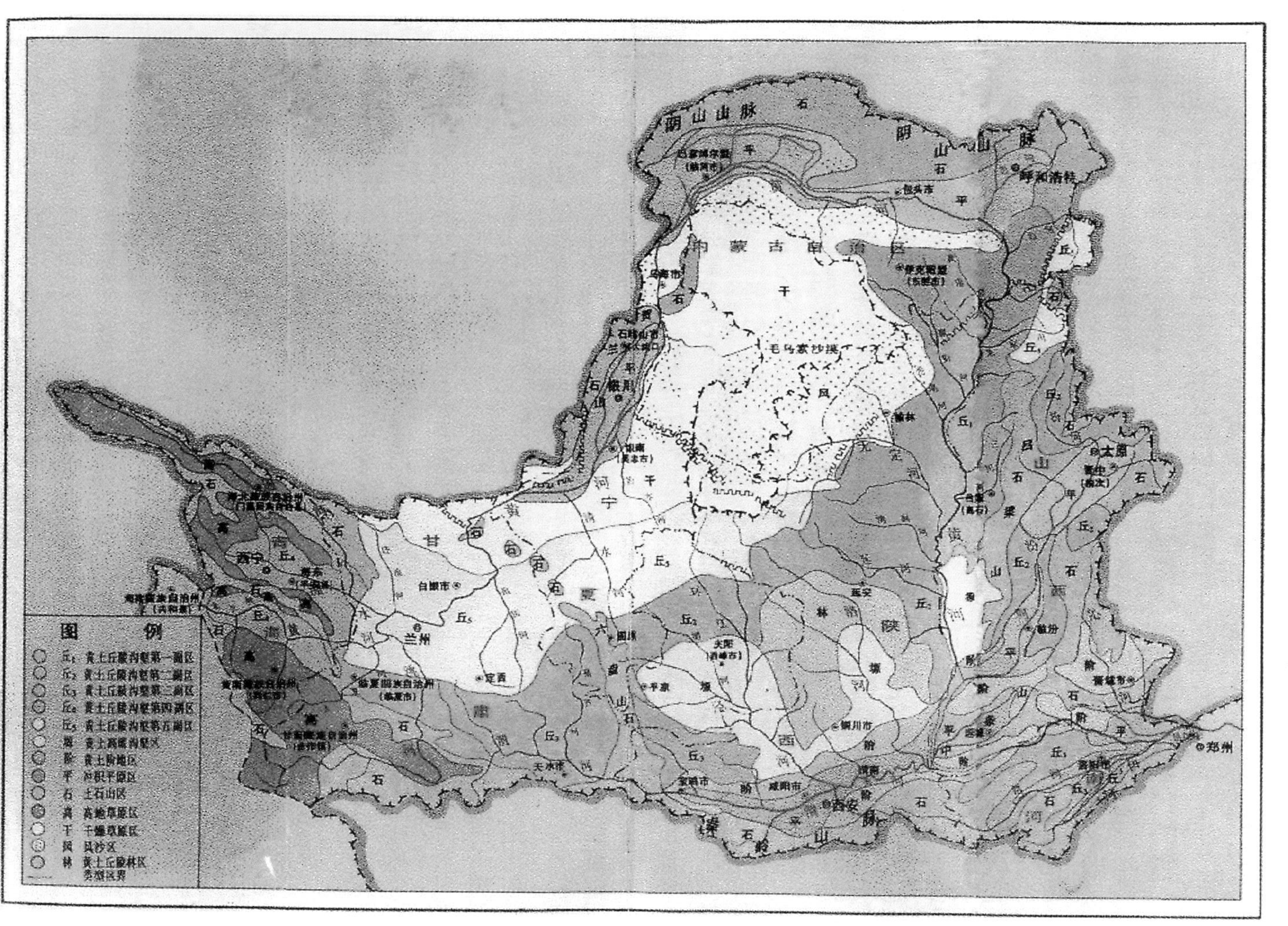

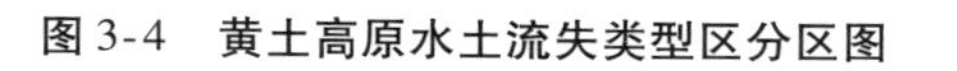

图 3-4　黄土高原水土流失类型区分区图

从不同类型区小流域土壤流失量的特征来看(陈江南等,2004),在砒砂岩区,由于砒砂岩受冷热、干湿变化而分解,并在水中崩解的速度很快,地面切割深度很大,十分破碎,谷坡陡峻,因此块体崩塌、散落作用十分强烈;加之地面稳渗速率较小,集流快,径流集中,故水流输沙强度大,侵蚀模数大于黄土覆盖区。在黄土覆盖区,沟谷地以谷坡重力侵蚀和沟道水流侵蚀为主,沟间地以坡面冲刷为主。由于黄土覆盖层较厚,垂直节理发育,质地疏松,遇水崩解速度较快,尤其是表层马兰黄土,其抗蚀力很弱,因此地面沟道密度一般较大,侵蚀模数较高。在风沙区的河流,沟道密度极低,其上游广大地区往往为四周流沙所包围,中间为草滩盆地,地下水位较高,部分滩地有盐渍化现象,但无明显地表径流,故水蚀微弱,以风蚀为主。只有流域的中下游才是河道形成区,重力侵蚀和水流侵蚀集中,是流域泥沙输移直接来源区。

黄土高原不同区域、不同地貌部位产沙方式和产沙强度差别很大,陈江南等(2004)分别分析了黄土丘陵沟壑区、黄土高塬沟壑区、风沙区和土石山区四种地貌类型区土壤侵蚀的主要地貌部位和侵蚀强度。在黄土丘陵沟壑区,沟谷坡的面积虽然只占流域总面积的41.52%,但它的侵蚀量却占总侵蚀量的68.95%,梁峁坡的产沙模数是沟谷坡的1/3~1/4,是沟谷底的1/5,说明黄土丘陵沟壑区侵蚀量主要来源于沟谷坡;在黄土高塬沟壑区,沟谷的面积虽然占流域总面积的40.33%,但它的侵蚀量却占总侵蚀量的75.13%,同时它的侵蚀模数分别是塬面、塬嘴坡的10倍和2.7倍,说明黄土高塬沟壑区侵蚀量主要来源于沟谷;在风沙区,沙丘面积占流域总面积的93.9%,滩地不仅面积小,而且侵蚀甚微,侵蚀量几乎全部来源于沙丘;在土石山区,黄土梁峁面积虽然只占小流域总面积的35.9%,但它的侵蚀却占总侵蚀量的56.6%,同时它的侵蚀模数分别为石质山岭、土石山坡的5.6倍和1.7倍,说明土石山区侵蚀量主要来源于黄土梁峁。黄土高原治理的重点区域在黄土高塬沟壑区和黄土丘陵沟壑区,这两个地区侵蚀强度的地貌分布都具有相似的特征,侵蚀主要来自沟道。陈浩等(2004)的研究结果也表明,沟谷地在流域侵蚀演化中起主要作用,抬高侵蚀基准面是控制流域沟头前进与减小沟坡扩展速率的重要环节。因此,要治沙,必须先治沟,这也表明黄土高原以沟道坝系建设为主的治理思路是正确的。

除地质、地貌及植被外,降水的空间分布对流域侵蚀产沙的空间分布也有重要影响。降水的变化对土壤侵蚀有双重影响:一是降水量较丰富的地区植被生长较好,提高了土壤抗侵蚀的能力;二是降水量及降水强度大,导致土壤侵蚀的动力加大,从而使土壤侵蚀强度加大。

3.3.3 侵蚀产沙的时间变化

从历史时期看,黄土高原的土壤侵蚀主要受构造抬升和气候变化的影响(安芷生等,1988)。历史上气候变迁对黄土高原的侵蚀及演变有重要影响,其明显的特征是黄土堆积过程中形成黄土与古土壤叠覆(把多辉等,2005)。关于气候变化对土壤侵蚀的影响还有不同的认识,唐克丽等(1991)认为在温湿的成壤期,黄土高原植被丰茂,不可能发生强烈的侵蚀,土壤侵蚀主要发生在干旱与湿润变化的交替时段。戴英生(1980)认为干冷与温湿交替即黄土沉积与成壤交替,温湿期气温较高,黄土堆积较为强烈,其后为干冷期,土壤侵蚀加剧。

20世纪50年代有水文观测资料以来,黄土高原侵蚀产沙的时间变化主要受降水因素的影响,但人类活动的影响也很强烈。黄土高原降水的主要特点为(徐学选等,1999;上官周平,2005):①降雨量偏小,年内分配不均。黄土高原地区雨水资源从东南向西北递减,降水量为世界平均水平的4/5,降水主要集中在夏、秋两季,且冬、春特别干燥,造成水土保持林成活率低,林草恢复困难。②降水变率大，旱涝灾害严重。黄土高原的降水环境总的概括起来就是量小、变率大、降水量集中，它对水土保持措施的影响归纳起来就是，生物水土保持措施的建造困难；工程措施易于毁坏。因此，实施水土保持措施费用增大。黄土高原 7 ~9 月的降水主要以暴雨形式出现，土壤侵蚀强烈，使黄河干、支流的输沙量大幅度增加，年产沙量主要由一二次暴雨所形成。

黄河的泥沙输移比大致为 1，这一点已基本取得共识，因此可以以输沙量的变化来大体反映流域侵蚀状况的变化。黄河泥沙主要来自中游地区，中游控制站的输沙量变化基本上反映了中游地区来沙量的大小。这里根据黄河泥沙公报的资料来分析黄河中游黄土高原地区土壤侵蚀随时间变化过程。图 3-5、图 3-6、图 3-7 分别为黄河头道拐站、龙门站和潼关站的水沙变化过程。从图中可以看出，输沙量的变化与径流量的变化过程基本一致，年际间差异较大，自 1985 年后，径流量和输沙量都变小，输沙量减小尤其明显，且相邻年份的变幅减小。输沙量的减小幅度为龙门站大于头道拐站，潼关站大于龙门站，黄土高原地区输沙量减小比头道拐以上地区更加明显，表明黄土高原治理的减沙效果是很明显的。表 3-8 为黄土高原不同区域相关水文站径流量和输沙量的极值，从表中可以看出，输沙量最大值的年份都在 1967 年以前，定义极值比为：最大值/最小值，则输沙量的极值比明显大于径流量的极值比，多沙粗沙区的输沙量极值比明显大于上游地区。由于淤地坝的拦沙能力逐年增加，淤地坝对极小值的影响尤其明显，有些地区的输沙量极小值变为 0，流域产沙被就地拦蓄。

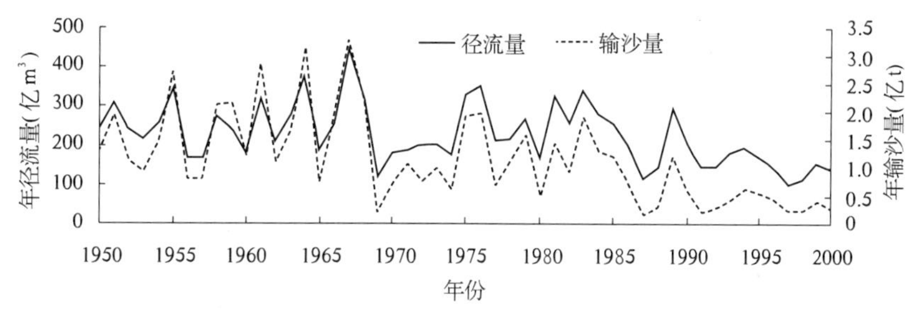

图 3-5　黄河头道拐站水沙变化过程

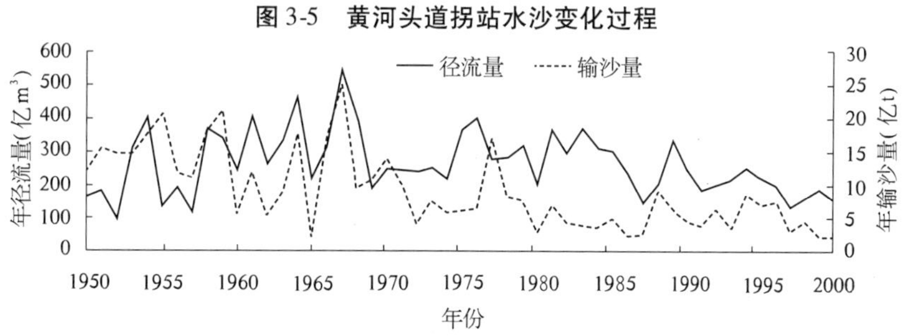

图 3-6　黄河龙门站水沙变化过程

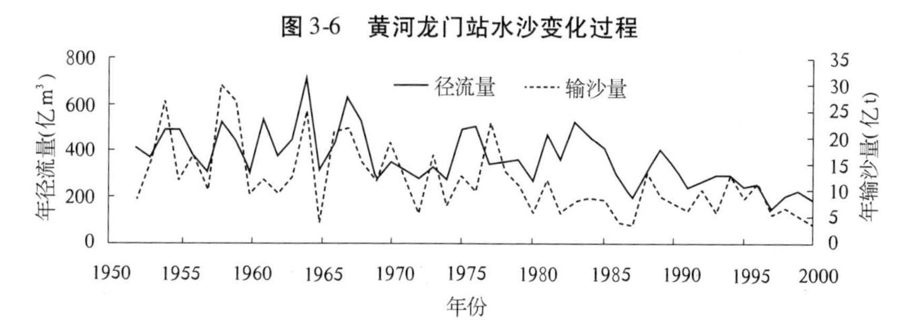

图 3-7　黄河潼关站水沙变化过程

表 3-8　黄土高原不同区域相关水文站径流量和输沙量极值

河流	站名	集水面积（km^2）	年径流量（亿 m^3）					年输沙量（亿 t）				
			最大值	年份	最小值	年份	极值比	最大值	年份	最小值	年份	极值比
黄河	头道拐	367 898	444.9	1967	101.8	1997	4.4	3.23	1967	0.168	1987	19.2
黄河	龙门	497 552	539.4	1967	132.7	1977	4.1	24.6	1967	2.19	1986	11.2
黄河	潼关	682 141	699.3	1964	149.4	1997	4.7	29.9	1958	3.34	1987	9.0
黄甫川	黄甫	3 199	5.078	1954	0.147	1999	34.5	1.71	1959	0.028	1999	61.1
窟野河	温家川	8 645	13.68	1959	1.679	2000	8.1	3.03	1959	0.034	1999	89.1
无定河	白家川	29 662	20.15	1964	6.749	2000	3.0	4.4	1959	0.24	1986	18.3
延河	甘谷驿	5 891	5.021	1964	1.155	2000	4.3	1.82	1964	0.079	1955	23.0
泾河	张家山	43 216	41.84	1964	7.55	2000	5.5	7.03	1964	0.42	1972	16.7
北洛河	洑头	25 154	20.15	1964	5.148	1957	3.9	2.2	1966	0.162	1982	13.6
渭河	华县	106 498	187.6	1964	16.83	1997	11.1	10.6	1964	0.497	1972	21.3
汾河	河津	38 728	33.56	1964	1.506	2000	22.3	1.76	1954	0	2000	—
伊洛河	黑石关	18 563	95.41	1964	5.552	1995	17.2	1.04	1958	0.001	1997	1 040.0
沁河	武陟	12 894	30.97	1956	0.112	1991	276.5	0.313	1954	0	1991	—

从输沙量的年内分配来看，输沙量的年内分配与径流量基本一致，但输沙量的年内分配更加集中。图 3-8、图 3-9 分别为 2005 年潼关站和潼关站减去头道拐站的月水沙的分配情况，对比这两个图可以看出，黄河中游地区输沙量比上游地区更集中，黄土中游地区输沙量集中于 7～10 月，占全年的 80% 以上，相对于上游地区，汛期的输沙量比例增加，非汛期的输沙量比例减小。

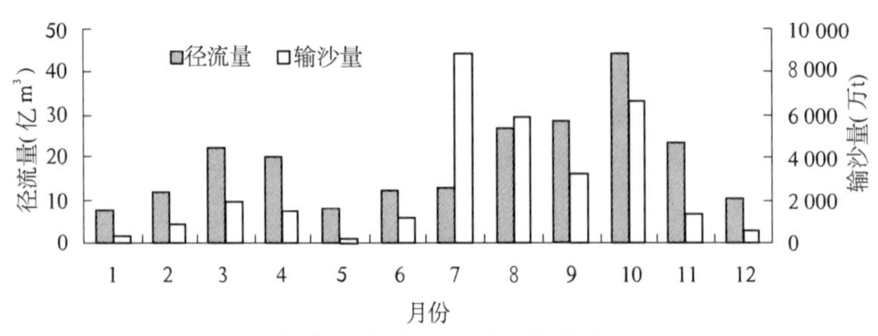

图 3-8　2005 年黄河潼关站实测月水沙分配

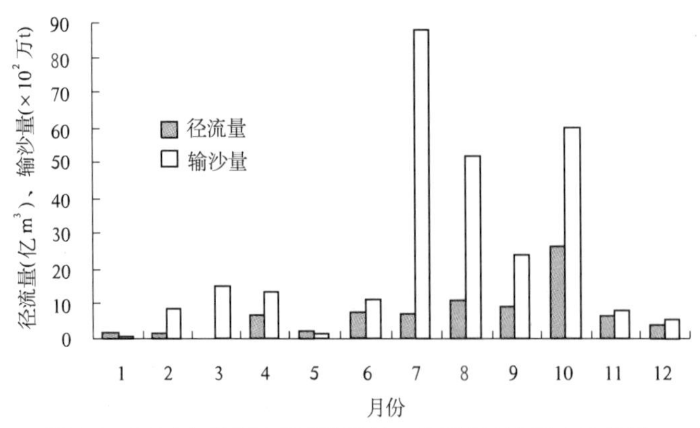

图 3-9　2005 年黄河中游（潼关站－头道拐站）月水沙分配

孟庆香等(2008)利用GIS技术对黄土高原1986年、2000年和2002年土壤侵蚀动态变化进行了分析。结果表明,黄土高原土壤侵蚀面积比例由1986年的66.13%上升到2000年的67.14%,到2002年下降为64.88%。其中,水力侵蚀面积比例呈现扩大趋势,风力侵蚀面积不断减小,冻融侵蚀面积先减小后增大。对比分析这一结果与黄土中游地区近期水沙量的变化可以发现,这一时期流域侵蚀面积没有大的变化,但输沙量却大幅度减小。这表明GIS分析的土壤侵蚀区大部分属于坡面侵蚀,坡面侵蚀的治理效果不明显,而所占面积较小的沟道侵蚀的治理效果很理想,再次说明了重点进行沟道治理的策略是正确的。在沟道治理中,淤地坝系建设发挥了巨大的作用。

3.3.4　高含沙水流与土壤侵蚀

黄土高原强烈的土壤侵蚀使高含沙水流成为该地区普遍存在的自然现象,高含沙水流的频繁发生是黄土高原多沙粗沙区产生高强度侵蚀的重要原因。高含沙水流由于其特殊的能耗、挟沙力和粒径组成,对黄土高原地区的侵蚀和下游河道冲淤变化及河床演变具有重要影响。

关于高含沙水流的定义,目前尚无统一的认识。钱宁等(1979)认为高含沙水流一般为两相紊流,可按宾汉体处理,当含沙量增加到某一临界值时,整个水流转化为均一的一相浑水。物质组成越细,这个临界含沙量越小。目前对一般洪水、高含沙洪水和泥石流的含沙量界限还没有取得统一的认识,特别是高含沙洪水与泥石流的界限很模糊,Beverage和Culbertson(1964)、Costa(1988)等以体积百分比计算,分别在0.4%~20%、20%~47%和47%~77%。但钱宁等(1979)认为我国黄河流域的高含沙水流的最大含沙量可以达到1 600 kg/m^3,相当于体积比含沙量60.4%;许炯心(1992,1999)认为含沙量达到400 kg/m^3,相当于体积比含沙量15.1%,即进入高含沙水流;齐璞等(1993,1997)根据黄河输沙的状况,将标准定为300 kg/m^3(体积比含沙量11.3%)即达到高含沙水流的范畴,还有定为200 kg/m^3(体积比含沙量7.6%)的(费祥俊、舒安平,2003)。

已有的研究表明,黄土物质结构疏松,垂直节理发育,且抗剪强度较小,极易形成破裂面与滑动面。同时,黄土物质主要为粉沙粒级,黏聚力小,经水浸泡即迅速崩解,成为适宜于水力搬运的颗粒,而不像其他岩石类型地区的崩塌产物,要经过漫长的风化作用才能够变细而成为适宜于搬运的粒级。黄土高原丘陵区的坡沟系统由坡面和沟道两大单元组成,坡面又可分为沟间地和沟谷地两个单元,从坡顶到坡脚坡度逐渐加陡。峁顶以溅蚀、片蚀为主,梁峁坡上部以细沟侵蚀为主,梁峁坡下部则出现浅沟侵蚀,并可发育切沟。沟谷地带除强烈的水力侵蚀外,还发生强烈的重力侵蚀。由于不同的坡面单元中占主导地位的侵蚀作用不同,因而侵蚀强度也有很大的差异。在一定意义上,高含沙水流是侵蚀的产物,但它一旦形成之后,便作为一种强大的侵蚀和搬运营力,在侵蚀过程中发挥了重要作用。进入高含沙水流范畴之后,能耗减小,挟沙能力增大,因而具有较强的侵蚀搬运能力,使坡面侵蚀发育,迅速地由片状侵蚀、细沟侵蚀发育到冲沟阶段。高含沙水流搬运与重力侵蚀之间存在着很强的耦合关系,这是黄土高原高强度侵蚀产沙过程形成的重要因素(许炯心,1999a,1999b)。

由于各单元的单位面积产流量相差不大,单位面积侵蚀量却相差数倍至数十倍,故次降雨的含沙量相差很大(许炯心,1999a,1999b)。以羊道沟23次降雨的观测资料为基础,许炯心计算出了高含沙水流的发生频率,并且分析了不同地貌单元的次降雨平均含沙量与高含沙水流发生频率的关系。结果表明,在峁顶和梁峁坡的上部,高含沙水流的发生频率在

0.2 以下,而在梁峁坡下部,高含沙水流的发生频率为 1.0,即成为必然事件。因此,可以认为,在黄河中游多沙粗沙区的坡沟系统中,高含沙水流形成于梁峁坡的下部,并在沟坡和沟谷得到进一步的发展。在坡沟系统中存在着一种存储—释放机制,即非高含沙水流发生时,在小量级或大量级降雨的落水阶段,来自坡面的泥沙中的粗粒度部分可能在沟道中落淤,并暂时"存储"在那里;当高含沙水流发生时,前期落淤的粗泥沙可以再度被搬运下移,即发生"释放"。当然,在高含沙水流从沟道中冲刷而下移的粗泥沙中,也有一部分是属于上一个冬天和春天因风力作用而沉积在那里的风成沙。降雨与坡沟系统高含沙水流的形成关系密切。在冲沟次降雨最大含沙量与雨强的关系中,表现出两个临界值。超过第一个临界值以后,含沙量急剧增大;超过第二个临界值之后,则出现极限含沙量,即含沙量不再随雨强的增大而增大。

高含沙水流的强烈侵蚀进一步加重了黄土高原的侵蚀产沙强度,侵蚀的大量泥沙被输送到下游河道,造成下游河道的强烈淤积和河床的频繁摆动,给黄河下游的治理带来诸多不利影响,仅靠堤防建设很难起到好的效果。

3.4 流域演化模型试验研究

按照 Schumm 的观点,流域系统是一个有机联系的整体,各个子系统之间存在耦合关系。侵蚀产沙区侵蚀产沙过程的变化通过水流和泥沙的信息传输作用影响下游河道输移与沉积子系统,下游河道泥沙输移、沉积过程和河床形态变化在很大程度上是对侵蚀产沙系统的反馈过程。流域侵蚀产沙区侵蚀强度的变化在下游河道冲淤和河床形态变化过程中可以明显地体现出来,侵蚀产沙区不同的侵蚀强度可造成下游河道不同的冲淤过程及河床形态调整过程,形成不同的河型,对河道防洪形势也有不同的影响。根据 Schumm 的流域系统的基本模式,本研究试图通过降雨模型试验,模拟不同降雨强度和不同下垫面条件以及人类活动不同干预过程(这里主要是淤地坝)下侵蚀产沙子系统侵蚀强度的变化以及河道输移子系统和三角洲的形成过程,分析不同时期和不同部位流域系统的形态发育特征及不同侵蚀产沙强度条件下河道与三角洲系统形成过程的差异。由于试验结果分析工作还未最后完成,这里只介绍试验过程及初步的定性分析结果,相关定量分析成果将另行报道。

3.4.1 试验设备及方法

3.4.1.1 模型试验原理

本研究采用过程响应模型试验方法(金德生等,1992;金德生、郭庆伍,1995b)。在过程响应模型试验中,认为地貌形态取决于作用过程,注重宏观地貌统计特征,而不拘泥于具体的形态相似,也不注重具体的微观细节。过程响应模型系统与原型系统间的相似主要体现在形态统计特征相似、物质组成比例及层次结构相似、相对时间尺度及系统演化相对速率相似、因果关系相似、能量消耗方式及作用行为相似等几个方面。原模型在上述 5 个方面基本达到相似,模型试验所得的结论可以推演到原型中去。

3.4.1.2 模型系统组成

模型包括降雨系统、水槽系统、测量系统、排水系统 4 个主要组成部分。试验水槽系统由积水盆地产水产沙系统、水沙观测系统、河道输移系统、三角洲沉积系统 4 部分组成,其组成示意和照片分别见图 3-10(a)、(b)。流域部分填满模型沙,顶平,模型沙厚 50 cm,在降雨作用下完成流域的自然发育演变过程。河道和三角洲部分初始时为空槽，不填模型沙，随试验的进行，由流域部分侵蚀输移下来的泥沙自然淤积并形成河道及三角洲系统。

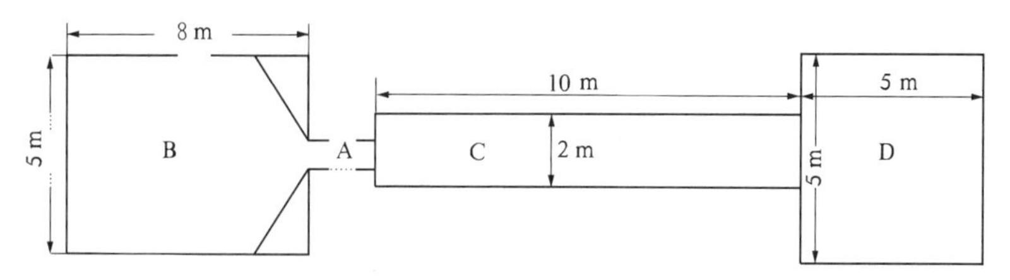

A—水沙观测系统；B—积水盆地产水产沙系统；C—河道输移系统；D—三角洲沉积系统

(a)试验水槽系统组成示意

(b)试验水槽系统组成照片

图3-10 试验水槽系统

模型规模较大时，材料费用增加，地形测量困难，试验历时较长，但测量误差小，流域微地貌形态表现较完全，易于对流域微地貌形态的观测，也易于区分不同层次的流域；模型规模较小时，费用少，地形测量方便，试验历时较短，但测量误差大，流域微地貌形态可能表现不完全，不利于对流域微地貌形态的观测，难区分不同层次的流域。要使流域微地貌形态表现得比较完全，可采用降低降雨强度、延长试验历时的方法来加以改善。模型规模可视试验场地、测量设备、降雨历时的不同而适当调整，在对产沙量、流量、含沙量、输沙量及淤积量的粗略评估的基础上确定模型其他部分的尺寸。

积水盆地产水产沙系统：尺寸为5 m×8 m，模型为水泥槽，底平，水泥墙面架设测量装置，该装置为钢轨或铝材。边墙厚25 cm，高50 cm，底面高30 cm，留出余地5 cm，总高85 cm，溯源侵蚀到达流域末端后可能最大比降为6.25%。

水沙观测系统：由一个水平V字形三角堰组成，高度为离地面25 cm，长度50 cm，接流端比降雨水槽出口低5 cm，出口端比河道输移系统水槽高5 cm，设置水沙测量装置。

河道输移系统：尺寸为2 m×10 m，模型为水泥槽，底平，水泥墙面架设测量装置，该装置为钢轨或铝材。长度11 m，其中1 m为缓冲区，主河槽部分10 m。边墙厚25 cm，墙高20 cm，底面高30 cm，总高50 cm。河道部分可能最大比降为5%。

三角洲沉积系统：尺寸为5 m×5 m，模型为水泥槽，底平，水泥墙面架设测量装置，该装置为钢轨或铝材。边墙厚25 cm，墙高20 cm，底面高30 cm，总高50 cm。高度与河道输移系统部分持平。河道系统及三角洲系统发育至三角洲所控制范围的最前端后可能最大比降为3.33%，充分发育后可能最大比降为1.13%。

3.4.1.3 **降雨模拟系统**

降雨模拟系统包含试验棚、供水系统和降雨装置三个组成部分。

试验棚：由支架及防风设施组成。仅降雨部分采用支架，支柱采用电线杆，顶棚支架采用钢材支架，喷头及照相机放置于支架上。支架顶呈弧形，支架高7 m，宽8 m，长10 m。防风设施用帆布封盖顶棚，用塑料作为河槽及三角洲部分防雨设备。

供水系统：包括水源、雨强控制系统、输水管道系统等。水源为通过当地喷灌用水补充的地下水库。仪器包括水管、扬水泵（1台，扬水高程30 m）、电源稳压器、水压表（2个）、阀门（2个）、弯管水管连接头（若干）。

降雨装置：采用在2003年研制的用于建立室内水土保持模型的装置。在此基础上，将降雨器的有效降雨范围扩大，使用8 m×5.6 m的50 mm的大PVC管和160根16 mm的小PVC管，在小PVC管上钻直径为1 mm的小孔，每10 cm钻一孔，组成管网式下喷型降雨器，降雨器架设高度为6 m，吊装于试验大棚顶部。试验所需的降雨必须是干净的清水，水库的水不能循环使用，试验弃水直接排入尾池。

本试验雨强率定历时一周，通过调节置于压力表前的管道阀门控制管道进水量大小，从而控制降雨强度。降雨量、雨强（点雨强、面平均雨强）、降雨均匀系数分别按下式求得：

降雨量：
$$R = \Delta V/A$$

点雨强：
$$I = R/t$$

面平均雨强：
$$\bar{I} = \frac{1}{n}\sum_{i=1}^{n} I_i$$

降雨均匀系数：
$$R = 1 - \frac{1}{n\bar{I}}\sum_{i=1}^{n} | I_i - \bar{I} |$$

其中，ΔV为单位时间内从导流槽流出的水量，采用径流桶接流并计算体积。压力表读数为0.08 MPa，雨强为3.3 mm/min时，降雨均匀系数为0.84，说明均匀性较好，能满足试验要求。测得的雨强、压力表读数及导水槽出口水位、流量间的关系见图3-11～图3-13，由这些关系可以通过控制压力表读数控制雨强，并求得侵蚀系统部分流出的流量及过程。雨滴粒径采用色斑法，雨滴粒径测量色斑图见图3-14，雨滴粒径与色斑粒径的关系见图3-15，借助AutoCAD可求得雨滴粒径。

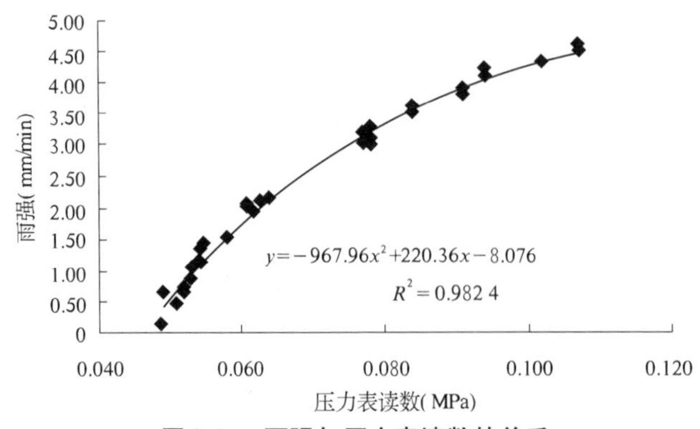

图3-11 雨强与压力表读数的关系

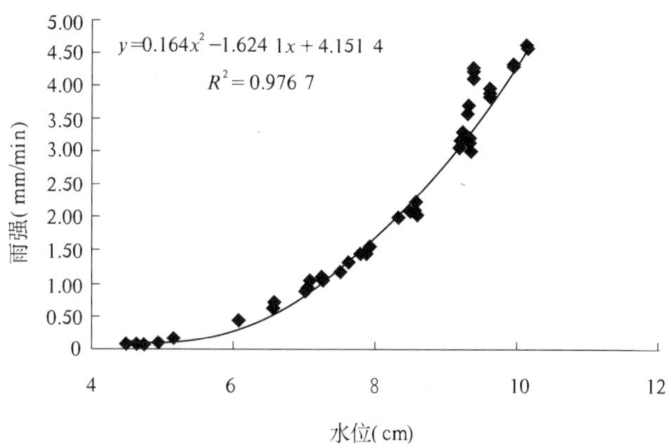

图 3-12　雨强与导流槽出口水位的关系

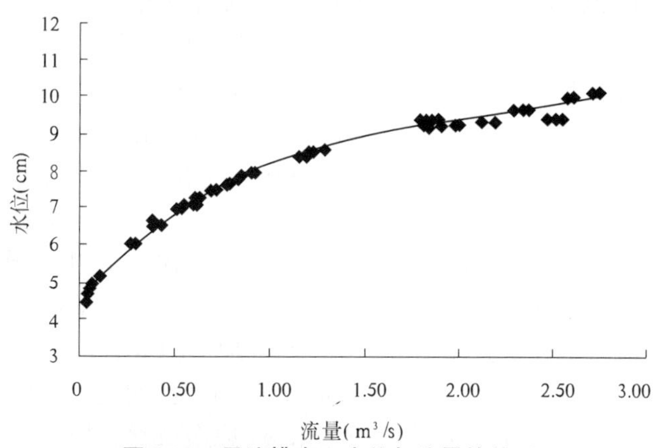

图 3-13　导流槽出口水位与流量的关系

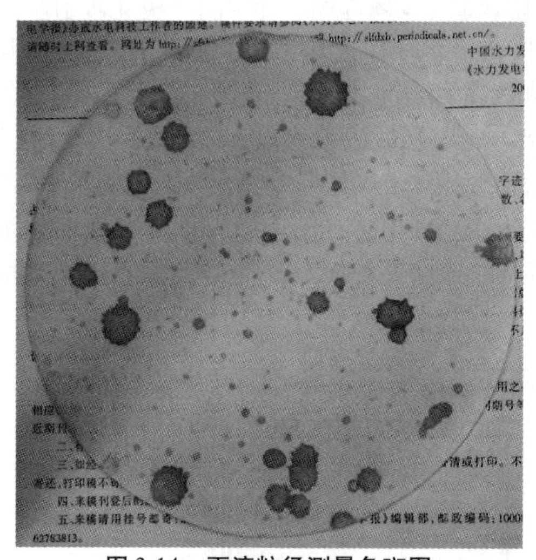
图 3-14　雨滴粒径测量色斑图

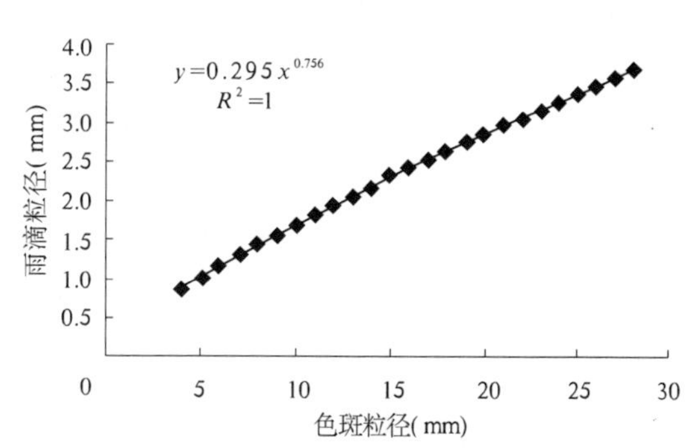

图 3-15　雨滴粒径与色斑粒径的关系

试验过程中，雨强和降雨历时根据流域地面物质的抗冲性决定，降雨历时的选择可在试验过程中根据流域地貌形态的变化作相应的调整，使地形测量能准确地反映流域地貌演化过程。雨强分两组，根据自制降雨器的降雨特性，第Ⅰ组为 3 mm/min，使流域产沙量能达到高含沙水流的范围；第Ⅱ组的雨强可根据第一组试验产沙量及过程的情况作调整，为

1 mm/min左右。降雨历时为15、30、60、90、120、150、180、210、240 min等系列，具体采用系列根据流域演化和河道响应情况而定，主要为30 min和60、90、120、240 min系列。

试验结束时间主要通过流域产沙量的变化情况来确定，也可以参考流域坡降的变化情况。当流域产沙量减小，且减小的幅度变化不大时，可以认为流域演化达到准平衡状态，流域形态变化对产沙的影响不大，本组试验结束。

3.4.1.4 测量系统

目前地形测量的方法主要有水准仪法、超声波法、移动测针测量法、电子感应法、激光扫描法、立体像对摄影测量法等。水准仪法、超声波法和移动测针测量法等测量方法操作简单，精度较高，但耗费人力较多，测量速度很慢，工作效率很低，且水准仪法、移动测针测量法不能测水下地形，测量水下地形时往往需要停水，需要很长的时间才能完成一个测次的测量。超声波法虽然可以测量水下地形，但仪器在工作过程中容易损坏，导致不能测量。电子感应法也存在仪器不稳定及容易损坏的毛病。立体像对摄影测量法通过两次摄影的重叠而获取地形高程，测量速度快，后续处理由计算机完成，效率较高，但精度对于小比例尺的模型试验来讲还较差。激光扫描法与立体像对摄影测量法相似，精度稍高，适合规模较大的测量对象，但对于小比例尺的模型试验来讲精度还是稍差，且激光地形扫描仪成本很高。

本研究中自行研制了一套基于测量板的数码测量系统，该测量系统通过照相机与自制测量板的结合，将影像法与传统方法有机结合，设计新颖，快捷实用，制作成本较低，测量效率高，既能满足精度要求，又能大幅度缩减测量时间，加快模型试验进度，总体效率较传统测量方法要高得多，在流域侵蚀试验和河道演变试验的地形测量上具有很大的推广应用价值。

基于测量板的数码测量系统主要由照相机、地形测量板和轨道组成。地形测量板由支架、滑轮和测板等部分组成，测板正面由平整的木板(或金属材料板)、钢丝、坐标纸等组成。钢丝相当于传统方法的测针，坐标纸用于标识平面位置，为保证测板平直，在其背面用三角架支撑(见图3-16)。测板用装有滑轮的支架支撑，可以在模型轨道上自由滑动，从而测量整个模型地形。测量流域及三角洲部分的大测量板高75 cm、长500 cm，见图3-17。测量河道部分的小测量板高75 cm、长200 cm，见图3-18。地形测量板上每5 cm安装1根长73.2 cm的钢丝，供测量地形用，每10 cm测量一个断面。用照相机记录地形测量板上钢丝头部的位置，通过遥感图像处理软件进行图像变形纠正，用WinDig专用读图软件读取断面地形测量照片(见图3-19)中钢丝头部的高程值，从而获取地面高程。以此为基础建立数字地面模型，进行流域形态分析。

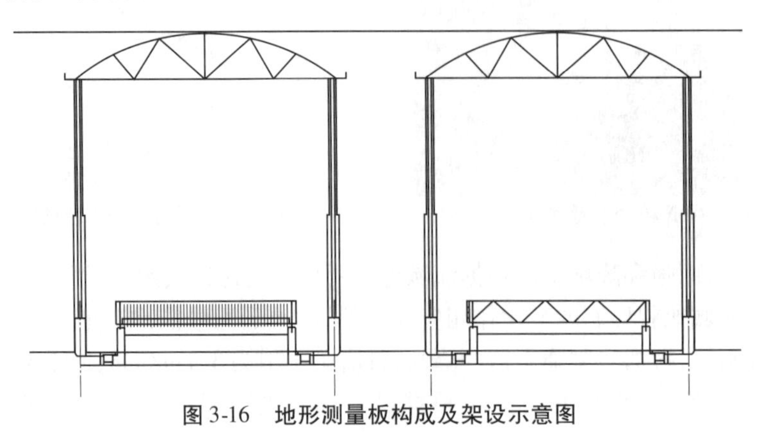

图3-16　地形测量板构成及架设示意图

图3-17　测量流域及三角洲部分的大测量板

图3-18　测量河道部分的小测量板

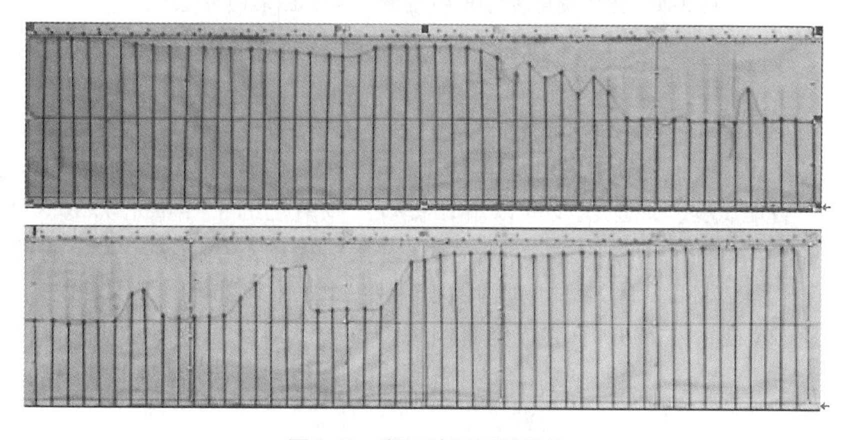

图3-19　断面地形测量照片

本试验拟以数字地面模型来分析流域的演化及侵蚀产沙过程，地形测量密度较大。在资金有限的情况下，为加速测量过程和加快试验进度，同时为保证试验精度，地形测量采用基于测量板的数码测量系统。流域及河道断面照片包含了地形三维坐标信息。

每次降雨过程后的测量数据：流域部分80个断面，每个断面拍2张照片，共160张照片；河道部分20张照片；三角洲部分40张照片。每张照片读取50个数值。

3.4.1.5 数据处理方法

试验观测项目主要有压力表读数，雨强，降雨量，水位，流量，含沙量，泥沙粒径，流域、河道、三角洲地形高程，流域、河道、三角洲形态照片。

压力表读数定期由人工读取；雨强通过调整压力表读数控制；降雨量由降雨时间和雨强决定；水位由安装于三角堰处的测针读取；流量由出口三角堰水位确定，首先对三角堰进行水位流量关系率定，然后由水位刻度确定流量、分时段降雨量和径流量；含沙量和泥沙粒径通过取样分析获得。

模型试验的主要工作量在于地形测量及地形三维数据处理。地形测量照片资料处理流程为：照片倾斜校正，裁剪，畸变校正，读数入库，建立流域数字高程模型，流域特征值分析，三维建模。倾斜校正和裁剪采用 ACDsee 软件，畸变校正采用 ENVI，高程数据读取采用 WinDig 专用读图软件，导入 Excel 表格，建立数字高程模型和流域特征值分析采用 ArcGIS 和 Suppermap 软件，三维建模采用 Geomodelling 软件。地形照片可用 ENVI 进行畸变校正，图 3-20 为流域发育演化校正前后的地形照片。

图 3-20　流域发育演化照片（左图为未校正，右图为校正）

3.4.2 试验过程

试验在清华大学黄河研究中心进行。2004 年 4 月 10 日 ~6 月 11 日完成试验设备及模型制作，6 月 11 ~22 日完成雨强率定及第Ⅰ组试验模型沙铺设，模型沙为次生黄土，采自北京市顺义区李各庄试验基地地表 2 m 以下，经率定，该黄土的干容重是 1.56×10^3 kg/m^3。试验前土样经 1 cm 筛孔，去除掺混的草根、大土块等。模型下垫面次生黄土的粒径分布如表 3-9 所示。6 月 22 日 ~8 月 24 日完成第Ⅰ组模型试验，8 月 25 日 ~9 月 25 日完成第Ⅱ组模型试验；9 月 26 日 ~11 月 10 日完成第Ⅲ组模型试验。每次试验初始状态保持试验土壤饱和或接近饱和，不考虑入渗的影响，不考虑雨滴击溅、植被等因素的影响。模型铺成后测量土壤容重和含水量，分析土壤平均粒径组成，了解地貌形态的发育过程。各组模型试验条件见表 3-10。

表 3-9　模型下垫面次生黄土的粒径分布

粒径范围(μm)	≤5	≤12.5	≤37.5	≤87.5	≤175	≤350	≤700	≤1 260
百分数(%)	7.15	22.19	53.40	96.45	99.50	99.83	99.96	100.00

表3-10　各组模型试验条件

测次	地表物质	雨强(mm/min)	人工干预方式	平均场次降雨历时(min)
Ⅰ	次生黄土	3	自然状态	120
Ⅱ	粉煤灰	3	自然状态/淤地坝	30
Ⅲ	粉煤灰	1	自然状态/淤地坝	30

3.4.2.1　第Ⅰ组试验过程

6月22日~8月24日,采用次生黄土作为模型沙。第Ⅰ组模型试验共进行38次降雨过程,降雨历时从最初的30 min变化到最后的16 h。由于风暴将试验棚吹垮,在修复试验棚过程中铺好的模型土受阳光照射变干变硬,模型沙难以冲刷,试验历时很长,流域演化极其缓慢,形成的沟道形态较单一,但河道的塑造比较成功。流域形态通过降雨和径流的作用共同塑造,河道及三角洲部分由流域部分产生的水沙过程塑造自然形成,并随水沙条件的改变而作相应的形态调整,不予人为干扰。第Ⅰ组试验初期流域形态、河道形态及三角洲形态见图3-21。由于试验过程受到过外界条件的干扰,这一组试验结果仅作参考。

图3-21　第Ⅰ组试验初期流域形态、河道形态及三角洲形态

3.4.2.2　第Ⅱ组试验过程

8月25日,清理模型中第Ⅰ组试验后的模型沙,第Ⅱ组模型试验前对雨强及降雨均匀系数进行了重新率定。模型沙变为粉煤灰,9月5日正式开始降雨试验,平均降雨历时为30 min,9月25日结束。由于粉煤灰抗冲性很差,流域发育很快,Ⅱ-6次降雨后开始在流域增加人为干扰,通过构筑淤地坝的形式抬高流域的局部侵蚀基准面。

这里淤地坝模拟采用"二大件",即坝体和泄水洞。具体过程为:①在地形图上结合实地调查,选出坝址,然后在模型上按地形图选出的坝址确定模型上淤地坝的坝址;②在修筑溢洪道时,在坝体地势较好一侧开挖一条深渠,用土将结合部位填实,一般溢洪道进口距沟道高差5 cm(骨干坝)和3.5 cm(淤地坝),进口处用水泥处理,使之牢固,免受流水侵蚀。骨干坝的溢洪道用铁槽模拟,淤地坝的泄水洞用橡胶管模拟。骨干坝坝高11 cm,淤地坝坝高6 cm。图3-22为第Ⅱ组试验流域形态、河道形态、三角洲形态,图3-23为Ⅱ-7次降雨后淤地坝的淤积情况。

图3-22 第Ⅱ组试验流域形态、河道形态、三角洲形态

图3-23 第Ⅱ-7次降雨后淤地坝的淤积情况

3.4.2.3 第Ⅲ组试验过程

9月26日~11月10日,第Ⅲ组模型试验前对雨强及降雨均匀系数进行了重新率定。

模型沙仍为粉煤灰,降雨强度改为 1 mm/min,平均降雨历时为 30 min,共 19 次降雨过程,试验后期也在沟谷部位布设了淤地坝。第Ⅲ组试验流域侵蚀及演化过程、河道及三角洲形态分别见图 3-24和图 3-25。图 3-24 中 A、B、C、D 分别为模型流域演化发育的不同阶段,A 为幼年期初期,B 为幼年期晚期,C 为壮年期,D 为老年期。A 阶段流域侵蚀强度较小,以坡面侵蚀为主,同时也形成小的沟道并不断发生溯源侵蚀,沟头不断扩展;B 阶段沟谷密度最大,以沟道侵蚀为主,侵蚀强度大,沟道在发生溯源侵蚀的同时,还横向扩展,向壮年期演化;C 阶段沟谷合并,沟谷密度减小,沟谷规模扩大,向老年期演化;D 阶段已形成准平原,原先的沟谷几乎被侵蚀殆尽,淤地坝所在部位也被侵蚀掉。图 3-25 的河道形态部分形成分汊河流,主流较第Ⅱ组试验过程明显,第Ⅱ组试验水流很散乱,主流不太明显。

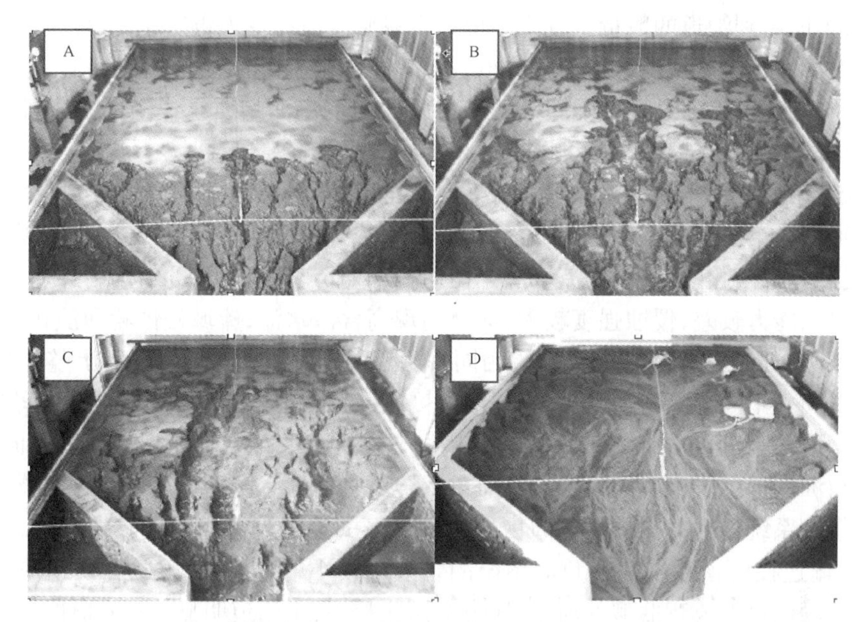

A—幼年期初期;B—幼年期晚期;C—壮年期;D—老年期

图 3-24　第Ⅲ组试验流域侵蚀及演化过程

图 3-25　第Ⅲ组试验河道及三角洲形态

3.4.3 初步认识

以下对试验过程中出现的现象进行初步的定性分析。对比分析不同床面组成物质和雨强条件下流域系统侵蚀演化过程及不同产沙条件对下游河道和三角洲系统的不同影响，可以得到以下初步认识：

（1）第Ⅰ、Ⅱ和Ⅲ组试验地表组成物质不同、雨强不同、降雨历时不同，相应地，流域侵蚀强度也不一样，但流域演化过程形成的流域地貌形态大体相似，流域演化发育过程都经历戴维斯侵蚀循环的幼年期、壮年期和老年期，壮年期侵蚀强度最大，幼年期初期和老年期晚期侵蚀强度最小。侵蚀过程都经历面状侵蚀、细沟侵蚀、切沟侵蚀、冲沟侵蚀过程，沟道发育过程相似，不同级别沟道的数量也较为相似。沟谷密度由小变大再变小，流域侵蚀产沙强度也由小变大再变小。从试验结果可以看出，不同条件下流域侵蚀轮回相似，所不同的是经历的时间不同，因此可以通过改变降雨等外动力条件和下垫面物质组成等内在条件进行流域演化的模拟试验，加快试验进程，可以得到相同的效果。

（2）第Ⅰ和Ⅱ组试验地表组成物质不同、雨强相同、侵蚀强度不同，经历整个侵蚀轮回的时间也不同。第Ⅰ组为次生黄土，流域物质黏性和抗侵蚀能力相对较强，侵蚀强度相对较小，流域侵蚀轮回演化时间较长，流域演化初期和末期历时很长；第Ⅱ组为粉煤灰，流域物质黏性和抗侵蚀能力较差，侵蚀强度较大，甚至出现高含沙水流，流域侵蚀轮回演化时间较短。

（3）第Ⅱ和Ⅲ组试验地表组成物质相同、雨强不同、侵蚀强度不同，经历整个侵蚀轮回所花费的时间也不同。降雨强度大，则侵蚀强度大，流域完成一个侵蚀轮回的时间较短。

（4）第Ⅰ、Ⅱ和Ⅲ组试验地表组成物质不同、雨强不同，导致流域侵蚀强度不同，对下游河道和三角洲的形态产生不同的影响。河道系统和三角洲系统的形成及演化的物质来源于上游流域侵蚀系统侵蚀并输移下来的物质。第Ⅰ组试验地表组成物质黏性较强，流域侵蚀强度较小，输送往河道系统和三角洲系统的含沙量较小，由黏性较强的物质组成的河床边界，抗冲性较好，可形成弯曲型的河流，河道宽深比较小，主河道明显，三角洲伸展较慢，水流在三角洲上可形成明显的主流。第Ⅱ和第Ⅲ组试验地表组成物质黏性较差，流域侵蚀强度大，输送往河道系统和三角洲系统的含沙量大，第Ⅱ组试验甚至出现高含沙水流，由黏性较差的物质组成的河床边界抗冲性较差，一般形成游荡型的河流。第Ⅲ组试验流域侵蚀产沙强度较第Ⅱ组试验小，高含沙水流出现频率小，下游河道形成分汊河型和游荡河型。第Ⅱ、Ⅲ组试验总体上河道宽深比较大，主河道不明显，河道主流摆动频繁，摆动幅度大，且含沙量越大，主流摆动越频繁，摆动幅度越大，主槽越不明显，高含沙水流形成的深槽很不稳定，随时都可能因含沙量变化而消失，第Ⅱ组试验形成的河道的游荡特征比第Ⅲ组试验更加明显。第Ⅱ、第Ⅲ组试验三角洲呈扇状伸展，伸展速度均较快，扇状沉积特征明显，水流在三角洲上不能形成明显的主流。从以上分析可以看出，侵蚀产沙区流域不同的侵蚀产沙强度对下游河道及三角洲系统产生明显不同的影响，通过控制流域侵蚀产沙，可以在一定程度上控制河床的摆动幅度和频率。黄河下游游荡型河流的形成就是由于黄土高原强烈的侵蚀产沙所形成的。因此，要治理河道系统，就需要控制流域侵蚀产沙系统的侵蚀产沙强度，对于黄河来讲，要控制好下游的河势和河型，关键是要控制黄土高原的侵蚀产沙强度。

（5）第Ⅱ、第Ⅲ组试验过程中期沟道形成后，模拟了淤地坝的拦沙过程。结果显示，淤地坝的拦沙过程及拦沙历时与侵蚀强度有明显的关系，淤地坝在不同侵蚀强度下有不同的作用,侵蚀强度很大时,流域淤地坝很快就会淤满,失去减沙作用的可能性增大。随着流域整个演化过程的完成,淤地坝最终会失去作用,但在短时间内,淤地坝拦沙可以明显减轻流域的侵蚀产沙强度。从流域侵蚀轮回的时间尺度看,淤地坝对流域侵蚀产沙的影响较小,但在较短的时间尺度,对流域侵蚀产沙的影响较大,只要淤地坝或坝系达到一定的规模,拦沙减蚀量也相当可观,可以明显地减轻流域侵蚀强度,对下游河道变化产生积极影响。相对于流域侵蚀轮回,人的生命周期很短,但在这一时间尺度内,淤地坝拦沙减蚀的效果明显。因此,从控制侵蚀产沙的角度看,在黄土高原地区需要大力进行淤地坝建设。当然,淤地坝还有许多其他功能,这里不作讨论。

3.5　沟坡侵蚀动力过程的模型试验研究

降雨径流是土壤侵蚀发生的动力因素。在以往的试验研究中,多从基本的侵蚀过程出发,分析、模拟各影响因素之间的物理机制,建立数理方程,对土壤侵蚀过程进行预报。如美国通用土壤流失方程 USLE 的建立和完善,以及 Waston、Cerdan、王文龙等的研究成果。这里拟通过不同尺度的坡面和沟坡模型的降雨模拟试验,研究黄土高原沟坡的产流、产沙发展变化过程及其与降雨动力、初始含水量等因素之间的关系,探索水土保持模型的设计方法,并为后续的坝系相对稳定和论证规划方案的半比尺模型试验提供设计参数。

3.5.1　试验材料与方法

本试验由黄土高原坡面类比模型试验和沟坡类比模型试验两部分组成。由于很多学者对坡面水土流失现象已经有了较为深入的研究,因此本坡面的模型试验结果可以与前人的试验成果进行对比,并在此基础上初步探索黄土高原水土保持模型中降雨与产沙之间的相互关系。沟坡模型则是以前文提出的模型试验方法为基础,根据黄土高原典型小流域的地貌特征和水土流失状况设计的。

3.5.1.1　饱和含水的坡面模型试验

坡面模型试验是在清华大学黄河研究中心李各庄试验基地的 2# 试验场进行的,降雨模拟采用该中心自行研制的 SX2002 管网下喷式降雨模拟试验系统,见第 2 章图 2-4。各尺度系列的模型试验土样均采用北京市顺义区李各庄试验基地地表 2 m 以下的次生黄土,模型下垫面次生黄土的粒径分布如表 3-9所示。

该模型的边墙由红砖砌成,边墙上预留插槽。在相应的插槽上固定木板,可以得到不同尺度的模型。其中大尺度坡面模型的投影尺寸为 2.77 m × 1.87 m,另外两个较小尺度坡面模型的投影尺寸依次为 1.39 m × 0.94 m 和 0.92 m × 0.62 m,即分别为大尺度模型的 1/2 和 1/3,各模型下垫面的坡度相同,均为 6.9°。模型边墙的顶面砌成三角形刃面,以防止聚集在墙面的雨水通过边壁侵入下垫面模型。模型的底部用砂浆砌筑,并与水平面大约呈 7°的坡度。模型底部每隔一定的间距布置 1 cm × 1 cm 断面、沿坡向平行排列的排水沟,上覆均匀分布透水孔的三合板,然后再铺上大约 40 cm 厚的黄土。由模型中渗出的水流经排水沟汇集到侧墙的排水孔排出。

土壤的初始含水量对黏土的抗侵蚀性影响很大。为确保所有试验的初始含水量一致,每次降雨模拟试验前都采用喷雾器对模型表面喷水,使模型的初始含水量达到饱和。由于降雨强度的大小对侵蚀产沙量的变化非常敏感,因此在本试验中,每次降雨模拟试验前都必须进行雨强的率定。

通过雨强的率定,可以精确测定最近一次降雨模拟试验的雨强大小,另外还可以检验降雨的稳定性。为了在试验中获得雨强大小稳定、准确的降雨,进行降雨产沙试验时,必须在降雨 3 ~ 5 min、雨强稳定时才将挡雨篷拉开,使雨水降落到坡面模型上,这时开始计时;降雨试验结束停止计时的时候,须立即拉上挡雨篷,以免除降雨器中的残雨对模型产沙过程的影响。坡面模型的产沙流经坡面底端的引水槽后进入径流桶。径流桶和引水槽中的总沙量即为本试验中次降雨的产沙总量。本试验中模型次降雨产沙量采用烘干法与密度瓶法相结合的手段来测定。

对每种尺度的坡面进行不同雨强的次降雨模拟试验结束后,用工具将模型表面的粗化结皮层移去,并深翻、整平,在表面添加一层新土,最后再用手工仔细拍实整平。各尺度模型降雨时间的安排根据原型流域的降雨时间和降雨时间比尺确定,各组模型历次降雨模拟试验的雨强和降雨历时及对应的次降雨产沙量如表 3-11 所示。

表 3-11　饱和含水裸地坡面降雨模拟试验情况

试验编号	坡面投影尺寸(m×m)	降雨历时(min)	雨强(mm/min)	产沙量(kg)
P1	2.77×1.87	15	2.80	7.63
			2.98	10.38
			3.23	13.18
			3.58	14.00
			3.62	18.34
			4.06	24.19
			4.15	31.95
P2	1.39×0.94	10.6	2.87	4.39
			1.52	0.58
			2.04	1.49
			2.29	1.72
			3.18	7.43
			2.74	3.21
			2.58	1.82
			2.00	1.25
P3	0.92×0.62	8.67	1.64	0.46
			2.00	0.55
			1.44	0.22
			2.16	0.83
			2.24	1.42

另外,还对 P2 系列的模型试验单独安排了降雨产沙随时间变化过程的观测试验。试验过程中,从挡雨篷拉开、下垫面承雨开始计时,径流桶内水面每达到一定的刻度记录一次时间,同时在模型出口收集含沙浓度水样。次降雨持续时间为 15 ~ 20 min。每次降雨模拟试验结束后,重新制作地形,再进行下一组降雨模拟试验。

在进行坡面出口产沙量随时间变化规律的观测时,由于坡面出口处水流的含沙浓度大、颗粒粗,按照常规的取样方法直接将取样器内的浑水倒入密度瓶时,取样器内会残留较多的沙样,影响观测的精度,因此本试验设计了一套瞬时产沙浓度取样系统(如图3-26所示)。图中取样器(1)的容积略大于密度瓶(5)的容积,当取样器从坡面模型底部的出口处收集到水样以后,用搅拌针边搅拌边将水样全部倒入置于支架上的密度瓶中。然后通过电子天平称重测出瓶中浑水的含沙量。

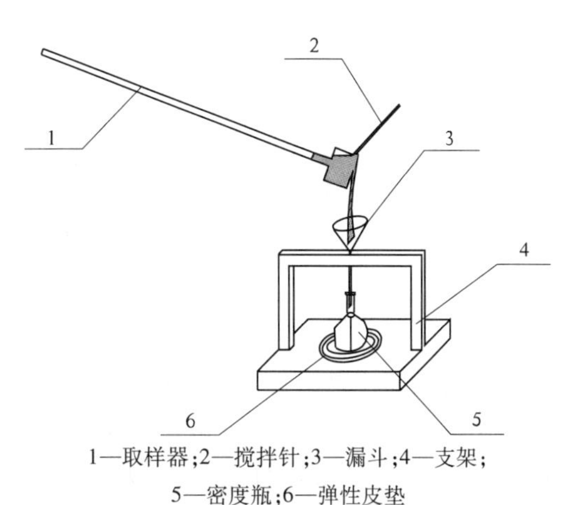

1—取样器;2—搅拌针;3—漏斗;4—支架;
5—密度瓶;6—弹性皮垫

图3-26　瞬时产沙浓度取样系统

3.5.1.2　非饱和含水的沟坡模型试验

大尺度的沟坡模型试验在李各庄试验基地的1#试验场进行,降雨模拟采用SX2004旋转喷射式降雨模拟试验系统,如第2章图2-5所示。该模型坐落在李各庄基地试验场,沟坡下垫面由李各庄次生黄土做成。模型的边墙砌法同坡面模型。模型地貌根据黄土高原典型小流域羊道沟的地貌特征概化设计,包含沟道、坡面、梁等典型地貌,下垫面模型投影尺寸为10.8 m×6 m。模型试验土样均采用李各庄试验基地地表2 m以下的次生黄土。

每次降雨模拟试验前,都用防水塑料布将下垫面覆盖,采用全流场接流法对模拟降雨的雨强进行精确率定(具体方法见第2章2.5.2节)。模型次降雨历时20 min,每次降雨的雨强大小及相应的顺序如表3-12所示。试验过程中,每隔一定的时间(2 min)观测流域出口处的径流量和含沙量。在流域出口处径流池中收集次降雨产沙,其产沙量和含沙量采用烘干法和密度瓶法配合测定。每次试验前先用小雨强湿润地面:小雨强降雨3~4次,每次降雨1 min(湿润过程中地面不产流);每次降雨后,保持地形不被扰动,间歇24 h后再进行下一次降雨,这样除地形做好后的第一次降雨模拟试验以外,其余各次降雨下垫面的初始含水量和密实度都差不多。

表3-12　非饱和含水裸地沟坡模型降雨模拟试验情况

试验编号	雨强(mm/min)	产沙量(kg)	径流量(m^3)	平均含沙量(kg/m^3)
G1-1	1.07			
G1-2	1.01	174.63	1.31	98.99
G1-3	1.43			
G1-4	1.29	148.36	1.69	63.81
G1-5	1.53	121.53	1.79	54.07
G1-6	1.37	103.09	1.72	37.77
G1-7	1.62	110.50	1.93	35.99

注:由于试验的具体条件限制,G1-1和G1-3组的含水量与其他5组试验的差别较大,G1-2及G1-4~G1-7组的含水量接近,本研究中只分析后述各组试验的相关数据。

3.5.1.3　饱和含水的沟坡模型试验

较小尺度、饱和含水的沟坡模型试验在李各庄基地2#试验场进行,降雨模拟采用SX2002管网下喷式降雨模拟试验系统,各组次模拟降雨的雨强大小和对应的顺序如表3-13所示。

表 3-13 饱和含水裸地沟坡模型降雨模拟试验

试验编号	雨强 (mm/min)	产沙量 (kg)	径流量 (m^3)	平均含沙量 (kg/m^3)
G2-1	1.26	2.26	0.028 1	63.85
G2-2	1.62	6.36	0.054 5	93.73
G2-3	1.89	8.83	0.072 1	98.36
G3-1	0.54	0.21	0.010 4	30.47
G3-2	1.48	1.79	0.046 5	30.08
G3-3	1.71	5.22	0.059 3	74.21

模型的试验土样和边墙砌法同前,其下垫面的投影尺寸为2.7 m×1.5 m。模型的底部用砂浆砌筑,每隔一定的间距布置1 cm×1 cm断面、沿坡向平行排列的排水沟,上覆均匀分布透水孔的三合板,然后铺上黄土,并在此基础上制作沟坡模型。模型地貌根据1#试验场的下垫面地形严格按照1/4的比例缩小,手工拍实,模型的黄土最薄处不小于40 cm。由模型中渗出的水流经排水沟汇集到侧墙的排水孔排出。

模型流域每次降雨试验前都采用喷雾器将地面充分湿润,模型降雨历时为10 min。试验过程中,每隔1 min观测流域出口处的径流量和含沙量。试验分两个系列进行,初始地形制成后,按不同的雨强放水3组;然后重做地形,再按不同的雨强放水3组。

3.5.2 试验结果与讨论

3.5.2.1 模型的可靠性验证

为了检验模型的可重复性,校核降雨系统的稳定性、手工制作模型的精度等因素对试验结果的影响程度,本研究对表3-11中的大尺度坡面模型P1在同样雨强条件下的产沙情况作了对比,其试验成果如表3-14所示。

表 3-14 沟坡产沙试验的可靠性验证

对比试验组次	次降雨编号	雨强(mm/min)	次降雨产沙量(kg)	相对误差(%)
T1	C03-09-27-01	2.70	7.30	2.64
	C03-09-27-02	2.70	7.70	
T2	C03-10-15-01	3.48	17.33	5.32
	C03-10-17-01	3.48	15.58	

沟坡侵蚀产沙量的大小与降雨因子、下垫面地貌、土壤特性、降雨击溅的遮护条件(例如植被)等因素都有关系。为了使模型试验能顾及影响裸地模型侵蚀产沙所有的主要因素,保证模型的可重复性,在本试验中应做到:①降雨的均匀与稳定,即两种降雨系统的雨强空间分布均匀度都接近或超过80%,潜水泵由稳压电源供电,供给潜水泵用水的水池为水位不变的稳压水池,并保证水质清澈;②模型土样的统一,即在本试验中,所有的试验土样均取自同一取土点、地表2 m以下的黄土,其颗粒级配、化学特性基本一致;③严格制作下垫面模型,确保其地貌形态达到设计精度;④含水量达到设计要求,如对于要求含水量达到饱和的下垫面,模型表面必须持续喷水0.5 h以上,确保模型土壤充分湿润且又不至于产流。

从表3-14中可以看出,在本降雨模拟试验系统中,只要严格操作,两组降雨和下垫面条件相同的试验之间的次降雨产沙量误差(试验操作造成的误差)可以控制在10%以内。

3.5.2.2　各侵蚀因子之间的关系

本试验研究了沟坡模型次降雨径流量与雨强及产沙量之间的关系，该模型（G1 和 G2、G3 系列）下垫面地貌形态的共同特点是：没有淤地坝等大型的壅水设施，降雨开始后雨水能够及时地从模型出口处排出。

将表3-13 中 G2 和 G3 系列模型试验的次降雨产沙量及相应的径流量进行回归分析，根据相关系数大小选定径流量—产沙量关系曲线，可以发现两者之间存在幂函数相关关系（如式(3-5)所示），即对于饱和含水的沟坡模型，随着次降雨径流量的增大，流域出口产沙量也随之呈幂函数关系增大。而对于初始含水量虽然相同但不饱和的沟坡模型（如表3-12 中 G1 系列），次降雨产沙量与径流量之间相关性并不显著，这是由土壤结皮导致模型次降雨产沙浓度逐渐减小所引起的。

$$S = 945.65W^{1.818} \quad (R^2 = 0.9132) \tag{3-5}$$

对于初始含水量不同的裸地沟坡模型，由于降雨初期的水分下渗率不稳定，必将导致降雨下渗量的很大差异，因此各次降雨的雨强和径流量之间难以形成映射关系。本研究中，只分析初始含水量一致的系列降雨模型试验中径流量与雨强之间的相关关系（由于试验的操作失误，表3-12 中 G1－1 和 G1－3 组的含水量与其他5 组试验的差别较大，不在考虑中，只分析其他各组的试验结果）。将表3-12 和表3-13 中各系列模型试验中次降雨径流量与相应的降雨强度进行回归分析，可以发现径流量 W 与雨强 I 之间存在很好的线性相关关系。对于同一系列的模型，由于降雨面积和降雨时间是常数，所以单位时间内单位流域面积上的平均流量 Q 与雨强 I 之间也存在线性相关关系（如表3-15 所示）。从表3-15 可以看出，虽然上述模型地貌形态相似，但相对于含水量不饱和的 G1 模型来说，初始含水量饱和的 G2 和 G3 模型 $Q \sim I$ 线性关系的斜率和截距都显得大一些，这是由于下垫面土壤下渗率不同所引起的。对于初始含水量饱和的沟坡模型，土壤的水分下渗慢，因而在相同的降雨条件下表面径流的流量较大。

表3-15　初始含水量相同的裸地沟坡模型 $Q \sim I$ 关系

试验编号	投影尺寸（m×m）	降雨时间（min）	流量 Q 与雨强 I 关系	相关系数 R^2	样本数
G1 系列	10.8×6	20	$Q = 0.731I + 0.306$	0.9481	5
G2 和 G3 系列	2.7×1.5	10	$Q = 1.34I + 0.557$	0.9384	6

将表3-11、表3-12 和表3-13 中各模型试验的次降雨产沙量 S 除以次降雨时间和流域面积，即得沟坡模型单位时间单位面积的次降雨产沙量（即侵蚀率）s。将侵蚀率 s 及相应的降雨强度 I 用线性、指数、幂函数、倒数等形式进行回归分析，根据相关系数的大小选定 $s \sim I$ 关系曲线。分析结果表明，对于初始含水量不饱和的沟坡模型系列降雨模拟试验，其侵蚀率 s 与相应的降雨强度 I 没有显著的相关关系。对于初始含水量饱和的各沟坡模型，同一尺度系列的沟坡模型单位时间单位面积的次降雨产沙量 s 与雨强 I 之间的关系可以回归到幂函数关系：

$$s = cI^b \tag{3-6}$$

式中：c、b 为系数和指数；s 和 I 分别为次降雨产沙量和雨强，kg/(m²·s)和 mm/min。

根据本试验成果回归的 c、b 值如表3-16 所示。由该表可以看出，对于初始含水量饱和的坡面模型试验 P1、P2 和 P3 来说，由降雨时间和坡面投影面积的不同造成的产沙量差异

体现在系数 c 的大小区别上，但幂数 b 的大小基本一致。对于初始含水量饱和的 G2 和 G3 系列沟坡模型试验，其指数 b 比坡面模型的指数 b 值略小，说明沟坡系统产沙量对雨强的变化不如坡面敏感，其原因是雨滴击溅对水深较大的沟道的侵蚀产沙没有影响；但其系数 c 比下垫面投影尺寸接近的 P1 坡面模型的 c 值大得多（接近后者的 4 倍），这是由于沟道侵蚀比坡面侵蚀大引起的。将本试验中的可控雨强值（0.54 ~ 4.2 mm/min）代入表 3-16 中的 G2 和 G3 系列及 P1 系列的 $S \sim I$ 幂函数关系中，两者比较，前者为后者的 3.29 ~ 3.07倍。这说明，在本试验系统的雨强可控范围内，当降雨强度相同时，尽管前者的次降雨时间（10 min）小于后者（15 min），但前者的次降雨产沙量大于后者，这是因为沟道侵蚀量远大于坡面侵蚀量。因此，在黄土高原的水土保持实践中，加强淤地坝等治沟工程建设、控制沟道水土流失的决策是正确的。

表 3-16　饱和含水裸地沟坡模型 $S \sim I$ 及 $s \sim I$ 关系

试验编号	投影尺寸 (m×m)	降雨时间 (min)	产沙模型：$S = aI^b$；$s = cI^b$			相关系数 R^2	样本数
			系数 a	系数 c	指数 b		
P1 系列	2.77×1.87	15	0.291 7	0.002 8	3.200 5	0.944 6	7
P2 系列	1.39×0.94	10.6	0.136 1	0.009 8	3.201 6	0.924 2	8
P3 系列	0.92×0.62	8.67	0.066 2	0.013 4	3.463 1	0.880 5	5
G2 和 G3 系列	2.7×1.5	10	1.144 8	0.033 9	2.847 5	0.933 7	6

注：产沙模型中，S 为次降雨产沙量，kg；s 为单位时间内单位流域面积上平均产沙量，kg/(m^2·s)；I 为降雨强度，mm/min。

在本研究中，对于同一尺度系列的坡面或沟坡模型来说，其流域投影面积 A 和降雨时间 t 为常数，于是式(3-6)还可以表达为：

$$S = sAt = AtcI^b = aI^b \tag{3-7}$$

式中：S 为次降雨产沙量，kg；A 为降雨侵蚀面积，m^2；t 为次降雨持续时间，min；c 为系数。

由此看出，单位时间内单位面积上的产沙量即侵蚀率 s 仍与雨强 I 成幂函数关系。由表 3-16 中指数 b 可见，在本试验条件下，指数 b 不受坡面尺度大小的影响。各组饱和含水模型试验的系数 c 列于表 3-16 中。

关于坡长对侵蚀产沙的影响，国内外存在以下 3 种观点（蔡强国，1998）：第一种观点认为从上坡到下坡由于水深逐渐增加，侵蚀量相应增加，坡长与侵蚀量呈幂函数关系；第二种观点则认为，由于向下坡水量增加，侵蚀会加强，但侵蚀增强以后，径流含沙量增加，水体能量主要为泥沙负荷所消耗，侵蚀又会减弱，二者相互消长，使侵蚀从上坡向下坡基本保持不变；第三种观点认为，随坡长增加，含沙量增加，水流能量多消耗于挟运泥沙，结果侵蚀反而减弱。

坡长对坡面流能量和挟沙能力消长的影响与降雨特性等条件有关（蔡强国，1998）。本试验条件下侵蚀率随雨强的变化关系（见表 3-16），与上述第三种学术观点所述情况一致，即本坡面类比模型试验中，投影尺寸越小（坡长相应也越小），相同雨强下的侵蚀率反倒越大，华绍祖、西北林学院等对黄土高原天然径流小区的研究也得出了类似的结论（蔡强国，1998；唐克丽等，2004）。

式(3-6)和式(3-7)在缩小尺度的水土保持模型设计中是有意义的。如果采用饱和含水的裸地小流域模型模拟原型流域的水土保持现象，则可以根据所要求的模型次降雨产沙量，由式(3-6)和式(3-7)计算出相应的降雨强度，即模型降雨强度。

表 3-16 中所列举的各个模型的共同特点是：对于某一裸地模型，初始含水量饱和，下垫面地形不存在大的壅水设施（如淤地坝），系列降雨的次降雨持续时间相同。满足上述条件的类比模型降雨，其次降雨产沙量与雨强之间才存在幂函数关系，对于初始含水量基本一致但不饱和的沟坡模型，即表 3-12 中的 G1 系列降雨模拟试验，其次降雨产沙量与降雨强度之间并不存在映射关系，这是模型下垫面的地表结皮所致。因为每次降雨模拟试验后，地表物质粗化，同时由于泥土的物理化学作用而结成坚硬的团块，增加了土壤的抗侵蚀性。土表结皮的完善过程，也是土壤抗溅蚀能力增强的过程（胡霞等，2005）。在该系列降雨模拟试验中，虽然次降雨径流量与降雨强度的大小关系密切，但模型出口产沙浓度的大小只随降雨组次的增加而递减（见表 3-12），与降雨强度的大小相关性较小，因而产沙量与降雨强度之间不能形成稳定的函数关系。也就是说，当模型的雨强增大时，次降雨的产沙量应该增大；但同时由于地表的结皮作用，抵消或削弱了这种增大的趋势，于是模型的次降雨产沙量与雨强之间不再是映射关系。如果在每次降雨试验之前重新整理初始地形，或者将地表充分湿润，以破坏地表结皮，则这种函数关系就又会存在，如表 3-16 中所示的情况。

前人的坡面试验成果也证实，在一定的条件下，次降雨产沙量与降雨强度成幂函数关系，指数 b 比系数 a 更能反映产沙量随降雨强度大小变化的敏感性，其大小和坡度、土壤性质、植被等因素有关。在 Bubenzer、Jones（1971）和 Park 等（1983）的研究中，溅蚀对应的雨强指数随试验土样的不同，其大小为 1.6～2.1。张科利（1991）运用的是黄土高原天然径流小区全坡面侵蚀产沙的实测资料，其土壤的颗粒组成与本试验的模型土壤接近，张科利试验成果中与最大 30 min 雨强对应的雨强指数为 2.72～2.82，比本试验的指数略小，其原因是该试验中使用的是天然坡面，采用了人工拔草和翻松地面来消除植被及土壤结皮的影响，其土壤中残存的草根等有机质依然对降雨侵蚀有一定的削减作用。另外，由于坡面没有达到饱和含水量，土壤的渗透作用也减小了降雨侵蚀的影响。

3.5.2.3　侵蚀过程分析

研究沟坡产沙随时间的变化过程可以为探索缩小尺度的沟道坝系模型试验的时间、空间比尺关系提供有益的启示。

1）特征描述

将饱和含水沟坡模型（G2 和 G3）、饱和含水坡面模型（P2）及非饱和含水沟坡模型（G1）出口处各时段的流量、含沙浓度和输沙率绘于图 3-27～图 3-35 中，分析其随时间变化的特点。

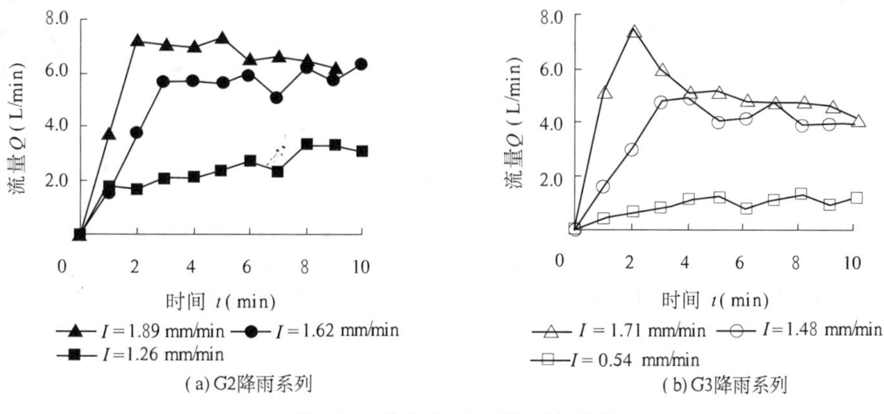

图 3-27　饱和含水沟坡产流过程

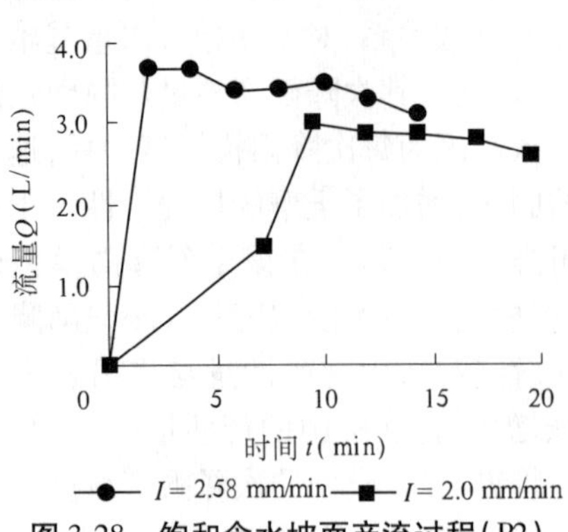

图 3-28　饱和含水坡面产流过程(P2)

流量Q(L/min)
时间 t(min)
I=1.62 mm/min　I =1.53 mm/min
I =1.37 mm/min　I =1.29 mm/min
I =1.01 mm/min

图 3-29　非饱和含水沟坡产流过程(G1)

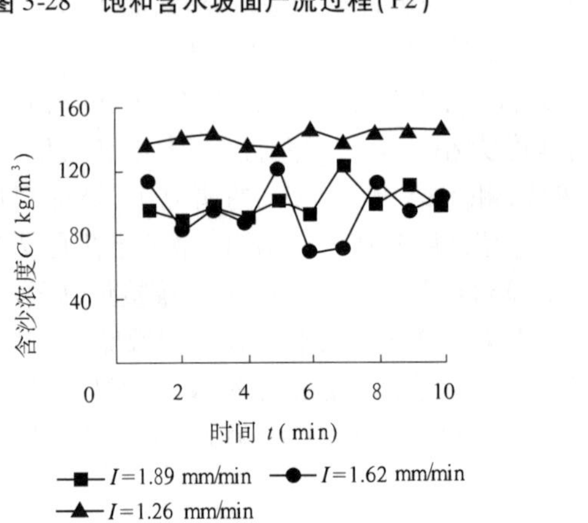

(a) G2降雨系列

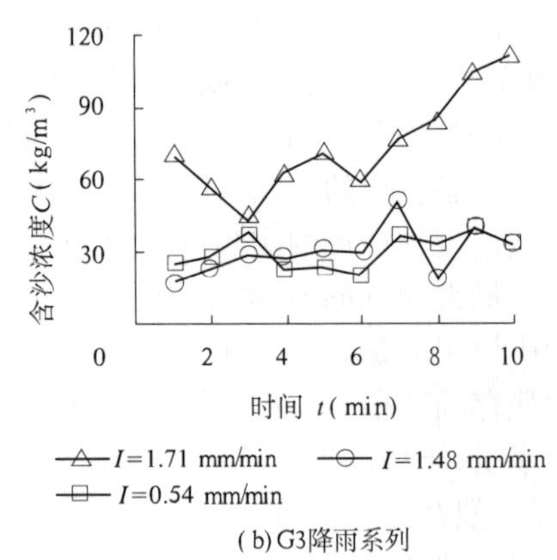

(b) G3降雨系列

图 3-30　饱和含水沟坡模型含沙浓度变化过程

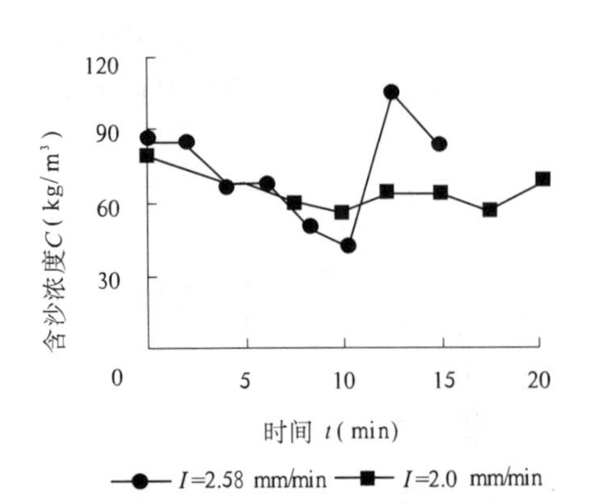

图 3-31　饱和含水坡面含沙浓度变化过程(P2)

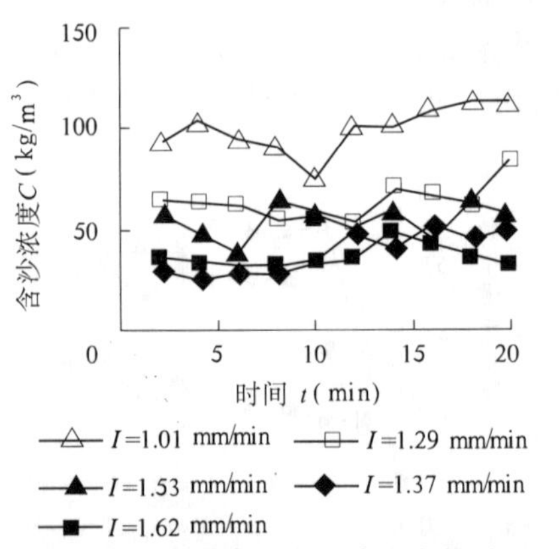

图 3-32　非饱和含水沟坡含沙浓度变化过程(G1)

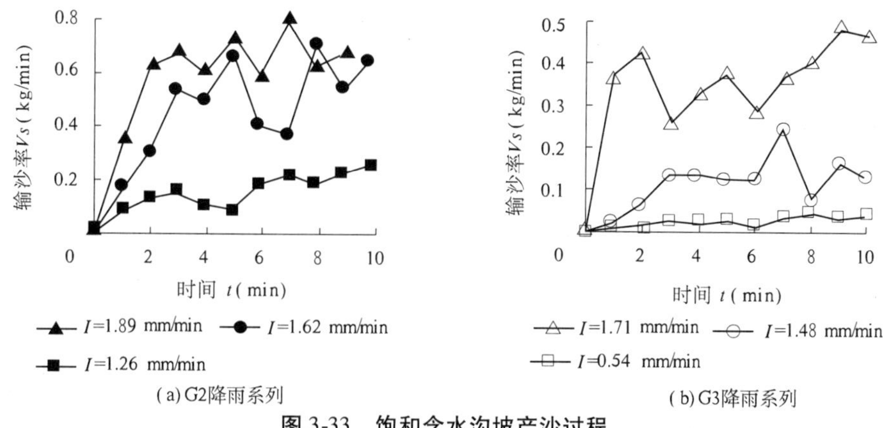

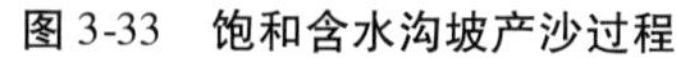

图3-33　饱和含水沟坡产沙过程

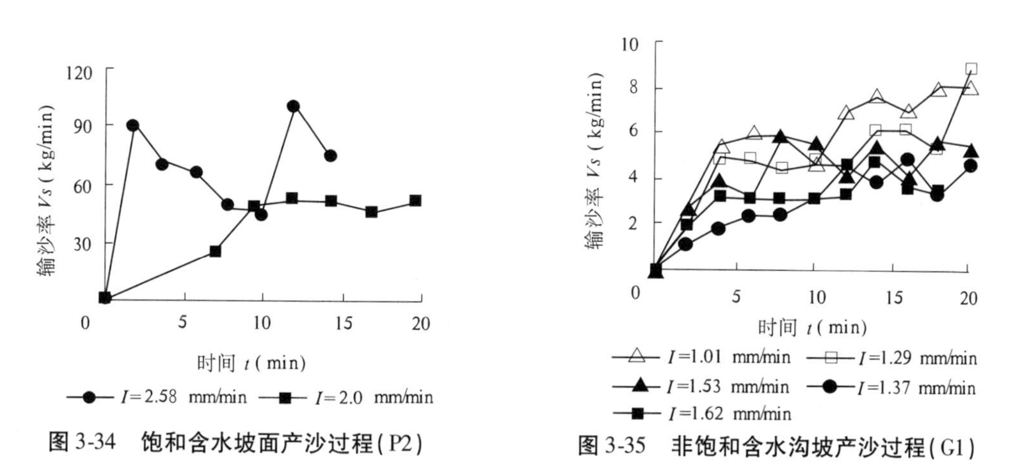

图3-34　饱和含水坡面产沙过程(P2)

图3-35　非饱和含水沟坡产沙过程(G1)

(1)产流过程。图3-27~图3-29为各模型系列降雨模拟试验的时段平均流量随时间变化过程。随着降雨模拟的开始,流量逐渐增大,经过较短的时间后(本试验条件下,一般不超过2~3 min,模型尺度越小,所需时间越短),出现峰值,然后趋于稳定(流量接近某一定值,但仍有明显的波动)。对于同一模型的系列降雨模拟试验来说,雨强越大,同一时段的流量越大,趋于稳定所需的时间越短。另外,在下垫面其他因素和降雨侵蚀动力相同的情况下,初始含水量越大,地表达到饱和含水、实现稳定下渗所需的时间越短,因而也越快趋于稳定。

(2)含沙浓度变化过程。图3-30~图3-32为各模型系列降雨模拟试验的出口处径流含沙浓度 C 随时间变化过程。总之,各时段含沙浓度随时间的变化较小,对于同一系列的饱和含水裸地模型(G2、G3及P2模型)来说,雨强越大,一般同一时段的含沙浓度也越大;但由于含沙浓度随雨强的变化不是特别显著(浓度过程曲线间距较小),而含沙浓度的过程曲线随时间不断波动,因而图中曲线出现交错现象,即对于同一系列降雨的模型而言,有的时段大雨强的含沙浓度反而比小雨强的含沙浓度小。而对于非饱和含水沟坡模型(G1模型)来说,时段产沙浓度的大小只与降雨的顺序有关,而几乎不受降雨强度的影响;同样,由于含沙浓度曲线的波动,导致出现个别时段后一序列的含沙浓度反而大于前一序列的情况。由于裸地模型初始含水量一致却不饱和时,次降雨的出口流量与雨强成线性关系;而次降雨径流的平均含沙浓度却随降雨逐次减小,因此可以推测在这种情况下,即使每次降雨强度和降雨时间相同,历次降雨后的产沙量也将逐次减小。

(3)产沙过程。流域出口处单位时间内的产沙量称为输沙率。流量和流域出口处径流含沙浓度的大小决定了模型出口输沙率的大小。图 3-33 ~ 图 3-35 显示了各模型出口输沙率随时间变化的过程。输沙率过程类似于流量过程,但其波动的幅度远大于后者。随着降雨模拟的开始,输沙率逐渐增大,出现峰值后,围绕某一定值上下波动。对于同一饱和含水裸地模型(G2、G3 及 P2 模型)来说,雨强越大,输沙率越大,趋于稳定所需的时间越短。而对于非饱和含水沟坡模型(G1 模型)来说,同一时段的输沙率大小与雨强的大小之间并没有直接的相关关系。

综合上述径流过程可以看出,在本试验条件下,尽管各模型的几何尺寸不同,每次降雨模拟试验的降雨强度和降雨持续时间不尽一致,但降雨开始经过一定的时间后,模型出口处流量、含沙浓度和输沙率都将在某一定值上下波动。

将上述各图中各雨强系列的流量 Q 或输沙率 Vs 与相应的降雨持续时间 t 用线性、指数、幂函数、倒数等形式进行回归分析,根据相关系数的大小选定相应的关系曲线。试算的结果表明,对于同一系列不同雨强的降雨模拟试验,其各时段的流量 Q 和输沙率 Vs 与时间 t 的关系,不能用统一的函数关系式来表达。这说明降雨过程中沟坡模型的产流、产沙随时间的发展变化,是一个相当复杂的水沙相互作用的过程,其物理机制和数学表达方式,尚待进一步研究和探讨。

由以上的试验成果分析可以得知,即使下垫面的初始含水量达到饱和,排除了地表结皮和降雨初期地表较慢达到稳渗状态的影响,坡面和沟坡模型的流量、输沙率随时间的变化过程也是剧烈波动、相当复杂的。在从理论上推导出水土保持半比尺模型各侵蚀因子的比尺关系之前,根据预备试验的率定结果与原型资料进行回归分析是一种可行的思路。

2)机理分析

坡面和沟坡模型的含沙浓度随着模拟降雨的进行表现出多峰多谷的不规则锯齿形变化,这是由于地表结皮及沟道和坡面细沟的重力侵蚀现象所引起的。

地表结皮一方面降低了水分下渗率,增加了地表径流,有可能使产沙量增加;另一方面,由于地表形成一层致密的保护层,增强了土壤的抗侵蚀能力,使径流的含沙浓度降低,有可能使产沙量减小。地表结皮对产流产沙的影响取决于上述两种作用的综合效果,土壤的表土结皮发育不同,其对径流、侵蚀产沙的影响也有所不同(蔡强国等,1996)。在黄土高原特殊的超渗产流方式下,土壤结皮降低入渗,使得产流的临界雨强条件降低,因而大大提高了产流的可能性。但在室内试验条件下,一般雨强恒定,产流时的临界雨强条件降低,意味着产流提早,必然带来产流量的增加。在实际情况下,由于雨强变异大,结皮对产流的影响需要根据具体条件而定(程琴娟等,2007)。

图 3-36、图 3-37 是沟坡侵蚀试验正在进行时观测到的微观图像。在降雨侵蚀的过程中,坡面不断产生细沟,又随时被上游冲刷下来的粗颗粒泥沙壅堵,形成了天然的拦沙坝,坝内流速减小,泥沙下沉,清水外溢,这时坝下游水流的含沙量较小;而后因坡面流水位蓄积到一定程度而造成“垮坝”现象,这时大量粗颗粒泥沙掺混其中,局部流量和水流含沙量突然增加;不久又出现壅堵现象,如此周而复始,造成坡面产沙和产流过程的锯齿形变化(如图 3-36所示)。对于沟坡模型,除上述坡面流引起的产沙紊动以外,坡面浑水汇集于沟道以后,沟岸的崩塌、下陷等重力侵蚀现象都将引起瞬时流量和含沙浓度的剧烈变化。图 3-37

中显示了G1模型主沟道由于重力侵蚀引起的沟岸坍塌现象。图中大面积的沟岸正在滑落,并引起沟道壅堵,随之下游沟道的流量和含沙浓度减小;在塌方冲开瞬间,下游沟道的流量和含沙浓度将剧增。

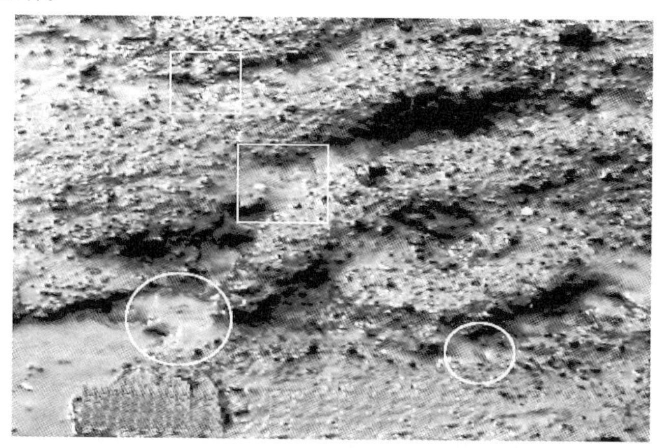

□ 壅塞刚被冲开　　○ 正在壅堵

图3-36　坡面侵蚀的微观机理

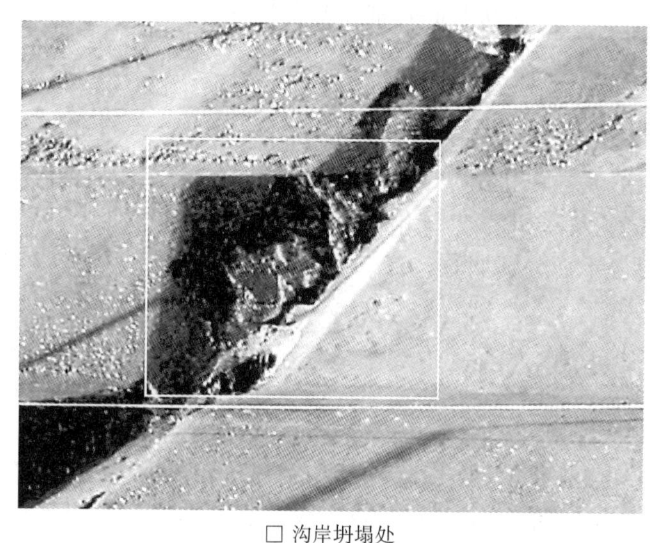

□ 沟岸坍塌处

图3-37　沟道的重力侵蚀现象

3.6　基准面变化对侵蚀产沙的影响试验研究

3.6.1　试验设计及数据采集

流域地貌过程的半比尺模型主要侧重侵蚀过程相似,研究流域水力几何关系及工程的拦沙减蚀作用,注重流域地貌宏观统计特征与物质能流特征相结合,而不注重具体的微观细节。因此,运用该模型来研究流域物质组成的不同如何影响水系发育与产沙间非线性关系是颇为合适的。因为自然界水系本身具有自相似性,通过试验流域加以论证,则更可添加非线性分析的色彩。由于流域地貌系统是一个复杂的开放系统，鉴于它的综合性和随机性，因此采用过程响应系统的相似性来描述原模型流域地貌系统的相似程度（金德生等，1992；金德生、郭庆伍，1995b）。其相似性具体体现在：①流域地貌形态的统计特征相似；②模型流域的物质组成结构比例相似或相同；③相对演变速率相似或相近；④消能方式及消能率相近或相似；⑤因果关系一致成“异构同功”。

在给定雨强条件下，金德生、张欧阳等（2003）通过试验塑造3种物质组成的初始流域地貌形态模型，观察基准面变化后水系发育过程、流域地貌演变、产流产沙过程等。试验率定平均雨强约35.56 mm/h，相当于一般性中等侵蚀产流降雨强度，均匀系数为0.87。降雨由动压式高压泵供给水源，由压力控制器稳压，降雨器由按六边形法则布设的7个喷头组成，降雨器中心高距流域中心高为5.50 m，人工降雨点系下喷方式。

试验在中国科学院地理所进行，流域水槽宽8 m，中心线长11.3 m，两侧长8 m，流域四周系水泥砂浆防水，流域出口布置三角堰。堰口最低点高程为16.25 cm，作为试验流域的临时侵蚀基准高程。

3种物质组成的中径为0.021 mm，试验流域平面形态见图3-38，试验初始条件见表3-17。总体而论，模型流域的纵比降中心线大于两侧，横比降两侧对称。除第Ⅰ组外，Ⅱ-0及Ⅲ-0自上游向下游有所增大，在第Ⅰ组Ⅰ-6测次及第Ⅱ组Ⅱ-6测次试验末，待水系发育相对稳定后，流域出口的侵蚀基准面分别下降7.25 cm和7.13 cm。

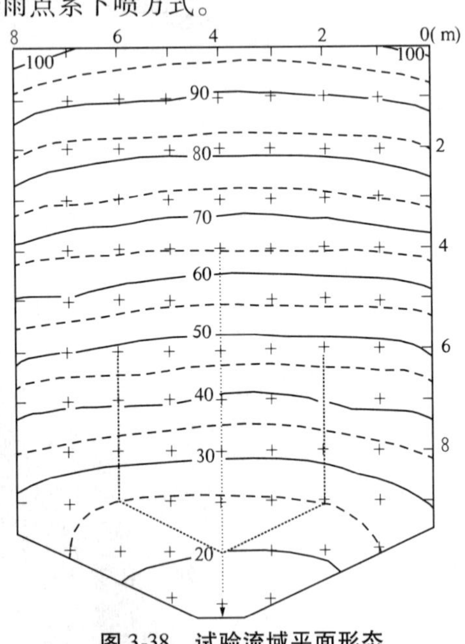

图3-38　试验流域平面形态

试验共3大组、18小组（Ⅰ-1~6，Ⅱ-1~6及Ⅲ-1~6），试验历时共48 h，18个测次。各测次为2 h。每测次降雨开始后，观测开始产流时间，降雨结束时观测断流时间。试验过程中，每间隔10 min采集水量，用容积法计算代表该时段的径流量，同时采集含沙水样，用浊度仪及烘干法测得含沙量，计算该时段产沙量。每测次结束凌空拍摄流域地貌及水系平面照片，并按间距0.5 m的网格，辅以补助点，测量流域地面高程、沟道起点距，结合照片，调绘流域地形等高线及水系平面分布图，运用Strahler河道级别划分方法对沟道水系级别作了处理，在水系分布图上获取有关分析资料。

3.6.2　结果分析

3.6.2.1　背景流域产沙过程及特征

第Ⅰ组为背景流域产沙过程试验。试验历时共12 h，分6个测次进行（Ⅰ-1~6）。由产沙过程（见图3-39）可知，每测次均出现产沙峰，产沙峰值出现的时间随测次的推进而提前，而峰值逐次降低。总体而言，除个别测次（Ⅰ-2）外，往往出现幅度不大的双峰，甚至出现多峰，显示了产沙过程的随机性和复杂性特征。不过，点绘稳渗产流后的产沙量与试验历时，并用负指数曲线加以拟合，可表达为以下关系式（见图3-40）：

表3-17　试验初始条件

测次	起点距(m)	纵比降	横比降		物质组成		侵蚀基面下降值(cm)	雨强(mm/h)
			左	右	中径(mm)	粉黏粒(%)		
Ⅰ	0 5 9 11.3	0.062 6 0.077 5 0.054 3	0.036 8 0.013 0 0.016 5	0.038 0 0.011 5 0.018 3	0.021	92	0	35.56
Ⅱ	0 5 9 11.3	0.071 1 0.052 5 0.053 9	0.010 0 0.010 0 0.022 5	0.010 0 0.010 0 0.022 5	0.021	92	7.25	35.56
Ⅲ	0 5 9 11.3	0.071 1 0.052 5 0.053 9	0.010 0 0.010 0 0.022 5	0.010 0 0.010 0 0.022 5	0.021	92	7.13	35.56

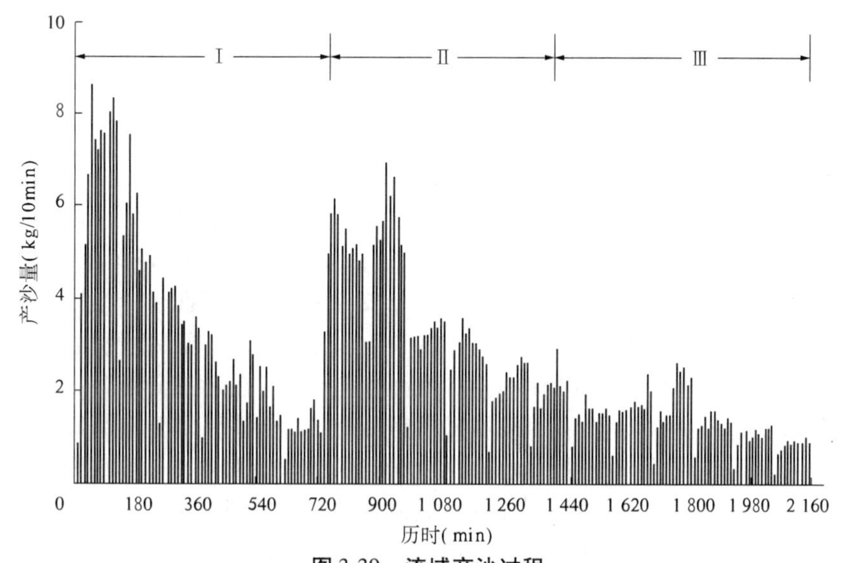

图3-39　流域产沙过程

$$Q_{s-\mathrm{I}} = 8.586\exp(-0.003T)$$

式中：$Q_{s-\mathrm{I}}$为产沙量，kg/10 min；T为时间，min。

3.6.2.2　侵蚀基准面第一次下降后流域产沙过程特征

第Ⅱ组试验流域为在第Ⅰ组试验流域基础上，侵蚀基面下降7.25 cm后，试验流域的产沙过程。同样，也进行12 h、6个测次（Ⅱ-1～Ⅱ-6）试验，每测次历时为2 h。由产沙过程线（见图3-39）不难看出，大体可划分两个时段，头2个小时中（Ⅱ-1～Ⅱ-2测次），产沙量有大幅度增加，出现明显的双峰夹一谷现象，在Ⅱ-1测次出现全过程的次高产沙峰值，而在Ⅱ-2测次出现全过程的最高产沙峰值，两峰之间为高出Ⅱ-3～Ⅱ-6测次产沙谷值。自Ⅱ-3测次以后，产沙量明显降低，到Ⅱ-6测次，产沙量逐渐趋向稳定，其产沙率已几乎和Ⅰ-6测次末相当。显然，当基面下降后，流域产沙出现复杂的响应过程，该过程具有先增高，而后略有减低，再增高达最大值，进而很快降低趋向稳定值的特征（见图3-39）。

稳渗产流后的产沙量与试验历时可用下列方程拟合(见图 3-40):

$$Q_{s-\mathrm{II}} = 5.676\exp(-0.002T) \tag{3-8}$$

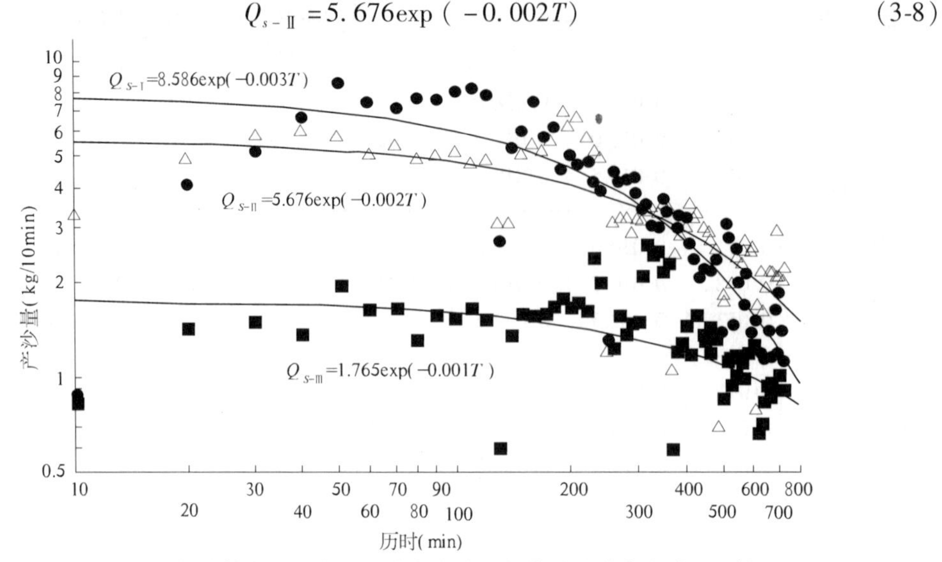

图 3-40　侵蚀基准面下降后流域产沙过程与背景流域产沙过程比较

式中:$Q_{s-\mathrm{II}}$ 为产沙量,kg/10 min;T 为试验历时,min。

3.6.2.3　侵蚀基准面第二次下降后流域产沙过程特征

第Ⅲ组试验流域是在第Ⅱ组试验流域基础上,侵蚀基准面再下降 7.13 cm 后,试验流域的产沙过程。进行 12 h、6 个测次(Ⅲ-1~Ⅲ-6)试验,每测次历时同样为 2 h。由产沙过程线(见图 3-39)看出,也大体可划分两个时段,头 2 个小时中,即Ⅲ-1 测次的 120 min 内,于 50 min 时出现产沙的小高峰,而后产沙量略有降低;在Ⅲ-2~Ⅲ-3 测次,产沙量先是不断增大,到 320 min 时达到全过程的最大值,而后迅速下降。在后三个测次(Ⅲ-4~Ⅲ-6)的第二个时段内,每一测次均有不明显的峰、谷值变化,产沙量总体平稳降低。当侵蚀基准面再次下降后,试验流域的产沙过程也具有类似特征,先是两峰夹一谷,而后迅速趋向稳定值。显然,第二次侵蚀基准面下降,同样使试验流域的产沙出现复杂响应过程(见图 3-39)。

稳渗产流后的产沙量随时间变化亦可用下列表达式拟合,且呈现如图 3-40 所示的负指数曲线形式:

$$Q_{s-\mathrm{III}} = 1.765\exp(-0.001T) \tag{3-9}$$

式中:$Q_{s-\mathrm{III}}$ 为产沙量,kg/10 min;T 为试验历时,min。

3.6.2.4　产沙过程曲线对比分析

3 组不同的流域产沙过程具有一个共同特征,即产沙量以不同的速率,随着时间的推进而衰减,产沙过程峰谷起伏,峰谷值亦随时间衰减。总体而论,背景流域具有产沙量的最大值(大于 8 kg/10 min)和 1 kg/10 min 左右的稳定值;当两次基面下降时,开始都分别出现 6.5 kg/10 min及 1.5 kg/10 min 的较大及次大的产沙值,紧接着的是两峰夹一谷,而后迅速趋向稳定值的复杂响应产沙过程,且稳定值也为 1 kg/10 min 左右。

两次基面下降所造成的产沙的复杂响应过程又具有差异性。首先,各曲线在表示产沙量的纵坐标轴上有不同的截距。以背景流域有最大的截距,即有最大的起始稳渗产沙量;第一次基面下降后,流域响应的产沙过程曲线具有较小的截距,即较小的起始稳渗产沙量;第二次基面下降后,流域响应的产沙过程曲线具有更小的截距,也就是具有更小的起始稳渗产沙量。其次,两次基面下降后,尽管流域响应的产沙过程曲线具有小的起始稳渗产沙量,但两者差值不大。再次,基面下降后,流域产沙过程的复杂响应强度与幅度有所不同,第一次基面下降后引起的复杂响应强度和幅度大于第二次;其最大产沙量,第一次大于第二次,分别为 7.0 kg/10 min 和 2.7 kg/min,分别约为背景流域的 7 倍和 3 倍。最后,第一次下降引起的产沙过程复杂响应来得快,产沙量随时间的衰减率相对较慢;而第二次下降引起的产沙过程复杂响应来得较慢,但产沙量随时间的衰减率相对较快。这或许与第二次下降时,接近流域出口地段,河谷比较开阔、比降平缓、沉积物比较紧密、水流阻力较大有关。

无论是背景试验流域,还是流域受侵蚀基面下降后,水系发育及产沙过程均具有非线性特征。水系分形维数是能耗率的一种量度,因为流域发育过程中,河道数目的增加及河道长度的增长、弯曲、比降变缓是水系达到最小消耗的两种不同形式。流域水系的分形维数 D 值,随时间呈不对称上凹形曲线,水系发育中期有最小临界值。这一临界值随下降时间的迟后而变小。

上述特征的出现,主要与侵蚀基面下降导致流域势能的相对增大有关。在流域出口段,即高级河段,通过下切加深河道深度,以及通过溯源侵蚀,延长河道长度达到消耗能量,该情况与背景流域水系发育之初的情况十分相似。由于低级河道或沟道远离流域出口地段,它们受基面的影响较小或几乎不受影响,因此以类似于背景流域水系发育过程的正常方式演化发育。

流域侵蚀产沙的形式和强度与流域侵蚀基准面的高低密切相关,基准面下降相当于构造抬升作用。在地形、坡度等其他条件不变的情况下,随着侵蚀基准面的下降,流域侵蚀产沙的强度会越来越大,在同样的降雨强度和降雨历时的条件下,侵蚀产沙量增加的幅度更大;相应地,其侵蚀方式也会由坡面水力侵蚀逐步向沟坡重力侵蚀乃至水力、重力复合侵蚀的方向发展。黄土高原在构造上正处于抬升期,相当于侵蚀基准面下降,若不加以人为干扰,其侵蚀强度在自然状态下会增大。

第4章　黄土高原侵蚀产沙对下游河道的影响

长期以来，黄河流域生态环境十分脆弱，中游黄土高原水土流失严重，下游河床泥沙堆积，河道善决、善徙多变，灾害频频，历来都是中华民族的心腹之患。黄河下游洪涝灾害的治理一直是历朝历代政府的重要任务之一。经过历朝历代政府的努力，黄河下游建立了较为完善的堤防体系和蓄滞洪体系，黄河决堤次数减少，特别是新中国成立以来，黄河下游做到了不决口（李国英，2003）。这是一个可喜的成就，然而也为此付出了巨大的人力和物力成本。即便如此，黄河流域环境并没有得到根本的改善，黄河决堤的潜在威胁仍然存在。黄河中游水土流失仍在继续，黄河下游河道淤积仍很严重，河道摆动频繁，摆动幅度大，悬河及二级悬河的存在，是悬在两岸人民头上的一把利刃（钱意颖、叶青超、周文浩，1993）。黄河下游由于河道的强烈摆动、险工段脱河、非险工段出险的情况经常出现（张俊华、许雨新、张红武等，1998），堤防建设还难以控制黄河的险情（胡一三、张红武、刘贵芝等，1998）。

从流域地貌系统的角度看，黄河流域上述灾害的根源在于基本的地貌过程，即侵蚀、搬运和堆积过程及其所形成的地貌不协调作用的结果。要根治黄河，减轻流域灾害，需要运用系统的方法，把全流域统一起来考虑，遵从地貌发育的基本规律，从大处着眼，小处着手，实施综合治理，体现出陆地系统科学的基本特点（杨勤业、郑度，1996）。这首先要求深入剖析黄河流域系统的组成、结构及各部分的特点，根据流域地貌系统的理论，黄河流域侵蚀、输移和沉积子系统间存在密切的关系，中游黄土高原地区的强烈侵蚀产沙将对下游河道环境产生很大的影响。本章引入流域地貌系统的基本模式，建立黄河下游河道冲淤演变与上中游（主要是黄土高原地区）产水产沙系统之间的关系，说明黄土高原地区侵蚀强度的变化对下游河道冲淤和河床形态变化具有不同影响，试图找到通过对产水产沙系统侵蚀强度的控制来治理黄河下游河道的方法，以便寻求有效的治理方略（张红武、蒋昌波、徐向舟等，2002）。

4.1　黄河流域产水产沙、输移和沉积系统的划分

4.1.1　黄河流域地貌系统的划分

Schumm（1977）将流域系统划分成三个带：产水产沙带、输移带和沉积带，并在此基础上建立了流域系统的理论。在宏观上，每一带即一个子系统，都存在着侵蚀、搬运和堆积作用过程，但具有一种主要的泥沙运动形式和作用过程。上述三带分别以侵蚀、搬运和堆积作用为主，这就是 Schumm 所建立的流域系统的理想模式。同时，河流系统又具有不同的时空尺度和等级层次结构（De Boer，1992），在不同等级层次和时空尺度上，河流地貌系统既存在相似性，又表现出差异性。钱宁等（1980）和许炯心（1997a）曾从系统的角度，考虑黄河流域系统各部分之间的耦合关系，在未对黄河流域地貌系统结构及其特点进行较为系统分析的情

况下得出了一些经验性成果,这些成果已经在治黄工作中起到了积极的作用。为了进一步从整体上深入理解黄河流域的系统特征,还有必要对黄河流域系统的各个组成部分进行系统的划分和对其特点进行深入系统的分析。本研究试着用 Schumm 关于河流地貌系统的理论,对黄河流域干流的各个子系统进行划分(张欧阳、许炯心,2002),并阐明各自的特点,以对黄河流域的综合治理提供参考。

从流域形态上看(见图 4-1),黄河整个流域产水产沙、输移与沉积子系统的形态与空间分布与 Schumm 所描绘的理想模式极为吻合,大致以桃花峪以上为产水产沙区(子系统),桃花峪至利津为输移区,利津以下为沉积区。为了进一步对黄河流域各子系统进行定量的划分,本研究以黄河流域干流各水文站 1919 ~ 1979 年的水文资料(杨赉斐等,1993;水利电力部水文局,1982)为基础,以多年平均实测径流量和输沙量为主要指标,算出各站区间水沙系列分别占出口控制站的百分比,以产水产沙的相对比例并考虑流域的自然地理状况和地貌特征对黄河流域的各个子系统进行划分。选用 20 世纪 80 年代以前的资料是因为除获取资料相对容易外,还因 80 年代以前的水沙资料相对于以后的资料受人为干扰要小得多,能更真实地反映流域自然状况。因资料限制,头道拐以上采用 1919 ~ 1967 年(刘家峡水库修建以前)水沙系列(杨赉斐等,1993),头道拐以下则采用 1919 ~ 1979 年资料系列(水利电力部水文局,1982),两个系列的资料有微小的出入,但误差不超过本书所讨论的范围。由于黄河流域具有水沙异源的特点(钱意颖等,1993),在划分时把产水区和产沙区分开,以体现黄河流域自身的特殊性。

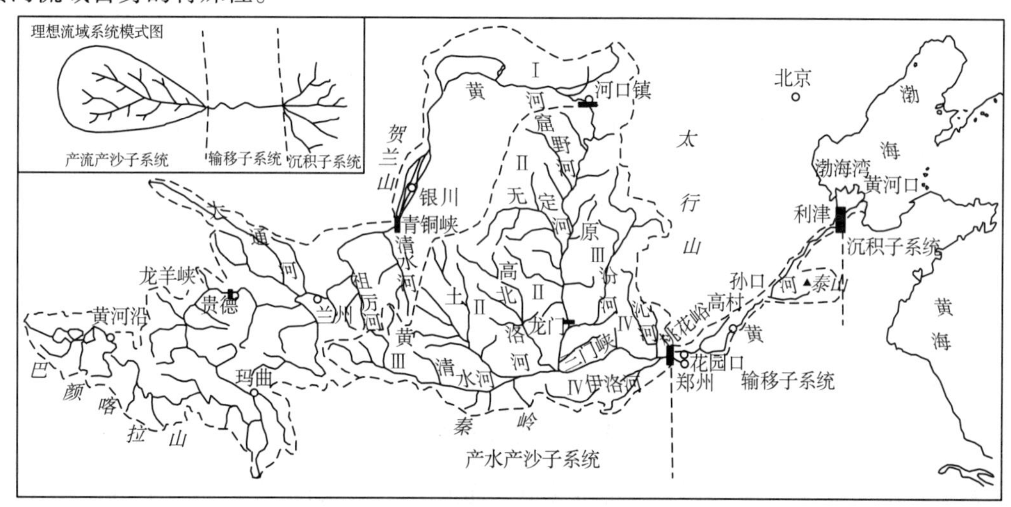

图 4-1　**黄河流域地貌系统简图**

以利津站的水量和沙量作为控制标准,将干流水文站各区段多年实测平均径流量和输沙量占利津站的百分比表示成柱状图(见图 4-2(a)),可以看出,兰州以上产水量占利津站的 78% 以上,河口镇—龙门沙量占利津站的 85% 左右,桃花峪—利津则总体上处于泥沙输移状态,利津以下的河口区,吸收了所有上中游的来水来沙。习惯上,河口镇以上为上游,河口镇—桃花峪为中游,桃花峪以下为下游(钱意颖等,1993)。按照这样的划分,则黄河径流主要来自上游,泥沙主要来自中游,下游则少有支流能为其提供水沙,基本上为输沙通道,河口区为沉积场所。这样,将图 4-2(a)概化为图 4-2(b)就得到了整个流域层次(一级)的子系统,即河口镇以上为产水子系统,水量占利津站的 62%;河口镇—桃花峪(花园口站资料)

为产沙子系统，产沙量比输送到利津站沙量还多4%（区间河道沉积）；桃花峪—利津为输移子系统，区间有少量沉积；利津以下为沉积子系统。

同时，从图4-2(a)可以看出，河口镇以上和以下产水产沙的沿程分布具有相似的特征。考虑河口镇以上以头道拐站的水沙量作为控制标准，将各站区间产水产沙量占头道拐站百分比表示成图4-2(c)，可以划分出与一级子系统相似的产水、产沙和输移三个带（二级子系统），水沙经过中下游河道至河口三角洲地区进入沉积带。龙羊峡（贵德站资料）以上为产水带，是黄河的主要清水来源区，龙羊峡—青铜峡为产沙带，青铜峡—河口镇为输移带。考虑河口镇以下，用利津站的水量和沙量分别减去头道拐站的水量和沙量，得到中下游的产水产沙总量，根据各区间产水产沙量占这个总量的百分比（见图4-2(d)），可以确定中下游的各个子系统产水、产沙和输移带，水沙至河口三角洲地区进入沉积带。河口镇—龙门为产沙带，龙门—桃花峪为产水带，桃花峪—利津为输移带。这种产水产沙带分布的特点与黄河流域的发育历史有着密切的联系。

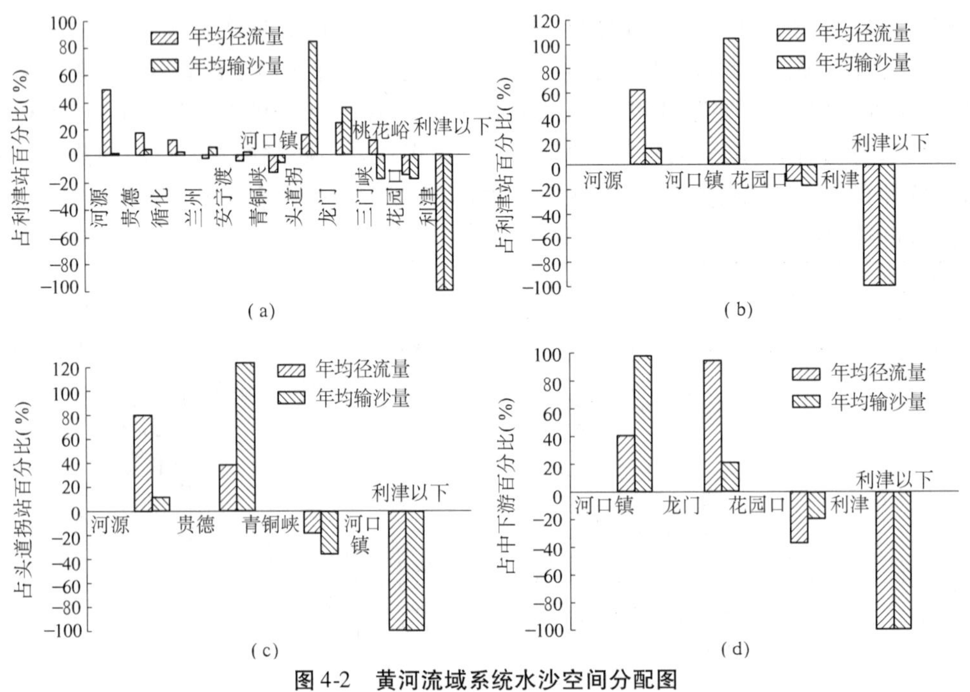

图4-2　黄河流域系统水沙空间分配图

需要指出的是，产水产沙过程总是联系在一起的。一般来说，在黄河中上游地区，没有产水，就没有坡面及沟道的产沙和泥沙的输移。把产沙区和产水区分开是从“数量”的角度考虑的，体现了黄河流域产水产沙在地域分布上的不均匀性。

4.1.2　各子系统的自然地理特征

4.1.2.1　产水子系统

河口镇以上为整个流域的产水子系统，它的内部还可以再细分为产水产沙、输移和沉积二级子系统，其自然地理特征如下：

龙羊峡（贵德站资料）以上为产水带，产水量占头道拐站水量的80%，沙量占12%，这一带位于青藏高原东缘，在气候上属高原湿润、半湿润区，植被以高山草甸、草原为主。年降水量 300～700 mm，年均径流深 50～400 mm。这一带流经低的丘陵和湖盆草原地区，河谷宽阔，地势平缓，对径流调蓄作用显著。区内大部分为高寒草原和石质山岭，黄土仅局部分布，地表物质抗蚀性较强，水土流失轻微，龙羊峡多年平均含沙量为 1.1 kg/m^3。区间虽然降水量不多，但蒸发量小，河川径流比较丰沛，是黄河的主要清水来源区。

龙羊峡—青铜峡为产沙带，产沙量比头道拐站的沙量还多 24%（青铜峡—头道拐有沉积），产水量占头道拐站的 39%，这一带流经青藏高原和黄土高原的结合部位，地质构造比较复杂，地势由西向东呈阶梯状下降，河道蜿蜒曲折，河谷川峡相间。龙羊峡以下逐渐由石质山区过渡到黄土高原区，水土流失逐渐严重，河道输沙量亦相应增加。龙羊峡、兰州、下河沿的年输沙量分别为 0.23 亿 t、1.29 亿 t、2.2 亿 t。兰州年均含沙量为 1.0 kg/m^3，下河沿为 6.9 kg/m^3。主要支流有大夏河、湟水、洮河、祖厉河和清水河等，来沙最多的支流是祖厉河，年输沙量 6 190 万 t。龙羊峡—下河沿区间，降水分布很不均匀，兰州以上的湟水流域年均降水量 400～600 mm，洮河、大夏河上中游地区年均降水量 600～800 mm，兰州以下年均降水量仅 200～300 mm。水面蒸发量由上而下逐渐增加，龙羊峡附近年均蒸发量约 1 200 mm，下河沿附近则高达 2 000 mm 左右。龙羊峡—兰州产水量占头道拐站的 46%，产沙量占 61%（不考虑宁蒙河段风沙和河道淤积的情况），产沙的比例大于产水的比例，故仍划入产沙带。

青铜峡—河口镇为输移带，属中温带干旱与半干旱区，为温带荒漠草原，地表组成物质为洪积冲积物，风成沙，黄土分布不广，水蚀作用不强，部分地区为风力—水力侵蚀，产流和产沙量均少，区间有 19% 的水量损失和 36% 的沙量损失。此区流经宁蒙冲积平原，大部分地区年均降水量仅 200 mm 左右，年均蒸发量 1 200～2 000 mm。区间河道宽浅，比降平缓，河道两侧沙漠广布，是黄河流域的古老灌区之一，引水引沙较多，河道内有淤积。

4.1.2.2　产沙子系统

河口镇—桃花峪（花园口站资料）为整个流域的产沙子系统，产水产沙同样存在内部分异，又可分出二级子系统的产沙带和产水带。

河口镇—龙门为产沙带，占中下游泥沙总量的 98%（占河口镇—三门峡区间产沙量的 70%，因为三门峡以下河道以沉积为主，故占利津站沙量的比例还大一些），占中下游产水总量的 42%。该区大部分属于中温带和暖温带半干旱区，自然植被为温带干草原和暖温带森林草原，年降水量 400～600 mm，多以暴雨形式集中降落。这一区大多处于大面积间歇性缓慢上升的黄土高原地区，水流纵向侵蚀和侧蚀均较强烈，支流水系多呈树枝状发育，是整个黄河流域来沙量最大、来沙组成粗的地区，大于 0.05 mm 的粗泥沙含量为 31%～57%，风水两相侵蚀产沙和高含沙水流侵蚀更加重了产沙量（许炯心，1999a，1999b，2000；Xu，1999），黄河的泥沙主要来源于这一地区，年输沙量超过 9 亿 t。黄河泥沙中径大于 0.05 mm 的粗颗粒泥沙，主要来自本段内的黄甫川、窟野河、无定河等支流的中下游。马莲河、北洛河的河源区也具有相同的产沙特性，也属多沙粗沙来源区。

龙门—桃花峪为产水带，占中下游产水总量的 95%（占河口镇—花园口区间产水量的比例为 70%），产沙总量的 22%；中游大部分属于半湿润地区，年降水量 400～800 mm。龙门—三门峡产水量占总量的 64%，产沙量占总量的 41%，年输沙量为 5.5 亿 t。主要支流有渭河和汾河，其中渭河来水占有较大的比重，这一区除渭河南山支流外，即通常所说的多沙细沙区（许炯心，1997a），属暖温带半干旱区，一部分为半湿润区，自然植被为温带森林草原,另一部分为暖温带落叶阔叶林。地表为黄土和黏黄土,粗泥沙含量较低。渭河南山支流区由发源于秦岭北坡的诸小河组成,属暖温带半湿润、湿润气候,降水丰沛,年均降水量可达800~900 mm。自然植被为落叶阔叶林,地表物质组成多为基岩,抗蚀力强,为黄河中游的清水区。此间的产水量所占的比例大于产沙量,因此仍归于产水区。三门峡—桃花峪(花园口站)河道基本上处于淤积状态,淤积量占泥沙总量的19%。径流主要来自伊洛沁河区,属暖温带半湿润气候,自然植被为暖温带落叶阔叶林,地表物质组成为黏黄土和基岩。相对而言此间植被较好,地表抗蚀力也较强,来沙量很少,为下游的清水来源区。

4.1.2.3 **输移子系统**

桃花峪—利津横贯于华北平原,地貌部位处于黄河冲积扇上,为整个流域的输移子系统,同时也是河口镇以下二级子系统的输移带。这一河段受人类活动影响相当剧烈,北自孟州以下,南自郑州京广铁桥以下,除东平湖陈山口到济南玉符河段傍依山麓外,其余河段均靠堤防约束洪水,两岸临黄大堤全长1 384 km,河床高出两岸平原,成为举世闻名的地上悬河。其间水沙有所损失,水量损失约占下游水量的36%,沙量减少约占下游沙量的20%。沿黄地区年均降水量600~700 mm,很少有支流汇入,其间最大的支流是大汶河。划入输移区是相对于河口区而言的,河道中的淤积量很可观。按河道形态和演变特性可分为四段,见图4-3。

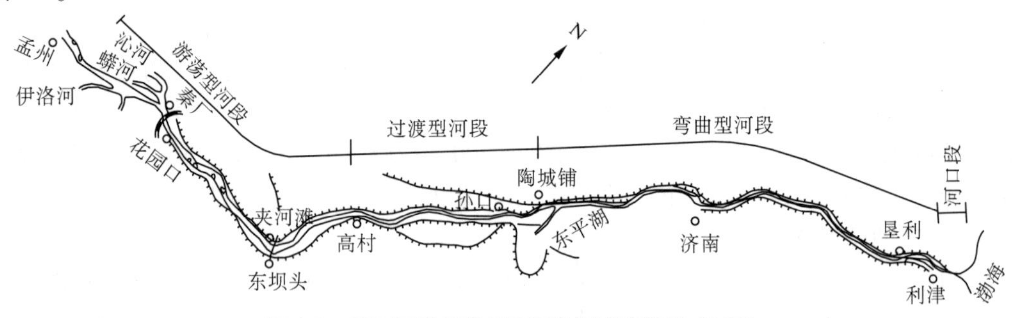

图4-3 黄河下游河段平面图(据钱意颖等,1993)

桃花峪—高村为游荡型河段,河长206.5 km,其中东坝头以上是1855年铜瓦厢决口以前的老河道,堤距5~14 km。由于铜瓦厢决口改道,河道发生溯源冲刷,两岸至今尚有残存的高滩,一般洪水不漫滩。河中沙洲密布,串沟众多,河槽宽浅,河势摆动频繁,摆动幅度可达5~7 km,水流宽浅、散乱,河道顺直,弯曲系数为1.10,常出现横河、斜河,冲刷大堤,造成险情。东坝头—高村是1855年铜瓦厢决口以后形成的河道,堤距最宽处达20 km,河道顺直,弯曲系数1.07,两岸滩唇高昂,堤根低洼,滩地横比降达1/2 000~1/3 000,滩面串沟众多,容易形成横河和顺堤行河,造成险情。历史上此段溃决较多,1985年以来,两岸滩地修建了生产堤(张红武,2003)。

进一步分析河流综合稳定性指标(张红武,1994),即

$$Z_w = \frac{\left(\frac{\gamma_s - \gamma}{\gamma} D_{50} H\right)^{1/3}}{i B^{2/3}} \tag{4-1}$$

式中:i 为河床比降;B、H 分别为造床流量下河宽及平均水深;D_{50} 为河床中径;γ_s、γ 分别为泥沙及水流的容重;Z_w 为河流综合稳定性指标,该值随河型不同呈规律性变化,当 $Z_w<5$ 后

为游荡型河流,$Z_w > 15$ 为弯曲型河段,至于分汊型则介于其中。

将桃花峪—高村河段造床流量下的 B、H、D_{50}、i 等代入式(4-1),得 $Z_w = 1.5 \sim 2.0$,计算结果表明,该河段属于游荡型河段。

高村—陶城铺河段为过渡型河段,两岸堤距 1 ~ 8.5 km,河槽宽 0.5 ~ 1.6 km,滩槽高差 2 ~ 3 m,其河道微弯,弯曲系数为 1.28,河槽较上游游荡型河段稳定,仍有一定的摆动,但摆动幅度较小。再按照上述河流综合稳定性指标判断,即将该河段造床流量下的 B、H、D_{50}、i 等代入式(4-1),得 $Z_w = 3.5 \sim 4.5$,表明该河段仍为游荡型。

陶城铺—利津河段两岸堤距 0.45 ~ 5 km,河槽宽 0.3 ~ 0.8 km,横向摆动不大,弯曲系数为 1.2,槽高差不小于 3 ~ 4 m,河流综合稳定性指标 $Z_w = 15 \sim 16$,表明该河段为限制性弯曲型河段而非典型的弯曲河型。

4.1.2.4　沉积子系统

利津以下沉积了该断面以上所有来沙,形成了河口三角洲沉积子系统。黄河下游进入河口地区的泥沙,年均约 9.87 亿 t,其中约 2/3 淤积在滨海地区。近 40 年来,平均每年造陆面积 25 ~ 30 km^2,海岸线平均每年向外延伸 0.3 ~ 0.4 km。沉积子系统处于动态变化过程之中。

4.1.3　各子系统的耦合关系

4.1.3.1　动态耦合关系

黄河流域系统处于动态变化过程中。从地质历史时期来看,黄河上游和中游原先是两个相互独立的河流地貌系统。第四纪早、中期时,黄河前套平原为一个大湖泊,黄河上游在 1.2 Ma 之前发源于祁连山,湟水及大通河为其上源,此时的河套平原为沉积带,大通河及其上游为产水产沙带。1.2 Ma 前发生的黄河运动使黄河切开积石峡流入临夏—兰州盆地,同时切开三门峡东流入海(李吉均等,1996)。中更新世中、晚期到晚更新世,前套平原湖泊向北迁移并萎缩,大型湖泊变为东西向长条状,同时湖水开始外泄,古湖消失,包头之南河段形成。但刚形成的黄河段并不稳定,而是来回摆动,在宽广的河漫滩上有时发育小型湖泊(闵隆瑞等,1998)。三门峡切开后,三门峡以上河段因溯源侵蚀而与前套河段相接,使前套河段由沉积带向输移带过渡。发生于 0.15 Ma 前的共和运动则使黄河继续溯源侵蚀进入龙羊峡以上的共和盆地,青藏高原隆升到接近现代的高度,高原内部及中国西部变得更为干旱(李吉均等, 1996)。这样,黄河流域上游的现代格局基本形成,龙羊峡以上为产水带;龙羊峡—青铜峡流经黄土高原地区,土壤侵蚀相对较强烈,为产沙带;青铜峡—河口镇因气候干旱,河道两岸多为沙漠,少支流汇入而成为输移带。

在黄河中、下游,三门峡贯通前,现黄河三门峡以上河段被古三门湖所占据(蒋复初等,1998),属于沉积带。随着三门峡的贯通,古三门湖消失,形成现在的黄河三门峡段干流。三门峡的贯通使其以上河段比降急剧增大,发生溯源侵蚀,再加上位于极易受到侵蚀的黄土高原(特别是河龙区间)产沙量极大,因而由沉积带转化为产沙带。黄河带着从黄土高原侵蚀下来的大量泥沙出峡口后形成巨大的黄河古冲积扇和广阔的华北大平原,属于沉积带。沉积带前部不断向海延伸,后部河槽化,有向输移带演变的趋势。后来由于人类活动影响,人工修堤限制黄河流路,使河道因不能带走上游来沙而淤积,河床抬高,大堤也越修越高,致使黄河成为地上悬河,少有支流汇入,成为现在的输移带。

黄河切开三门峡出山口后,在历史上决口改道、迁徙滚动十分频繁,黄河现代冲积扇是全新世晚期以来黄河建造的堆积体,是经过多次改道往复摆动沉积而形成的冲积扇复合体(叶青超等,1990)。每一次大的决口改道,就形成一个小冲积扇,使河流由以输移为主的状态变为以沉积为主的状态(叶青超,1994)。输移过程中的沉积是决口的重要原因,决口导致输移状态变为沉积状态,河道规顺时则由沉积状态变为输移状态。也就是说,黄河下游在冲积扇建造时期属沉积带,非建造期属输移带。现在的黄河冲积扇已经由沉积区变为了输移区,原先的海域成了现在新的沉积区。

黄河三角洲是现代黄河流域的沉积子系统,其建造与黄河冲积扇的建造过程相似。黄河三角洲也由一系列小三角洲复合而成,小三角洲的发育与黄河河道的迁移有关,河口所到之处均有三角洲的发育(倪晋仁、马蔼乃,1998)。三角洲上的河流,在决口以前,以向河口方向输移泥沙为主,同时也有淤积过程,当河道决口时,变为以沉积过程为主,同时也塑造三角洲,如此周而复始。近代黄河三角洲处于渤海凹陷下沉地区,为 1855 年黄河改道以来所形成,在 150 多年的时间里,黄河大量泥沙注入河口三角洲地区沉积,尾闾河道在渤海湾与莱洲湾之间往复摆动 10 余次,也形成各个亚三角洲相互套迭的复合体,面积约 5 600 km^2,水下三角洲部分面积约 3 000 km^2(倪晋仁、马蔼乃,1998)。

4.1.3.2　过程—响应耦合关系

上述每一子系统都是一个开放系统,都有与相应的地貌过程相联系的地貌形态特征,地貌过程作用于地貌形态,使地貌形态发生相应的改变,地貌形态的改变又反过来影响地貌过程。物质流(径流、溶解质、泥沙等)、能量流(位能,在物质运动过程中转变为动能,以驱动物质运动和热能而丧失)和信息流(主要表现为物质和能量来源、传播、时空变化特征等)从产水产沙子系统依次流向输移和沉积子系统,上一子系统的输出成为下一子系统的输入,从而使流域系统具有了级联系统的特征。对于冲积河流来说,产水产沙子系统对河道输移子系统的输入通过地貌过程来实现并作用于河道子系统,河道子系统必然要调整自身状态并对这一过程作出响应,这种响应过程可用下式来表示:

$$B = F_1(J_0, Q_0, G_0, D_0)$$

$$h = F_2(J_0, Q_0, G_0, D_0)$$

$$J = F_3(J_0, Q_0, G_0, D_0)$$

式中:B、h、J 分别为输移区河宽、平均水深、河床比降;J_0、Q_0、G_0、D_0 分别为流域河谷比降、产水产沙区进入河道的流量及其过程、来沙量及其过程、来沙的组成。

J_0 表明流域的能量消耗特征,Q_0、G_0 及 D_0 反映产水产沙区的特征,其过程对输移区河床形态有重要影响。B、h 及 J 反映输移区的主要特征,其调整过程是对上游输入的响应并反过来影响上游水沙的输移过程。

这种过程—响应特征把产水产沙子系统与输移和沉积子系统联系起来,从而实现子系统间的耦合,建立河床演变与流域特征之间的有机联系。研究表明,黄河流域的产水产沙系统与河道沉积系统之间存在一种强耦合关系(许炯心,1997a)。

4.2　粗沙临界粒径的理论划分

黄河中游黄土高原侵蚀产沙系统对下游河道输移与沉积系统具有很大影响,其中粗泥沙对下游河道淤积的影响尤其明显。20 世纪 50 年代,黄河泥沙研究受张瑞瑾、钱宁等学者的影响，将0.025 mm作为冲泻质与床沙的分界粒径。1984年张红武利用各向同性涡体运动理论进行了理论论证（张红武，1984）。钱宁、赵业安等进一步提出粗泥沙的概念后，视下游淤积物中占多数作为分界标准，将标准定为大于0.05 mm（钱宁、王可钦等，1980）。近10年为改变黄河下游河床抬高的局面，黄河水利委员会提出“拦、排、放、调、挖”处理和利用泥沙的基本思路。其中“拦”是根本，主要采取“三道防线”措施拦减进入黄河下游的泥沙，尤其是粗泥沙（李国英，2003）。按照这一思路，2001年黄河水利委员会在前人工作基础上，将粒径$d \geqslant 0.05$ mm的泥沙作为粗泥沙，研究确定出了黄河中游多沙粗沙区。2005年又在多沙粗沙区范围内，将粒径$d \geqslant 0.1$ mm的泥沙作为粗泥沙，确定出了在下游更容易淤积、范围更集中的黄河中游粗沙来源区（被简称为“粗泥沙集中区”）。此外，学术界“在黄土高原多沙粗沙区利用工程措施拦减入黄泥沙”的治黄方略（张红武、张俊华、姚文艺，1997）也逐渐受到重视。

黄河中游粗细沙临界粒径的划分（或称粗泥沙粒径指标的确定）直接关系到黄河中游多沙粗沙区治理面积的大小，影响到近期拦沙工程建设的规模。显然从理论上界定黄河粗泥沙，不仅反映出了黄河基础理论研究和治理科技水平上的创新要求，而且是科学落实黄河治理方略的需要。为此，运用河流动力学原理，分别从描述泥沙运动特性和异质粒子与紊流跟随性两个角度，对易在冲积河流下游床面沉积颗粒的尺度确定进行了探讨。

4.2.1　按泥沙运动界定

实测资料表明，冲积河流下游床面沉积的泥沙粒径一般较细，但相对于悬移质泥沙又较粗。它们即使在水流作用下起动，也只是跃起，难以进入悬移运动状态，仅与悬沙存在着一定的交换关系，主要以跳跃为运动形式（张红武、吕昕，1993）。于是，该床面颗粒的运动图形可概括为：床面颗粒由于上举力可忽略，泥沙只凭借惯性上升，直到最大高度。恰在这后半个阶段中，泥沙有着不同的遭遇可能：或被路经此地的紊动涡体卷走，加入悬移运动的行列，成为悬移质泥沙中难以远距离输送的粗沙部分；或在重力作用下跌落床面，继续留在床沙之中或呈推移运动状态（张红武，1986）。因此，本研究以跃动模拟该类河段床面颗粒的运动状况，并就颗粒在仅靠惯性继续上升后的受力情况讨论。此时，垂向只受有效重力和紊动涡体的掀力F_L的作用，决定颗粒沉浮的临界条件为：

$$F_L = W \tag{4-2}$$

其中F_L及有效重力W的表达式分别为：

$$F_L = C'_L \alpha_1 D^2 \rho \frac{v_b^2}{2} \tag{4-3}$$

$$W = \alpha_2 (\rho_s - \rho) g D^3 \tag{4-4}$$

上两式中，D为泥沙粒径；ρ_s、ρ分别为泥沙密度和水的密度；v_b为紊动涡体的瞬时上升速度，即垂向流速；α_1、α_2分别为F_L对应的面积系数和泥沙的体积系数；C'_L为掀力系数。

C'_L相对于推移力系数C_x、上举力系数C_y及球体沉降时的阻力系数C_d物理含义而言，在作用位置、相对运动形式及紊动特性等方面都存在着差异。因此，C'_L与它们均不相同，按照侯晖昌的研究，对于球体，$C'_L = 0.178 \sim 0.26$，该系数与粒径的大小成反比（侯晖昌，1982）。本书暂取上限值$C'_L = 0.26$。将式（4-3）、式（4-4）代入式（4-2），得：

$$v_b^2 = \frac{2\alpha_2}{\alpha_1 C'_L}\left(\frac{\rho_s - \rho}{\rho}\right) gD \tag{4-5}$$

若视颗粒为球体,即 $\alpha_2 = \frac{\pi}{6}$ 及 $\alpha_1 = \frac{\pi}{4}$,可通过 C'_L 修正的途径消除由此引起的误差,即由于泥沙的形状不规则,阻力系数应有所增大。依照张瑞瑾(1998)在研究泥沙沉降规律时的成果,细沙阻力系数是相应粒径球体的阻力系数的 1.422 倍,取 $C'_L = 1.422 \times 0.26 = 0.370$,故:

$$v_b^2 = \beta_1 D \tag{4-6}$$

其中

$$\beta_1 = 3.60 \frac{\rho_s - \rho}{\rho} g \tag{4-7}$$

又因垂向紊动速度的概率分布遵循高斯定律(夏震寰,1992),即

$$f(v_b) = \frac{1}{\sqrt{2\pi}\sigma_{vb}} \exp\left(-\frac{v_b^2}{2\sigma_{vb}^2}\right) \tag{4-8}$$

那么,可求出床面颗粒的分布密度 $\varphi(D)$ 为:

$$\varphi(D) = \frac{\sqrt{\beta_1}}{\sqrt{2\pi}\sigma_{vb}\sqrt{D}} \exp\left(-\frac{\beta_1 D}{2\sigma_{vb}^2}\right) \tag{4-9}$$

数学期望(相当于代表粒径值):

$$D_m = \int_0^\infty D\varphi(D)\,\mathrm{d}D = \frac{\sigma_{vb}^2}{\beta_1} \tag{4-10}$$

前人试验表明(夏震寰,1992),$\sigma_{vb} = 1.1u_*$(摩阻流速 $u_* = \sqrt{ghi}$,i 为水力坡度,h 为平均水深),黄土高原泥沙 $\frac{\rho_s - \rho}{\rho} = 1.7$,再将式(4-7)代入式(4-10),整理即得:

$$D_m = 0.198 \frac{u_*^2}{g} \tag{4-11}$$

利用汉江下游资料对式(4-11)的验证结果表明(见表 4-1),该式与实际河流情况较为相符,可以以此研究黄河的情况。

表 4-1　式(4-11)与天然资料比较

河段名称	测验及统计时间(年-月-日)	比降(‰)	平均水深 h(m)	实测 D_m(mm)	计算 D_m(mm)
汉江新城河段	1956-07-05	1.10	6.60	0.120 ~ 0.155	0.144
	1956-07-06	0.95	7.00		0.132
	1956-08-21	0.99	6.90		0.135
	1956-09-01	0.83	8.30		0.137
	1956-09-02	0.83	8.90		0.147
汉江谷城河段	1956-04-08	2.10	2.21	0.090 ~ 0.120	0.092
	1956-04-19	2.20	2.01		0.087
	1956-04-20	2.80	2.43		0.135
	1956-08-21	2.00	2.45		0.097

注:实测 D_m 栏资料引自王志强《冲积河段床沙沿程分选规律探讨》;其余资料见 1956 年《水文年鉴》。

对于黄河下游,造床流量下平均水深约为 2 m,水力坡度为 1.5 ~ 2.3,可取其平均值 1.9。将这些水力因子代入式(4-11),则可从理论上求出床沙的代表粒径为 0.074 7 mm,同实测的多年平均床沙中径相近。由此从理论上证明,黄土高原进入黄河下游河床上粒径 $d \geqslant 0.075$ mm的粗颗粒泥沙,即使被水流冲起,也只能以跳跃为主要运动形式,离开床面后颗粒只凭借惯性上升,多在重力作用下落回床面,很难被水流直接输送入海。从这种角度讲,黄土高原粗细沙划分的临界粒径应该为 0.075 mm。

4.2.2　按异质粒子同紊流的跟随性界定

实际上,还可运用异质粒子与紊流跟随性计算结果阐释粗细泥沙的输送问题。

紊流力学认为(夏震寰,1992),异质粒子跟随流体运动的程度,取决于粒子的粒径 d_p、粒子的密度 ρ_p、流体的黏性系数 μ、流体的密度 ρ、紊流的紊动强度及脉动频率 f 等,若以粒子速度和流体速度的比值 u_p/u 表示异质粒子跟随流体的程度,则其函数关系为:

$$u_p/u = f(d_p, \rho_p, \mu, \rho, f, \cdots) \tag{4-12}$$

若 $u_p/u = 1$,表示粒子完全跟随流体;若 $u_p/u < 1$,表示粒子滞后。为建立上式的具体表达形式,可将紊流流速 u 用 Fourier 积分表示,即

$$u = \int_{-\infty}^{\infty} A(\omega) \mathrm{e}^{-i\omega t} \mathrm{d}\omega \tag{4-13}$$

式中:ω 为圆频率,即 $\omega = 2\pi f$。

粒子在紊流带动下的运动,并不完全跟随流体,表现为粒子速度 u_p 的幅值和相角与流体的速度 u 不同,因此对应于式中的粒子速度 u_p 可表示为(梁在潮,1987):

$$u_p = \int_{-\infty}^{\infty} \eta(\omega) A(\omega) \mathrm{e}^{-i(\omega t + \varphi)} \mathrm{d}\omega \tag{4-14}$$

式中:$A(\omega)$ 为振幅;$\eta(\omega)$ 为粒子速度与流体速度幅值之比;φ 为粒子速度与流体速度相角之差。

当 $\eta = 1, \varphi = 0$,表示粒子完全跟随流体一起运动;如果粒子滞后于流体,则 $\eta < 1, \varphi > 0$(梁在潮,1987)。

为了具体地计算 η 和 ω,可利用 Basset – Boussinesq – Oseen 方程来实现。该方程是描述紊流场中单个粒子的运动方程,其具体形式为(夏震寰,1992):

$$\underset{(\mathrm{A})}{\frac{\pi}{6} d_p^3 \rho_p \frac{\mathrm{d}u_p}{\mathrm{d}t}} = \underset{(\mathrm{B})}{\frac{\pi}{6} d_p^3 \rho \frac{\mathrm{d}u}{\mathrm{d}t}} + \underset{(\mathrm{C})}{3\pi\mu d_p (u - u_p)} + \underset{(\mathrm{D})}{\frac{\pi}{12} d_p^2 \rho \left(\frac{\mathrm{d}u}{\mathrm{d}t} - \frac{\mathrm{d}u_p}{\mathrm{d}t} \right)} + \underset{(\mathrm{E})}{\frac{3}{2} d_p^2 \sqrt{\mu\pi\rho} \int_{\infty}^{t} \frac{\frac{\mathrm{d}}{\mathrm{d}\tau}(u - u_p)}{\sqrt{t - \tau}} \mathrm{d}\tau} \tag{4-15}$$

式中:(A)项为粒子的惯性力;(B)项为流体加速引起的压力梯度作用于粒子的力;(C)项为黏性阻力;(D)项为粒子加速运动的附加质量力;(E)项为 Basset 力。

也可写成:

$$\frac{\mathrm{d}u_p}{\mathrm{d}t} + a u_p = a u + b \frac{\mathrm{d}u}{\mathrm{d}t} + c \int_{-\infty}^{t} \frac{\frac{\mathrm{d}}{\mathrm{d}\tau}(u - u_p)}{\sqrt{t - \tau}} \mathrm{d}\tau \tag{4-16}$$

式中

$$\left.\begin{aligned} a &= \frac{36\mu}{(2\rho_p + \rho)d_p^2} \\ b &= \frac{3\rho}{2\rho_p + \rho} \\ c &= \frac{18}{(2\rho_p + \rho)d_p}\sqrt{\frac{\rho\mu}{\pi}} \end{aligned}\right\} \tag{4-17}$$

用式(4-13)和式(4-14)计算式(4-16)中各项,得:

$$\eta e^{-i\omega} = \frac{\left(a + c\sqrt{\frac{\pi\omega}{2}}\right) - i\left(b\omega + c\sqrt{\frac{\pi\omega}{2}}\right)}{\left(a + c\sqrt{\frac{\pi\omega}{2}}\right) - i\left(\omega + c\sqrt{\frac{\pi\omega}{2}}\right)} \tag{4-18}$$

由式(4-18)得到最后的结果为:

$$\eta = \frac{u_p}{u} = \sqrt{\frac{\left(a + c\sqrt{\frac{\pi\omega}{2}}\right)^2 + \left(b\omega + c\sqrt{\frac{\pi\omega}{2}}\right)^2}{\left(a + c\sqrt{\frac{\pi\omega}{2}}\right)^2 + \left(\omega + c\sqrt{\frac{\pi\omega}{2}}\right)^2}} \tag{4-19}$$

按照上式,可预测泥沙同紊流的跟随程度。即由该式及天然河道常见紊动频率范围(10～300 Hz),可计算出不同粒径天然沙同紊流的跟随度与紊流频率的关系(见图4-4)。该图表明,粒径大于0.075 mm的泥沙的跟随性很差,因而难以呈悬移质运动状态;当粒径小于0.075 mm后,泥沙同紊流的跟随度逐渐增大,方可能在水流中处于悬浮状态。实际上,只有那些粒径小于0.05 mm的细沙跟随度才较大,在紊流中容易呈悬移运动状态,正因为如此,众多天然河流中的悬移质均以0.015～0.03 mm的泥沙为主体。至于粒径为0.01 mm的泥沙,因在不同的紊流频率下都有较高的跟随度,在自然河流中这种细颗粒必然成为“穿堂而过”的冲泻质,在黄河下游成为一泻千里而输送入海的主体,从而表明黄河中游划分粗细沙的临界粒径可取为0.075 mm。

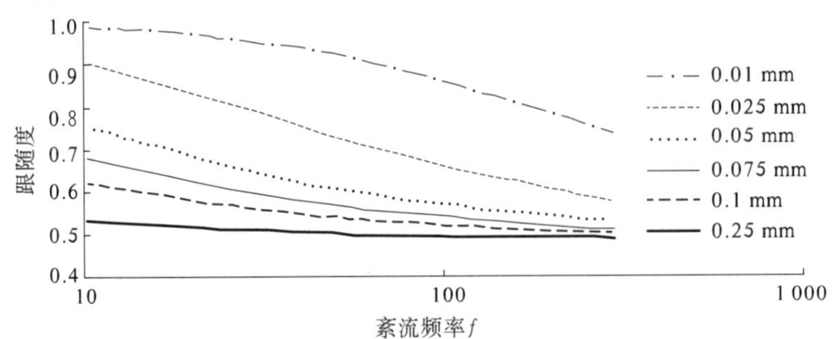

图4-4　不同粒径泥沙跟随度与紊流频率的关系

4.2.3　粗泥沙临界值划分及有关问题的讨论

上述运用河流动力学原理,分别从描述泥沙运动特性和异质粒子与紊流跟随性两个角度,对黄河粗泥沙的理论界定进行了探讨。其研究结果表明,黄土高原进入黄河下游河床上粒径$d \geqslant 0.075$ mm的泥沙,只能以跳跃为主要运动形式,同紊流的跟随性很差,不易呈悬移质运动状态,很难被水流直接输送入海;当粒径小于0.075 mm后,泥沙同紊流的跟随度逐渐增大,方可能在水流中处于悬浮状态。因此,黄河中游划分粗细沙的临界粒径可定为 0.075 mm(张红武、张俊华、吴腾,2008)。

由于黄河下游随着河道长度延伸或缩短,且进入下游的洪水量级也会不断变化,不同时期河床比降及其水流强度都会相应变化,故由式(4-11)看出,黄河粗泥沙临界粒径应有所增减。例如,黄河下游早期河长较短,一两千年前花园口河段水力坡度约为 5‰,在其他水力因子不变条件下,由式(4-11)求出黄河"粗泥沙"的临界粒径约为 0.2 mm,从而可由河流动力学原理解释钱宁、赵业安等学者半世纪前在黄河下游花园口滩地查看时发现历史淤积的泥沙要比黄河当时河床床面泥沙粗得多的原因。随着河长逐渐增加,水力坡度变为2.5‰左右,若同样按照其他水力因子不变的条件,由式(4-11)则可求出黄河粗泥沙临界粒径可减小到 0.1 mm 左右。而在黄河下游的未来,随着河道长度的延伸水力坡度将可能减小到 1.3‰左右,则由式(4-11)求出黄河粗泥沙临界粒径小于0.05 mm。从这一角度讲,黄河粗泥沙及多沙粗沙区的划分是相对的。若进一步考虑到目前黄土高原粗泥沙来源区泥沙与黄河下游床沙并没存在完全的对应关系,则从黄河治理角度讲,也应重视黄土高原广大地区土壤侵蚀后,大量泥沙中较粗颗粒对黄河尤其是下游河道淤积的影响(张红武,2004)。

若再将黄河内蒙古大部分冲积河段的水力坡度及平均水深代入式(4-11),可求出该河段"粗泥沙"的临界粒径为 0.07 ~ 0.075 mm,从而表明沿岸十大孔兑突发性洪水将大量粒径大于 0.1 mm 的泥沙带入干流后,导致河床严重淤积是难免的。上述同时也说明中国科学院寒旱所分析钻孔资料后将黄河宁蒙河道的粗泥沙界限定为 0.08 mm 的做法,是符合理论根据的。

黄河上游宁蒙河段尤其内蒙古河段,主槽淤积、洪凌灾害频发,越来越引起广泛关注。张红武、赵业安、钟德钰、张欧阳等 2000 年及 2003 年先后受宁夏和内蒙古防办委托,对宁蒙河段进行了模型试验、数模计算及分析研究。其研究报告指出,在 1985 年以前宁蒙河段尽管有大冲大淤的年份,但长时段基本处于冲淤平衡的状态。而随着刘家峡水库修建,特别是 1986 年龙羊峡水库建成并实施龙刘两库联调以来,由于水库调节的影响,河道输沙能力降低,引起宁蒙河段河槽淤积加速,河道断面形态显著改变,河槽萎缩明显,河段排洪能力下降(张欧阳、张红武等,2005)。为缓解宁蒙河段河情恶化趋势,张红武、赵业安、温善章建议修建黄河大柳树水利枢纽工程,通过它的反调节作用缓解宁蒙河段淤积问题(张红武、赵业安等,2000)。近几年有些学者对利用人造洪水冲刷宁蒙河段的可行性有所置疑,认为内蒙古河段淤积的泥沙主要来源于乌兰布和沙漠及十大孔兑的库布齐沙漠和丘陵沟壑梁地,风成沙以风沙流和坍塌两种方式进入黄河,是黄河粗沙的重要组成部分(杨根生等,2003),并认为淤积的泥沙较粗,上游修建水库所塑造的人造洪水冲刷效果还有待检验。应该承认,这些研究成果在宏观上将风成沙同黄河上游入黄泥沙联系起来是颇有意义的,但从工程技术角度对成果的细节初步推敲后,即不难发现一些问题。首先,宁蒙河段是在沙漠上通过水流造床作用形成的,床沙粗度与附近沙漠泥沙接近是正常的,在床沙中发现与附近沙漠类似的物质组成,并不能证明河床淤积物中的粗沙来源于附近的沙漠。宁蒙河段大部分河段两岸均修筑了堤防,且已建大量河道工程,成为具有人工显著约束的宽谷河道,因而在堤防阻碍下,以风沙流吹入和坍塌入河两种方式直接进入黄河的沙量应是很有限的。从有关学者所分析的坍塌入黄的资料看,因大部分为大堤内主流刷滩坐弯所致,不能说明是沙漠入黄的贡献。多年来宁夏河段泥沙淤积量较小,表明石嘴山以上风沙入黄影响很小。石嘴山—巴彦高勒河段左岸存在乌兰布和沙漠,沙粒可能在西北风作用下进入黄河,但输沙资料及地形测验结果表明,该河段及三盛公枢纽多年来并没有出现明显淤积,且由于巴彦高勒输沙量往往小于石嘴山,表明"大量的以风沙流和坍塌两种方式进入黄河的粗沙"也没被输送到三盛公枢纽以下的河段。而在三盛公以下河段,库布齐沙漠位于黄河右岸,在强劲的西北风作用下又很难直接吹入黄河。从河流动力学有关定义,钟德钰认为根据钻孔资料直接确定粗泥沙来源的做法,在一定程度上混淆了床沙与床沙质两者的概念。我们近几年在乌海胡杨岛附近河槽中发现床沙组成为沙土与壤土并存的状况,乌达区河滩为沙卵石与壤土混掺组成,其下游河滩还大量出现黏土与壤土相间的区域,这些都明显同附近沙漠泥沙组成差异很大。另外,卜海磊指出,若按一些学者给出的宁蒙河段呈现粗沙累计淤积趋势的结论,床沙应出现粗化现象,而多年实测的河床组成相对于龙刘水库联调以前并未有所粗化,这同黄河下游床沙组成一直变化不大的情况是类似的(卜海磊等,2009)。既然龙刘水库联调以前内蒙古河段在适当水沙条件下河床可出现大的冲刷,显然只要通过上游水库的反调节作用,所塑造的人造洪水自然也能够冲刷宁蒙河段。由此可见,宁蒙河段泥沙淤积问题十分复杂,尚有待深入研究。

4.3　黄土高原强烈侵蚀对黄河下游河道冲淤的影响

4.3.1　黄河下游河道淤积问题的实质

从地貌学的角度看,河流的沉积问题可以从戴维斯的侵蚀循环理论中寻找答案。侵蚀循环理论认为:地貌发育是构造、营力和时间的函数。地面先由于构造运动而抬升,然后在流水的作用下产生侵蚀、输移和沉积过程,在空间分布上就存在着相应的侵蚀、输移和沉积带(见图4-5)。Schumm(1977)把这三种过程统一在流域系统中,形成了流域地貌系统的基本理论。这三种过程的能量主要来自重力势能、太阳能和地热能,这些能量克服摩擦阻力做功而又以热能的形式散失,其结果是地表发生均夷过程(Embleton,et al., 1979),其中重力势能起着重要作用。按照侵蚀循环理论,在流域地貌发育的不同阶段,重力势能的大小不同,从而决定了这三种基本过程在速率上的差异。就流域的侵蚀来说,流域发育阶段与流域产沙特性密切相关,在侵蚀早期,侵蚀模数较小,并持续递增;在侵蚀中期,侵蚀模数较大,其变化从递增到递减;在侵蚀晚期,侵蚀模数较小,最后侵蚀消失。侵蚀产沙带的侵蚀模数大,意味着沉积带的沉积量也大。

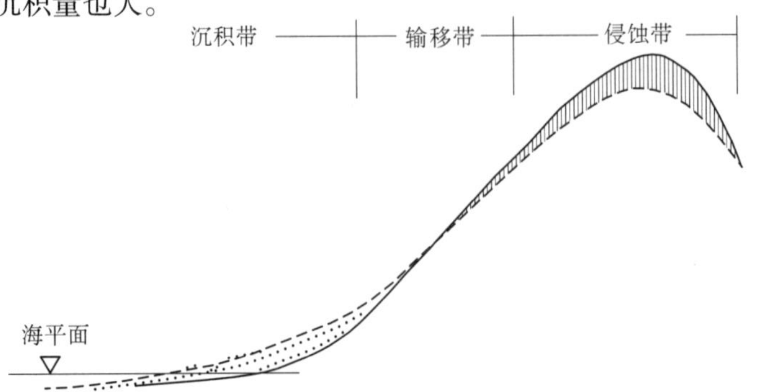

图4-5　流域系统的侵蚀带、输移带和沉积带示意图

对于黄河流域来说,主要有两个原因造成了侵蚀带的强烈侵蚀。从地貌发育的阶段上看,处于侵蚀产沙带的黄土高原现在处于侵蚀中期,正是侵蚀极为强烈的时期,再加上人为加速侵蚀,侵蚀量很大,要到7.2万年以后才进入侵蚀的晚期,侵蚀量才能逐步减小(厉强等,1990;陆中臣等,1991);从侵蚀带的物质组成看,侵蚀带主要由松散的第四纪沉积物——黄土组成,抗侵蚀能力极差。侵蚀带产生的大量泥沙主要通过水流的作用搬运至沉积带沉积下来。正是主要由于黄河带来的大量泥沙在沉积带的沉积,形成了广袤的华北平原,并使沉积带不断向海延伸。在没有人为干预的作用下,河流不断决口改道,泥沙沉积可以达到很大的范围。晚更新世以来,黄土高原严重的土壤侵蚀是黄河含沙量增多及下游河道淤积、频繁改道的根本原因,面积广大的三角洲平原的形成也归因于黄土高原的土壤侵蚀(张丽萍等,2001)。后来由于人类活动的影响,一方面使侵蚀带的侵蚀量增加;另一方面由于人工筑堤,使泥沙的沉积在大部分时间里被约束在大堤的范围之内,沉积速率大大增加,从而造成黄河下游河道严重的淤积问题(Xu,1998)。

黄河流域由于侵蚀带的强烈侵蚀,导致下游河道的强烈淤积并不断以决口改道、河口延伸等方式扩大其淤积范围,呈现渐变与突变相结合的多旋回模式(许炯心,1997c),这实质上是一种自然过程。因为侵蚀、输移和沉积是三种最基本的流水地貌过程,其强度决定着流水地貌环境的演化,其动力主要来自重力势能和太阳能,这是一种强大的自然力作用过程,以人类的力量目前尚无法完全干预,但可以改变其变化的速率。目前,黄河下游的河道淤积问题是地貌循环中局部区域的一个小的发展阶段,是一种自然过程,通过人为的干预作用可以使这一问题在一定程度上得到缓解。

4.3.2　黄河流域产沙子系统来沙量对输移子系统冲淤的影响

4.3.2.1　三门峡水沙对黄河下游不同河段河道冲淤的影响

三门峡沙量主要来自黄河中游的黄土高原地区,在某种程度上能反映黄土高原的侵蚀产沙量及产沙强度。在三黑小(三门峡、黑石关、小浪底)所控制的来水来沙中,三门峡以上来水来沙特别是来沙条件在整个水沙来源中占有重要地位,其关系如图4-6所示。表征三门峡站来水来沙条件的指标主要包括水量 Qw_{smx}(亿 m^3)、沙量 Qts_{smx}(亿 t)、最大流量 $Qmax_{smx}$(m^3/s)、平均流量 $Qmean_{smx}$(m^3/s)、最大含沙量 $Cmax_{smx}$(kg/m^3)、平均含沙量 $Cmean_{smx}$(kg/m^3)、平均输沙率 Qs_{smx}(t/s)和平均来沙系数 I_{smx}($kg \cdot s/m^6$)。三黑小和三门峡来水量的关系可表示为:

$$Qw_{smx} = 0.325 + 0.887 Qw_{shx} \tag{4-20}$$

式中:$R = 0.982$,$n = 268$,$F = 7\,397$,由此式可知三门峡水量约占三黑小水量的89%。

来沙量的关系可表示为:

$$Qts_{smx} = 0.981 Qts_{shx} \tag{4-21}$$

式中:$R = 1.000$,$n = 268$。

由式(4-21)可以估算出三门峡沙量约占三黑小沙量的98%。因此,在一般情况下,可直接以三门峡来水来沙条件代替整个流域的水沙条件。黄河下游不同河段淤积量与三门峡水沙条件间的相关系数见表4-2。从表中可以看出,下游河道的淤积量同样和三门峡站的来沙条件有较好的相关性,其中与平均含沙量的相关系数达到0.84。

利用逐步回归(后向)方法,建立黄河下游全河段的冲淤量(Dep_{sl})与来水来沙条件指标

Qw_{smx}、Qts_{smx}、$Q\text{mean}_{smx}$、$C\text{max}_{smx}$的关系，可得到下式：

$$Dep_{sl}=0.148-0.0173Qw_{smx}-0.0011Q\text{mean}_{smx}+0.5002Qts_{smx}+0.0014C\text{max}_{smx} \quad (4\text{-}22)$$

式中：复相关系数 $R=0.914$，$n=239$，$F(4,234)=296.15$，$p=0.0000$，$S.E.=0.35$，$t(234)=2.42$。式(4-22)同样可以表示成与水量、沙量和时间的关系或与流量、含沙量和时间的关系。

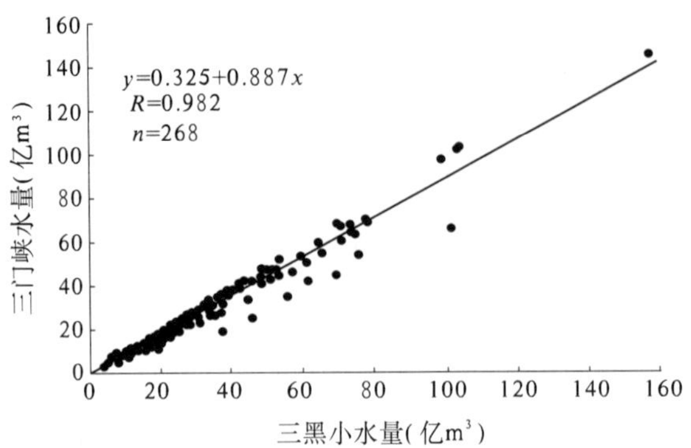

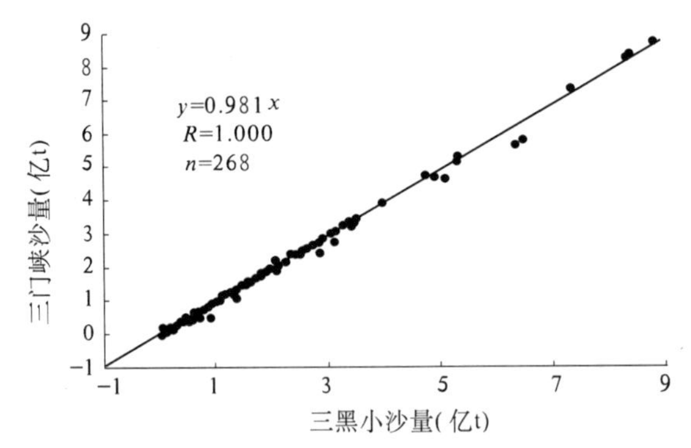

图 4-6　三门峡来水来沙与三黑小来水来沙的关系

表 4-2　下游各河段淤积量与三门峡来水来沙条件变量的相关系数

项目	$Q\text{max}_{smx}$	$Q\text{mean}_{smx}$	Qw_{smx}	$C\text{max}_{smx}$	$C\text{mean}_{smx}$	Qs_{smx}	Qts_{smx}
$Q\text{max}_{smx}$	1.00						
$Q\text{mean}_{smx}$	0.77	1.00					
Qw_{smx}	0.47	0.69	1.00				
$C\text{max}_{smx}$	0.31	0.01	-0.12	1.00			
$C\text{mean}_{smx}$	0.38	0.06	-0.14	0.93	1.00		
Qs_{smx}	0.64	0.44	0.09	0.76	0.85	1.00	
Qts_{smx}	0.60	0.44	0.36	0.73	0.78	0.89	1.00
Dep_{sg}	0.24	-0.06	-0.21	0.81	0.84	0.74	0.73
Dep_{ga}	0.26	0.15	0.07	0.43	0.46	0.51	0.55
Dep_{al}	-0.15	-0.24	-0.25	0.23	0.21	0.11	0.04
Dep_{sl}	0.24	-0.04	-0.19	0.82	0.84	0.76	0.75

对于三门峡—高村河段的淤积量,同样通过逐步回归分析有:

$$Dep_{sg} = 0.163 - 0.0147Qw_{smx} - 0.00009Qmean_{smx} + 0.401Qts_{smx} + 0.0013Cmax_{smx} \quad (4\text{-}23)$$

式中:复相关系数 $R = 0.903$, $n = 239$, $F(4,234) = 258.84$, $p = 0.0000$, $S.E. = 0.31$, $t(234) = 2.99$。式(4-23)同样可以表示成与水量、沙量和时间的关系或与流量、含沙量和时间的关系。

4.3.2.2 含沙量对下游河道冲淤的影响

图4-7点绘了黄河下游不同河段的冲淤量与三黑小平均含沙量的关系,在高村以上河段,随含沙量的增加,冲淤量也增加,河道由冲变淤,呈很好的相关关系。三黑小平均含沙量大于50 kg/m³时,这一段完全淤积,小于50 kg/m³时以冲刷为主,也有部分淤积,冲淤量与含沙量的关系可以简单表示为:

$$Dep_{sg} = -0.395 + 0.012\ Cmean_{shx} \quad (4\text{-}24)$$

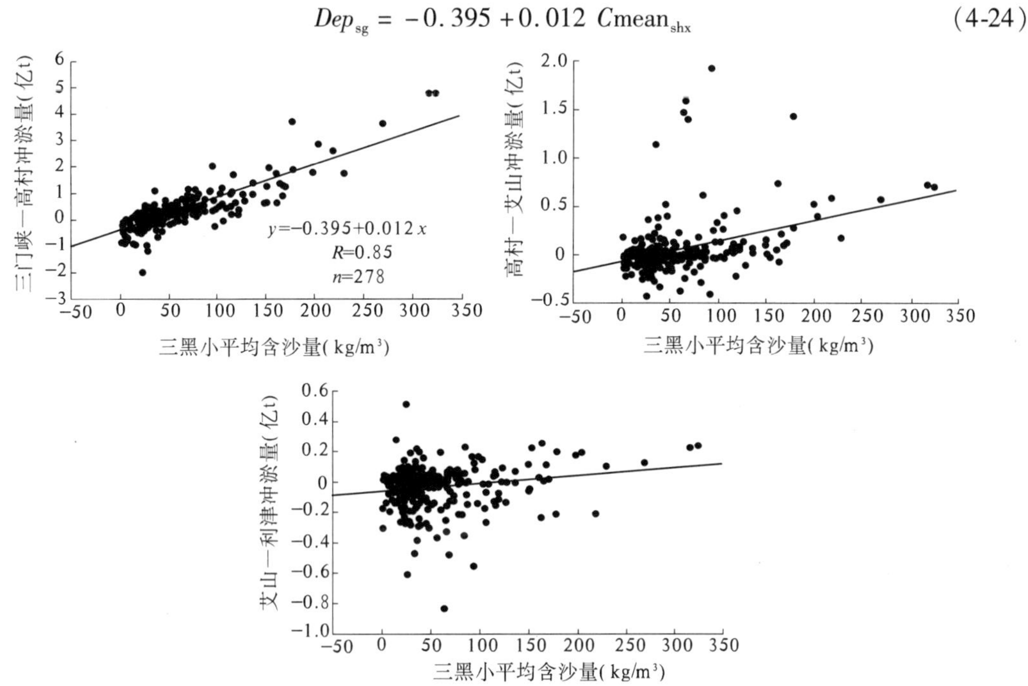

图4-7　黄河下游河道冲淤量与三黑小平均含沙量的关系

式中:复相关系数 $R = 0.85$, $n = 278$。

令 $Dep_{sg} = 0$,有 $Cmean_{shx} = 32.92$ kg/m³,与前面用多元回归方法得出的计算结果基本一致。

高村—艾山河段冲淤量也随含沙量的增大而增大,但趋势不很明显,平均含沙量在100 kg/m³左右时的几场洪水在这一段淤积量最大。而艾山以下河段的冲淤量与三黑小平均含沙量相关性很差。考虑到河床边界条件对河道冲淤的影响,$Cmean_{shx} = 32.92$ kg/m³这一临界值只具有统计意义上的正确性,实际上是一个变化范围,这与钱意颖等(1993)用河段当地的含沙量得出的结论比较一致,见表4-3。

4.3.2.3 不同来源区洪水对下游河道冲淤的影响

黄河流域侵蚀产沙在年内的分配非常集中,绝大多数泥沙都是在洪水期间产生和输移的。世界上许多河流90%以上的沙量都是通过不到10%最大流量输送的,流域洪水期间的

表 4-3　下游不同河段平均含沙量及来沙系数影响河道冲淤的临界值

河段	平均含沙量(kg/m^3)			平均来沙系数($kg \cdot s/m^6$)		
	淤积	有冲有淤	冲刷	淤积	有冲有淤	冲刷
三黑小—花园口	>25	17~25	<17	>0.018 0	0.008 8~0.018 0	<0.008 8
花园口—高村	>32	16~32	<16	>0.027 5	0.013 0~0.027 5	<0.013 0
高村—艾山	>35	<35		>0.019 0	0.011 5~0.019 0	<0.011 5
艾山—利津	关系不好			>0.013 2		<0.013 2

产沙和输沙情况基本能代表整个年份的产沙和输沙情况。钱宁等(1980)以1950~1960年及1969~1978年间的102次洪水为基础,计算出了不同来源区洪水构成的6种组合对下游河道淤积的影响,证明了下游的淤积大部分是由粒径大于0.05 mm的粗泥沙造成的,为中游粗泥沙来源区来水来沙与下游河道的淤积关系进行了深入的研究,为黄河流域的综合治理提供了科学依据。这一研究是对流域产水产沙系统与下游河道输移和沉积系统的开创性探索(许炯心,1997a),以后对不同来源区水沙对下游河道影响的进一步研究,大多是在这一思路之下进行的。

钱宁等(1980)和许炯心(1997a)都曾对黄河流域产水产沙系统中不同的水沙来源区进行了划分,并对其各自的特点进行了详细的说明。本书的划分与许炯心(1997a)的划分大体一致,略有差别。本书将洪水来源区划分为以下四种类型:

(1)河口镇以上和渭河南山支流区称为上少沙区。虽然这两个区在区域上相互独立,但其来水来沙的特点及其对河道的影响具有相似性,所以仍归为一个区。河口镇以上和渭河南山支流所来洪水含沙量都较小,前者在进入下游河道之前要经过北干流的调节,后者要经过渭河下游的调节,然后进入下游河道。

(2)河龙区间支流及马莲河、北洛河等流域为多沙粗沙区。

(3)渭、泾干流区和汾河流域为多沙细沙区。

(4)伊洛沁河来水含沙量小,基本为清水,且直接作用于黄河下游河道,我们称为下少沙区。1960~1964年三门峡水库蓄水运用期间,洪水经水库的调节,从水库下泄至下游河道的基本为清水,也直接作用于下游河道,与伊洛沁河洪水对黄河下游河道的作用过程一致。因此,把这一时段发生的洪水也当做下少沙区所来的洪水,这就是与许炯心的划分的主要不同之处。

需要指出的是,很多时候洪水到了黄河下游,其来源不再分得那么清楚,往往有混合的成分,不过仍以某一地区来的洪水为主。

表4-4和表4-5分别列出了不同来源区洪水在下游河道的冲淤状况。这些洪水系列包括1950~1964年(包括三门峡水库运用初期的几场洪水)和1969~1985年共153场。在这些能辨别来源区的洪水中,在全下游产生淤积的场次是冲刷场次的1.4倍,净淤积66.8亿 t,占这些洪水来沙总量的26.44%。上少沙区洪水共49场,来沙量占所统计洪水来沙总量的23.64%,这一来源区洪水在三门峡—高村河段以淤积为主,高村以下河道以冲刷为主,向下游方向冲刷量增大,全下游淤积量占这部分洪水来沙量的6.13%,占所统计洪水淤积总量的6.53%。多沙粗沙区洪水共44场,来沙总量占所统计洪水的47.74%,在三门峡—

艾山河段以淤积为主，艾山以下河道转为冲刷，全下游淤积量占这部分洪水来沙量的 43.07%，占所统计洪水淤积总量的 91.54%。多沙粗沙区洪水较上少沙区洪水淤积的范围下移扩大，能达到较长的河段。多沙细沙区洪水共 23 场，来沙总量占所统计洪水的 15.56%，泥沙主要淤积在三门峡—高村河段，高村—艾山河段也有少量淤积，艾山以下河段转为冲刷，全下游淤积量占这部分洪水来沙量的 27.09%，占所统计洪水淤积总量的 19.00%。下少沙区洪水共 37 场，来沙总量占所统计洪水的 13.06%，这一来源区洪水在三门峡—高村河段以冲刷为主，高村—艾山以淤积为主，高村以下河道又转为以冲刷为主，全下游总体冲刷。从上面的分析可以看出，黄河下游河道的淤积主要来自多沙粗沙区洪水，占有淤积场次洪水淤积总量的 66% 以上，下少沙区洪水除了输送所来的全部泥沙外，还使下游河道产生净冲刷，而上少沙区洪水虽然大部分泥沙输送入海，但仍使下游河道产生净淤积。前三个来源区洪水使河道淤积，淤积量占各自来沙量的百分比依次为 6%、68%、26%；下少沙来源区洪水使下游河道冲刷，除输送流域所来的全部泥沙外，还从下游河道冲刷并输送相当于来沙量 29% 的泥沙。

表 4-4　不同来源区洪水影响下的游荡型河道冲淤场次　（单位：次）

河段	上少沙区		多沙粗沙区		多沙细沙区		下少沙区	
	淤	冲	淤	冲	淤	冲	淤	冲
三门峡—高村	33	16	42	2	20	3	13	24
高村—艾山	17	32	31	13	11	12	14	23
艾山—利津	15	34	19	25	9	14	7	30

表 4-5　不同来源区洪水影响下的游荡型河道冲淤量

来源区	三黑小水量（亿 m³）		三黑小沙量（亿 t）		三门峡—高村冲淤量（亿 t）		高村—艾山冲淤量（亿 t）		艾山—利津冲淤量（亿 t）		全下游冲淤量（亿 t）	
	总量	平均	总量	平均	总量	平均	总量	平均	总量	平均	总量	平均
上少沙区	1 555	31.74	59.705	1.219	8.430	0.172	-1.444	-0.030	-3.377	-0.069	3.659	0.075
多沙粗沙区	1 029	23.39	120.597	2.741	44.063	1.001	8.419	0.191	-1.242	-0.028	51.294	1.166
多沙细沙区	675	29.37	39.296	1.709	10.006	0.435	2.488	0.108	-1.866	-0.081	10.646	0.463
下少沙区	1 337	0.89	33.013	0.892	-6.280	-0.170	1.118	0.030	-4.401	-0.119	-9.563	-0.259
合计	4 596	30.04	252.611	1.651	56.219	0.367	10.581	0.069	-10.886	-0.071	56.036	0.366

钱宁等（1980）对中游粗泥沙来源区来水来沙与下游河道的淤积关系进行了研究，从定性上查明了对黄河下游淤积影响最大的区域，为黄河流域的综合治理提供了科学依据，但未能建立定量关系，不能定量地回答上游什么样的水沙组合才能保证下游河道保持不淤的问题。王玲等（1991）以黄委所列的 143 次洪水资料为基础，运用多元回归方法，建立了下游河道淤积量与上中游 5 个来源区水量、沙量之间的经验关系式：

$$dep_{s1} = 0.2512W_{S1} + 0.7306W_{S2} + 0.5260W_{S3} + 0.5433W_{S4} + 0.6431W_{S5} - 0.0146W_1 - 0.0450W_2 - 0.01755W_3 - 0.0242W_5 \tag{4-25}$$

式中：复相关系数 $R=0.9224$，$F(9,133)=84.27$，W_{S1}、W_{S2}、W_{S3}、W_{S4}、W_{S5}、W_1、W_2、W_3、W_5 分别为河口镇以上地区，河口镇—龙门区间，泾、洛、渭、汾四河，三门峡水库和伊洛沁河的来沙量与来水量。

但将属于多沙粗沙区的北洛河并入多沙细沙区，也未从渭河中划出属于多沙粗沙区的马莲河的水量，因而不能真正反映多沙粗沙区、多沙细沙区及少沙区对下游河道冲淤的不同行为。若用这一模型来预报下游河道的冲淤状况，则不如直接用与三门峡的水沙关系式(4-22)来得简明。

许炯心(1997a,1997b) 采用 1950～1960 年及 1969～1985 年间的 145 次洪水资料，建立了下游河道冲淤与三黑小水沙的经验统计关系，并以历次洪水造成的下游淤积量及下游河道冲淤强度为因变量，以河口镇以上少沙区、多沙粗沙区、多沙细沙区和伊洛沁河少沙区 4 个区的水量、沙量为自变量，定量地给出了下游河道冲淤量、冲淤强度与上中游不同来源区洪水水沙量的关系，定量地回答了来自上中游不同来源区的泥沙各有多大比例淤积在下游河道中的问题，但没有对洪水过程中下游河道淤积量的沿程分布状况进行进一步分析。

以 Qw_s、Qw_{cs}、Qw_{xs}、Qw_x 和 Qts_s、Qts_{cs}、Qts_{xs}、Qts_x 分别表示上少沙区、多沙粗沙区、多沙细沙区和伊洛沁河的水量与沙量。黄河下游各河段冲淤量与不同来源区洪水水沙量的相关系数见表 4-6。可以看出，下游河道的淤积量与多沙粗沙区的来沙量关系非常密切。

表 4-6　黄河下游各河段冲淤量与不同来源区洪水水沙量的相关系数

项目	Dep_{sg}	Dep_{ga}	Dep_{al}	Dep_{sl}	Qw_s	Qts_s	Qw_{cs}	Qts_{cs}	Qw_{xs}	Qts_{xs}	Qw_x	Qts_x
Dep_{sg}	1.00											
Dep_{ga}	0.43	1.00										
Dep_{al}	0.23	-0.31	1.00									
Dep_{sl}	0.97	0.62	0.23	1.00								
Qw_s	-0.24	-0.03	-0.26	-0.24	1.00							
Qts_s	-0.23	0.09	-0.28	-0.19	0.84	1.00						
Qw_{cs}	0.66	0.69	-0.07	0.73	-0.07	0.01	1.00					
Qts_{cs}	0.87	0.59	0.09	0.89	-0.15	-0.07	0.87	1.00				
Qw_{xs}	-0.05	0.36	-0.35	0.02	0.22	0.23	0.17	-0.01	1.00			
Qts_{xs}	0.57	0.51	-0.19	0.59	-0.09	-0.04	0.51	0.49	0.43	1.00		
Qw_x	-0.06	0.46	-0.57	0.01	0.10	0.10	0.29	0.06	0.49	0.28	1.00	
Qts_x	0.06	0.54	-0.55	0.14	-0.01	0.01	0.36	0.17	0.26	0.34	0.86	1.00

利用逐步回归(后向)方法，建立黄河下游全河段的冲淤量与不同来源区同样的来水来沙条件指标 Qts_s、Qts_{cs}、Qts_{xs} 的关系，可得到下式：

$$Dep_{sl}=-0.188-1.309Qts_s+0.517Qts_{cs}+0.343Qts_{xs} \tag{4-26}$$

式中：复相关系数 $R=0.918$，$n=142$，$F(3,138)=249.74$，$p=0.0000$，$S.E.=0.43$，$t(138)=-3.06$。

式(4-26)表明,上少沙区来沙增加反而会使下游河道淤积量减小,这是因为上少沙区来源洪水的水沙具有很好的一致性,二者的相关系数达到0.84,来沙多意味着来水量更多,每增加或减少1 t泥沙,将增加或减少142.9 m^3 水,对下游河道泥沙的输移具有重要意义。而多沙粗沙区洪水在下游河道的淤积比例很大,细沙区洪水泥沙在下游河道的淤积比例也较大,在保持其他条件不变的情况下,多沙粗沙区和多沙细沙区每增加或减少1 t泥沙,下游将分别增加或减少淤积0.517 t和0.343 t,这与许炯心(1997a)得出的结论基本一致。

因黄河下游河道泥沙的淤积主要发生在三门峡—高村河段,同样利用逐步回归(后向)方法,建立三门峡—高村河段的冲淤量与不同来源区同样的来水来沙条件指标 Qw_{cs}、Qts_{s}、Qts_{cs}、Qts_{xs}的关系,可得到下式:

$$Dep_{sg}=0.135-1.055Qts_{s}+0.586Qts_{cs}+0.326Qts_{xs}-0.094Qw_{cs} \quad (4\text{-}27)$$

式中:复相关系数 $R=0.926$,$n=142$,$F(3,138)=205.41$,$p=0.0000$,$S.E.=0.326$,$t(138)=2.577$。

此式表明,三门峡—高村河段的冲淤量与不同来源区水沙的关系更直接,在其他条件不变的情况下,多沙粗沙区每增加或减少1 t泥沙,这一河段将增加或减少淤积0.586 t,大于全河段的比例,表明这一来源区洪水的泥沙输移更困难。

利用逐步回归(后向)方法,建立高村—艾山河段的冲淤量与不同来源区同样的来水来沙条件指标 Qw_{x}、Qts_{cs}和 Qt_{sx}的关系,可得到下式:

$$Dep_{ga}=-0.213+0.111Qts_{cs}+0.016Qw_{x}+1.467Qts_{x} \quad (4\text{-}28)$$

式中:复相关系数 $R=0.783$,$n=142$,$F(3,138)=72.88$,$p=0.0000$,$S.E.=0.216$,$t(138)=-6.909$。

这表明高村—艾山河段的淤积量与多沙粗沙区、多沙细沙区和伊洛沁河的来沙有很显著的关系。

利用逐步回归(后向)方法,建立艾山—利津河段的冲淤量与不同来源区同样的来水来沙条件指标 Qts_{s}、Qts_{x} 的关系,可得到下式:

$$Dep_{al}=0.011-0.412Qts_{s}-1.007Qts_{x} \quad (4\text{-}29)$$

式中:复相关系数 $R=0.615$,$n=142$,$F(3,138)=42.27$,$p=0.0000$,$S.E.=0.129$,$t(138)=0.665$。

这表明艾山—利津河段的淤积量主要与多沙细沙区和伊洛沁河的来沙有关。式(4-29)表明,多沙细沙区特别是伊洛沁河来沙越多,艾山—利津河段冲刷量越大,因为这两区来沙多,意味着来水更多,使这一河段产生冲刷。

式(4-27)、式(4-29)表明,越向黄河下游,由于洪水水沙特性的沿程调整,淤积量与来源区水沙的相关性越小。

4.3.2.4 不同来源区洪水不同粒径级泥沙的冲淤调整

不同来源区洪水,在下游河道冲淤调整过程中,泥沙组成也不断变化。赵业安等(1988)分析了1960~1990年间不同来源区洪水泥沙组成沿程的变化情况,其分析的少沙来源区相当于本研究中的上少沙区和下少沙区合并的情况。粗泥沙来源区的洪水,泥沙组成沿程细化明显,细泥沙含量增加,粗泥沙含量减少,细泥沙来源区洪水泥沙的沿程细化趋势不及粗泥沙来源区洪水强,少沙来源区的洪水仅中泥沙含量有明显增长,细、粗泥沙含量基本不变。

洪水泥沙粒径的沿程调整是河道冲淤调整的结果，申冠卿(1996)、赵业安等(1998)已详细地论述了不同来源区洪水泥沙的输移及冲淤调整状况。多沙粗沙来源区洪水，粗、中、细泥沙全面淤积；多沙细沙来源区洪水，粒径大于0.1 mm的泥沙基本不出利津，高村以上河段各粒径组泥沙全面淤积，艾山以下则出现冲细淤粗；少沙来源区洪水，下游河道中、细泥沙普遍冲刷，大于0.1 mm的极粗泥沙淤积(赵业安等，1998)。

4.3.3 粗泥沙来源区泥沙对黄河下游河道冲淤的影响

从泥沙运动规律和实测资料分析表明，在黄河上中游不同来源区泥沙对下游河道冲淤的影响中，以粗泥沙来源区水沙对下游河道冲淤的影响最大(Zhang, et al., 2007)。粗泥沙来源区范围即前述多沙粗沙区的范围，在多沙粗沙区来水来沙中，洪水来水来沙特别是来沙条件对黄河下游河道淤积的影响至关重要，三门峡—高村河段和全下游河道冲淤量与多沙粗沙区来沙量的相关系数分别达到0.87和0.89，它们之间的关系见图4-8。

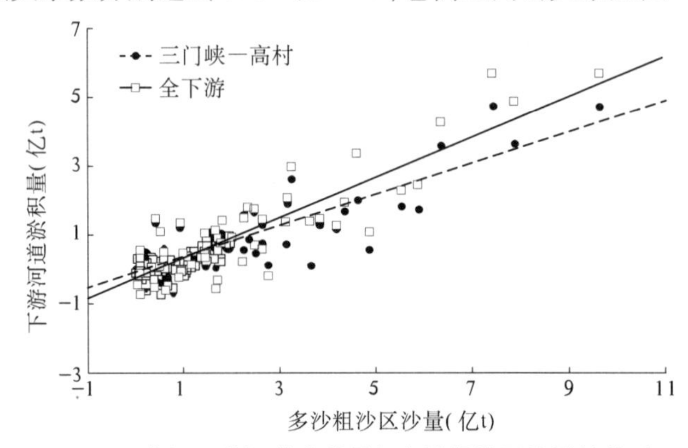

图4-8 黄河下游河道冲淤量与多沙粗沙区沙量的关系

其关系可分别拟合为：

$$Dep_{sg} = -0.114 + 0.452\ Qts_{cs} \tag{4-30}$$

$$Dep_{sl} = -0.263 + 0.588\ Qts_{cs} \tag{4-31}$$

通过逐步多元回归法(标准)建立下游河道冲淤量与多沙粗沙区来沙量和来水量之间的关系，有：

$$Dep_{sl} = -0.160 - 0.050Qw_{cs} + 0.692Qts_{cs} \tag{4-32}$$

式中：复相关系数 $R = 0.898$，$n = 143$，$F(2,140) = 291.94$，$p = 0.0000$，$S.E. = 0.066$，$t(140) = -2.430$。

$$Dep_{sg} = 0.067 - 0.087Qw_{cs} + 0.634Qts_{cs} \tag{4-33}$$

式中：复相关系数 $R = 0.894$，$n = 143$，$F(2,140) = 279.59$，$p = 0.0000$，$S.E. = 0.382$，$t(140) = 1.276$。

$$Dep_{ga} = -0.194 + 0.061Qts_{cs} \tag{4-34}$$

式中：复相关系数 $R = 0.667$，$n = 143$，$F(1,141) = 112.82$，$p = 0.0000$，$S.E. = 0.269$，$t(141) = -5.562$。

多沙粗沙区洪水来水来沙对下游河道冲淤量的影响同样是由上游向下游逐渐减小。

若将多沙粗沙区进一步细分为河龙区间、马莲河、北洛河三部分，以 $Qmean_{hlj}$、$Qmean_{mlh}$、

$Q\mathrm{mean}_{\mathrm{blh}}$、$Qw_{\mathrm{hlj}}$、$Qw_{\mathrm{mlh}}$、$Qw_{\mathrm{blh}}$、$C\mathrm{mean}_{\mathrm{hlj}}$、$C\mathrm{mean}_{\mathrm{mlh}}$、$C\mathrm{mean}_{\mathrm{blh}}$、$Qts_{\mathrm{hlj}}$、$Qts_{\mathrm{mlh}}$、$Qts_{\mathrm{blh}}$分别表示河龙区间、马莲河、北洛河所来洪水的平均流量、水量、平均含沙量、沙量，与黄河下游河道淤积量的相关关系列于表4-7。可以看出，下游河道淤积量与河龙区间来沙量的相关性最好，相关系数达0.86。

表4-7　黄河下游河道淤积量与多沙粗沙区洪水水沙的相关关系

项目	$Q\mathrm{mean}_{\mathrm{hlj}}$	Qw_{hlj}	$C\mathrm{mean}_{\mathrm{hlj}}$	Qts_{hlj}	$Q\mathrm{mean}_{\mathrm{mlh}}$	Qw_{mlh}	$C\mathrm{mean}_{\mathrm{mlh}}$	Qts_{mlh}	$Q\mathrm{mean}_{\mathrm{blh}}$	Qw_{blh}	$C\mathrm{mean}_{\mathrm{blh}}$	Qts_{blh}
$Q\mathrm{mean}_{\mathrm{hlj}}$	1.00											
Qw_{hlj}	0.87	1.00										
$C\mathrm{mean}_{\mathrm{hlj}}$	0.24	0.18	1.00									
Qts_{hlj}	0.81	0.88	0.41	1.00								
$Q\mathrm{mean}_{\mathrm{mlh}}$	0.43	0.38	0.26	0.46	1.00							
Qw_{mlh}	0.27	0.36	0.20	0.42	0.93	1.00						
$C\mathrm{mean}_{\mathrm{mlh}}$	0.44	0.39	0.36	0.45	0.55	0.49	1.00					
Qts_{mlh}	0.36	0.40	0.24	0.50	0.94	0.96	0.59	1.00				
$Q\mathrm{mean}_{\mathrm{blh}}$	0.41	0.34	0.04	0.26	0.56	0.47	0.25	0.44	1.00			
Qw_{blh}	0.15	0.26	-0.04	0.16	0.39	0.46	0.10	0.37	0.84	1.00		
$C\mathrm{mean}_{\mathrm{blh}}$	0.61	0.60	0.33	0.67	0.59	0.56	0.64	0.62	0.28	0.14	1.00	
Qts_{blh}	0.53	0.58	0.27	0.63	0.80	0.80	0.52	0.84	0.49	0.40	0.82	1.00
Dep_{sg}	0.54	0.61	0.39	0.83	0.65	0.65	0.48	0.69	0.26	0.16	0.65	0.71
Dep_{ga}	0.53	0.69	0.17	0.60	0.37	0.41	0.31	0.39	0.47	0.48	0.33	0.47
Dep_{al}	0.00	-0.16	0.04	0.02	0.13	0.05	0.08	0.12	0.11	0.03	0.11	0.09
Dep_{sl}	0.61	0.70	0.37	0.86	0.66	0.66	0.50	0.70	0.38	0.29	0.64	0.73

利用逐步回归（后向）方法，建立黄河下游全河段的冲淤量与Qw_{mlh}、Qts_{hlj}的关系，可得到下式：

$$Dep_{\mathrm{sl}} = -0.433 + 0.580Qts_{\mathrm{hlj}} + 0.906Qw_{\mathrm{mlh}} \tag{4-35}$$

式中：复相关系数$R = 0.918$，$n = 116$，$F(2,113) = 304.11$，$p = 0.0000$，$S.E. = 0.454$，$t(113) = -7.419$。

式(4-35)把下游河道冲淤量表达为与河龙区间的沙量和马莲河的水量关系，可以看出，在马莲河水量不变的情况下，河龙区间每增加1 t的泥沙，下游河道将增淤0.58 t，大于整个多沙粗沙区泥沙在下游的淤积比例，表明河龙区间来沙对下游河道淤积的影响更大，这一地区的治理对下游河道减淤的效果最佳。

同样，利用逐步回归（后向）方法，三门峡—高村河段的冲淤与这一区的水沙关系为：

$$Dep_{\mathrm{sg}} = -0.022 + 0.687Qts_{\mathrm{hlj}} + 0.701Qw_{\mathrm{mlh}} - 0.782Qw_{\mathrm{blh}} - 0.009Q\mathrm{mean}_{\mathrm{hlj}} + 0.006Q\mathrm{mean}_{\mathrm{blh}} \tag{4-36}$$

式中：复相关系数$R = 0.926$，$n = 116$，$F(5,110) = 132.59$，$p = 0.0000$，$S.E. = 0.347$，$t(110) = -0.378$。

式(4-36)的变量较多，这一段河道的冲淤量分别与河龙区间沙量、马莲河和北洛河水量、河龙区间和北洛河平均流量相关。

高村—艾山河道的冲淤与这一区的水沙关系为：

$$Dep_{\mathrm{ga}} = -0.261 + 0.066Qw_{\mathrm{mlh}} + 0.002Q\mathrm{mean}_{\mathrm{blh}} \tag{4-37}$$

式中：复相关系数$R = 0.734$，$n = 116$，$F(2,113) = 66.06$，$p = 0.0000$，$S.E. = 0.267$，

$t(\quad 113) = -6\ 192$。

式(4-37)表明下游河道冲淤量可以与马莲河水量和北洛河平均流量建立联系,这两区来水量及流量大,意味着来沙量也大,泥沙被输送的距离较远,主要到达高村—艾山河段。艾山—利津河段的冲淤量可表示为与河龙区间的水量和沙量的关系,但相关性较差。

若分别直接建立下游河道全下游、三门峡—高村、高村—艾山和艾山—利津的冲淤量与Qw_{hlj}、Qw_{mlh}、Qw_{blh}、Qts_{hlj}的关系,有:

$$Dep_{sl} = -0.281 - 0.078Qw_{hlj} + 0.754Qts_{hlj} + 0.886Qw_{mlh} \tag{4-38}$$

式中:复相关系数 $R = 0.925$, $n = 124$, $F(3,120) = 237.36$, $p = 0.000\ 0$, $S.E. = 0.429$, $t(\quad 120) = -4.450$。

式(4-38)比式(4-35)增加了河龙区间水量一项,相关性更加显著。

$$Dep_{sg} = -0.053 - 0.120Qw_{hlj} + 0.708Qts_{hlj} + 0.705Qw_{mlh} \tag{4-39}$$

式中:复相关系数 $R = 0.919$, $n = 124$, $F(3,120) = 216.63$, $p = 0.000\ 0$, $S.E. = 0.353$, $t(\quad 120) = -1.028$。

式(4-39)表达更简单,显著性差别不大,并与式(4-38)的各个自变量相同,且各自变量的系数均减小。

$$Dep_{ga} = -0.261 + 0.063Qw_{hlj} + 0.254Qw_{blh} \tag{4-40}$$

式中:复相关系数 $R = 0.745$, $n = 124$, $F(3,120) = 75.68$, $p = 0.000\ 0$, $S.E. = 0.255$, $t(\quad 120) = -6.802$。

式(4-40)与式(4-37)的表达形式基本一致,显著性也差不多。

艾山—利津河段的冲淤量可表示为与河龙间的水量和北洛河水量的关系,但复相关系数仅为0.371。

多沙粗沙区的来水来沙主要受河龙区间的水沙影响,二者具有很好的一致性(见图4-9),水量的相关系数为0.982,沙量的相关系数为0.979,二者水量的关系可表示为:

$$Qw_{hlj} = -0.353 + 0.894Qw_{cs} \tag{4-41}$$

二者沙量的关系为:

$$Qts_{hlj} = -0.027 + 0.829Qts_{cs} \tag{4-42}$$

从式(4-41)和式(4-42)可知,河龙区间所来洪水的水量占整个多沙粗沙区洪水水量的66%~88%,沙量占76%~81%,并且具有很好的一致性。

4.3.4 高含沙水流河床冲淤的试验研究

黄土高原降水集中,侵蚀强度大,大量泥沙以高含沙水流的方式输移,对下游河道冲淤有重要影响。针对不同的来水来沙条件,冲积河流具有一定的自动调整功能,具有平衡倾向性和一定的能量分配规律,表现出某些特定的形态和变化以适应来水来沙条件的变化(钱宁等,1987;许炯心,2004;张丽萍等,2001;赵庆英等,2003;师长兴等,2003)。高含沙水流具有不同于一般挟沙水流的特性,同时存在层流和紊流两种流态,当含沙量超过某一临界值,刚度系数或稠度系数急剧上升,水流成为均质浆液的层流流动时,各断面的水位往往呈周期性的起伏变化,常引起"浆河"、"阵流"、"揭河底"等异常现象(钱宁、万兆惠,1983;钱宁,1989;万兆惠等,1979)。玻璃水槽试验结果表明(万兆惠等,1979),当含沙量达到400 kg/m^3左右时,在水槽底坡、平水塔水位、进水阀门开度、尾水控制等条件不变的前提下,水

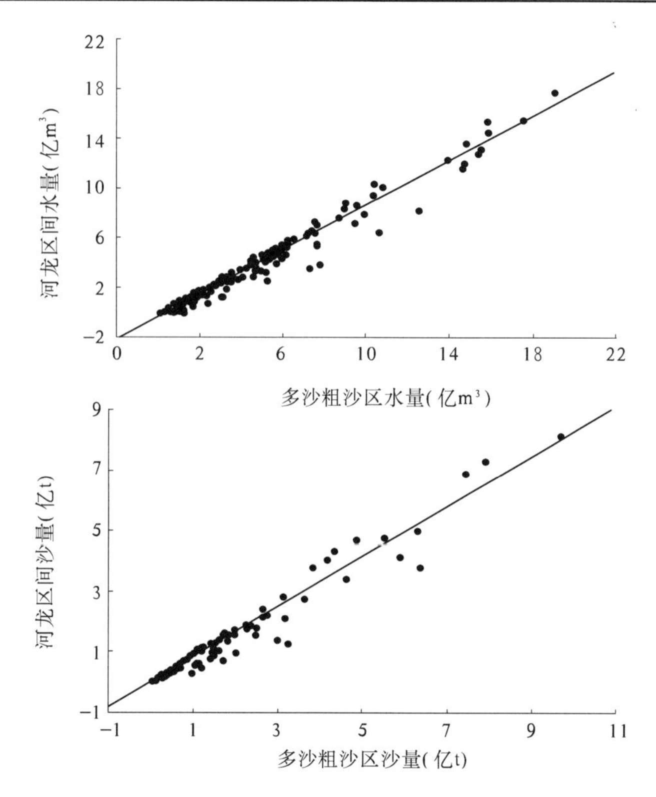

图4-9　河龙区间水量、沙量与多沙粗沙区水量、沙量的关系

槽内各断面的水位呈周期性的起伏变化,周期短的3~5 min分钟,长的达0.5~1 h,且含沙量越大,水位起伏的阵性越明显。万兆惠等(1979)认为这种阵流现象与槽底停滞层的形成、发展和破坏密切相关。本研究在进行不同含沙量水流对河床形态调整影响(张欧阳等,2005)和高含沙水流河床稳定性(张欧阳等,2004)水槽试验时,同样发现高含沙水流水面存在不稳定现象,并且这种不稳定现象主要是由于河床冲淤交替造成的。冲淤交替使河床形成类似于山区卵石河流的阶梯—深潭系统。而这种阶梯—深潭系统多见于比降较大的山区河流,我国在这方面的研究才刚刚起步。若高含沙水流所形成的阶梯—深潭系统能被证实,将丰富阶梯—深潭系统的类型,加深对阶梯—深潭系统成因的认识。本书利用试验结果,讨论高含沙水流的这种冲淤交替现象及其所形成的阶梯—深潭系统。

4.3.4.1　试验方法

试验采用过程响应模型,模型相似原理见第3章3.4.1.1节。

试验过程(Ⅴ-Ⅶ)是在不同含沙量水流对河床形态影响试验(张欧阳等,2005)后,以第Ⅳ组试验末的地形为初始地形条件的,河谷平均比降为1.03%,深泓平均比降为1.08%。试验过程流量均为6 L/s。根据对高含沙水流含沙量范围的比较结果(钱宁,1989;万兆惠等,1979;许炯心,1992;张红武等,1994),含沙量变化范围分别为240~360 kg/m³,240~490 kg/m³和230~440 kg/m³,保持在高含沙水流范围内。试验历时分别为8、25、12 h。

该试验是在清华大学潮白河基地模型大厅内进行的,其沟道侵蚀试验系统是黄河研究中心独自研制成功的。试验采用循环供水装置,通过安装于管道上的电磁流量计控制流量,水沙通过水槽入口部的消能设施后进入3 m×13.5 m的试验水槽,模型河道水沙流在水槽出口经小沉沙池后汇入水库，供循环使用。试验水槽尾门用水泥固定，在试验过程中不人为地改变。含沙量主要通过增减水量和沙量来调节，加沙采用与模型床沙相同的模型沙。地形采用水准仪施测。这样的装置便于使含沙量的调节满足长时段试验的要求。模型床沙采用次生黄土，夯实后的干容重为 1.62 t/m³，密度为 2.51 t/m³，D_{50}约为 0.042 mm，分选系数为 1.844，黏性成分较多。

4.3.4.2　高含沙水流河床淤积过程

第Ⅴ、Ⅵ、Ⅶ组含沙量增大以后，最大含沙量达到高含沙水流范围。高含沙水流漫滩后在滩地迅速淤积，从Ⅳ组到Ⅵ组，主槽、深泓及平滩条件下的河底高程都随含沙量的增大而抬高，平滩河底高程的增幅大于深泓高程的增幅（见图 4-10），从Ⅵ组到Ⅶ组则变化很小，整个河床平均淤高约 2.4 cm。从Ⅳ组到Ⅵ组，上游段淤积量大于下游段，平滩条件下河床平均比降从1.03%增大到 1.44%；从Ⅵ组到Ⅶ组，上游段淤积量小于下游段，比降减小为 1.16%。

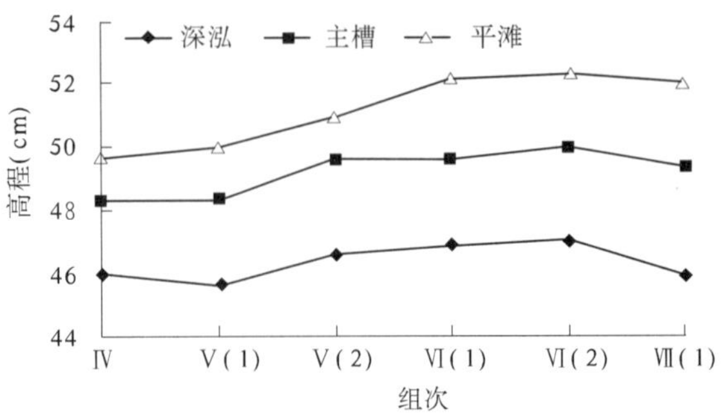

图 4-10　高含沙水流试验河底高程变化

第Ⅴ、Ⅵ组的试验过程中，一直伴随着溯源侵蚀和溯源淤积现象，从未间断。一般由尾门处开始形成一跌水，然后溯源后退，有时后退速度很快，几十分钟便至入口处。跌水所到之处，紧挨着的下游河道冲深，形成深槽，滩槽高差加大，再向下河段则逐渐发生淤积，直至水面与滩地相平，淤积部位随跌水的后退而相应地向上游方向移动。跌水以上的河段水面较高，一般与滩地相平，是河床前期淤积的结果。跌水规模小的 4 ~ 5 cm，大的可以达到 10 cm 以上。

由于跌水所在处的下部冲刷，有时冲得很深，再向下游部分河段开始发生淤积，导致下游部分的河底高程比跌水下部高，在河道内形成反比降，这种反比降的现象很普遍。有时整个河段仅存在一个跌水，从尾门开始后退，直至入口处消失，然后又在尾门处形成新的跌水，又发生溯源侵蚀过程。有时当跌水后退速度较慢时，整个河段存在多个跌水，呈阶梯状排列并不断后退。当几个规模不大的跌水相连时，特别是在弯曲河段，会在河道形成一系列的阶梯—深潭系统地形。对于同一断面来说，此时就存在冲刷—淤积—冲刷的冲淤交替现象，河底高程和水位也发生相应的升降变化。

图 4-11 为溯源淤积和侵蚀的床面形态，反映了河道冲淤交替时水面的升降现象。在照片 a 中，3#断面附近有一个规模较大的跌水，其上侧为一高度约 10 cm 的阶梯坎，$Fr>1$；下侧为一冲刷深潭，深度在水面线以下 10 cm 左右，$Fr<1$，其床面形态见照片 b。在照片 b 中，A 为阶梯陡坎，B 为深潭，因停水时被后期泥沙基本淤平，但其高程仍低于下游方向的河底高程，存在反比降现象，形成类似于山区河流的阶梯—深潭系统。照片 a 中 4#断面有一规模较小的跌水；5#断面以上为处于淤积状态的情况，水位很高，与滩面持平；2# ~ 3#断面为处于冲刷状态的情况，受溯源冲刷的影响，水位较低；2#断面以下河道淤积，水位又逐渐抬升，直至基本与滩面持平；在出口处又形成一新的跌水，并向上游方向发展。

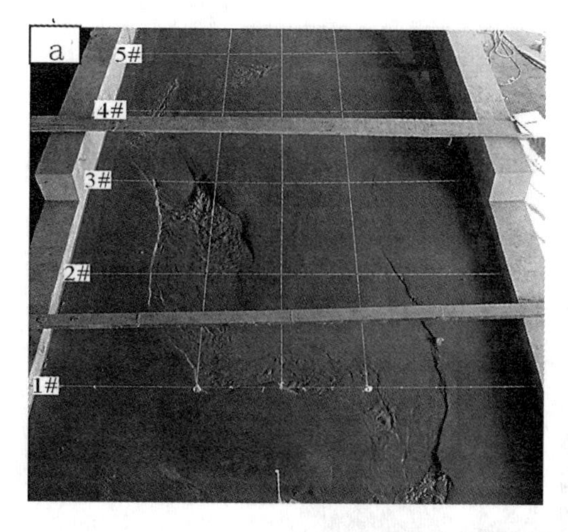

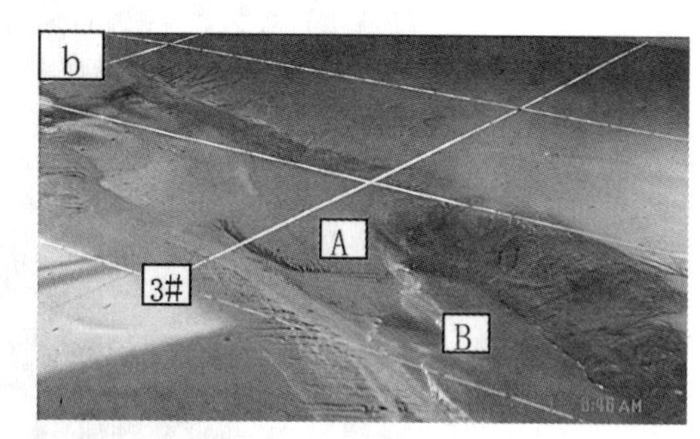

图4-11 溯源淤积和侵蚀的床面形态

图4-12为第Ⅵ组试验过程中不同时间的水位沿程变化情况，在放水240 min时，整个河道仅在7#~8#断面有一个阶梯（跌水），阶梯坎上下水位高差在10 cm以上，形成一个阶梯和深潭，其余河段各断面水面基本保持在同一高度，河道比降接近0，出口段已淤得很高。在试验历时为340 min时，在模型出口处形成一新的跌水并溯源后退至2#~3#断面。同时，原先在7#~8#断面的跌水后退至10#~11#断面，两个跌水的水面高差都在10 cm左右，其余各断面水面比降也接近0，整个河段同时存在两个阶梯和深潭，形成阶梯—深潭系统。

第Ⅵ组试验结束后的河床纵剖面见图4-13，存在3个连续的阶梯—深潭系统，其形态特征与发育于山区卵石河流的阶梯—深潭系统相似。

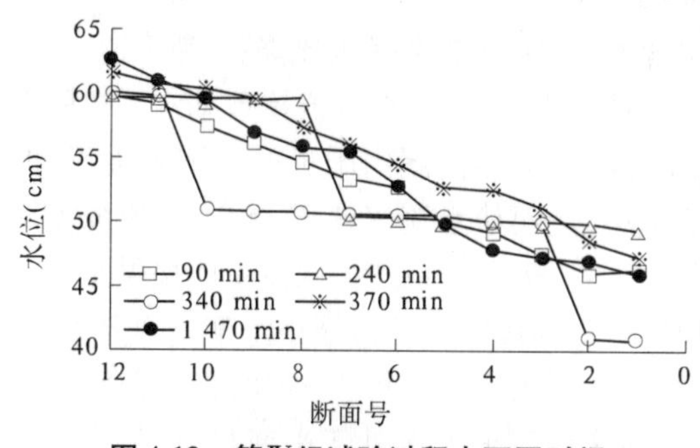

图4-12 第Ⅳ组试验过程中不同时间的水位沿程变化情况

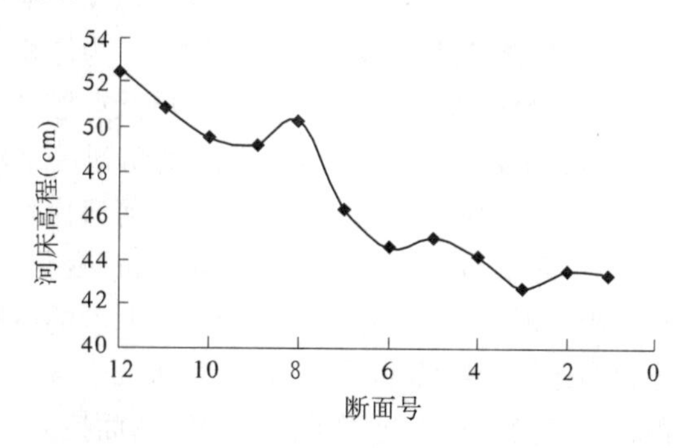

图4-13 第Ⅵ组试验结束后的河床纵剖面

用同样的试验材料及设备条件，将河床初始比降改为5%后，水流作用下河床下切更加明显，河床冲淤交替和阶梯—深潭系统表现得更为典型，造床阶梯和深潭的高差更大（见图4-14）。

4.3.4.3 高含沙水流阶梯—深潭系统的形成原理

在黄河的小支流上，也可以看到这种高含沙水流的不稳定现象，1967年7月在黑河兰西坡站观测到一次水位周期性起伏，周期为8~10 min，水位涨落幅度为15~26 cm，当时的水流弗劳德数仅为0.23左右。钱宁（1989）认为这种规则的波动应该与水流的内在不稳定性有关。

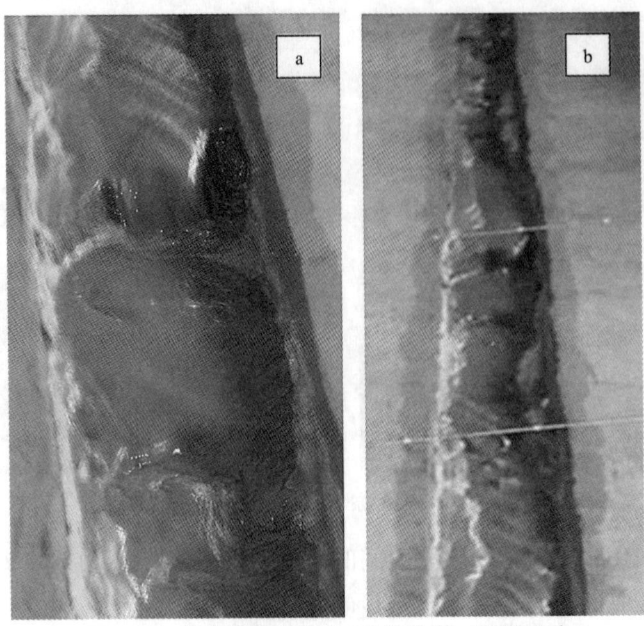

图 4-14　河床初始比降为 5% 的阶梯—深潭系统

高含沙水流河床的这种冲淤交替及溯源发展现象可以用高含沙水流势能及悬浮功的变化来解释。高含沙水流在单位时间内提供的势能 ω_s 和悬浮功 ω_d 分别表示为（钱宁等，1987）：

$$\omega_s = [\gamma + (\gamma_s - \gamma) S_v] UJ \tag{4-43}$$

$$\omega_d = (\gamma_s - \gamma) S_v (1 - S_v) \omega \tag{4-44}$$

式中：γ 为清水容重；γ_s 为浑水容重；S_v 为体积比含沙量；U 为流速；J 为比降；ω 为沉速。

在试验过程中，尾门的位置和最低点控制高程是固定不变的，在水流挟沙基本平衡的条件下，ω_s 与 ω_d 相当。当河道横向摆动到一个新的位置，可能使尾门附近的河道长度增加，而尾门的高程固定不变，使尾门附近河道比降 J 减小，进而使水流流速 U 减小，水流强度减小，单位河长 ω_s 减小，但在短时间内 ω_d 变化不大，当 ω_s 略小于 ω_d 时，水流不能提供足够的动能搬运泥沙，泥沙将在河底淤积。泥沙的淤积使这一河段的含沙量减小至某一临界值时，导致搬运泥沙所需的悬浮功 ω_d 增大，ω_s 与 ω_d 的差值增大，使泥沙进一步淤积。泥沙的淤积相当于淤积点以上附近河段侵蚀基面抬升。当河床纵剖面基本处于平衡状态时，来水来沙条件保持不变，而基面发生变化，则会发生溯源淤积，可用模型描述如下（万兆惠等，1979）：

$$\left.\begin{aligned} &\frac{\partial z}{\partial t} = \frac{1}{\gamma'} \frac{Kq^2}{\omega D} \frac{\partial^2 z}{\partial x^2} \\ &z(x,0) = J_0 x \\ &z(0,t) = g(t) \\ &z'(l,t) = J_0 \end{aligned}\right\} \tag{4-45}$$

式中：γ'为泥沙干容重；K 为系数；q 为单宽流量；ω 为泥沙沉速；D 为粒径；x 为从下游端算起到上游的水平距离；l 为河段长度；z 为河床高程；t 为时间；J_0 为初始比降；$g(t)$ 表示基面的变化，则溯源淤积的厚度为 $z_2(x,t) = z(x,t) - J_0 x$。

发生溯源淤积的同时，河底淤积层增厚，水位抬高，淤积末端不断上延，淤积厚度向淤积末端减小，使水面线变缓，比降 J 减小，水流流速也减小。淤积还在进一步发展，直至水面与滩面持平。

当溯源淤积达到一定的距离，河床形态经过横向摆动和纵向淤积的调整，趋向于输沙平衡状态，含沙量开始恢复，水流搬运泥沙所需要的悬浮功 ω_d 又开始减小。此时河底淤积层厚度已增加到一定的程度，达到某一地貌临界，尾门处水面与控制点的高差越来越大，再加上河道摆动到一个新位置时，可能使河道长度缩短，尾门处河道比降增加，水流能量增大，ω_s 增大，ω_s 与 ω_d 的差值增大。由于高含沙水流的浑水容重 γ_s 和含沙量 S_v 远较一般的挟沙水流大，因而水流的 ω_s 会增加很大。在强大的动能作用下，河底并不坚实的淤积层突然遭到破坏，水位相应急剧下降，比降突然大幅度增大，水流能量更强大。这样，下游方向水流冲刷使河道下切冲深，形成深潭，而上游河段还没有受到侵蚀的河段的河底高程仍由于前期的淤积而较高，在这个地方就形成阶梯坎，之间为跌水，其规模与河道摆动的位置和前期淤积层的厚度有关。在跌水的位置比降大、水流急，$Fr>1$，具有很强的侵蚀能力。对于跌水上游方向来说，相当于局部侵蚀基面降低，河道将发生溯源侵蚀，其方程仍可用式(4-45)来描述。而对于跌水以下的河道来说，由于侵蚀下切河段的长度增加，河道比降降低，甚至形成反比降，水流在惯性的作用下流动，流速减小，河道又将发生淤积，并再一次溯源向上游方向发展。然后又一次发生侵蚀下切和溯源侵蚀，出现新的淤积层并发生溯源淤积，如此周而复始，造成水面周期性升降和周期性的溯源淤积与溯源侵蚀，形成类似于山区河流的阶梯—深潭系统。

高含沙水流所形成的这种阶梯—深潭系统结构与山区河流的阶梯—深潭系统一样，符合最小能耗理论。采用单位水流功率作为能耗率的指标：

$$E=UJ \tag{4-46}$$

式中：U 为平均流速；J 为河道比降。

联解水流连续方程和 Manning 公式得到能耗率的表达式：

$$E=UJ=n^{-0.6}B^{-0.4}Q^{0.4}J^{1.3} \tag{4-47}$$

式中：n 为糙率；B 为河宽；Q 为流量。

最小能耗理论认为，在河流水力要素中起主导作用的是单位重量的水的能耗率，冲积河流将调整它的坡降和几何形态，在维持输沙平衡的前提下，力求使这个能耗率趋向于当地具体条件所许可的最小值。高含沙水流具有很高的能量，冲刷河槽，形成深槽。深槽的形成一方面增大了糙率 n；另一方面使河道比降 J 减小，甚至形成反比降，达到降低能耗率的目的，使能耗率趋向最小值。

但本试验所形成的高含沙水流阶梯—深潭系统，河道并不稳定，阶梯—深潭的位置一直处于溯源后退状态，不大可能成为生物廊道。虽然高含沙水流河床在横向上的摆动仍很强烈，但这种垂向的能量消耗大大地减小了横向摆动幅度，使高含沙水流的能量在垂向消耗，避免了横向能量的过多消耗，从而能保持河道在横向上的相对稳定。

4.4　黄土高原强烈侵蚀对黄河下游河床形态调整的影响

黄河下游河床横断面、纵剖面和平面形态的调整，对黄河下游的治理方略（张红武，

2003；张红武，2008）影响很大，故许多学者进行过研究分析。例如，张红武（1994）曾认为河相系数应该是水流含沙量的函数，并给出花园口等河段河相系数同体积含沙量的定量关系式。此后，惠遇甲及其他学者也持此观点。再如，张俊华、朱太顺及马怀宝（1998）也给出了河相系数同含沙量与水流挟沙力之比的函数关系。本书进一步开展了分析研究。

4.4.1　不同来源区水沙对下游河床形态调整的影响

以 1950～1985 年间的 297 场洪水为基础，以其中标出的洪水来源为依据，以花园口站代表游荡河段，增补各场次洪水的实测流量过程和最大含沙量数据，得到有明确来源和断面形态实测资料的洪水共 122 场（张欧阳、许炯心、张红武，2002）。其中来自Ⅰ区的 56 场，Ⅱ区的 27 场，Ⅲ区的 18 场，Ⅳ区的 21 场。采用 I_X 作为河床横断面形态变化的指标，其中下角 X 代表的变量包括：河宽（B）、水深（h）、宽深比（B/h）、河底高程（Hg，变化在 88.03～92.54），$I_X = X_a/X_b$（a 和 b 分别代表洪水前后）。洪水前后流量相同，取可测到的最低流量，前后两个最低流量值中取较大的一个，另一个及其相应的实测流量过程的其他各指标采用线性插值确定。

表 4-8 列出了花园口站不同来源区洪水影响下的 $I_{B/h}$、I_B、I_h、I_{Hg} 的变化情况和相应的河道冲淤特性（三门峡—高村河段）及洪水水沙特性。当 $I_{B/h}<1$ 时，为便于和 $I_X \geqslant 1$ 时比较，

表 4-8　花园口站 I_X 值变化情况及其所对应的洪水水沙特性的平均情况

来源区	$I_{B/h}$ 变化情况	场次或均值	$I_{B/h}$	I_B	I_h	I_{Hg}	冲淤量（亿 t）	流量（m^3/s）		水量（亿 m^3）	含沙量（kg/m^3）		来沙量（亿 t）
								最大	平均		最大	平均	
Ⅰ	$I_{B/h}\geqslant 1$	场次	29	28	2	25	16	29	29	29	29	29	29
		均值	2.120	1.395	−1.199	0.728	0.068	4 307	3 093	33.40	48.84	33.36	1.11
	$I_{B/h}<1$	场次	27	26	2	26	5	27	27	27	27	27	27
		均值	−1.662	−1.228	1.010	−0.930	0.257	4 605	3 122	30.67	56.71	37.41	0.98
	小计	场次	56	56	56	56	56	56	56	56	56	56	56
		均值	0.296	0.130	−0.134	−0.071	0.159	4 450	3 107	32.08	52.64	35.31	1.05
Ⅱ	$I_{B/h}\geqslant 1$	场次	8	8	1	6	8	8	8	8	8	8	8
		均值	2.172	1.565	−1.058	0.506	0.744	4 941	2 355	18.93	142.60	94.64	1.66
	$I_{B/h}<1$	场次	19	19	1	15	1	19	19	19	19	19	19
		均值	−1.687	−1.361	1.104	−0.583	1.231	6 021	3 000	23.55	172.83	102.97	2.42
	小计	场次	27	27	27	27	27	27	27	27	27	27	27
		均值	−0.537	−0.494	0.463	−0.260	1.087	5 701	2 809	22.18	163.87	100.50	2.20
Ⅲ	$I_{B/h}\geqslant 1$	场次	7	6	2	5	6	7	7	7	7	7	7
		均值	2.271	1.284	−0.750	0.433	0.241	5 307	3 054	30.80	69.50	42.77	1.24
	$I_{B/h}<1$	场次	11	9	1	10	2	11	11	11	11	11	11
		均值	−1.742	−0.914	1.126	−0.825	0.651	5 816	3 380	31.73	104.81	59.83	1.76
	小计	场次	18	18	18	18	18	18	18	18	18	18	18
		均值	−0.182	−0.059	0.397	−0.336	0.491	5 618	3 254	31.37	91.08	53.20	1.56
Ⅳ	$I_{B/h}\geqslant 1$	场次	6	6	2	3	4	6	6	6	6	6	6
		均值	1.265	1.184	−0.395	0.000	−0.024	4 837	2 591	30.58	30.35	19.56	0.59
	$I_{B/h}<1$	场次	15	10	0	14	11	15	15	15	15	15	15
		均值	−1.910	−0.741	1.278	−0.872	−0.021	4 427	2 751	32.21	43.16	25.24	0.75
	小计	场次	21	21	21	21	21	21	21	21	21	21	21
		均值	−1.003	−0.191	0.800	−0.623	−0.022	4 544	2 706	31.75	39.50	23.62	0.70

取 $I_{X'}=-(1/I_X)$，这样，正值表示增大的情况，负值表示减小的情况。I_B、I_h、I_{Hg}和冲淤量栏中 $I_{B/h}\geqslant 1$ 的行分别表示在 $I_{B/h}\geqslant 1$ 的情况下 I_B、I_h、I_{Hg}的均值，以及 I_B、I_h、I_{Hg}大于或等于1的场次和河道冲淤量均值及发生淤积场次；在 $I_{B/h}<1$ 的行分别表示在 $I_{B/h}<1$ 的情况下 I_B、I_h、I_{Hg}的均值，以及 I_B、I_h、I_{Hg}小于1的场次和河道冲淤量均值及发生冲刷的场次。据此，可以分析不同来源区洪水对黄河下游游荡河段的不同影响。

4.4.1.1　上少沙区洪水

上少沙区洪水一般含沙量较小，但要经过三门峡库区河道的调节，河口镇以上洪水还要经过小北干流的调节。当中游的前期河床新淤积物较少或流量不太大时，进入下游河道含沙量还较小，对下游河道仍有一定的冲刷作用。当前期河床新淤积物多或流量较大时，洪水往往从这里带走大量泥沙，进入下游后含沙量大大增加，不再具有清水的性质，含沙量可达到150 kg/m³ 左右，甚至达到高含沙洪水的范畴，往往造成下游河道的大量淤积。当含沙量约在50 kg/m³ 时，除了造成主槽淤积，还可能导致河岸侵蚀，使河宽增加，这更加大了河床的宽深比，这种情况比较多见，如730908号洪水便是淤槽蚀岸的结果。这一来源区的洪水使河床变宽浅和变窄深的场次差不多，但变宽浅较变窄深的幅度更大，变宽浅的最大幅度可达7.3倍，变窄深的最大幅度可达3.4倍。在宽深比增大的29场洪水中，平均每场洪水的淤积量在0.068亿t左右，发生淤积的场次为16场。河道变宽浅主要是由于河宽增大，同时水深变浅，河底高程抬高造成的。在河道变窄深的27场洪水中，造成淤积的次数为22场，发生冲刷的次数仅5场，平均每场的冲淤量约为0.257亿t。宽深比的减小表现为河宽减小，水深增大，河底高程降低。从平均情况看，导致宽深比减小的洪水比导致宽深比增大的洪水的洪峰流量和最大含沙量要高，来沙量要小。一般来说，含沙量中等的洪水造成主河道淤积，宽深比增大；含沙量小的洪水造成主河道冲刷，宽深比减小；高含沙洪水造成滩地的淤积和主河道冲刷，宽深比也减小。

这一来源区洪水的流量在河床形态变化中起着重要作用，同时也存在少量高含沙洪水的作用，高含沙洪水主要来源于上游洪水对河口镇以下河道的冲刷。总之，这一来源区洪水水量较丰，洪峰流量较大，一般含沙量不大，来沙量较少，造成下游游荡河段略淤积，且多在主槽，但冲淤幅度不大，总趋势是使河床形态略变宽浅。

4.4.1.2　多沙粗沙区洪水

这一地区所来洪水泥沙粒径粗，含沙量极大，黄河流域高含沙洪水主要来源于这一区域。在所统计的27场洪水中，每场洪水来水量和平均流量都较小，是4个来源区中最小的，但平均洪峰流量、含沙量和来沙量都相当大，是4个来源区中最大的。每场洪水平均最大含沙量达164 kg/m³，平均来沙量为2.2亿t。这一来源区的洪水往往在中游河道就发生揭河底冲刷，使含沙量进一步加大，如770804号洪水最大含沙量在吴堡为615 kg/m³，到三门峡达到911 kg/m³，到小浪底进一步增加，达到941 kg/m³，到下游游荡河段就迅速减小，到花园口时仅437 kg/m³，到高村时减为260 kg/m³，表现了典型的高含沙洪水沿程冲淤过程。就游荡河段的淤积总量来说，这一来源区的洪水基本上都使河道处于淤积状态，淤积量很大。淤积量在2亿t以上时，河床形态常变得很窄深，淤积量在1亿t左右时，河床形态往往变得很宽浅。花园口站最大含沙量小于70 kg/m³ 和大于300 kg/m³ 时（最大含沙量300 kg/m³ 时的日平均含沙量约为200 kg/m³），宽深比变小，且变小的幅度较大（这从河床演变方面，似乎表明张红武根据卡门常数在日平均含沙量为200 kg/m³ 左右时最小的规律，视高含沙水流最低含沙量等于200 kg/m³ 的划分方法是符合实际的）。最大含沙量在200 kg/m³

左右时,河床以变宽浅为主。这一来源区的洪水使河床变宽浅的场次比变窄深的场次少得多,宽深比增大的最大幅度为 4.4 倍,平均为 2.2 倍,变窄深的最大幅度为 3.6 倍,平均为 1.7倍。这一来源区洪水的总体作用是使河道宽深比减小,在 4 个来源区中减小的幅度仅小于下少沙区。在宽深比增大的 8 场洪水中,河宽都增大,水深基本上减小(仅 1 场增大),河底高程基本上都抬高,8 场洪水都使河道淤积,平均淤积量为 0.744 亿 t。在宽深比减小的 19 场洪水中,洪峰流量和最大含沙量都很大,使河道河宽都减小,水深基本上增大(仅 1 场减小),河底高程大多都降低。仅 1 场洪水发生冲刷,其余都淤积,且淤积很严重,平均淤积量为 1.231 亿 t。这表明淤积主要发生在滩地,而河道主槽发生冲刷,这正是高含沙洪水的造床特点。总之,这一来源区洪水洪峰流量大、来水量小、含沙量大,使下游河道发生严重淤积,平均每场洪水使河道淤积 1.087 亿 t 左右。高含沙洪水在河道冲淤和河床变形中起着重要作用,宽深比减小的场次较多。这一来源区洪水造成的淤积部位的不同导致了横断面形态不同的变化方向,由于高含沙洪水发生频率高,使下游游荡段河道宽深比总体上减小,河床横断面形态变窄深。

4.4.1.3 多沙细沙区洪水

这一区域所来洪水洪峰流量、来水量和含沙量较大,泥沙粒径较细,能够达到高含沙洪水的范畴。在所统计的 18 场洪水中,河道以淤积为主,仅 3 场洪水使河道发生冲刷,河道的平均冲淤量是 0.491 亿 t。当淤积量在 0.2 亿 t 左右时河床宽深比增加得最大,对应于最大含沙量为 50 kg/m^3 时的情形。含沙量小于 40 kg/m^3 和大于 200 kg/m^3 时,宽深比变小;含沙量介于 40 ~ 200 kg/m^3 时,河床以变宽浅为主,且变宽浅的幅度较大,变窄深的幅度很小。这一来源区的洪水使河床变宽浅的场次同样比变窄深的场次少,但变宽浅较变窄深的幅度更大,增大的最大幅度为 5.7 倍,平均为 2.3 倍,变窄深的最大幅度为 2.3 倍,平均为 1.5 倍。因而,从总体统计情况看,这一来源区洪水仅使宽深比变化不大,略减小。在使宽深比增大的 7 场洪水中,有 6 场使河宽增大,水深基本上减小(仅 2 场增大),河底高程基本上都抬高,有 6 场淤积,平均淤积量为 0.241 亿 t,淤积主要发生在主槽。在宽深比减小的 11 场洪水中,有 9 场河宽减小,水深基本上增大(仅 1 场减小),河底高程基本上都降低。在这 11 场洪水中,洪峰流量和最大含沙量都很大,仅 2 场洪水发生冲刷,其余都淤积,且淤积很严重,平均每场洪水的淤积量为 0.651 亿 t。由于洪峰流量大,淤积多发生在滩地,主槽冲刷,使得宽深比减小。这一来源区的洪水导致的河床冲淤是以淤积为主,但淤积量不是很大,总趋势是使河床形态略变窄深。宽深比增大的场次淤积量较小,主要淤在主槽。宽深比减小的场次洪峰流量大,含沙量大,淤积量也大,主要淤积在滩地,主槽冲刷。

4.4.1.4 下少沙区洪水

这一来源区洪水含沙量很小,或中上游来的洪水经水库调节后在含沙量很低的情况下直接作用于下游河道。主要造成游荡河段的冲刷,冲刷幅度在 4 类来源区中最大,淤积的情况较少。河床宽深比以减小为主,且变小的幅度较大,宽深比增大的情况较少,且增大的幅度相对较小。宽深比增大的最大幅度为 2.2 倍,平均为 1.3 倍,宽深比减小的最大幅度为 7.1 倍,平均为 1.5 倍。在宽深比增大的 6 场洪水中,河宽均增大,水深基本上减小(仅 2 场增大),有 4 场洪水略淤积,但从平均情况来看,处于冲刷状态,平均冲刷量为 0.024 亿 t。这表明淤积主要发生在主槽,冲刷主要发生在河岸。在宽深比减小的 15 场洪水中,洪峰流量和最大含沙量都较小,水深都增大,且增幅较大,有 10 场河宽减小,河底高程大多降低。从数量的统计看,仅 4 场洪水发生淤积,其余都冲刷,平均每场洪水的冲刷量为 0.021 亿 t。这一来源区的洪水含沙量小，主要使下游河道略冲刷，冲刷发生在主槽，使河床变窄深，变窄深的幅度在 4 类来源区中最大。

4.4.2　黄土高原侵蚀产沙对河床形态调整的影响

黄河上中游泥沙主要来自黄土高原。在泥沙输移过程中，洪水泥沙输移占绝对优势，80% 的泥沙是由 10% 的大流量过程输送的，而河床形态调整最剧烈的时候也是在洪水期间。因此，可以用洪水过程来分析黄土高原侵蚀产沙对下游河床形态调整的影响。

4.4.2.1　洪水过程对河床形态调整的影响

冲积河流河床形态的调整主要包括横断面、纵剖面和平面形态的调整，这里只讨论河床横断面形态的调整（本节所用的断面形态均指过水断面形态）。以 1950 ~ 1985 年间的 297 场洪水为基础，以其中标出的洪水来源为依据，仅考虑游荡河段并以花园口站为代表，增补各场次洪水的实测流量过程和最大含沙量数据，得到既有河床形态值又有最大含沙量值的洪水共 218 场。

洪水后河床横断面形态变化的指标采用每一场洪水后和洪水前相应的可测到的最小流量（Q_b：洪水前，Q_a：洪水后）下的宽深比的比值 $I_{B/h}=(B/h)_a/(B/h)_b$，河宽的比值 $I_B=B_a/B_b$和平均水深的比值 $I_h=h_a/h_b$，洪水前后取相同流量，前后两个最低流量值中取较大的一个，另一个及其相应的实测流量过程的其他各指标采用线性插值确定，如图 4-15 所示。

洪水的水沙组合包括流量和含沙量两个方面。为研究黄河下游游荡段河床形态调整对水沙组合的响应过程，采用花园口站洪水期间断面实测最大含沙量 C_{max} 和最大来沙系数作为来水来沙及其组合的指标。最大来沙系数定义为洪水过程中最大含沙量与相应流量 Q_x 之比：C_{max}/Q_x，单位为 kg · s/m^6，表示含沙量最大时单位流量的输沙率。但由于资料的限制，B/h、C_{max} 和 Q_x 一一对应的资料很少，因此在这里用 C_{max}/Q_{max} 来近似代替 C_{max}/Q_x，这一值系统偏小，在这里用做最大来沙系数。

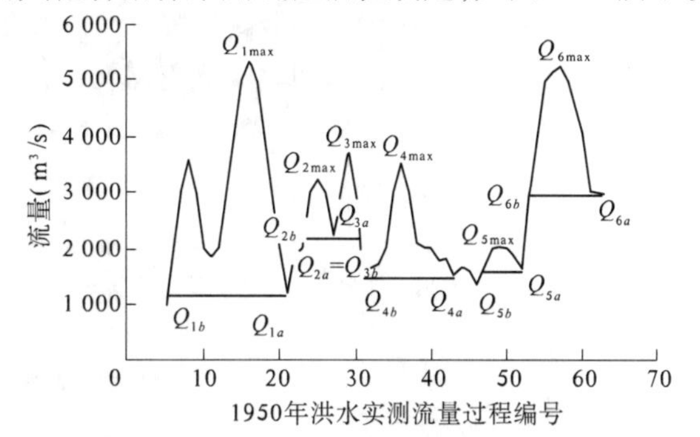

图 4-15　洪水前后同流量下最小流量的取值（以 1950 年为例）

图 4-16 点绘了花园口站洪水前后河床断面形态变化指标 $I_{B/h}$、I_B、I_h 与花园口站最大含沙量之间的关系。图 4-16(a) 和图 4-16(c) 表现出的趋势大致相同，图中上包线与下包线之间的条带表现出比较明显的趋势。在图 4-16 中，当含沙量较小时，随含沙量的增大，$I_{B/h}$、I_B 增大，而后含沙量再增大时，这一比值减小，表现出非线性的变化规律，特别是上包线表现出的这一规律很明显。含沙量大约在 15 kg/m^3 以下和 300 kg/m^3 以上时，$I_{B/h}$、$I_B<1$，表明洪水后河宽缩窄，河床变窄深。含沙量约在 15 kg/m^3 以下时，含沙量越小，$I_{B/h}$、I_B 的值越小，含沙量约在 300 kg/m^3 以上时，含沙量越大，$I_{B/h}$、I_B 值越小，河床变窄深的趋势越明显或变宽浅的趋势越弱。含沙量在 50 ~ 200 kg/m^3 时，大部分 $I_{B/h}$、I_B 值较大，表明洪水后河床变得更加宽浅的趋势较明显。

图 4-16(b) 表现出的变化趋势比较微弱，与图 4-16(a)、(c) 的变化趋势大致相反。当含沙量小于 40 kg/m^3 时，随含沙量的增大，I_h 减小，而后含沙量再增大时，这一比值增大，也表

现出非线性的变化规律。含沙量大约在 15 kg/m³ 以下和 300 kg/m³ 以上时，$I_h>1$，表明洪水后同流量下水深变深。含沙量约在 15 kg/m³ 以下时，含沙量越小，I_h 的值越大，含沙量约在 300 kg/m³ 以上时，含沙量越大，I_h 值越大。含沙量在 50～200 kg/m³ 时，I_h 值相对较小，水深有变浅的趋势。图 4-16 中(a)与(c)的变化趋势极为相似，而与(b)的变化趋势的相关性不是很密切，这表明洪水后主槽宽深比的变化主要由河宽变化所引起。

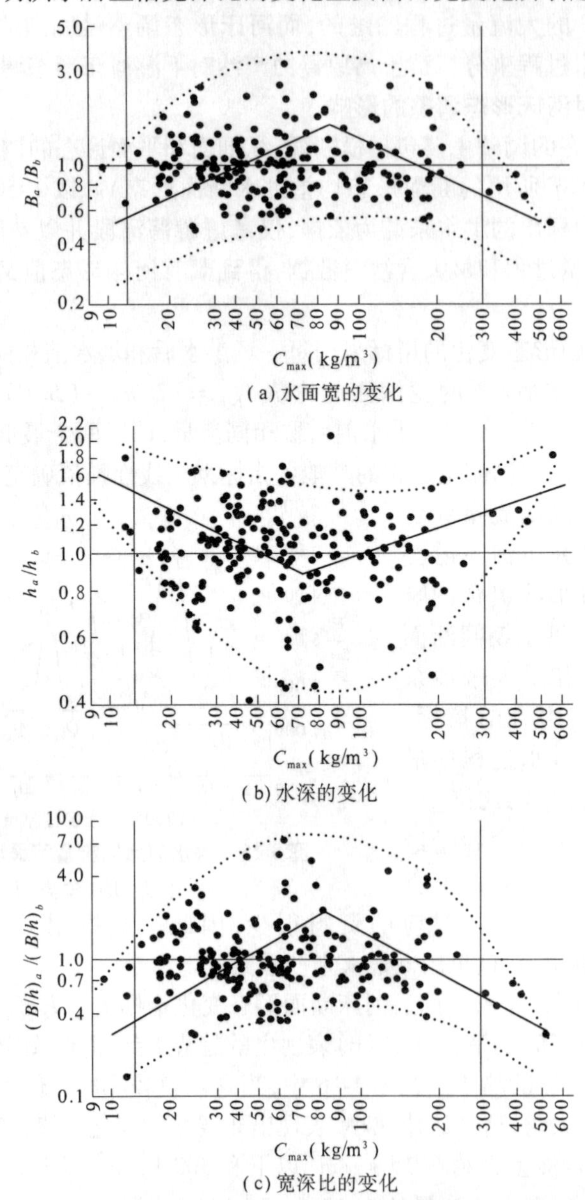

图 4-16　花园口站洪水后河床形态变化与最大含沙量的关系

图 4-17 点绘的是河床形态变化与最大来沙系数的关系，其变化趋势大致与图 4-16 中的趋势相似，但点子更散乱，这可能是由所用替代指标的误差所致。最大来沙系数在 0.02 左右时，$I_{B/h}$、I_B 值最大，越向两侧，$I_{B/h}$、I_B 值越小。I_h 的变化与最大来沙系数的关系不太明显。

图 4-16 和图 4-17 中过水断面形态指标变化的点子虽然很散乱，但还是体现出了大体的

趋势。在这几个图中，大致的趋势线都与过水断面形态的变化指标 $I_{B/h}$、I_B 和 I_h 等于 1 的直线两度相交，表明河床横断面形态变化对洪水过程的响应存在两个临界值，一个临界值发生在一般含沙量洪水范围内；另一个发生在高含沙洪水范围内。因还受其他众多因子的影响，这两个临界值都不是一个常量，而是一个变化范围，其具体值由不同的河床边界条件和来水来沙条件而定。

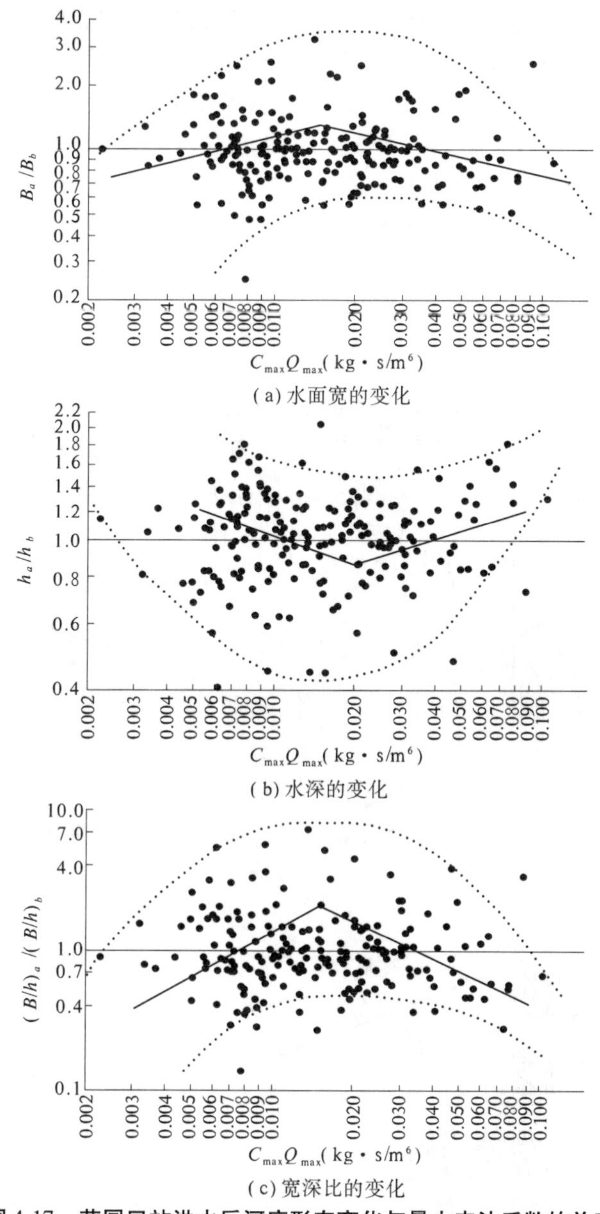

图 4-17　花园口站洪水后河床形态变化与最大来沙系数的关系

图 4-16 和图 4-17 所示的洪水过程中黄河下游河床形态的变化对水沙组合的复杂响应过程主要表现在游荡河段。高村以下的过渡河段和限制性弯曲河段由于洪水水沙特性的沿程调整，高含沙洪水挟带的泥沙在游荡河段大量淤积，到高村以下含沙量大为减小，不再具有高含沙洪水的性质。在高村以上，越往上游，高含沙洪水的造床作用表现得越明显，到中

游河段表现得最明显。

周文浩等(1983)的分析也表明,并不是所有的高含沙洪水都能在下游形成高滩深槽的窄深主槽,只有一定的洪峰流量和含沙量(例如5 000 ~6 000 m^3/s,500 kg/m^3 以上),水沙峰相适应才可能形成,窄深主槽也只能在游荡河段的上段发生,并不能在整个河段形成。毕慈芬(1989)曾选择了渭河华县、华阴站和黄河下游秦厂、花园口、夹河滩站共29场典型漫滩洪水的资料,以河宽作为表征河床形态变化的指标,探讨了不同来源洪水对黄河下游河床形态的影响。利用毕慈芬所选用的资料,计算出各站洪水后和洪水前河床过水断面形态的比值 I_B、$I_{B/h}$和 I_h,得到图4-18。从图中可以看出,洪水过程中最大含沙量 C_{max}越大, I_B 和 $I_{B/h}$

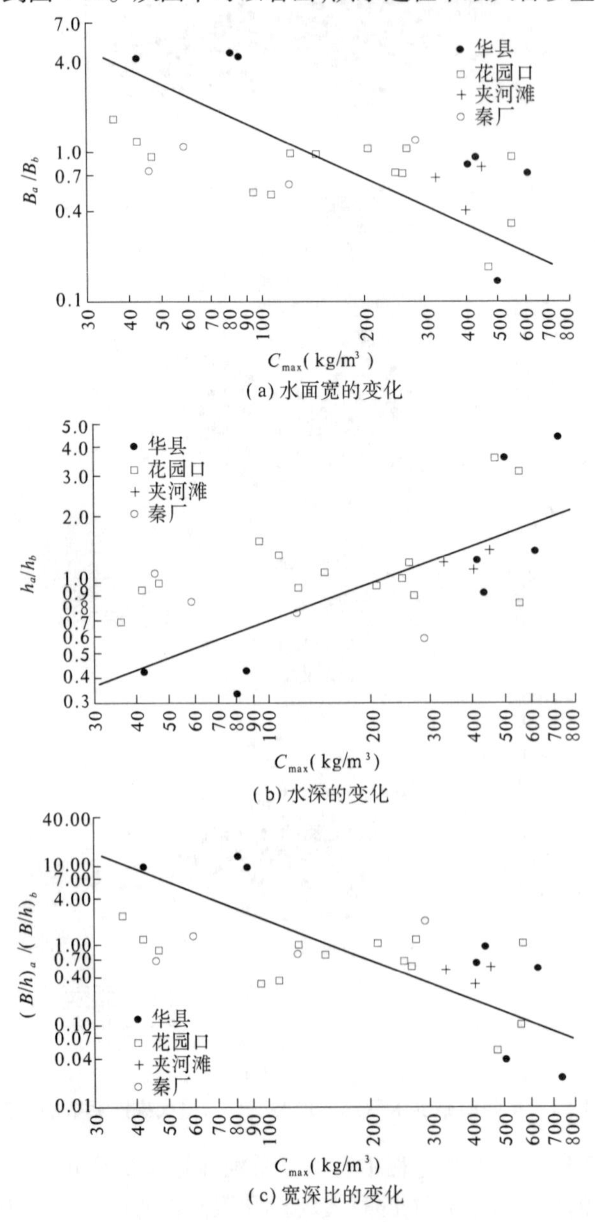

(a)水面宽的变化

(b)水深的变化

(c)宽深比的变化

图4-18　渭河和黄河下游代表断面河床形态变化与最大含沙量的关系(据 Bi Cifen,1989)

越小，I_h 越大，河床变窄、变深的趋势越显著；反之，当 C_{max} 较小时，I_B 和 $I_{B/h}$ 较大，I_h 较小。在渭河华县站，中等含沙量洪水使河床变宽浅和高含沙洪水使河床形态变窄深的趋势非常明显，含沙量小于 100 kg/m^3 的洪水可使洪水后河床宽深比增大 13 倍以上，当进入高含沙洪水范畴，尤其含沙量达到 400 kg/m^3 时，洪水后河床断面形态变得很窄深，当含沙量达到 700 kg/m^{3}时，洪水后宽深比可以减小 40 倍以上。

图 4-18 所表现出来的是一种线性的变化规律，比较图 4-16 和图 4-17 可知，图 4-18 由于其样本的局限，还缺乏低含沙量洪水的资料，未能揭示出洪水对河床形态作用的复杂过程。如果在图 4-18 中去掉花园口站的资料再和图 4-16 组合在一起，点绘成图 4-19，可以看到河

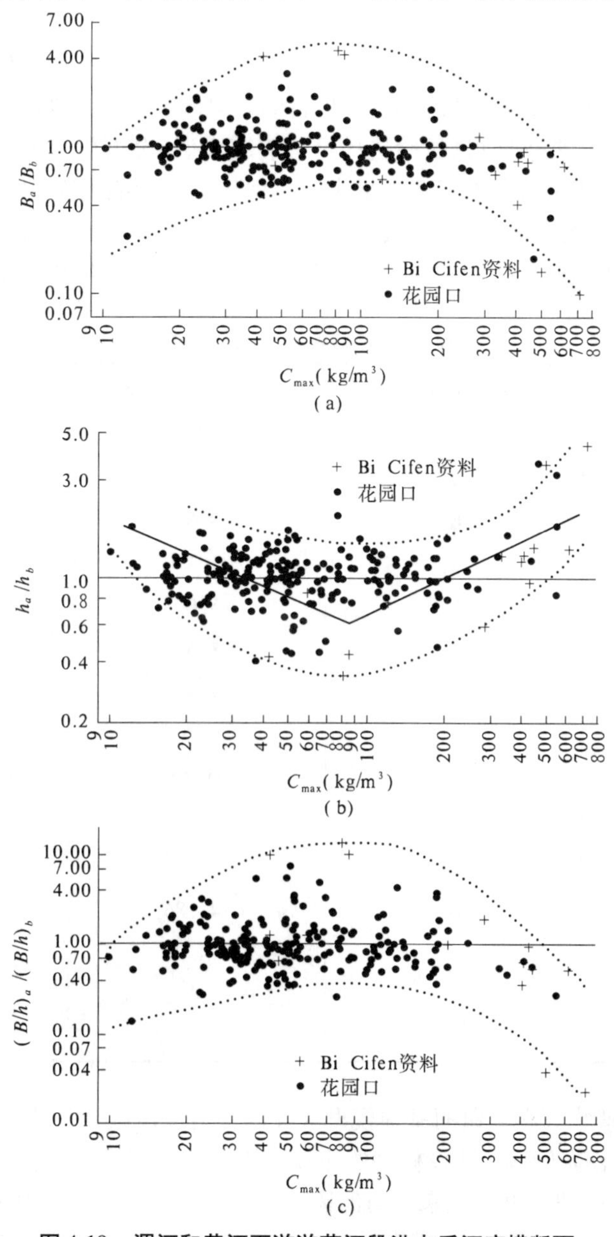

图 4-19　渭河和黄河下游游荡河段洪水后河床横断面形态变化与最大含沙量的关系

床形态的变化对水沙组合的复杂响应同样遵循如图4-16所示的规律。在图4-19中,高含沙洪水的作用使河床横断面形态变得更窄深、中等含沙量洪水使河床横断面形态变宽浅的趋势体现得更为清楚,同时还表明了一次洪水过后河床形态的调整幅度相当大。

如图4-16、图4-17和图4-19所示的河床形态变化对水沙组合的响应表现出复杂的特性,上、下包线之间表现出明显的规律性,但点子相当分散,这除测量误差外,还与河床形态受多种因素的综合影响有关,比如洪水漫滩情况、洪水起涨和前期河床形态等因素的影响就具有不容忽视的作用。

4.4.2.2 试验验证

1)试验材料与方法

本试验的主要目的是在某一河型的基础上模拟不同含沙量洪水前后河床形态的变化,试验前期的河床形态只要具有一般河流所具有的基本特性、能满足基本的泥沙起动和水流流态与天然河流相似的要求即可,试验选用过程响应模型(金德生,1990;金德生等,1992)。模型试验设计分为造床试验和不同含沙量水流对河床形态影响的对比试验两大部分(张欧阳等,2005)。试验水沙过程及历时见表4-9。根据对相关文献(许炯心,1992;张红武等,1994)比较的结果,本试验所采用的高含沙水流含沙量变化范围为300~500 kg/m³。

表4-9 试验水沙过程及历时

测次	流量(L/s)	进口含沙量(kg/m³)	历时(h)
0	0.5~7.26	0~51.8	42.25
Ⅰ-1	2	0~2.18	0.5
Ⅰ-2	6	3.63	1
Ⅰ-3	2	1.77	0.5
Ⅱ-1	2	5.69	0.5
Ⅱ-2	6	5.65	1
Ⅱ-3	2	7.26	0.5
Ⅲ-1	2	21.23	0.5
Ⅲ-2	6	41.53	1
Ⅲ-3	2	33.31	0.5
Ⅳ-1	2	76.19	0.5
Ⅳ-2	6	146.86	1
Ⅳ-3	2	114.93	0.5
Ⅴ	6	240.56~355.58	8
Ⅵ	6	248~486	25

该试验仍是在清华大学潮白河基地模型大厅内沟道侵蚀试验系统上进行的。在初始床面铺设时选取河谷比降为1%,铺设模型的床沙采用次生黄土,试验过程中挟沙水流的加沙也采用同样的模型沙,使河道系统来沙与河床边界组成一致。模型铺好夯实后,在中间开挖一个宽1 m、深2 cm的顺直矩形小槽作为试验的初始条件,尾门宽度为25 cm。后一组试验在前一组试验地形的基础上继续,取中间11 m为有效试验河段。

2)横断面形态变化

从Ⅰ组到Ⅳ组含沙量逐渐增加,从近于清水变化到高含沙水流。各组试验完成后取12个断面平滩条件下各断面横断面形态参数的平均值作为表征每组河床横断面形态的参数,横断面形态参数包括河宽、水深和宽深比。以后一组试验末与前一组试验末相同变量的比值来表达河床横断面形态的变化,点绘于图4-20。图4-20表达了与图4-19同样的变化趋势,点据比图4-19的变化范围要小,但点据更集中,变化趋势也表现得更明显,可以用下列二次多项式来描述这种大致变化趋势:

对于河宽比值:　$y = -4\times10^{-6}x^2 + 0.0014x + 1.01 \quad (R^2 = 0.65)$　(4-48)

对于平均水深比值:　$y = 7\times10^{-6}x^2 - 0.003x + 1.20 \quad (R^2 = 0.34)$　(4-49)

对于宽深比比值:　$y = -1\times10^{-5}x^2 + 0.0048x + 0.76 \quad (R^2 = 0.67)$　(4-50)

式(4-48)~式(4-50)分别在$\alpha = 0.02$、0.1和0.02水平上显著。需要说明的是,上述多项式表明一种不同的变化方向,是一种定性的变化趋势,并不能很确切地表达河床横断面形态变化与最大含沙量变化的定量关系。

图4-20表现出的变化趋势是不难理解的,并且也得到了大量野外资料的支持,尤其得到的抛物线关系同张红武等(1994,1998)的研究结果一致。当含沙量较小时,水流挟带的泥沙小于水流处于饱和挟沙力时所能挟带的泥沙,水流除挟带上游来沙外,尚有多余的能量对河床做功,使河道发生冲刷,水深变深,宽深比变小,通过水深和河宽的变化改变了河床形态。随着含沙量的增加,水流挟沙力逐渐趋于饱和状态,当其能量不足以挟带上游来沙时,会使主槽首先发生淤积,河底高程增加,水深变浅,水面增宽,宽深比增大。随含沙量超过水流挟沙力所能挟带的含沙量的增加,河床形态的这种变化趋势也更明显。当含沙量达到200 kg/m³左右时,淤积最严重,水深变浅,宽深比也变得最大。这与Schumm基于国外很多含沙量较低的河流得出的被广为接受的结论一致。当含沙量再增加,达到高含沙水流范畴时,情形发生了很大的改变。开始时河道淤积,使水流漫滩,增大滩地高程。在高含沙水流范围内,水流挟带泥沙所需要的能量反而减小(钱宁、万兆惠,1983),甚至作为一种比重更大的一相流,使主槽

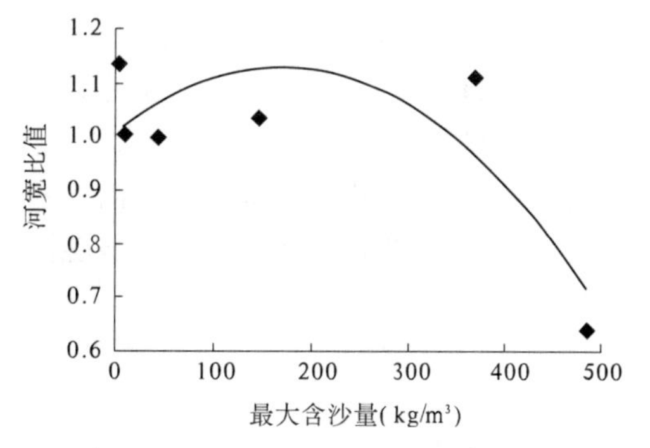

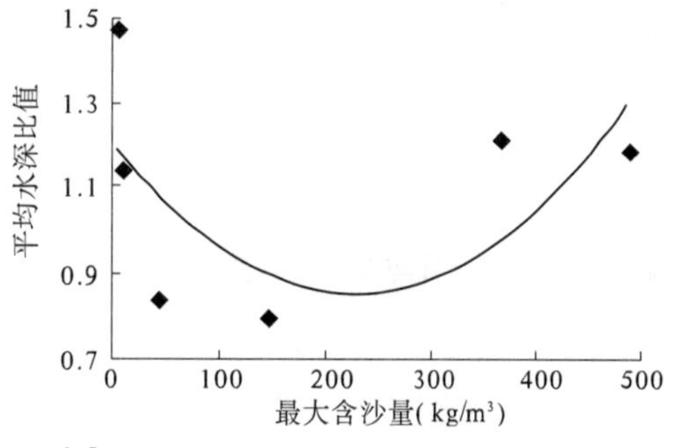

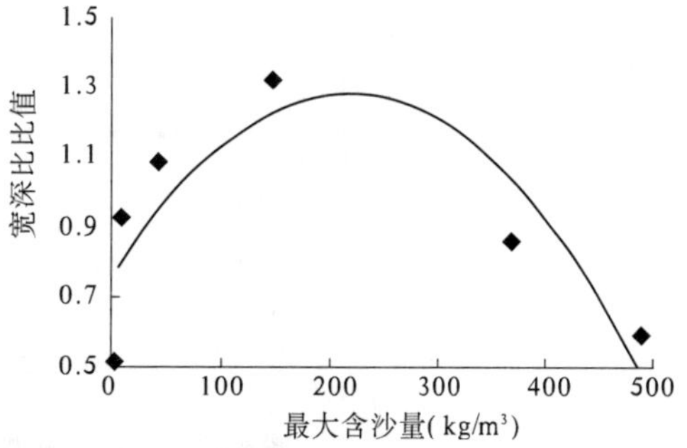

图4-20　试验过程中河床横断面形态变化与最大含沙量的关系

河底受到冲刷，水深变深，同时河道的边岸发生淤积，使河宽减小，宽深比也随之变小。这种情形与用毕慈芬(Bi,1989)资料点绘的结果一致。

3)纵向及平面变化

以比降和曲率分别代表河道纵向及平面形态变化的指标。点绘每组试验末比降和曲率与最大含沙量的关系，可得到图4-21和图4-22，图中的实线为手工绘制的变化趋势线，表明变量的大致变化方向。可以看出，比降和曲率的变化在含沙量较低的情况下，随含沙量的变化与Schumm所述的变化趋势一致，进入高含沙水流范畴后，变化趋势即相反。图4-21中，在含沙量较低的情况下，比降随含沙量的增大而增大的趋势是由于主槽河道处于淤积状态，并且上游段淤积量大于下游段造成的；在高含沙水流范围内，比降随含沙量的增大而减小是由于高含沙水流造成主槽冲刷，并且上游段冲刷程度大于下游段造成的。图4-22中，在第Ⅰ组曲率很小；从Ⅰ到Ⅲ，由于含沙量很低，河道保持向弯曲方向发展的趋势，相当于清水的作用过程；从Ⅲ到Ⅵ，曲率随含沙量的变化趋势与许炯心(1992,1997d)用野外资料所得的结果(见图4-23)一致，含沙量对河道曲率的影响与Schumm模式一致。这种情况同样可以用河道系统对于能耗调整的内在需求来解释：在非高含沙水流范围内，含沙量越大，水流所需要的能耗也越大，因而河道将通过减小曲率(等效于减小河长)来增大比降，以便使单位河长中的势能消耗增大。进入高含沙水流范围之后，挟运泥沙所需要的悬浮力大大减小，水流挟沙能力得到强化，因而挟运泥沙所需要的能耗也减小。此时，河道系统通过使流路变弯来减小比降，从而实现降低单位河长上势能消耗的目的，故曲率增大。

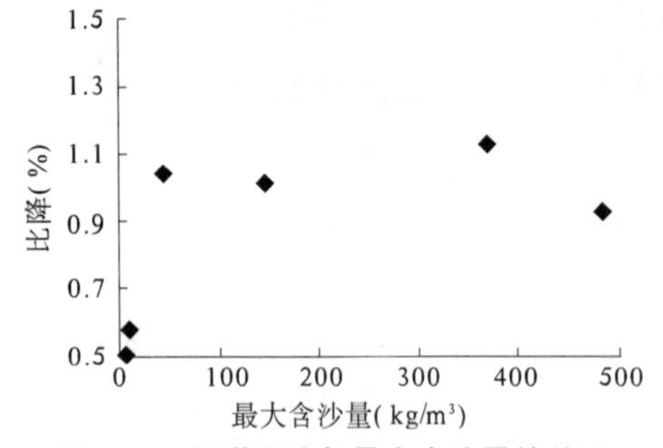

图4-21 河道比降与最大含沙量的关系

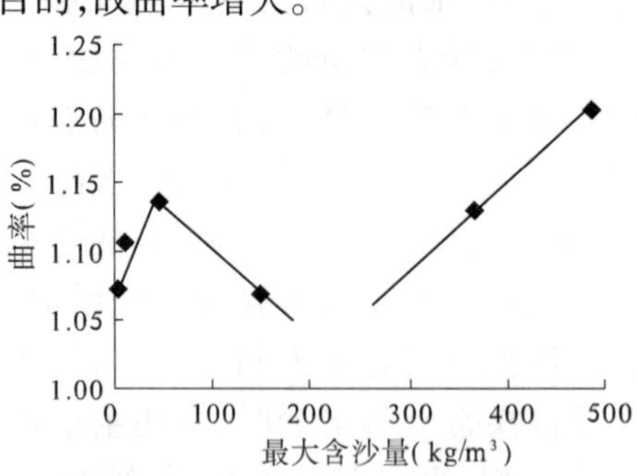

图4-22 河道曲率与最大含沙量的关系

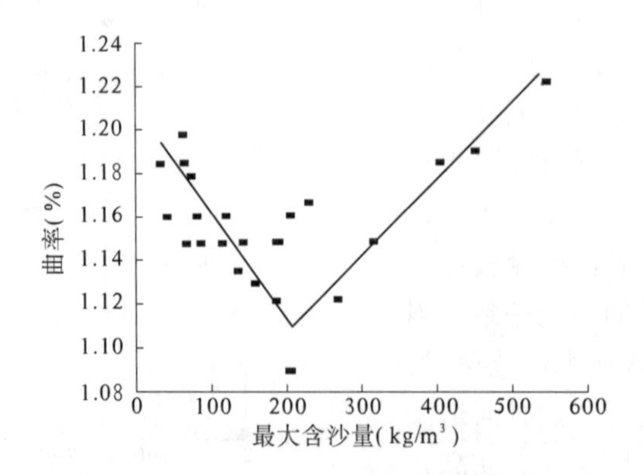

图4-23 花园口—高村河段河道曲率与花园口站年最大含沙量的关系

4.4.3　高含沙水流河床稳定性试验研究

由于黄土高原的强烈侵蚀产沙，常发生高含沙水流，对下游河床冲淤和形态变化产生很大的影响。本节将模拟侵蚀产沙区强烈侵蚀产沙对下游泥沙输移和沉积区河床形态变化的影响过程，揭示高含沙水流影响下单一河道的形成过程，分析高含沙水流对单一河道的影响机理，探讨这种单一河道保持稳定的可能性。

4.4.3.1　试验方法及模型制作

利用过程响应模型塑造一定河型的初始河流一般要遵循一定的规则和步骤（金德生等，1992）。根据对高含沙水流含沙量范围的比较结果，高含沙水流含沙量变化范围为 230～500 kg/m^3。高含沙水流河床稳定性试验过程（Ⅴ～Ⅶ）是在不同含沙量水流对河床形态影响试验后，以第Ⅳ组试验末的地形为初始地形条件的，河谷平均比降为1.03%，深泓平均比降为1.08%。试验过程流量均为6 L/s，含沙量变化范围分别为240～360、240～490 kg/m^3 和230～440 kg/m^3，试验历时分别为8、25、12 h。

该试验装置由循环供水加沙、试验水槽和数据图像采集三个系统组成。采用循环供水装置，通过安装于管道上的电磁流量计控制流量，水沙通过水槽入口部的消能设施后进入试验水槽，模型河道水沙流在水槽出口经小沉沙池后汇入水库，供循环使用。含沙量主要通过增减水量和沙量来调节，加沙采用与模型床沙相同的模型沙。地形采用水准仪施测。模型床沙采用次生黄土，夯实后的干容重为1.62 t/m^3，密度为2.51 t/m^3，D_{50}约为0.042 mm，分选系数为1.844，黏性成分较多。

4.4.3.2　高含沙曲流的形成

图4-24为第Ⅴ、Ⅵ、Ⅶ组高含沙水流试验阶段主槽平面形态演变的情况。试验过程中河道主槽一般呈微弯的形态，在某些时段局部河段曲率较大，曲流的形成和消失均较快。370 min时发育成为具有两个河湾的典型余弦曲线形状的规则曲流，曲率约为1.24，其中3$^{\#}$断面到尾门的弯道曲率为1.38（见图4-24），此时的含沙量约为370 kg/m^3。但这种曲流没维持多久就因河势下挫、河道平面摆动变形而逐渐消失，720 min后河道又变得较为顺直。

在高含沙水流的范围内，试验过程中两次形成形状很规则的曲流。一般认为，对于冲积河流来说，较低的含沙量是曲流形成的基本条件之一（张红武等，1993）。Ackers 和 Charlton 认为存在着一种临界的含沙量补给速率，在低于此值的情况下才能出现曲流河床，随着含沙量的增加，河型将由弯曲向游荡转化（许炯心，1992）。但是，在黄河中游黄土高原绝大部分高含沙河流就发育了典型的曲流。从能耗率调整的概念来看，高含沙曲流仍是符合一般规律的，高含沙水流使悬浮功大大减小，水流的能耗率因此也可以大大减小，这就要求河床通过使流路弯曲来达到减小能耗的目的，因而曲流便是一种可能出现的河型。高含沙水流所挟带的泥沙主要以悬移的方式运动，人们对曲流的认识进一步深化，认为较低的床沙质含沙量是曲流形成的基本条件之一。试验中的高含沙水流多以悬移的方式运动，因此能形成高含沙曲流，其结果得到了野外资料的支持。高含沙曲流的这种规则形状不能长时间保持，边界条件与高含沙水流的联合作用是这种高含沙曲流形成的根本原因。这一试验结果与师长兴等野外观测的结果一致：一定的河床冲淤强度有利于曲流的发育，随着含沙量的增加，多沙河流的河床曲率存在先增加后减小的规律。

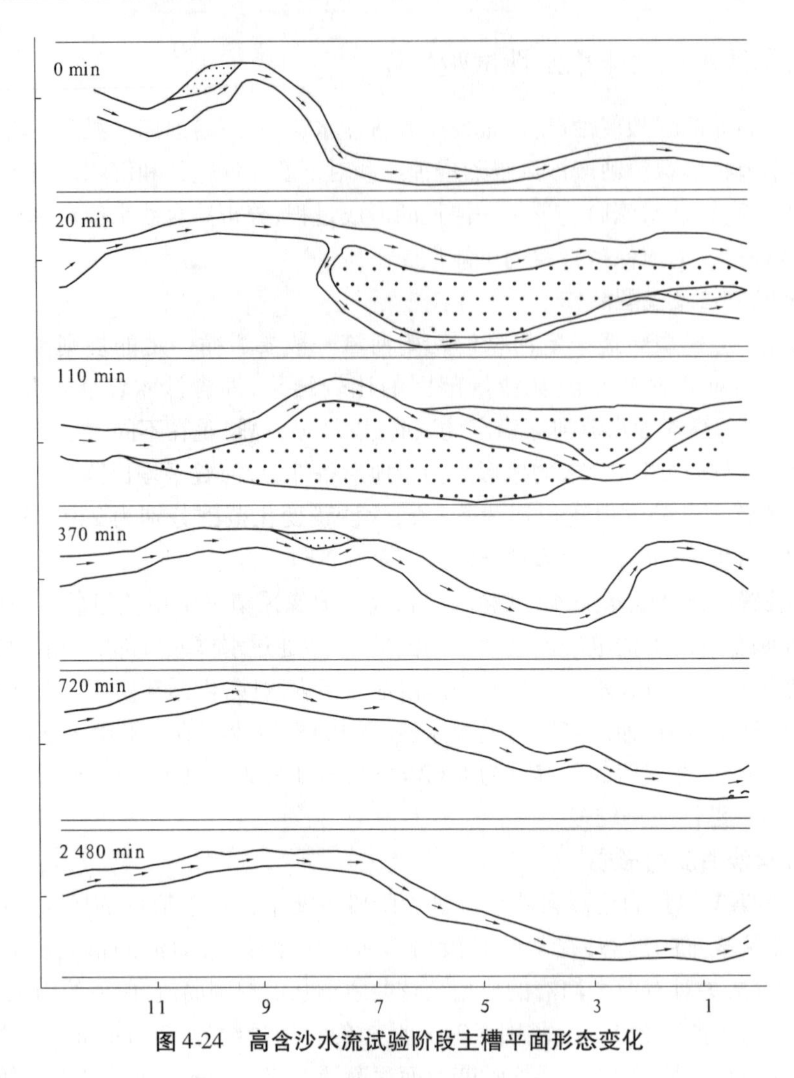

图 4-24 高含沙水流试验阶段主槽平面形态变化

4.4.3.3 高含沙水流单一窄深河道的形成

在高含沙水流试验的初期阶段,河道平面摆动很剧烈(见图 4-24),伴随着曲流的发育和河势下挫,摆动很快。720 min 后河道平面位置保持相对稳定,平面摆动幅度和频率都很小,近 1 700 min 基本没变化。6#断面以上河段平面摆动频率和幅度都要小一些,但同样存在初期摆动快、后期摆动慢的特点。这种横向摆动过程总是与河道的冲淤状况联系在一起的。在试验过程中总是存在河道的交替冲淤与溯源冲淤现象,这种冲淤交替并不在同一平面位置,而是河势略有下挫,平面位置也有摆动。

各组试验 12 个断面平均的深泓高程、主槽河底高程和平滩条件下的河底高程的变化见图 4-10。从Ⅳ到Ⅴ(1)经过高含沙水流作用后,平滩条件下的河底高程增加,主槽的平均河底高程基本不变,而深泓高程则降低。从Ⅴ(1)到Ⅴ(2),深泓、主槽和平滩河底高程均升高,主槽和深泓高程升高的幅度大于平滩时的升高幅度。从Ⅴ(2)到Ⅵ(1),平滩条件下的河底高程进一步抬升,且幅度很大,深泓高程也略增加。Ⅶ时则由于水流漫滩的机会减少,主槽又开始下切,整个河床高程随之下降。

各组次平滩条件下的河底高程沿程的变化情况见图 4-25。从Ⅴ到Ⅵ(1)河床大幅度淤积，但淤积主要发生在上游河段，特别是6#断面以上的抬升幅度更大，以下则变化很小，甚至降低，河道比降增大。Ⅵ组放水仅过2个小时，由于大量泥沙在滩地淤积，沿程含沙量迅速降低，由480 kg/m³减小到约360 kg/m³。从Ⅵ(2)到Ⅶ，上游段开始冲刷，下游段淤积，河道比降减小。在这些组次的试验中，河道纵剖面总体上仍呈微微下凹的形态。

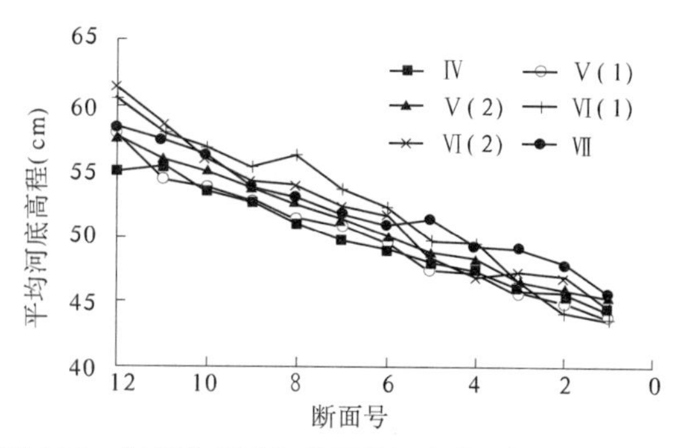

图4-25　各组次平滩条件下的河底高程沿程变化情况

选取12#、5#和1#断面作为典型断面，其变化过程见图4-26。Ⅴ(1)时主槽和滩地都发生了大量的淤积，其中滩唇部位淤积最为强烈，河道变宽浅，宽深比增大。Ⅴ(2)时主槽左移并刷深，原先的主槽被淤死，水流漫滩淤积量减小。Ⅵ(1)时含沙量增大后，滩地又发生大规模的淤积，滩唇部位淤积厚度更大，与此同时，主槽也刷深，滩槽高差大幅度增大，宽深比大幅度减小，窄深河道形成。Ⅵ(2)时滩地高程变化不大，主槽淤高。Ⅶ时主槽又切深，滩唇增高，宽深比减小。试验过程中水流漫滩淤积，滩唇部位淤积最强烈，离滩唇越远，淤积量越小，形成滩面横比降，与黄河下游的野外观测资料（许炯心，1992，1997d，1999c）相吻合，也与张红武等（1994）利用比尺模型对黄河下游游荡河段的模拟结果一致。

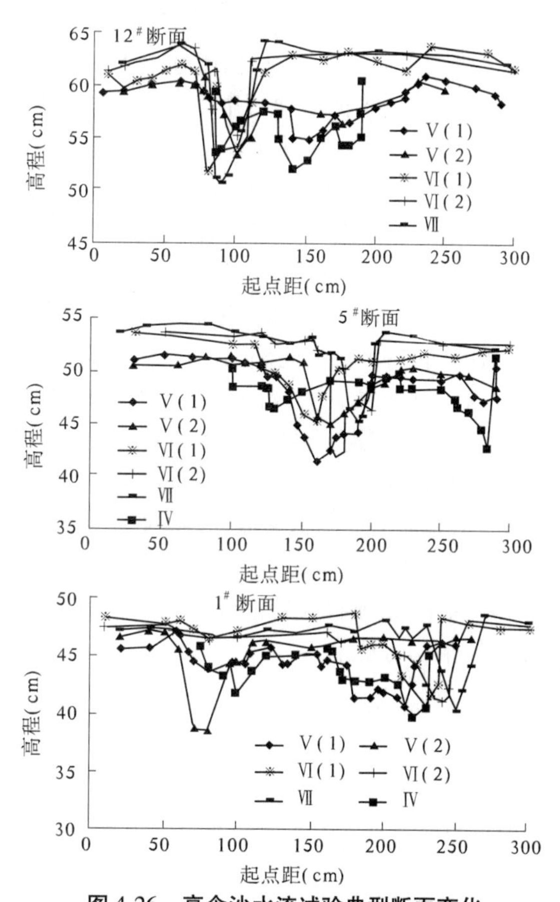

图4-26　高含沙水流试验典型断面变化

4.4.3.4　高含沙水流单一窄深河道的稳定性

图4-27为高含沙水流试验阶段各组12个断面宽深比平均值的变化情况。平滩条件下的平均宽深比从Ⅳ到Ⅵ(2)随着含沙量的增大呈直线下降趋势，到Ⅶ后略有微小的增加。主槽的平均宽深比从Ⅳ到Ⅴ(2)减小幅度很大，从Ⅴ(2)到Ⅶ后基本保持不变，河道断面形态较稳定，此时宽深比为10～20。但每一组宽深比沿程的变化情况不太一样，含沙量较大而又没有达到高含沙水流的Ⅳ组宽深比沿程的变化幅度很大，最大的在55左右，最小的在10左右，呈大小相间排列。Ⅴ(2)组以后宽深比大幅度减小，且沿程变得很均一，各组间的

差异也不大(见图4-28)。

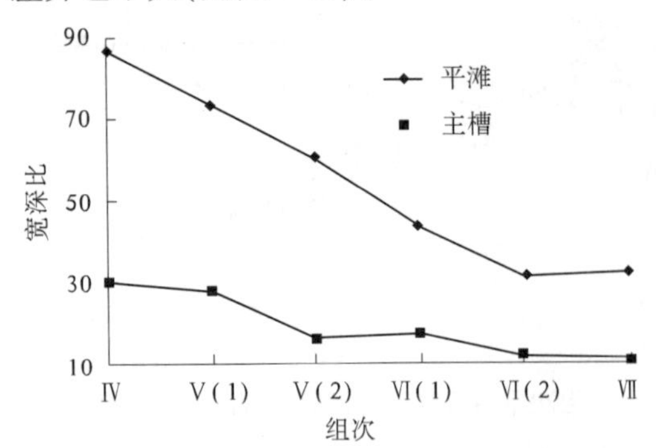

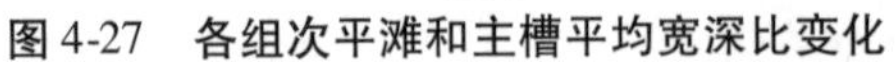

图4-27　各组次平滩和主槽平均宽深比变化

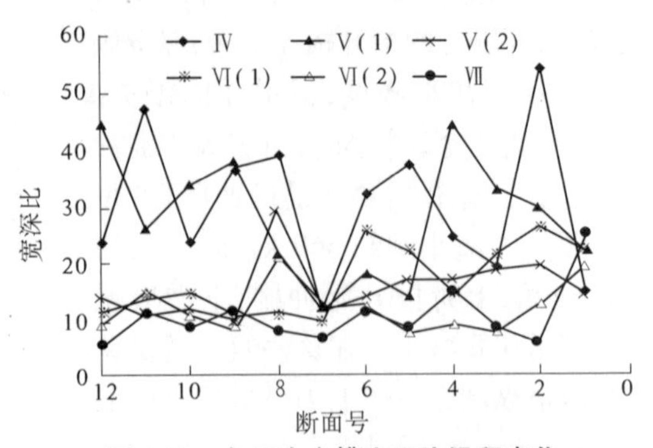

图4-28　各组次主槽宽深比沿程变化

在高含沙水流试验过程中,主槽基本上一直保持单一窄深的形态(见图4-24),经历了40多个小时,从河道平面摆动频率来看,有越来越稳定的趋势。在水流不漫滩和保持高含沙水流的条件下,能够较长时期和长距离保持相对稳定。但从纵向上看,Ⅶ时上游段深泓高程降低,下游段深泓高程升高,河道比降减小。下游段的淤积会溯源向上游方向发展,增加水流漫滩的机会,如果高含沙水流沿程含沙量减小,低于高含沙水流的含沙量临界值,主河道会发生大量淤积,破坏单一河道的稳定性。

高含沙水流容重大于清水水流,增大了床面的拖曳力,水流具有更大的侵蚀能力,在河道主槽下切的同时,水流还能侧蚀。试验过程中水流挟带的泥沙基本上为悬移质,缺少推移质成分,高含沙水流挟带大量的泥沙在主河道的边缘部分很容易发生淤积,淤积发生在凸岸。由于沙量补给充足,凸岸也在淤高并向着凸岸方向前进,原先的凸岸成为滩地。凹岸的后退和凸岸的前进保持同步,使得河宽不发生大的变化,横断面形态维持稳定。因此,这种单一河道是依靠河道的淤积形成的,微弯的流路有利于这种单一河道形态的保持。这种横向摆动也伴随着凹岸的崩岸和凸岸的淤积过程。试验后期,滩槽高差增大,水流漫滩的机会减少,滩地(河岸)组成物质黏性成分较多,后期变得相对密实,抗冲性增强,因而摆动频率减小,最后趋于相对稳定。

第5章　黄土高原坝系建设的作用和效益

黄土高原强烈侵蚀产沙不仅造成当地水土资源流失,地形遭受破坏,还对下游河道冲淤及河床形态变化造成很大的影响,使黄河下游淤积严重,形成悬河,同时河床形态成为游荡河型,河道摆动剧烈,随时威胁堤防安全。第4章论述了黄河中游侵蚀产沙对下游河道的影响,其结果表明,黄河下游河道的治理可以通过对中游侵蚀产沙环境的治理来实现,黄土高原的侵蚀问题解决了,下游河势变化及堤防稳定问题就能得到有效解决。在黄土高原治理方案中,淤地坝建设最行之有效。黄土高原淤地坝建设在拦沙减蚀方面发挥了很大的效益,本章将分析黄土高原淤地坝系建设的作用和效益,以黄土高原典型小流域陕西绥德韭园沟流域和甘肃庆阳南小河沟流域为研究对象,根据流域的降雨产沙和土壤养分观测资料,进行各项水保措施的拦水、拦沙、控制养分流失等方面的成因分析计算,确定典型小流域各项水土保持措施单位面积地块对径流、泥沙及氮、磷、有机质的拦截量(拦截能力),坝系年拦截量占所有水土保持措施拦截量的比例(拦截比例),以及坝系年拦截量占流域输移量的比例(拦截效率)。通过对比说明沟道坝系在黄土高原水土保持中的地位和作用,证明黄土高原淤地坝建设决策的正确性。

5.1　黄土高原淤地坝建设情况

5.1.1　淤地坝建设的必要性

受构造运动和气候变化的影响,黄土高原的侵蚀产沙具有阶段性特征。黄河流域的中游地区,特别是现代界定的严重水土流失区域中的大部分地区,自古即是自然条件极为严酷、水蚀风蚀最为严重的地区。《左传》引用周诗:“俟河之清,人寿几何”,表明在生产力极为落后的周代,黄河两岸已水土流失严重,黄河已相当浑浊了。造成黄土高原水土严重流失的根本原因是干旱的气候、恶劣的地质地貌条件,人为的破坏因素只是加剧和加快了这种流失。

该区大部分地区属干旱、半干旱地带,年降水量大部分在350~550 mm,年内分布极不均匀,一般6~9月降雨量占全年降水量的60%~70%。年际变化也很大,多雨年与少雨年的降水量相差3~4倍。汛期有50%~60%的降雨属暴雨型,强度大,历时短,历时几分钟到十几分钟的暴雨都能造成水土流失或洪水灾害。黄土高原的地面物质组成是导致黄土高原土壤侵蚀十分剧烈的重要因素。黄土高原是世界上黄土覆盖最深厚、黄土地形最典型的地区之一。黄土中粉沙含量占60%,质地均匀,结构疏松,富含钙质,遇水极易崩解分散,抗蚀力极弱。黄土高原正处于侵蚀循环的壮年期,沟壑纵横、地势险峻,极易造成水土流失。

在水土保持三大措施中,生物措施通过提高植物覆盖度、改善土壤质地、增加土壤团粒结构、提高土壤有机质含量、增加土壤微生物种类和数量、改善土壤水分条件等功能,对化肥、农药、重金属等污染物的植物吸收、微生物降解、化学降解等迁移途径具有显著的正向促进作用,减少污染源系统的污染物通量(景可、申无村,2002)。因此,有人主张黄土高原治理应以林草措施为主。但自然条件决定了该地区植被稀少、侵蚀严重。该地区的现代自然地理环境特征是历史的继承,只不过植被的类型、种属、林相、分布范围都发生了不同程度的变化,如草原面积缩小、草质降低等(孟庆枚,1996)。人为的破坏造成该地区森林和草地区域面积进一步减小。多年的生产实践证明,仅靠生物措施栽草种树无法达到黄土高原水土保持的目标。黄土高原气候干旱,土地贫瘠,盲目造林种草,成活率很低,有的树即使成活了,也因为常年干旱缺水而成为长不大的"小老树",无法达到保持水土的目的。草地的存活率更低。图 5-1 是黄土高原典型小流域坡面植被分布情况。因为缺水,黄土高原植被稀少且低矮,难以发挥水土保持效益。1998 年对黄河上中游河口镇—龙门区间 11 万 km^2 的流域面积的普查结果表明,林地存活率为 53%,草地仅为 24.2%(徐明权、汪岗,2000)。另外,即使林草措施布置得当,鉴于黄土高原特殊的地理、地质条件,也未必能收到预期的效果。1977 年、1978 年发生淤地坝水毁事件后,黄河两岸的水土保持工作一度把重点转到了造林种草和修建梯田上。此阶段尽管林草措施搞得比较出色,但下泄到黄河的泥沙总量却并未减少(冯国安,2000),于是在 20 世纪 80 年代中期重提筑坝拦沙,开展"水土保持治沟骨干工程"。这一工程现已取得了明显的效果,"被地方上一致认可和强烈要求"(钱正英,2001)。

图 5-1　黄土高原典型小流域坡面植被分布情况

对于黄土高原的治理对策,有一种观点是强调以治坡为主,认为只要实现雨水在坡面"就地入渗",就可控制水土流失。该方法的不足有:①占比例较大的陡坡做不到"就地入渗";②治坡措施防御暴雨的标准最大也只有一二十年一遇,结构稳定性较差;③坡面措施的抗旱程度低,还需要筑坝淤地或蓄水浇灌。

从黄河治理的角度讲,只有从基本的流域单元入手,通过工程措施(如修筑控制性拦沙工程、淤地坝系等)改变黄土高原水土严重流失区的侵蚀地理环境,才是黄河治本之策(张红武、张俊华、姚文艺,1999)。鉴于水土严重流失区面积仅占黄土高原地区总面积的 20%,而入黄泥沙却占总入黄沙量的 80% 左右,所以采用淤地坝系等工程措施是容易见效的。由此表明,黄土高原沟道坝系建设是涉及治黄的战略问题。淤地坝既是拦减入黄泥沙最有效的措施,也是退耕还林工程的重要措施,对解决农民土地问题,治理区的封育保护、生态修复,巩固退耕还林成果都具有重要意义。

5.1.2　坝系建设发展历程

淤地坝是指在水土流失地区各级沟道内修建的以滞洪拦泥、淤地造田为目的的水土保持工程措施。其拦泥淤成的地叫坝地，用于淤地产生的坝叫淤地坝或生产坝。它是黄土高原区人民群众在长期同水土流失斗争实践中创造的一种行之有效的既能拦截泥沙、保持水土，又能淤地造田、增产粮食的水土保持工程措施，已有几百年的发展历史。最初的淤地坝是自然形成的，距今已有400多年历史。明代隆庆三年（公元1569年），陕西子洲县黄土洼因自然滑坡、坍塌，形成天然聚湫，后经加工而形成高60 m、淤地约53.3 hm^2 的淤地坝。坝地土质肥沃，年年丰收，一直是当地人民群众旱涝保收的基本农田。有文献可考的人工修筑淤地坝的历史记载，最早见于明代万历年间（公元1573～1619年）的山西汾西县，据《汾西县志》记载，明代万历年间"涧河沟渠下湿处，淤漫成地易于收获高田，值旱可以抵租，向有勤民修筑"。当时的汾西县知县毛炯曾布告鼓励农民打坝淤地，提出"以能相度砌棱成地者为良民，不入升合租粮，给以印帖为永业"，于是"三载间给过各里砌筑成地盂复全三百余家"。从此，筑坝淤地在汾西县得到不断发展，到新中国成立前夕，该县已有坝地数千亩。至清代，淤地坝已引起官方的重视，据《续行水金鉴》卷十一记载，清乾隆八年（公元1743年），陕西监察御史胡定在奏折中指出"黄河之沙多出自三门以上及山西中条山一带涧中，请令地方官于涧口筑坝堰，水发，沙滞涧中，渐为平壤，可种秋麦"，并建议修筑淤地坝。水利专家李仪祉先生在1922年所著《黄河之根本治法商榷》一文中指出："皆谓沟洫可以容水，可以留淤，淤经渫取可以粪田，利农兼以利水，予深赞斯说。"又说："治水之法，有以水库节水者，各国水事用之甚多。然用于黄河，则未见其当，以其挟沙太多，水库之容量减缩太速也。然若分散之为沟洫，则不啻亿千小水库，有其用而无其弊。且有粪田之利，何乐而不为也。"1945年黄委批准关中水土保持试验区在西安市荆峪沟流域修建淤地坝1座，这是黄委在黄土高原地区修建的第一座淤地坝。

虽然我国打坝淤地已有几百年的历史，但有意识有组织地开展大规模的建设，还是新中国成立以后的事。新中国成立后淤地坝得到了全面的发展，最近50多年来我国的坝库建设大致经历了5个阶段（冯国安，2000）。

第一阶段：试验推广阶段。1949年秋，山西省汾西县水土保持组的技术人员就在该县的康和沟、马沟、窑铺河等地试修了30余座淤地坝作为示范，拦泥淤地增产效益显著。随后在黄土高原水土流失区大面积推广。20世纪50年代后期，已形成坝系的初步概念。即在"小多成群"的沟坝中间，加修一座或几座"腰坝"，以拦截上游洪水，组成一个简单的"坝系"。

第二阶段：坝地有关矛盾的研究阶段。随着淤地坝的增多，坝地的防洪保收问题愈来愈突出，20世纪60年代汾西县已建成防洪、拦泥、生产三者相统一的坝系。20世纪60年代中期，为解决三门峡库区的严重淤积问题，黄委曾提出修建包含946座淤地坝拦截入库泥沙的"万坝方案"。

第三阶段：淤地坝建设的高潮阶段。20世纪六七十年代，由于旱情较重，而坝地耐旱、保肥、增产，所以群众修坝的积极性很高，加之当时水坠法筑坝技术的出现和推广大大提高了施工功效，我国的坝库绝大部分就是在这个阶段修建的。

第四阶段：严重水毁后陷入低谷阶段。由于坝系建设理论不够完善，缺乏骨干坝系的防洪支撑，加上原来小多成群的坝库施工质量不高，所以在大暴雨、特大暴雨的袭击下，发生严重的水毁事件。1977年、1978年陕北久旱后的大暴雨，竟使该省80%以上的坝库重毁。不少人因此对坝系的建设失去了信心，一时使该项事业陷入了低潮。这一阶段的工作主要是对可能挽救的破坝、险坝进行维修和加固，水土保持工作的重点转到了植树种草和修梯田上。

第五阶段：治沟骨干工程的兴起阶段。人们从实际的工程效果逐渐认识到，仅凭造梯田等护坡措施及植树种草的方案保存率低，无法抵御大暴雨，不能实现有效的水土保持，所以修建沟道坝系工程又被推上了工作日程。1983 年，国家计委决定开展“水土保持治沟骨干工程”，从 1986 年开始试点。由于有关部门做了大量的前期工作，制定了相关的规划、技术规范和有关的规章制度，近几年进展顺利，效果良好。1993 年，康晓光在《科技导报》、《中国科学报》上连续发表《治黄之本在于打坝淤地》等 3 篇文章，受到了科技界、学术界的关注，引起了人们对治黄方略的热烈探讨。坝系建设理论的研究与发展也引起了重视。国家已拨出了专项基金，对坝系的相对稳定、坝系优化设计等项目进行试验研究。相信随着坝系理论的完善和现代科学技术的运用，以沟道坝系为主导的现代工程措施会在黄土高原治理中更加得到人们的重视。

5.1.3　淤地坝建设现状

新中国成立后，经过水利水保部门总结、示范和推广，淤地坝建设得到了快速发展。20 世纪 70 年代以前，淤地坝发展速度较快，现有淤地坝主要是这一时期建成的，大多数为中小型坝，但由于缺乏科学的规划设计，标准低，目前大多数已淤满，需进一步加固配套。20 世纪 80 年代以来，针对淤地坝单坝规模小、中小型淤地坝数量多、无控制性骨干坝、遇到较大的暴雨洪水容易出现垮坝等问题，经过科学研究，在沟道适当位置增建骨干坝，拦截上游洪水、保持下游中小型淤地坝安全，提高了防洪标准，扭转了过去多次洪水淤积、一次较大洪水连锁垮坝、洪水泥沙俱下的所谓“零存整取”现象。20 世纪 90 年代，为保证淤地坝的安全运行和充分发挥整体效益，经过反复的试验研究，确立了“以支流为骨架、小流域为单元，骨干坝和中小型坝相配套，建设沟道坝系”的思路，建成了一批防洪标准高、综合效益好的典型坝系。这些淤地坝分布在黄土高原不同类型区，对防止水土流失、减少入黄泥沙、改善生态环境、巩固退耕还林还草成果、促进区域经济发展等都起到了积极的促进作用。据相关资料统计，截至 2002 年底，黄土高原地区已建成淤地坝 11.35 万座，其中骨干工程 1 480 座，中小型淤地坝 11.2 万座，控制面积 9 247 km^2，总库容 13.75 亿 m^3，拦蓄泥沙 210 亿 m^3，淤成坝地 32 万 hm^2，保护川台地 1.87 万 hm^2。这些淤地坝主要分布在陕西(36 816 座)、山西(37 820 座)、甘肃(6 630 座)、内蒙古(17 819 座)、宁夏(4 936座)、青海(3 877 座)、河南(4 147 座)等 7 省(区)，其中陕、晋、蒙 3 省(区)共有淤地坝 9 万余座，占总数的 82.5%。2003 年 11 月 8 日，黄河中游水土保持委员会在山西省太原市郑重宣布：黄土高原地区水土保持淤地坝作为水利部“亮点工程”全面启动，黄土高原淤地坝建设进入新的历史时期。黄土高原已基本形成了“以支流为骨架、小流域为单元，骨干坝和中小型淤地坝相配套”的沟道坝系建设技术体系，建成了一批典型示范小流域坝系，为改善当地生态环境、促进社会经济发展、减少入黄泥沙起到了积极的作用，同时积累了丰富的实践经验。

5.1.4　淤地坝建设前景

淤地坝显著的生态效益、经济效益和社会效益，得到了党和国家领导的高度重视。党的十六大提出：要抓好生态环境建设，争取 10 年内取得突破性进展，从而促进人与自然的和谐共处,推动整个社会走上生产发展、生活富裕、生态良好的文明发展道路。因此,加快黄土高原地区水土流失治理步伐,大规模开展淤地坝建设,是当前和今后一个时期重大而紧迫的战略性任务。黄土高原地区大小沟道有27万条之多,这些沟道都具备建坝条件。黄土高原地形破碎,沟壑纵横,坡陡沟深,沟壑密度一般为1~7 km/km^2,切割深度100~300 m;地面坡度大部分在15°以上,大于25°的在23%以上,其中黄土丘陵沟壑区第一、二副区达58%。同时,剧烈侵蚀区由于水土流失严重,各级沟道正处在发育阶段,各种坝控规模的坝址较易选择;强度侵蚀区,沟道发育相对稳定,较小规模的坝址不易寻找。据调查,黄河中游的河口镇—龙门区间,沟长0.5~30 km的沟道有8万多条,其中沟长0.5~3km的沟道约7.3万条;3~5 km的沟道4 500条;5~10 km的沟道2 300条;10~20 km的沟道720条;20~30 km的沟道35条。这些沟道一般都有建坝条件,大部分沟道还没有建成坝系,可以大规模进行沟道工程建设(梁其春等,2003)。目前大部分沟道还没有建坝,淤地坝建设资源条件丰富,潜力巨大,发展前景广阔。按照《黄河流域黄土高原地区水土保持淤地坝规划》,到2020年底前,黄土高原地区将新建淤地坝16.3万座,其中骨干坝3万座,中小型坝13.3万座。

到2010年,在多沙粗沙区的各支流上初步建成较为完善的沟道坝系,在黄土高原的其他地区建成一批小流域示范坝系。新建淤地坝6万座。土地利用结构和农村产业结构趋于合理,促进农民稳定增收。黄土高原水土流失严重的状况得到遏制,生态环境明显改善。结合其他水土保持措施的实施,年减少入黄泥沙达到5亿t,增水40亿m^3。工程建成后,可新增淤地能力18万hm^2、拦泥能力140亿t;可新增用水能力60亿m^3、排水能力40亿m^3,可发展灌溉8万hm^2;促进退耕还林还草80万hm^2,封育保护面积133.3 hm^2。

到2015年,在多沙区的各支流上初步建成较为完善的沟道坝系,黄土高原地区淤地坝建设全面展开,累计新建淤地坝10.7万座。区内农业生产能力、农民生活水平大幅度提高。水土流失防治大见成效,生态环境显著改善。结合其他水土保持措施的实施,年减少入黄泥沙达6亿t,增水70亿m^3。工程建成后,可新增淤地能力31.3万hm^2、拦泥能力250亿t、用水能力100亿m^3、排水能力70亿m^3,可发展灌溉13.3万hm^2;可促进退耕还林还草140万hm^2,封育保护面积266.7万hm^2。

到2020年,在黄土高原地区的主要入黄支流,建成较为完善的沟道坝系,累计建设淤地坝16.3万座。工程建成后,可新增坝地50多万hm^2、拦泥能力400亿t,蓄水能力达到170亿m^3,可发展灌溉24万hm^2,可促进退耕还林还草220万hm^{2}和封育保护400万hm^2。高产稳产农田基本满足农村可持续发展的需要,农民收入大幅度增加。结合其他水土保持措施的实施,年减少入黄泥沙达7亿t,增水130亿m^3,为实现山川秀美、全面建设小康社会,以及黄河长治久安做出贡献。

黄土高原淤地坝的维护是一个很值得重视的问题。黄土高原已建的10余万坝库中,绝大部分是20世纪六七十年代修建的土坝。特别是一些缺乏骨干坝系支撑的中小型淤地坝,在暴雨下很容易冲毁。淤地坝水毁以后,不仅原来拦蓄的部分泥沙进入黄河,而且随着坝地面积的缩小,生产功能也逐渐丧失。当前农村全面实行了承包责任制,依靠个人的力量进行坝库的维护显然是不够的。国家应在淤地坝的维护方面加大投入,而不仅仅着眼于新建淤地坝数量的增加。对坝地的利用,也不能仅满足于水稻、玉米等常规农作物的生产,还应开发经济价值较高的水果、药材等产品。

5.2 黄土高原淤地坝的作用

黄河泛滥成灾的根本原因是黄河水少沙多，而黄河中泥沙的主要来源是黄河上中游黄土高原的水土流失。黄土高原全地区总土地面积达 62.37 万 km^2，其中面积约占 30% 的黄土高塬沟壑区与黄土丘陵沟壑区是水土流失的主要区域，其侵蚀模数一般为 5 000 ~ 10 000 $t/(km^2 \cdot a)$，高的达 20 000 ~ 30 000 $t/(km^2 \cdot a)$，这是我国乃至世界上水土流失最严重、生态环境最脆弱的地区之一。因此，黄土高原的水土保持历来受到广泛的重视。水土保持措施具有较好的拦蓄径流、泥沙的作用，并且可以有效地降低洪峰流量、减少径流泥沙量，对流域水资源产生重要的影响。根据水土保持措施的特征及其拦减水沙的机制，可将它们划分为两种类型：①滞蓄型，主要指造林、种草和作物轮种等措施；②拦蓄型，主要包括淤地坝和水库等工程措施。不同类型措施拦减水沙的机理不同。滞蓄型水土保持措施对土壤有良好的改造作用，并通过改变土壤结构而增加土壤中非毛管孔隙率，增强土层的透水性和流域的蓄水能力。滞蓄型水土保持措施对产流的影响主要表现在增大了流域的滞蓄量和径流调节能力，使产流机制向不利于地表径流产生的方向发展。滞蓄型水保措施不仅增加了流域的地表被覆和地表糙率，而且根系对土壤具有良好的固结作用。其在减小地表径流量及其流速的同时，也削弱了地表径流的侵蚀及输沙能力，并且在一定程度上延缓或阻滞泥沙出流（王国庆等，2004）。例如林草措施，其水土保持功能主要表现在树冠截留、树干滞流、林下植被及枯枝落叶层滞流和增加土壤入渗以及耗水，从而直接影响径流量和径流含沙量。拦蓄型措施通过修建水利工程形成一定的容量空间，可在一定程度上拦蓄地表径流及其挟带的泥沙，从而减少径流和泥沙的流失。

在黄土高原地区，修建淤地坝是解决水土流失的有效措施。建设沟道坝系为主导的现代工程措施，控制黄土高原的水土流失，是治理黄河泥沙的根本对策（张红武、张俊华、姚文艺，1999；Xu，et al.，2004）。黄土高原的沟道坝系，特别是治沟骨干工程，是水土流失综合治理中单项工程规模最大、控制性最强的措施，是蓄水保土工程中的最后一道防线；而且淤成的坝地土肥墒好，是优良的农业生产基地。

"打坝如修仓，拦泥如积粮，村有百亩坝，再旱也不怕"，"沟里筑道墙，拦泥又收粮"，这是黄土高原地区群众对淤地坝作用的形象总结，当地广大干部群众把淤地坝誉为流域下游的"保护神"，解决温饱的"粮食囤"，开发荒沟、改善生态环境的"奠基石"，并亲切地称淤地坝为"粮囤子"、"钱袋子"。实践已经证明，淤地坝具有显著的综合效益。通过调查表明，淤地坝在拦截泥沙、蓄洪滞洪、减蚀固沟、增地增收、促进农村生产条件和生态环境改善等方面发挥了显著的生态效益、社会效益和经济效益。据调查，在黄河下游河床清淤 1 m^3 泥沙，需投资十几元，而在上中游，淤地坝每拦 1 m^3 泥沙，所需投资还不到 1 元。据陕西省水土保持局测算，陕西省 3 万多座淤地坝，50 多年累计拦泥 51 亿 t，按 1/4 粗泥沙沉积在下游河床，以每吨清淤费 20 元计算，就可为下游节省清淤费用近 260 亿元。因此，在黄土高原地区大规模开展淤地坝建设应该是一项一举多得的重大举措。综合前人研究成果，淤地坝的作用和效益主要体现在以下几方面：拦泥保土，减少入黄泥沙；提高土壤肥力，增加粮食产量；优化土地利用结构，促进农村产业结构的调整；改善生态环境，涵养水源；防洪减灾，保护下游安全等。

5.2.1　拦泥保土,减少入黄泥沙

黄河治理关键是要解决泥沙的问题。在黄土高原区大规模修建淤地坝,对于入黄泥沙来说,等于釜底抽薪,减沙显著,见效快。从治黄的战略高度看,这应当是修筑淤地坝的主要功能,可以从根本上解决黄河泥沙问题,确保黄河安澜。黄河泥沙主要来源于黄河中游黄土高原的沟壑。修建于各级沟道中的淤地坝,从源头上封堵了向下游输送泥沙的通道,在泥沙的汇集和通道处形成了一道人工屏障。它不但能够抬高沟床,降低侵蚀基准面,稳定沟坡,有效制止沟岸扩张、沟底下切和沟头前进,减轻沟道侵蚀,而且能够拦蓄坡面汇入沟道内的泥沙。据有关调查资料,大型淤地坝每淤一亩坝地平均可拦泥 8 000 t,中型淤地坝平均拦泥 6 000 t,小型淤地坝平均拦泥 3 000 t,尤其是典型坝系,拦泥效果更加显著。据对内蒙古准格尔旗西黑岱小流域坝系调查,该流域总面积 32 km^2,从 1983 年开始完善沟道坝系建设,到目前建成淤地坝 38 座,累计拦泥 645 万 t,已达到泥沙不出沟的目的。延安市已建成的 1.14 万座淤地坝已累计拦蓄泥沙 17 亿 t,相当于全市 6 年输入黄河的泥沙总量。根据黄委黄河上中游管理局初步调查统计,黄土高原区 11 万多座淤地坝可拦泥 280 亿 t,局部地区的水土流失和荒漠化得到了遏制。据初步测算,黄土高原区坝系基本完善后,每年将减少入黄泥沙近 11 亿 t,加上黄河中游其他水土保持措施,减缓了黄河下游河床的淤积抬高速度,解决了下游河道的淤积,实现了“河床不抬高”,对黄河安澜起到了极其重要的作用。

5.2.2　提高土壤肥力,增加粮食产量

淤地坝将泥沙就地拦蓄,使荒沟变成了人造小平原,提高了耕地的质量。坝地主要是由小流域坡面上流失下来的表土层淤积而成,含有大量的牲畜粪便、枯枝落叶等有机质,土壤肥沃,水分充足,抗旱能力强,成为高产稳产的基本农田。坝地淤积了大量从地表冲刷下来的肥土,蓄积了农业生产所必不可少的水分,所以很适宜农作物的生长。坝地地平、墒好、肥多、土松,易于耕作,而且抗干旱能力强,农业增产作用与效益十分显著。据黄委绥德水土保持科学试验站实测资料,坝地土壤含水量是坡耕地的 1.86 倍。据黄土高原 7 省(区)多年调查,坝地粮食产量是梯田的 2~3 倍,是坡耕地的 6~10 倍。坝地多年平均亩产 300 kg,有的高达 700 kg 以上。据对山西省汾西县康和沟坝系、灵石县东沟坝系、吉县柳沟坝系等的实地调查统计(范瑞瑜,1999),每公顷坝地可生产玉米 7 500~15 000 kg,是坡耕地产量的 8~10 倍。山西省汾西县康和沟流域,坝地面积占流域总耕地面积的 28%,坝地粮食总产却占该流域粮食总产量的 65%。据统计,黄土高原区坝地占总耕地的 9%,而粮食产量占总产量的 20.5%。特别是在大旱的情况下,坝地抗灾效果更加显著。据陕西省水土保持局调查资料,1995 年陕西省遭遇历史特大干旱,榆林市横山县赵石畔流域有坝地 106.7 hm^2,坡耕地1 666.7 hm^2,坝地亩产均在 300 kg 以上,而坡耕地亩产仅 10 kg,坝地亩产是坡耕地的 30 多倍。因此,在黄土高原区广泛地流传着“宁种一亩沟,不种十亩坡”、“打坝如修仓,拦泥如积粮,村有百亩坝,再旱也不怕”的说法。目前,坝地已成为基本农田的重要组成部分,对改善农业生产条件起到了很大作用,尤其是干旱年份,坡耕地颗粒无收,坝地就成了“保命田”。

5.2.3　优化土地利用结构,促进农村产业结构的调整

淤地坝建设解决了农民的基本粮食需求,为优化土地利用结构、调整农村产业结构、发

展多种经营创造了条件。淤地坝良好的水肥条件和高产稳产，为发展优质高效农业奠定了基础，为农业结构调整创造了条件，使过去单一的粮食生产经济结构，转变为农、林、牧、副、渔多种经营并举的新格局，增加了农民收入，发展了农村经济。黄土高原地区农村产业结构的变化是和土地利用结构变化相伴而行的，与淤地坝建设及坝地面积的增加密切相关。坡耕地退耕为林牧业的发展提供了土地资源，促进了农村商品经济的发展。黄土高原地区的农业经济已由单一小农经济走上农、林、牧、副、渔多业并举，种植业、养殖业、农副产品加工业全面发展的道路，农民人均收入不断提高，贫穷落后面貌发生了根本变化，这与淤地坝建设所取得的成就是分不开的。坝地的优越条件和高产出，为山区农村优化土地利用结构、调整产业结构、合理利用水土资源、发展优质高效农业、实行集约化经营创造了条件，使广大农民群众从长期形成的"越穷越垦，越垦越穷"的恶性循环和传统的广种薄收的生产方式中解放出来，逐渐走向科学种田，少种、精种多收，农、林、牧、副、渔各业并举，种、养、加结合的脱贫致富的路子。淤地坝使荒沟川台化，把广大山区农民从千百年来延续的翻山越岭、人背驴驮的劳作方式中解放出来，替代的是先进的耕作方式，解放了生产力。同时，大量的剩余劳动力可以进入第三产业，促进农村经济发展。淤地坝建设，改善了人居环境，坝路结合，提供了便利的交通条件，成为山区商品流通和农民群众与外界交往的纽带。淤地坝的建设，坝顶成为连接沟壑两岸的桥梁，大大改善了山区的交通条件，方便了群众的生产生活，促进了物资、文化交流和商品经济的发展。调查统计显示，黄土高原地区坝路结合的淤地坝占20%，相当于建设了2万多座乡村公路桥。

昔日"靠天种庄园，雨大冲良田，天旱难种田，生活犯熬煎"的清水河县范四夭流域，坚持以小流域为单元，治沟打坝，带动了小流域各业生产，2001年流域人均纯收入达1 970元，电视、电话、摩托车等产品也普遍进入寻常百姓家。环县赵门沟流域依托坝系建设，累计退耕还林还草216.7 hm^2，发展舍饲养殖1 575个羊单位，既解决了林牧矛盾，保护了植被，又增加了群众收入。目前，黄土高原区已涌现出一大批"沟里坝连坝，山上林草旺，家家有牛羊，户户有余粮"的富裕山庄。

5.2.4　改善生态环境，涵养水源

淤地坝建设为山区农民提供了高产稳产的耕地资源，实现了少种多收，提高了土地生产力和持续增产的能力，解除了群众的后顾之忧，调动了群众治理水土流失的积极性，为大面积"封山绿化"、实施封育保护，实现"粮油下川，林草上山"提供了可靠保障，确保了退耕还林还草"退得下、稳得住、不反弹、群众能致富"，可以从根本上巩固和扩大黄土高原区退耕还林还草成果。淤地坝建设增加了水肥条件较好的基本农田，使农民由过去的广种薄收改为少种高产多收，优化了土地利用结构，促进了陡坡耕地退耕还林还草，推动了大面积植被恢复，改善了生态环境。通过淤地坝建设，调整了土地利用结构，解决了林牧用地矛盾，变农林牧相互争地为互相促进、协调发展。据测算，一亩坝地可促进0.4～0.67 hm^2 的坡地退耕。如陕西绥德县王茂庄小流域，大力发展淤地坝后，在人口增加、粮食播种面积缩小的情况下，粮食总产量稳定增加，大量坡耕地退耕还林还草，耕地面积由占总面积的57%下降到28%，林地面积由3%上升到45%，草地面积由3%上升到7%，实现了人均林地2.4 hm^2，草地0.3 hm^2，粮食超500 kg。坝地面积占耕地面积的15%，产量却占流域粮食总产量的67%。

淤地坝通过有效地滞洪，将高含沙洪水一部分转化为地下水，一部分转化为清水，通过泄水建筑物，排放到下游沟道，增加了沟道常流水，涵养了水源，同时，对汛期洪水起到了调节作用，使水资源得到了合理利用。据黄委绥德水土保持科学试验站多年观测，陕西绥德县韭园沟小流域坝系形成后，人、畜数量增加1倍多，发展水地180多 hm^2，沟道常流水不但没有减少，反而增加两倍多。沟道坝系的建设蓄积了宝贵的水资源，这对于改善生物多样性、影响区域气候环境起着很好的促进作用。

淤地坝在工程运行前期，可作为水源工程，解决当地工农业生产用水和发展水产养殖业，对水资源缺乏的黄土高原干旱、半干旱地区的群众生产生活条件改善发挥了重要作用。环县七里沟坝系平均每年提供有效水资源160多万 m^3，常年供水给厂矿企业，并解决了附近4个行政村7 000多头(只)牲畜的用水问题。十年九旱的甘肃省定西县花岔流域，多年靠窖水和在几十里外人担畜驮解决人畜饮水问题。通过坝系建设，不仅彻底解决了水荒，而且每年还向流域外调水50多万 m^3，发展灌溉133.3 hm^2。淤地坝运行前期作为水源工程，小流域坝系中部分骨干坝作小水库使用，能够有效蓄积、利用地表径流，提高水资源利用率，对解决水资源缺乏地区的农民生活和农业生产用水发挥着重要作用。据调查，黄土高原地区已建成的淤地坝，解决了1 000万人和几千万头(只)牲畜的饮水困难问题。

5.2.5 防洪减灾，保护下游安全

以小流域为单元，淤地坝通过梯级建设，大、中、小结合，治沟骨干工程控制，层层拦蓄，具有较强的削峰、滞洪能力和上拦下保的作用，能有效地防止洪水泥沙对下游造成的危害，黄土高原地区现有骨干坝可保护下游沟、川、台、坝地1.87万 hm^2。1989年7月21日，内蒙古准格尔旗黄甫川流域普降特大暴雨，处在暴雨中心的川掌沟流域降雨量为118.9 mm，暴雨频率为150年一遇，流域产洪总量1 233.7万 m^3，流域内12座骨干坝共拦蓄洪水泥沙593.2万 m^3，缓洪514.8万 m^3，削洪量达89.7%，不但工程无一损失，还保护了下游260 hm^2 坝地和340 hm^2 川、台、滩地的安全生产，减灾效益达200多万元。甘肃省庆阳县崭山湾淤地坝建成以后，下游80户群众财产安然无恙，道路畅通，40 hm^2 川、台地得到保护。

5.3 淤地坝效益分析计算方法

黄土高原典型小流域水沙观测已有50多年的历史，并且有的观测站已经对观测结果进行了初步整理。以往对水土保持的水资源、水环境效应的研究通常采用定性的方法评价各种措施的作用，而不能反映出各项措施对当地水资源与水环境改善作用的具体贡献。本节根据已掌握的资料，确定相应的计算方法，以期定量分析典型小流域中水土保持措施对水资源、水环境的影响。

5.3.1 表征水土保持效益的主要参量

通过计算水、沙、氮、磷、有机质等主要参量在各项措施地块中的迁移量分布，尤其是比较各项措施拦截能力、拦截效率、拦截比例的大小，可以定量地反映黄土高原小流域水土保持措施对水资源和水环境的影响。

通过单位面积地块的拦截量,可以评价各项水土保持措施对水、沙的拦截能力,即

$$r_a = \frac{W_R}{a} \tag{5-1}$$

式中:r_a 为某项水土保持措施的拦截能力,t/hm^2;W_R 为该项措施对水(或沙、土壤营养物)的年拦截量,t,将在本章5.3.2节中叙述详细的计算方法;a 为小流域中该项水保措施的总面积,hm^2。

水土保持措施的拦截效率,是指在某时间段内,该项水土保持措施对水、沙、土壤营养物的拦截量与该项措施中上述物质的输移总量之比:

$$r_0 = \frac{W_R}{W_0} \tag{5-2}$$

式中:r_0 为某项水土保持措施对水(或沙、土壤营养物)的拦截效率(%);W_0 为水(或沙、土壤营养物)在该项措施中的输移总量,t,将在本章5.3.3节中叙述详细的计算方法。

有的文献中,也将上述比值称为拦截效益(郑宝明等,2006;黄委西峰水土保持科学试验站,1982)。在水土保持实践中,水土保持效益一般是指经济效益、生态效益和社会效益,不是比值的概念,所以本书将上述比例定义为拦截效率更恰当一些。

某项水土保持措施的拦截比例,是指该项水土保持措施拦截量占所有措施拦截总量的比例,即

$$r_{wi} = \frac{W_{Ri}}{\sum W_{Ri}} \tag{5-3}$$

式中:r_{wi}为某项水保措施对水(或沙、土壤营养物)的拦截比例(%);$\sum W_{Ri}$为各项措施对水(或沙、土壤营养物)的拦截总量,t。

通过比较 r_{wi}的大小,可以确定最有效的水土保持措施。

5.3.2 年拦截量计算

5.3.2.1 水、沙年拦截量

根据已经掌握的资料,进行各项水土保持措施年拦截量的计算。

首先计算各项水土保持措施对水资源的影响。在黄土高原水土保持实践中,有的典型小流域已经具备定量计算分析的基础资料条件,如韭园沟流域1953~2005年间历年各项措施的水、沙拦截模数均已知(郑宝明等,2006),各项措施水、沙的年拦截量则可采用下式计算:

$$W_w = M_w A \tag{5-4}$$

$$W_s = M_s A \tag{5-5}$$

式中:W_w 为小流域中某项措施的年拦水量,m^3;M_w 为该项措施单位流域面积的年拦水量,即年拦水模数,m^3/km^2;A 为该小流域的面积,km^2;W_s 为小流域中某项措施的年拦水量,t;M_s 为该项措施单位流域面积的年拦沙量,即年拦沙模数,t/km^2。

另外,在已知某年份各项措施统计面积和拦水、拦沙定额的情况下,可通过成因分析法,即通过拦截定额(一定降雨条件下某项措施单位面积拦截量)与措施面积的乘积的方法来

计算。如南小河沟流域1978年各项措施的面积已知(黄委西峰水土保持科学试验站,1982),则该流域各项措施在1978年中对水、沙的拦截量可采用下式计算:

$$W_{wp} = (1-K)M_w \eta_{wi} a_i \tag{5-6}$$

式中:W_{wp}为某项坡面措施减水量,m^3;M_w 为流域天然地表径流模数,$m^3/(hm^2 \cdot a)$;η_{wi}为某项坡面措施减水(地表径流)指标(%);a_i 为某项坡面措施面积,hm^2;K 为地下径流补给系数。

根据南小河沟流域的降雨侵蚀特性,式(5-6)中各项系数可取以下数值:M_w = 89.94 $m^3/(hm^2 \cdot a)$(黄委西峰水土保持科学试验站,1982);1978年为枯水年,这一年梯田、造林、种草的减水系数 η_{wi}分别为64%、45%、20%(黄河流域水土保持科研基金第四攻关课题组,1993);1978年梯田、造林、种草这三项措施的面积 a_i 分别为235、461、167 hm^3(曾茂林,1999)。

梯田、林地、草地等坡面措施拦沙量为:

$$W_{sp} = M_s \eta_{si} a_i \tag{5-7}$$

式中:W_{sp}为某项坡面措施减沙量,t;M_s 为流域在未治理状况下的年天然产沙模数,t/hm^2,南小河沟流域的年天然产沙模数为4 300 t/hm^2;a_i 为某项坡面措施面积,hm^2;η_{si}为某项坡面措施减沙指标(%)。

沟道措施(淤地坝)拦水量为:

$$W_{wp} = (1-K)\alpha W_{ws}/\gamma \tag{5-8}$$

式中:W_{wp}为淤地坝拦截的年径流量,m^3;W_{ws}为淤地坝拦截的年泥沙量,t;γ 为坝地淤泥干容重,一般为1.35~1.4 t/m^3;α 为淤泥孔隙率,一般为0.5左右。

沟道措施(淤地坝)拦沙量为:

$$W_{sg} = r_e a(1-\alpha_1)(1-\alpha_2) \tag{5-9}$$

式中:W_{sg}为淤地坝拦泥量,t;r_e 为单位面积坝地拦泥量,即拦沙定额,t/km^2;α_1 为人工填垫坝地在坝地总面积中的比例;α_2 为推移质在坝地拦泥总量中的比例。

拦沙定额 r_e 根据黄土高原各水土侵蚀区淤地坝的拦沙量统计分析获得,不考虑人工填筑及泥沙推移质比例,与式(5-1)表示的拦沙能力 r 略有区别。在南小河沟流域各系数取值如下:α_2 可取0.1(冉大川等,2004);因为该流域淤地坝库容与坝高的比例相对比较小,α_1 可取0.3;参考第二期水沙基金淤地坝拦泥指标,该流域1978年淤地坝的拦沙定额取为30 000 t/hm^2(黄河流域水土保持科研基金第四攻关课题组,1993)。

5.3.2.2 氮、磷、有机质年拦截量

水、沙年拦截量计算完后,计算水土保持对水环境的影响。本研究拟通过各类水保措施年拦截泥沙的总量,乘以该类地块表土中营养元素含量的方法,来计算水保措施对水环境的影响,即

$$W_n = W_s \times C/100 \tag{5-10}$$

式中:W_n 为小流域中某类水土保持措施拦截的土壤营养物质量,t;W_s 为某类水土保持措施拦截的泥沙质量,t;C 为该类水土保持措施地块表土中土壤营养物的含量(%)。

黄河水土保持绥德治理监督局通过现场取样分析,得出各类水土保持措施地块土壤中

氮、磷和有机质的含量(郑宝明等,2006),如表 5-1 所示。

表 5-1 韭园沟流域不同水土保持措施地块土壤肥力统计

名称	全氮(%)	全磷(%)	有机质(%)
坝地	0.031	0.128	0.529
梯田	0.028	0.125	0.423
经济林	0.029	0.131	0.518
乔木林	0.027	0.123	0.402
灌木林	0.026	0.125	0.389
坡耕地	0.024	0.121	0.384
草地*	0.048	0.186	0.615

注:* 根据笔者所掌握的资料,目前还没有关于黄土高原典型小流域草地土壤肥力的观测统计资料。本研究根据韭园沟灌木地、乔木地的肥力观测值(郑宝明等, 2006)以及刘国彬等关于灌木地、乔木地和草地的营养元素流失径流小区试验成果(赵护兵等,2006)进行推算获得。

5.3.3 年输移量计算

流域的产流产沙量是降雨与流域下垫面共同作用的结果,流域内各项水土保持措施对水、沙和土壤营养物的拦截作用与流域产流、产沙模数有关。流域在未治理状况下的水、沙和土壤营养物的输移量为流域表层水、沙和土壤营养物的总输移量,包括从流域出口输出的物质量、各项措施拦截的物质量及通过其他途径流失的物质量(如流域中水的输移量中应包括蒸发量):

$$W_0 = W_E + \sum W_{Ri} + \Delta W \tag{5-11}$$

式中:W_E 为流域出口站实测的水、沙或营养物质量,即从流域出口处输出的物质量,t;$\sum W_{Ri}$ 为流域各项措施(坝地、梯田、林地、草地)的拦截量之和,t;ΔW 为通过其他途径的损失量,对于水此项为蒸发量,对于沙和土壤营养物此项数值为 0。

5.3.3.1 水、沙年输移量

根据已有资料,如果所有水土保持措施的水、沙拦截总量以及相应的拦截效率已知,如韭园沟 1953 ~ 2005 年间历年拦截量和拦截效率的统计资料(郑宝明等,2006),南小河沟 1955 ~ 1974 年间历年拦截量和拦截效率的统计资料(黄河水利委员会西峰水土保持科学试验站,1982),则根据拦截效率的定义式(5-2),可以计算出流域中的水沙输移量:

$$W_0 = \frac{\sum W_R}{r_0} \tag{5-12}$$

式中:W_0 为水沙输移量,m^3(水)或 t(沙);$\sum W_R$ 为各项措施总的拦截量,m^3(水)或 t(沙);r_0 为流域内水保措施总的拦截效率(%);

另外,如果已知流域内某年的天然产流或产沙模数,流域中水沙输移量可采用下式计算:

$$W_0 = M_0 A \tag{5-13}$$

式中:M_0 为流域的年天然产流(沙)模数,m^3/km^2(水)或 t/km^2(沙)。

如果没有当年的天然产流(沙)模数观测值,也可用该流域的多年平均天然产流(沙)模

数代替,如本研究计算南小河沟 1978 年水沙输移量的情况(详见本章 5.4.2 节)。

5.3.3.2　氮、磷、有机质年输移量

流域泥沙输移总量乘以该流域表土中土壤营养物多年平均含量,即可得流域全磷、全氮和有机质输移量:

$$W_{0n} = W_{0s} \times \bar{C}_n / 100 \tag{5-14}$$

式中:W_{0n}为小流域中土壤营养物的输移总量(包括流域出口量和各类水保措施拦截量),t;W_{0s}为流域的泥沙输移总量(包括流域出口输沙量和各类水保措施拦沙量),t,可根据式(5-12)或式(5-13)计算;$\bar{C}_n$ 为流域表土中土壤营养物的多年平均含量(%)。

由于流域中某土壤营养物的拦截量由坝地、林地、梯田、草地各项措施的拦截量组成,在黄土高原水土流失综合治理典型区域(如本研究的背景流域韭园沟流域和南小河沟流域),基本实现了流域水沙的全拦全蓄,所以流域表土中某年土壤营养物的平均含量可近似通过各项措施地块中土壤营养物含量与该措施拦沙量的加权平均计算求得:

$$\bar{C}_n = (\sum C_n \cdot W_{Rsi}) / \sum W_{Rsi} \tag{5-15}$$

式中:C_n 为各类水土保持措施地块土壤中的营养物含量(%),见表 5-1;W_{Rsi} 为某类水土保持措施该年份的拦沙量,t。

对于韭园沟流域各项措施历年的拦沙量 W_{Rsi} 均可根据表 5-2 由计算获得,于是该流域历年的表层土壤营养物平均含量均可算出;对于南小河沟流域,可用 1978 年各项措施的拦截量结合表 5-1 中各类地块土壤营养物含量,计算流域表层土壤中的养分平均含量,并以此值作为南小河沟 1955 ~ 1974 年间流域表层土壤中的养分平均含量的多年平均值,计算 1955 ~1974 年间历年土壤营养物的输移量。

表 5-2　韭园沟流域各阶段治理情况(田永宏等,1999)

年份	梯田 (hm^2)	地埂 (hm^2)	水地 (hm^2)	坝地 (hm^2)	造林 (hm^2)	种草 (hm^2)	合计 (hm^2)	治理度 (%)
1963	162	630	23	54	272	137	1 278	18.1
1977	704	467	49	147	593	200	2 160	30.6
1983	1 111	422	36	192	1 761	213	3 736	52.8
1994	1 248	11	48	263	2 473	115	4 158	58.8
1997	1 285	0	51	280	2 667	126	4 411	62.4

5.4　沟道坝系效益分析实例

5.4.1　韭园沟流域坝系效益分析

5.4.1.1　流域概况

韭园沟是无定河中游左岸的一条支沟,沟口距绥德县城 5 km。该流域面积 70.7 km^2(沟口测站控制面积 70.1 km^2),沟底比降 1.15%。大于 200 m 的支毛沟有 337 条,其中面积在 1 km^2 以上的有 15 条,沟壑密度 5.34 km/km^2。沟间地面积 39.6 km^2,沟谷面积 30.5 km^2。该流域位于东经 110°16′,北纬 37°33′,海拔 820 ~1 180 m。流域内地表形态主要由

梁、峁和沟谷组成,多为黄土覆盖,土地贫瘠,地块破碎,黄土深厚,植被缺乏,气温变化大,暴雨集中,洪量大,含沙量多,水土流失严重,在黄土丘陵沟壑区第一副区具有一定的代表性。该流域属于大陆性气候,雨量较小。据统计,降水量年际变化为735.3 mm(1964年)~232.1 mm(1965年),多年平均508.1 mm。6~9月降雨量占年降水量的71.6%,且多以暴雨形式出现,一次暴雨产沙量往往为年产沙量的60%以上,治理前多年平均侵蚀模数18 120 t/km^2,属剧烈侵蚀区,侵蚀方式以水蚀为主。多年平均气温10.2 ℃,极端最高气温39.1 ℃,极端最低气温-27.1 ℃,无霜期170天。流域从1953年开始综合治理,到1997年累计完成治理面积为4 411 hm^2,治理度达62.4%(田永宏等,1999)。韭园沟各阶段治理情况如表5-2所示。韭园沟的坝系建设改善了生态环境,促进了当地经济的发展,图5-2显示了韭园沟坝系农业的景象。

图5-2　韭园沟坝系农业促进了当地经济的发展

黄委绥德水土保持科学试验站已经根据韭园沟多年的水沙观测资料和各项措施的工程量统计资料,采用成因分析法,计算出了坝地、梯田、林地、草地各项措施的拦水、拦沙模数(郑宝明等,2006)。坡面措施水沙拦截量采用如下方法计算:利用绥德站及区域有关站所的径流观测资料对各项坡面措施(梯田、林地、草地)进行质量分类,确定各类措施地块的拦截定额;然后根据各类措施地块的统计面积,采用式(5-7)和式(5-8)计算出相应的拦水拦沙量。沟道措施水沙拦截量采用如下方法计算:坝地的拦泥量采用淤地坝坝高库容曲线计算,也可利用坝地面积与拦泥量的关系来确定;坝地的拦水量根据水量平衡原理通过迭代法计算。郑宝明等(2006)还根据流域出口的径流、泥沙量以及上述的各项措施的水沙拦截量,采用式(5-11)计算出了流域中的水沙输移量(计算洪水输移量时,忽略了水分蒸发量),并进一步计算出上述措施拦截总量对应的拦水效率和拦沙效率。

5.4.1.2　坝地的拦截比例与拦截效率

根据流域中各项措施的减少径流模数(拦水模数)、减少泥沙模数(拦沙模数)和流域面积(郑宝明等,2006),分别采用式(5-4)和式(5-5),可计算出韭园沟流域各项水保措施历年的拦水量和拦沙量,如表5-3所示。1963年、1977年、1983年和1997年四个特征年(以下简称四个特征年）中，该流域所有水土保持措施多年平均拦水量为 109.4 万 m^3，其中坝地多年平均拦水量为 74.3 万 m^3；所有措施历年拦水量之和为 437.7 万 m^3，其中坝地历年拦水量为 297.1 万 m^3。该流域所有水土保持措施多年平均拦沙量为 84.5 万 t，其中坝地多年平均拦沙量为 58.5 万 m^3；所有措施历年拦沙量之和为 337.8 万 m^3，其中坝地历年拦沙量为 234.0 万 m^3。根据各项措施历年的拦沙量，以及表 5-1 中所列各项措施地块的土壤肥力值，由式(5-10)，可以计算出韭园沟流域各项措施对全氮、全磷和有机质历年的拦截量，如表 5-3 所示。四个特征年中，所有水土保持措施对全氮、全磷及有机质的多年平均拦截量分别为 258.1、1 088.3、4 247.0 t，其中坝地对全氮、全磷及有机质的多年平均拦截量分别为 181.3、748.6、3 093.7 t；所有水土保持措施对全氮、全磷及有机质的历年拦截量总和分别为 1 032.5、4 353.3、16 988.1 t，其中坝地对全氮、全磷及有机质的历年拦截量总和分别为 725.1、2 994.3、12 375.0 t。

根据流域的径流模数、输沙模数和流域面积(郑宝明等，2006)，采用式(5-13)可计算出韭园沟流域历年的洪水输移量和泥沙输移量，如表 5-3 所示。四个特征年中，该流域洪水多年平均输移量为 447.4 万 m^3，历年输移量的总和为 1 789.5 万 m^3；泥沙多年平均输移量为 272.3 万 t，历年输移量的总和为 1 089.3 万 t。根据各项措施历年的拦沙量，以及表 5-1 中各类水土保持地块的土壤肥力统计值，采用式(5-15)可计算出韭园沟流域输移的泥沙中历年营养物平均含量；再根据流域的泥沙输移量及式(5-14)，即可计算出韭园沟流域各项措施历年的全氮、全磷和有机质的输移量，如表 5-3 所示。四个特征年中，韭园沟流域全氮、全磷、有机质输移量的多年平均值分别为 820.7、3 562.2、12 711.5 t；全氮、全磷、有机质输移量的总和分别为 3 282.7、14 248.6、50 845.8 t。

根据各项水保措施历年对径流和泥沙的拦截量，可以计算出淤地坝历年对水、沙的拦截比例，如表 5-3 所示。四个特征年中，淤地坝多年平均拦水比例为 54.3%，多年平均拦沙比例为61.0%，淤地坝的拦水、拦沙作用十分显著。根据各项水保措施对全氮、全磷以及有机质的年拦截量，可以计算出淤地坝历年对全氮、全磷及有机质的拦截比例，如表 5-3 所示。四个特征年中，淤地坝对全氮、全磷及有机质的多年平均拦截比例分别为 61.7%、60.9% 和 62.8%，坝地的拦截效果十分显著。

根据韭园沟流域水保措施历年对水、沙的拦截效率(郑宝明等，2006)，可计算出该流域在四个特征年中淤地坝的多年平均拦水、拦沙效率，分别为 38.0%、52.9%。根据各项水保措施对土壤营养物的拦截量以及流域中土壤营养物的输移量，可用式(5-2)计算出水保措施对土壤营养物的拦截效率，如表 5-3 所示。四个特征年中，韭园沟流域坝地对全氮、全磷、有机质的多年平均拦氮效率分别为 53.5%、52.7%、54.5%。各项水土保持措施中，淤地坝对水资源和水环境的保护作用最大。

5.4.1.3　各项措施的拦截能力对比

根据表 5-2 中韭园沟流域四个特征年中各项措施的统计面积，以及表 5-3 中所列各项措施在这四个特征年中的年拦截量，根据式(5-1)，可计算出韭园沟流域各项水保措施的特征年拦截能力，如图 5-3 和表 5-4 所示。由上述图表可以看出，除 1977 年以外，其余年份各项水保措施对水、沙拦截能力对比均为：坝地 > 梯田 > 草地 > 林地，坝地的拦水能力是其他 3 项措施的 10 ~ 208 倍，坝地的拦沙能力是其他 3 项措施的 18 ~ 296 倍，坝地的拦氮能力是其他 3 项措施的 13 ~ 360 倍，坝地的拦磷能力是其他 3 项措施的 18 ~ 297 倍，坝地的拦有机质能力是其他 3 项措施的 22 ~ 361 倍。

表 5-3　韭园沟流域水、沙及土壤营养物的输移分布

项目	年份	输移量	拦截量					坝地拦截效率（%）	坝地拦截比例（%）
			坝地	梯田	林地	草地	合计		
径流（输移量、拦截量，万 m^3）	1963	205.8	79.7	4.7	3.1	1.0	88.5	38.7	90.1
	1977	1 279.6	0.0	33.0	20.0	3.3	56.3	0.0	0.0
	1983	263.1	202.5	31.6	27.7	1.3	263.1	77.0	77.0
	1997	41.0	14.9	6.6	8.0	0.3	29.8	36.3	50.0
	平均	447.4	74.3	19.0	14.7	1.5	109.4	38.0	54.3
	合计	1 789.5	297.1	75.9	58.8	5.9	437.7		
泥沙（输移量、拦截量，万 t）	1963	100.5	62.7	2.0	1.1	0.8	66.6	62.4	
	1977	782.7	0.0	41.9	16.3	7.0	65.2	0.0	0.0
	1983	187.7	159.5	15.7	11.2	1.4	187.8	85.0	84.9
	1997	18.4	11.8	3.0	3.2	0.2	18.2	64.1	64.8
	平均	272.3	58.5	15.7	8.0	2.4	84.5	52.9	61.0
	合计	1 089.3	234.0	62.6	31.8	9.4	337.8		
全氮（输移量、拦截量，t）	1963	312.2	194.4	5.6	2.9	4.1	207.0	62.3	93.9
	1977	2 340.2	0.0	117.3	44.6	33.7	195.6	0.0	0.0
	1983	575.1	494.3	43.9	30.6	6.6	575.4	86.0	85.9
	1997	55.2	36.4	8.4	8.9	0.8	54.5	65.9	66.8
	平均	820.7	181.3	43.8	21.8	11.3	258.1	53.5	61.7
	合计	3 282.7	725.1	175.2	87.0	45.2	1 032.5		
全磷（输移量、拦截量，t）	1963	1 292.6	802.8	24.9	13.5	15.7	856.9	62.1	93.7
	1977	10 316.5	0.0	523.6	206.3	130.4	860.3	0.0	0.0
	1983	2 404.1	2 041.1	196.1	141.2	25.7	2 404.1	84.9	84.9
	1997	235.4	150.4	37.6	40.9	3.1	232.0	63.9	64.8
	平均	3 562.2	748.6	195.6	100.5	43.7	1 088.3	52.7	60.9
	合计	14 248.6	2 994.3	782.2	401.9	174.9	4 353.3		
有机质（输移量、拦截量，t）	1963	5 280.9	3 317.8	84.2	46.5	52.0	3 500.5	62.8	94.8
	1977	34 978.2	0.0	1 771.8	712.5	431.2	2 915.5	0.0	0.0
	1983	9 672.8	8 435.6	663.6	487.7	84.8	9 671.7	87.2	87.2
	1997	913.9	621.6	127.1	141.4	10.3	900.4	68.0	69.0
	平均	12 711.5	3 093.7	661.7	347.0	144.6	4 247.0	54.5	62.8
	合计	50 845.8	12 375.0	2 646.7	1 388.1	578.3	16 988.1		

1977 年 8 月 4 ~ 5 日，韭园沟在 24.82 h 内流域平均降雨量达 177.7 mm，局部雨量达 240.5 mm，超出了沟道坝系的防洪设计能力，导致淤地坝大面积损毁，所以这一年的坝地拦截能力剧减。这一淤地坝水毁事件也引起人们对坝系规划理论的重视，促进了坝系中防洪骨干坝的建设。

5.4.1.4　机理分析

韭园沟主要的治坡措施为梯田、林地、草地。坡地修梯田，改变了地形，截短了坡长，蓄水保土作用十分显著，有效地拦蓄了径流，因而土壤含水量一般比坡耕地高。影响林地减洪

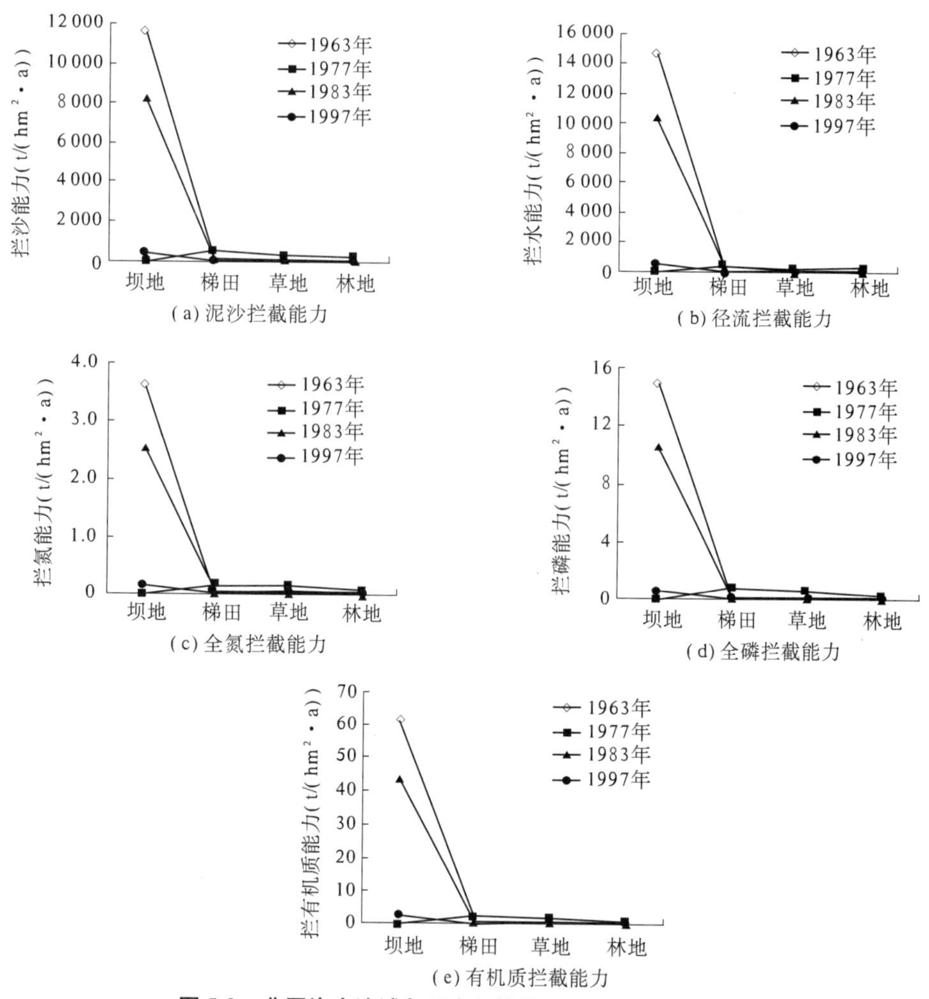

图5-3　韭园沟小流域各项水保措施特征年拦截能力对比

减沙的因子很多,如坡度、坡长,林地地貌、林种、树龄以及覆盖度等,在这些影响因子中,覆盖度是影响其减洪减沙的主要因子,在不同产流水平下,不同林地质量拦沙拦洪水平不同,林地减沙效益不仅和林地覆盖度有关,而且与产流量有关,随着产流量增大,林地的减沙量增大,当增大到极限程度后不再变化。草地的减洪减沙机理与林地相同,其拦洪拦沙能力主要与草地覆盖度有关。韭园沟的治沟措施主要为淤地坝。在暴雨洪水作用下,坡面和沟壑同时产生洪水泥沙,但是坡面产生的洪水泥沙汇流后必然流入沟壑,从毛沟到支沟,再到干沟,一级一级地汇入江河。因此,坡面措施只能减少坡面产生的洪水泥沙,沟壑措施则可以拦蓄坡面上排泄的洪水泥沙和沟壑里产生的洪水泥沙。

水土保持措施能够吸收、过滤、迁移和转化土壤与水体中的一些有害物质,防治流域非点源污染,改善地表水和地下水水质,水土保持措施对氮、磷以及有机质有很好的拦截作用,能够在一定程度上控制非点源污染。据绥德水土保持科学试验站1984年对韭园沟流域取样分析,采取水保措施后,土壤肥力较坡耕地有明显提高,全氮提高8.3%～29.2%;全磷提高3.3%～8.3%;有机质提高1.3%～37.8%,土壤肥力由高到低的排列次序是坝地、经济林、梯田、乔木林、灌木林及坡耕地。

表 5-4 韭园沟各项水土保持措施的拦截能力

年份	类型	拦截能力(t/(hm² · a))				
		径流	泥沙	全氮	全磷	有机质
1963	坝地	14 750.1	11 614.4	3.60	14.87	61.44
	梯田	292.8	122.8	0.03	0.15	0.52
	林地	115.1	39.2	0.01	0.05	0.17
	草地	70.9	61.7	0.03	0.11	0.38
1977	坝地	0.00	0.00	0.00	0.00	0.00
	梯田	468.6	595.0	0.17	0.74	2.52
	林地	337.3	275.4	0.08	0.35	1.20
	草地	165.5	350.6	0.17	0.65	2.16
1983	坝地	10 547.9	8 305.4	2.57	10.63	43.94
	梯田	284.5	141.2	0.03	0.15	0.52
	林地	157.3	63.5	0.01	0.05	0.17
	草地	62.3	64.8	0.03	0.12	0.40
1997	坝地	532.8	419.7	0.13	0.54	2.22
	梯田	51.4	23.4	0.01	0.03	0.10
	林地	29.9	12.2	0.00	0.02	0.05
	草地	25.3	13.2	0.01	0.02	0.08

5.4.2 南小河沟流域坝系效益分析

5.4.2.1 流域概况

南小河沟是泾河支流蒲河左岸的一条支沟，在董志塬西侧，距西峰市中心 10 km。该流域位于 107°37′E，35°42′N，为典型的黄土高塬沟壑区地貌。海拔 1 050 ~ 1 423 m，流域面积 36.3 km²，其中塬面占 56.86%，沟壑占 43.14%。总耕地面积 1 690 hm²，耕垦指数 46.3%。流域长 13.6 km，平均宽度 2.7 km，干沟长 11.8 km。流域年平均气温 9.3 ℃，最高气温 39.6 ℃，最低气温 -22.6 ℃，无霜期 155 d，多年平均蒸发量 1 503.5 mm。年均降水量为 556.5 mm，其中 6 ~ 9 月降雨量占全年降水量的 67.3%。黄土是该流域主要覆盖性土壤，黏土含量甚微，土质松软。根据十八亩台、杨家沟、董庄沟 3 个测站及不同土地类型径流场的 19 年资料的整理分析可知，该流域历年汛期平均径流模数为 8 983 m²/km²，流域历年汛期平均天然侵蚀模数为 4 300 t/km²(黄委西峰水土保持科学试验站，1982)。

南小河沟在黄河中游地区水土保持工作中是起步早、取得成效较显著的小流域之一。南小河沟流域综合治理措施具体表现在以下几个方面：塬面布设“三道防线”；沟坡修水平梯田，建山地果园、护坡林、苜蓿坡等；沟谷打柳谷坊、土谷坊，沟底建防冲林、淤地坝和小水库。根据统计(黄委西峰水土保持科学试验站，1982)，至 1978 年底，南小河沟流域各项措施地块坝地、梯田、造林、种草的面积分别为 6.67、235、461、167 hm^2。全流域治理程度为 58%，基本达到水不下塬、泥不出沟的目的，农、林、牧全面发展。图 5-4 显示了南小河沟坝系中林草丰茂的景象。

图 5-4　南小河沟坝系景观照片

5.4.2.2　坝地的拦截比例、拦截效率与拦截能力

根据式(5-6)~式(5-9)，可计算出坝地、梯田、林地、草地各项措施的拦水、拦沙量。根据 1978 年各项措施的拦沙量，以及各类水土保持地块中各土壤营养物的含量(可参照韭园沟流域的监测资料)，采用式(5-10)可以计算出各类水土保持措施对土壤营养物的拦截量。计算结果如表 5-5 所示。

根据南小河沟流域多年平均产流模数(8 983 m^3/km^2)、产沙模数(4 300 t/km^2)，由式(5-13)计算出该流域 1978 年的水、沙输移量分别为 32.9 万 m^3 和 15.74 万 t。由于南小河沟流域尚没有各类地块土壤营养物含量的实地监测资料，可参照韭园沟流域的监测资料(如表 5-1 所示)。根据表 5-1 中各类水土保持地块的土壤肥力统计值及表 5-5 中 1978 年各项措施的拦沙量，采用式(5-15)可计算出 1978 年南小河沟流域输移泥沙中各类营养物的含量，其计算结果全氮、全磷和有机质的比例分别为 0.032%、0.132% 和 0.528%。再根据流域的泥沙输移量及式(5-14)，即可计算出 1978 年南小河沟流域对全氮、全磷和有机质输移量，分别为 50.2、207.4、831.4 t。

根据式(5-1)~式(5-3)可分别计算出各项水保措施对径流和泥沙的拦截能力、拦截效率以及拦截比例，如表 5-5 所示。从表中可以看出，该流域 1978 年底各项水保措施对径流、泥沙的拦截能力对比为：坝地 > 梯田 > 林地 > 草地，坝地的拦水能力是其他 3 项措施的 128~386 倍，坝地的拦沙能力是其他 3 项措施的 628~1 099 倍。1978 年流域坝地对径流、泥沙的拦截效率分别为 13.7%、80.1%；坝地对径流、泥沙的拦截比例分别为 57.4%、86.4%。虽然坝地面积仅占各项措施水保面积的 0.8%，但坝地仍然拦截了大量的水、沙，坝地的拦泥作用尤其显著。

表 5-5 1978 年南小河沟流域各项水土保持措施的水资源效益

类别	参量	坝地	梯田	草地	林地	合计
径流	拦截量(m^3)	45 055.9	12 344.1	2 930.2	18 179.4	78 509.6
	拦截效率(%)	13.7	3.8	0.9	5.5	23.9
	拦截能力($m^3/(hm^2 \cdot a)$)	6 755.0	52.6	17.5	39.5	
	拦截比例(%)	57.4	15.7	3.7	23.2	
泥沙	拦截量(t)	126 063.0	7 061.8	2 873.7	9 904.8	145 903.3
	拦截效率(%)	80.1	4.5	1.8	6.3	92.7
	拦截能力($t/(hm^2 \cdot a)$)	18 900.0	30.1	17.2	21.5	
	拦截比例(%)	86.4	4.8	2.0	6.8	
全氮	拦截量(t)	39.1	2.0	1.4	2.7	45.2
	拦截效率(%)	78.4	3.9	1.6	9.5	93.4
	拦氮能力($t/(hm^2 \cdot a)$)	5.9	0.0	0.0	0.0	
	拦截比例(%)	83.9	4.2	3.0	5.7	
全磷	拦截量(t)	161.4	8.8	5.4	12.5	188.1
	拦截效率(%)	78.4	4.3	1.7	9.0	93.4
	拦磷能力($t/(hm^2 \cdot a)$)	24.2	0.0	0.0	0.0	
	拦截比例(%)	83.9	4.6	2.8	6.5	
有机质	拦截量(t)	666.9	29.9	17.7	43.2	757.7
	拦截效率(%)	80.9	3.7	1.5	7.4	93.5
	拦有机质能力($t/(hm^2 \cdot a)$)	100.0	0.1	0.1	0.1	
	拦截比例(%)	86.5	3.9	2.3	5.6	

根据式(5-1)~式(5-3)还可以分别计算出 1978 年南小河沟流域各类水土保持措施对氮、磷、有机质的拦截能力、拦截效率、拦截比例。计算成果如表 5-5 所示。从表中可以看出,该流域 1978 年各项措施对全氮、全磷和有机质的拦截量分别为 45.2、188.1、757.7 t。各项水土保持措施对全氮、全磷和有机质拦截能力对比为:坝地 > 梯田 > 林地 > 草地,坝地的拦氮能力是其他 3 项措施的 695 ~ 1 009 倍,坝地的拦磷能力是其他 3 项措施的 643 ~ 893 倍,坝地的拦有机质能力是其他 3 项措施的 785 ~ 1 067 倍。坝地对全氮、全磷和有机质的拦截比例分别为 83.9%、83.9% 和 86.5%。1978 年南小河沟流域各项水土保持措施对土壤营养物的拦截效率由大到小分别为坝地、林地、梯田、草地,对全氮的拦截量占全氮输移量的比例分别为 78.4%、9.5%、3.9%、1.6%;对全磷的拦截效率分别为 78.4%、9.0%、4.3%、1.7%;对有机质的拦截效率分别为 80.9%、7.4%、3.7%、1.5%。由以上分析可见,在南小河沟流域的各项水土保持措施中,虽然坝地面积较小(占水土保持措施总面积的 0.8%),但拦截的土壤营养物均占所有水土保持措施拦截总量的 80% 左右,可见坝地对流域的水环境保护效果非常显著。

5.4.3　南小河沟流域与韭园沟流域计算结果对比

对比韭园沟流域与南小河沟流域水土保持措施的拦截能力,可以得到韭园沟流域林地对水沙的拦截能力小于草地对水沙的拦截能力,而南小河沟则相反,这是由于两个流域林木分布的不同造成的。韭园沟流域的治理以坝系建设为主,该地区树林覆盖较为稀少,乔木基本分布在水分较为充足的沟底,在坡面上几乎没有乔木分布;灌木分布在沟底和靠近沟底、高程较低的坡面上;乔、灌木均零星分布,几乎不见成片的林地。草地在坡面和沟底均有分布,分布密度较大,对水沙的拦截效果相对较好。南小河沟流域坡面治理程度很高,沟底和坡面均分布有成片的灌木林,该地区森林覆盖率已达到 17.6%。草地在坡地和沟底均有分布。但由于草地的肥力较高(根据韭园沟观测结果),所以虽然南小河沟林地拦截泥沙的总量较多,但土壤养分的拦截量依然小于草地的拦截量。另外,由表 5-4 和表 5-5 可知,本研究中计算出的韭园沟坝地的拦截能力较南小河沟的拦截能力小。这是因为南小河沟流域是以沟坡同时治理为特色的小流域综合治理示范区,该流域的淤地坝陆续建成,在选定的特征年(1978 年)中,仍有许多新建坝没有淤满,拦截能力较大,在进行成因分析计算时,淤地坝的拦沙、拦水定额是按照黄土高原地区淤地坝拦沙定额的统计平均范围来取的;而韭园沟坝系建设较早(该流域是黄土高原沟道坝系建设示范区),所选的四个特征年中最早的一年(1963 年)距开始建坝的 1953 年已有 10 年,这时流域中淤地坝大部分已经淤满,所以坝地的拦截能力较小,与根据文献(郑宝明等,2006)提供资料计算出的淤地坝拦截能力吻合。

第 6 章　坝系相对稳定原理及试验研究

第 4 章和第 5 章的研究结果表明,淤地坝建设在治黄方略中具有重要的地位和作用。黄土高原地区进行了大规模淤地坝建设,20 世纪 60 年代中期,为解决三门峡库区的严重淤积问题,黄委曾提出修建包含 946 座淤地坝拦截入库泥沙的“万坝方案”。随着淤地坝的增多,由于坝系建设理论不够完善,缺乏骨干坝系的防洪支撑,加上原来小多成群的坝库施工质量不高,坝地的防洪保收问题愈来愈突出,在大暴雨、特大暴雨的袭击下,发生严重的水毁事件。要使淤地坝系长期、稳定地发挥作用,还需要利用淤地坝拦沙减蚀和坝系相对稳定的基本理论来指导淤地坝系的建设,通过科学试验的手段模拟淤地坝拦沙减蚀机理和坝系相对稳定原理,为坝系规划提供依据。

6.1　淤地坝的拦沙减蚀机理

黄土层胶结程度低,结构疏松,遇水崩解,极易遭受冲刷与侵蚀。内陆湖泊骤然消亡引起黄土高原侵蚀基准面的变化,这不仅使黄河中下游再次贯通,同时也导致了黄土高原冲沟发育。晋陕峡谷区是黄河的主要产沙区,或河流泥沙的主要来源区。在其他因素变化不显著的情况下,侵蚀基准面的变化,决定着流域内河流的侵蚀与搬运能力。既然晋陕峡谷是黄河主要产沙区,那么在这里的基准面变化及其变化历史的意义尤显重要。总括前已述及的晋陕峡谷侵蚀基准面的明显改变有五次:第一次发生在新近纪末,第二次在 100 万 a B. P. ,第三次在 20 万 ~25 万 a B. P. ,第四次在 1.9 万 a B. P. ,最后一次在 4 100 a B. P.(李容全等,2005)。正因为有黄河的穿行,黄河中游基准面变化成为黄土高原水土流失的主导控制因素之一。现代黄土高原大部分地区属于新构造上升区,新构造上升会引起侵蚀基准面的下降,这对黄土高原会产生不利的影响。如果未来黄土高原新构造运动由上升变为稳定或下降,这将有助于黄土高原的治理。不过目前还看不出该区会出现下降的迹象,现代黄土高原多数地区每年抬升 2 mm 左右(陈永宗等,1988)。新构造上升对水土流失的影响主要表现在地形坡度的变化上,通过计算新构造运动引起的地形坡度的变化,可以求得新构造上升引起的增加的侵蚀量。现代该区大型河流与塬面高差多为 200 ~300 m,塬边坡度为 15°左右。如果未来一万年因构造抬升而使该区侵蚀基准面下降 20 m,那么引起塬边平均增加的坡度也不到 2°,则未来一万年因地形坡度变化引起的增加的侵蚀量是相当有限的,对未来一万年黄土侵蚀量的影响不大(赵景波、刘东生、韩家懋,1997)。因此,解决黄土高原水土流失的基本方略应当是梯级开发,分段分级人为抬高地方侵蚀基准面的高度,使水土流失量达到最低自然平衡量的水平。实际上,过去大寨修坝田,搞“人造平原”的基本原理就是抬高小流域的地方侵蚀基准面高度,达到减少水土流失量,保肥、保水、增产的目的。

黄河泥沙的主要来源为黄土高原的严重水土流失区——黄河中游多沙粗沙区,包括黄土丘陵沟壑区第一、二、五副区的大部分与黄土高原沟壑区的局部地区。按照侵蚀发生的地貌类型区部位,侵蚀方式有坡面侵蚀和沟道侵蚀两种方式,其中沟道侵蚀量在土壤侵蚀总量中占有较大比重。坡面侵蚀一般以水力侵蚀为主,沟道侵蚀是在水力侵蚀发展到一定程度的基础上,通过沟谷下切、沟岸扩张,进而呈溯源侵蚀和两侧崩塌等重力侵蚀的形式进行的。据有关研究分析(Liu Libin et al., 2003),多沙粗沙区无措施情况下不同地貌类型(主要按地形坡度划分)的平均产(输)沙模数分别为:梁峁坡 8 649 t/(km^2 · a),沟谷坡 16 006 t/(km^2 · a),沟谷底 47 510 t/(km^2 · a);考虑不同地貌类型所占的面积比例,无措施情况下各地貌类型平均的产(输)沙量分别为:梁峁坡 3.78 亿 t/a,沟谷坡 4.33 亿 t/a,沟谷底3.71 亿 t/a,坡面侵蚀量和沟道侵蚀量(沟谷坡 + 沟谷底)所占的比例分别为32%和68%,显然在沟道侵蚀中,以水力、重力复合侵蚀为主的沟谷坡侵蚀(输沙)量最大,占流域侵蚀(输沙)总量的36.7%;事实上,沟谷底单位面积的侵蚀(输沙)量之所以那么大,正是沟头前进、沟岸崩塌等重力侵蚀占主导地位的综合反映。小流域(淤地坝)坝系工程就是针对上述黄土高原严重水土流失地区侵蚀(输沙)特点而修建的一种对流域拦沙减蚀作用针对性极强的沟道治理措施,是解决水土流失的有效措施。方学敏等(1998)总结了淤地坝拦沙减蚀机理,主要表现在以下几个方面:①局部抬高侵蚀基准,减弱重力侵蚀,控制沟蚀发展。②拦蓄洪水泥沙,减轻沟道冲刷。淤地坝运用初期能够利用其库容拦蓄洪水泥沙,同时还可以削减洪峰,减少下游冲刷。③减缓地表径流,增加地表落淤。淤地坝运用后期形成坝地,使产汇流条件发生变化,从而起到减缓洪水泥沙的作用。④增加坝地,提高农业单产,促进陡坡退耕还林、还牧,减少坡面侵蚀。

在沟道中修建淤地坝,对其上游土壤侵蚀及输沙的影响表现为:不仅直接拦截了来自上游沟道及坡面输送下来的大量泥沙,减少了可能进入下游的泥沙输移量,而且至为重要的是,从土力学的角度加以分析,随着淤地坝的淤积抬高,在其上游逐渐形成新的均衡淤积剖面,逐步抬高了其控制区域的局部侵蚀基准面,使淤地坝上游沟谷及其两侧沟谷坡的土体滑动面减小(见图6-1),沟谷坡潜在的重力侵蚀量逐渐减少,土体抗滑稳定性增加,土壤侵蚀的重力能量逐渐降低,侵蚀作用随之减弱,控制沟头前进和沟岸崩塌扩张,这便是淤地坝拦沙减蚀的力学机理,也是淤地坝之所以在水土保持诸措施中对减少进入流域下游入黄泥沙能够起到极其显著作用的最根本原因。坝地淤积泥沙淤埋沟床及其附近沟坡的结果一般可使近坝段的沟岸坡长从 40 ~ 60 m 缩短为 20 ~ 40 m, 从而使原来侵蚀最为严重的沟谷和沟

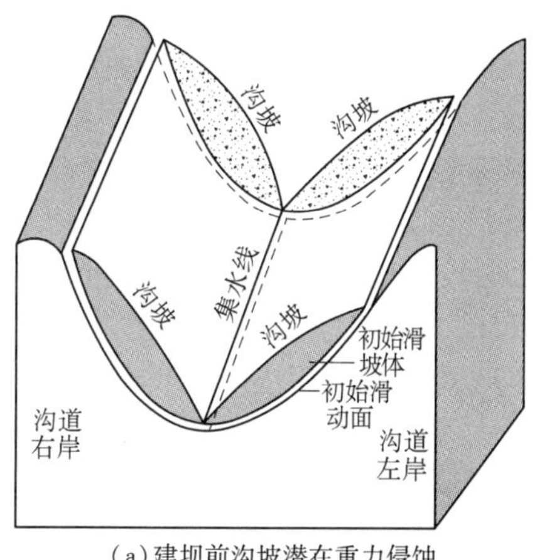

(a)建坝前沟坡潜在重力侵蚀

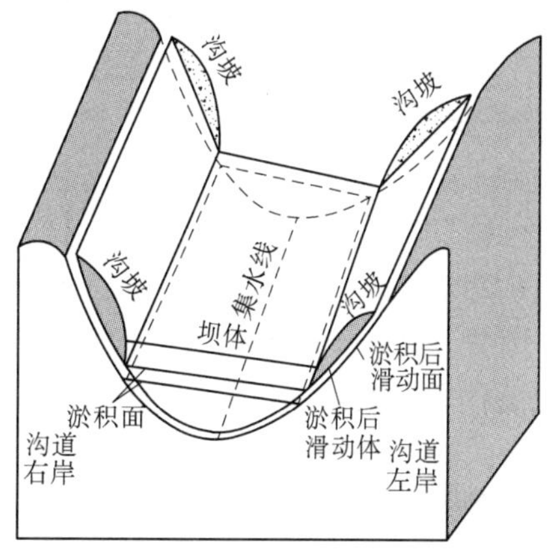

(b)淤地坝淤积后沟坡潜在重力侵蚀

图6-1 坝地淤积前后两岸沟坡潜在重力侵蚀量对比示意图

床重力侵蚀的发生几率大大降低；另外，迫使小流域地貌演化加快向“老年期”过渡。修建淤地坝还能减缓地表径流，增加坝地淤积，淤地坝运用后期，坝地已经形成，由于地势变平，比降减小，且汇流面积增大，在同等降雨条件下，形成的汇流流速减小，水流挟沙力减小，从而造成洪水泥沙在坝地落淤。淤地坝对下游的影响改变了下游沟道的水沙条件，特别是在淤地坝运行的初期，当大部分淤地坝还保留有淤积库容和防洪库容时，淤地坝削减洪峰的作用非常明显，减轻径流对下游沟道的冲刷。根据对河床演变规律的研究，河流纵比降与造床流量、含沙量以及泥沙粒径等因素密切相关，在其他因素不变的情况下，造床流量越大，比降越小；反之，造床流量越小，河流比降就越大。淤地坝对沟道及其所在小流域地貌演化的影响是系统性的，通过拦截泥沙，抬高侵蚀基准面；通过调整（降低）沟道流水的侵蚀能量，引起沟道比降的调整，进而减少侵蚀。可以预期，通过科学的规划布局，修建淤地坝，建立新的动力平衡，完全可以达到更加持久的减沙目的。

淤地坝虽然对坡面侵蚀的控制不明显，但这并不意味着淤地坝必须无限制地增高，以容纳从坡面不断输送下来的泥沙。这是因为黄土高原地区的沟谷侵蚀模数远大于坡面侵蚀模数，坡面侵蚀量与沟道侵蚀量相比所占比例较小（32∶68），而且在坡面上还可以采取植树种草、坡改梯等水土保持综合措施防治水土流失；同时淤地坝淤积出来的肥沃良田必然改善当地农业生产基础条件，推动坝系农业进一步发展，也为水土流失严重的坡耕地退耕还林、还牧提供条件。这样，坡面的水土流失也可以人为地加以调控，加上沟道坝系工程显著的拦沙减蚀作用，就可以使整个流域的水土保持与水土流失保持一个动态的相对稳定。

6.2　坝系相对稳定基本原理

坝系相对稳定的提法始于20世纪60年代，最初称为“淤地坝的相对平衡”。人们从天然聚湫对洪水泥沙的全拦全蓄、不满不溢现象得到启发，认为当淤地坝达到一定的高度、坝地面积与坝控制流域面积的比例达到一定的数值之后，淤地坝将对洪水泥沙长期控制而不致影响坝地作物生长，即洪水泥沙在坝内被消化利用，达到产水产沙与用水用沙的相对平衡。不少专家、学者从淤地坝的发展可以达到相对稳定的设想出发，对坝系的相对稳定做了许多研究。目前的普遍提法是“坝系相对稳定”，主要是为了加强与坝系工程的防洪安全的联系。坝系相对稳定的含义包括（方学敏，1995）：①坝体的防洪安全，即在特定暴雨洪水频率下，能保证坝系工程的安全；②坝地作物的保收，即在另一特定暴雨洪水频率下，能保证坝地作物不受损失或少受损失；③控制洪水泥沙，绝大部分的洪水泥沙被拦截在坝内，沟道流域的水沙资源能得到充分利用；④后期坝体的加高维修工程量小，群众有能力负担。要达到坝系的相对稳定，设计淤地坝时必须考虑当地的水文条件（如设计洪量及历时、设计暴雨量及历时等）、所控制的小流域的地理条件、地质条件、坝地的面积、所栽培的农作物种类等。据曾茂林等（1995）的研究，在100年一遇的暴雨情况下，当坝内水深小于0.8 m，积水时间小于3～7昼夜，或坝地与流域面积之比为1/25～1/15时，随着坝地的淤积，定期加高坝体是可以达到基本相对稳定状态的。

在坝系相对稳定研究中，把小流域坝系中淤地面积与坝系控制流域面积的比值称为坝系相对稳定系数。坝系相对稳定系数是衡量坝系相对稳定程度的指标，其大小取决于沟道坝系所在小流域的10年一遇洪水的洪量模数与土壤侵蚀模数的大小。坝系相对稳定系数反映了流域坡面产流产沙与坝系滞洪拦沙之间的平衡关系。对于黄土高原不同的类型区，坝系相对稳定系数的取值范围有所差异。同样的防洪标准，同样的作物耐淹深度，由于不同地区的洪量模数不同，其要求的坝系相对稳定系数差别也不同，相差在 1 倍以上；不同地区侵蚀模数不同，导致坝地年平均淤积厚度差别也较大，侵蚀模数大的地区，要求的相对稳定系数要大一些。

从形式上看，坝系相对稳定系数是一个以面积关系来表示二维平面的指标，但就其内涵来讲，实际已远远超出了平面指标的范围，体现出了多维性和综合性。尽管淤地坝的相对稳定原理在理论上很不完善，但沟道坝系的相对稳定现象是客观存在的。黄土高原已有多条基本实现了相对稳定的坝系，达到多年洪水不出沟，被就地就近拦蓄或利用。陕西的八里河、三十里河长涧、黄土洼，甘肃的老坝头、千湫子等都是已达到相对稳定的天然库坝；山西省汾西县康和沟小流域坝系、陕西省绥德县王茂沟小流域坝系等，都是实现了相对稳定并取得显著拦泥增产效益的成功范例（冯国安，2000）。使沟道坝系实现相对稳定的主要原因是淤地坝的拦沙减蚀作用和坝地面积的增长。由于坝地面积的增长，即使上游来水来沙量不变，每次洪水后坝地的增高也将减小。淤地坝建成以后，由于坝内淤积，覆盖了原侵蚀沟面，从而有效地控制了沟道侵蚀。

近些年来，沟道坝系的相对稳定理论在黄土高原坝系规划设计中发挥了重要的作用（王答相，2005；朱建中、段喜明，2003），同时关于坝系相对稳定原理的标准与内涵也引起了学术界的广泛关注和探讨。

目前人们对坝系相对稳定原理的争议主要集中在坝系稳定与坝体结构安全之间的联系上。李敏等（2004）研究了坝系相对稳定的理论后发现：从理论和数学角度看，沟道坝系的相对稳定系数大，应当较稳定，反之较不稳定；但坝系相对稳定理论却不能解释现实中很多达到较高稳定系数的老坝不安全、不稳定的现象，即使流域的坝地与坝控面积之比达到较高的数值，也就是说能够满足“加高坝系工程量较小”的条件时，淤地坝（系）仍然不能安全和稳定。史学建（2005）认为，相对稳定系数无法解释坝系发展过程中的抗洪能力变化。按照过去的一些研究文献（曾茂林等，1995；雷元静、朱小勇，2000），所谓的“相对稳定”有其发展的过程，即在淤地坝不断接受淤积的情况下，坝地面积不断扩大，当淤积达到一定程度时，才有可能保证一定频率的洪水到达坝地时其淹没深度不超过允许值，这时才达到“相对稳定”。这意味着在此之前的淤地坝是不“稳定”的。而实际上，淤地坝“稳定”的情况是相当复杂的，淤地坝在建成初期，具有较大的库容可以拦蓄较多的洪水和泥沙，可以抵抗较大的暴雨洪水；随着时间的推移，淤积增加，库容不断减少，抵御暴雨洪水的能力逐渐减弱，暴雨水毁的可能性增加；但同时，由于淤地坝的淤积，坝高和库容减小，水流对坝体的动力作用减弱，相当于使坝体结构更稳定。

事实上，坝系稳定和淤地坝的坝体结构稳定在概念上是有区别的。相对稳定的坝系除应满足较大的蓄洪能力，以降低洪水的威胁外，还需要满足最小年淤积量的要求，如第 1 章的式（1-1）和式（1-2）所示。建坝初期，坝系的抗洪能力固然比较强，但年淤积量却比较大，即难以满足式（1-1）的要求。只有在坝系运行的后期，布坝密度符合要求的坝系才可能达到淤地厚度和抗洪能力都合格的相对稳定状态。诚然，淤地坝在一定暴雨洪水下是否会被冲毁，取决于坝上游的洪水条件、坝基的地质条件及坝体自身的结构。坝系中各淤地坝总的坝地面积与坝控流域面积的比例大小，只是影响了指定淤地坝上游的洪水条件，可以说是一种影响因素，但决不是充分条件。因此，淤地坝的结构安全条件，即坝系的防洪安全指标应该用坝系中的治沟骨干工程校核洪水标准来检验，而不能用坝系相对稳定系数来判断（王英顺、马红，2003；朱小勇等，1997）。事实上，坝系相对稳定理论是一个针对黄土高原特定地理气候条件下的概念，对于某一特定流域来说，如果单坝的防洪结构设计标准相同，那么满足相对稳定条件的坝系将显得安全一些。

如果沟道坝系满足相对稳定的要求，那么就能够有利于坝体的防洪安全和坝系农业的发展。但是从人们最初发现天然聚湫以来，水沙平衡就一直是淤地坝相对稳定的核心所在。在黄土丘陵沟壑区之所以能够出现淤地坝相对稳定现象，主要是由于本地区特殊的自然条件，特别是由小流域沟道地貌特征和暴雨特点所决定的。坝库在淤积过程中，当拦泥高度达到一定程度后，沟谷横断面由下到上逐渐变宽，坝地回淤长度逐渐增加，淤积面所涉及的支、毛沟数量不断增多，等频率暴雨洪水在坝内的淹水深度逐渐减小，淤积厚度的年增长速度也相应减缓，从而提高了坝地保收水平，逐步削减了坝体加高的压力，这是相对稳定的基本原理（朱小勇等，1997）。

总之，"相对稳定"主要代表淤地坝来水来沙和用水用沙的相对平衡（史学建，2005）。这一指标是人们在长期的淤地坝建设实践中总结出来的，具有较强的实用性和一定的可靠性；同时具有简单明了的特点，易于理解和掌握，有利于在实践中推广运用。它至少具有以下的实践指导意义（史学建，2005）：

（1）可以指导淤地坝坝系的建设规划。在进行小流域坝系的空间布局时，必须将坝系相对稳定作为重要目标，否则坝系的拦泥淤地和减蚀作用等目标就无法实现。

（2）具有一定的判别功能，根据此指标可以初步判别已经修建的淤地坝是否达到相对稳定，从而指导我们对已经完成的工程进行合理的维护和管理。

6.3　坝系相对稳定原理的模型试验研究

关于淤地坝坝系相对稳定原理的研究，以往多采用地貌调查的方法，通过对实地小流域水沙条件的调查分析和坝地作物防洪保收的试验研究，总结出衡量一座淤地坝和一条小流域坝系是不是达到相对稳定的指标，并进一步分析使淤地坝（或坝系）达到或实现相对稳定的条件。目前，学术界对此多有争议和讨论。为此，本节拟从泥沙冲淤平衡的角度，通过水土保持半比尺模型试验，研究坝系相对稳定现象，并探讨其形成的机理，验证沟道坝系实现相对稳定的可能性（徐向舟、张红武、张欧阳，2003）。

6.3.1　试验概述

6.3.1.1　单坝模拟试验

本研究仍以上述原型为研究的背景流域。本试验中，拟在原型某沟道出口处（相应的流域面积为0.206 km^2，侵蚀模数为20 811 t/(km^2·a)）建一座淤地坝，该坝的坝高21 m。淤地坝的入库洪水流量和含沙浓度根据相应的平均侵蚀模数计算（王万忠、焦菊英，1996b）。

1）模型比尺

为探索坝地的水沙平衡和地貌演变规律，本节通过放水模拟试验演示淤地坝的相对稳定现象。

由于小型水库的淤积抬高除自身库容外主要与入库的水流和泥沙有关，而淤地坝实质上是一种小型水库，因而在本模型试验中，可以将原型坝控流域的来水来沙条件换算成模型入库水流的流量、含沙浓度和径流持续时间，通过放水试验来模拟历次降雨后坝地的淤积增长过程。本试验在清华大学黄河研究中心潮白河试验基地模型大厅内进行，根据原型尺寸和试验场地的条件，确定模型的几何长度比尺为60，即模型坝高、沟道尺寸等按原型的1/60缩小。模型土壤为与原型黄土接近的顺义黄土，下垫面初始地形采用手工拍实做成。这种黄土的干容重 $\gamma_0 = 1.436 \times 10^3\ \text{kg/m}^3$，中值粒径为 $D_{50} = 30.8\ \mu\text{m}$，其模型下垫面黄土的粒径分布见表6-1。

表6-1　模型下垫面黄土的粒径分布

粒径范围（μm）	≤5	≤10	≤15	≤25	≤50	≤75	≤100
百分数(%)	17.38	25.57	34.58	53.20	78.93	92.57	100

根据本书提出的方法，在概化的原型流域中，可以用一次降雨的坝地拦沙淤积量来表示流域一年的降雨产沙效果。在概化的原型中，降雨持续时间取为40～160 min，于是模型的放水持续时间为：

$$t_{m0} = \frac{t_p}{\lambda_t} = \frac{t_p}{\sqrt{60}} = 5.16 \sim 20.66(\text{min})$$

在实际操作中，因为观测沿程含沙浓度和坝地淤积的具体需要，放水持续时间取为12 min，基本接近上述范围。

概化原型建坝前的次降雨产沙量，相当于原型流域出口处一年的输沙量总和，可以根据原型流域的多年平均侵蚀模数来计算，应为 $20\,811 \times 10^3 \times 0.206 = 4.29 \times 10^6(\text{kg})$。

由于黄土高原沟道上淤地坝拦沙淤积现象已经概化成高含沙水流的水库淤积问题，所以可借鉴张红武的高含沙水流模型相似律中含沙量比尺的计算方法（张红武等，1994），来确定本试验中含沙量的比尺。具体做法是采用张红武公式分别计算原型和模型的水流挟沙力，两者之比即为含沙量比尺，初步得该比尺为2～3，故取沟道模型试验含沙量比尺为2.5。而且王光谦等采用张红武公式，成功地进行了沟道输沙计算模拟（王光谦等，2006），表明我们上述确定沟道模型试验含沙量比尺的做法是可靠的。于是淤地坝模型的含沙量为：

$$C_m = \frac{C_p}{\lambda_C} = 80 \sim 120(\text{kg/m}^3)$$

经率定，由搅拌池中输入试验系统的进口浑水含沙浓度为80～90 kg/m³，在上式的允许范围内。在本试验中，进口水流的流量 Q_m 和含沙量 C_m 基本稳定。本试验中，入库洪水的含沙浓度在搅拌池中取样，由于稳水池的沉淀作用，实际进入坝库的洪水含沙量略小于此值。

模型的设计参数及上述推导得出的模型与原型各参量之间的比例关系列于表6-2中。

2）试验系统和方法

试验系统由回水系统和试验区两部分组成，如图6-2所示。浑水在搅拌池中搅拌均匀，经率定达到设计的模型含沙量以后，由池中的潜水泥浆泵经进水管输入到稳流池中。水流经稳流池中进入沟道后，在坝前库区滞留一部分泥水，则经溢洪道或泄流孔排入蓄水池中。蓄水池后有阀门，可防止回水进入搅拌池，影响初始水沙条件。单坝模型试验结束后，可以打开阀门,将回水放入搅拌池内,重复利用。通过回水管中的控水阀门,可以调整回水管中入库流量的大小。

表 6-2　淤地坝模型参数

流域要素		缩尺	说明
项目	原型		
主沟道长度 L(m)	752	$\lambda_L = 60$	试验场地要求
流域面积 A(km^2)	0.206	$\lambda_A = 3\ 265$	几何相似
坝高 H(m)	21	$\lambda_H = 60$	几何相似
径流持续时间 t(min)	40 ~ 160	$\lambda_t = 7.75$	重力相似
含沙量 C(kg/m^3)	≈200	$\lambda_C \approx 2.5$	参见文献(肖培青等,2001)
干容重 γ_0(t/m^3)	≈1.3	$\lambda_{\gamma 0} \approx 1$	模型表面手工拍实

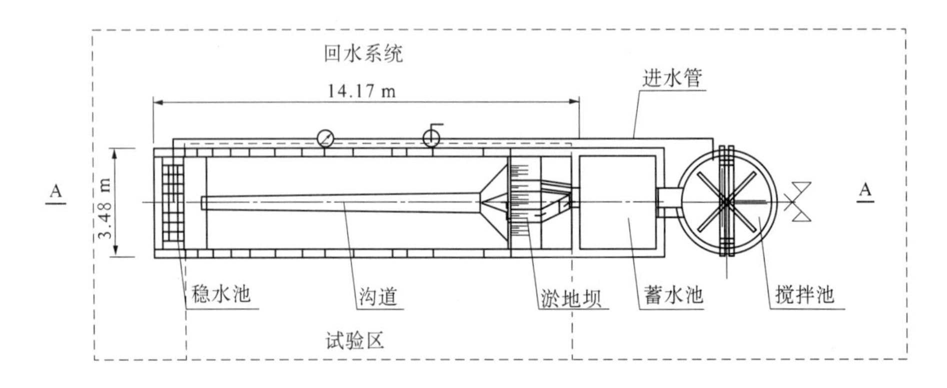

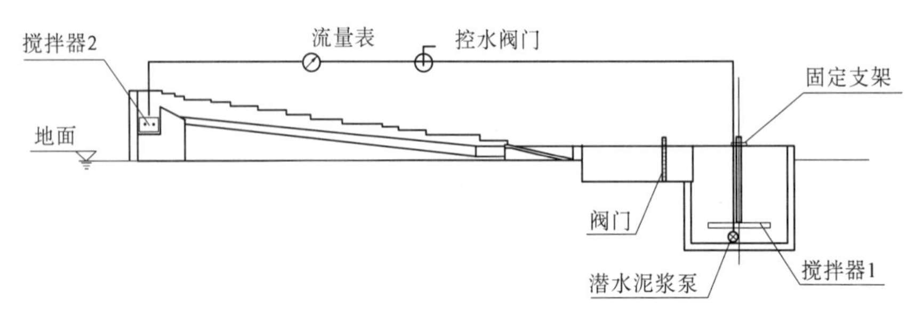

A—A

图 6-2　试验模型布置图

模型沟道的支沟呈“V”形,主沟呈“U”形,主沟和支沟的沟壁坡度均为 45°。淤地坝位于离支沟沟尾 0.9 m 的主沟沟口处,坝高 0.35 m。当沟道洪水量超过淤地坝库容时,洪水可以通过溢洪道排出。模型沟道的两边侧墙互相平行。在坝前淤积区,有一测桥横跨在两边侧墙上,测桥可沿着两边侧墙在沟道纵向上水平移动;测桥上装有可沿着沟道横向移动的测针。侧墙和测桥上都标有刻度,间距均为 0.1 m。冲刷区的沟底高程通过测杆和水准仪配合测量,间距也是 0.1 m。本试验中坝地面积通过每次放水后坝前沟底高程的等值线图计算。根据坝前地形的等值线图,可确定坝地的范围。然后将该等值线图按图上 1 单位长度对应实际 1 cm 长度的比例转入到 AutoCAD 2000 中,用“Area”命令即可直接测出该坝地的面积。

试验前先用小雨强降雨湿润地面。每次放水后，间歇24 h再进行下一次放水，这样除地形做好后的第一次降雨模拟试验以外，其余各次降雨下垫面的初始含水量和密实度都差不多。入库流量由位于进水管上的流量表读出，沟道水流的流速用螺旋桨流速仪测量，浑水的含沙量使用100 mL的密度瓶测量。模型的入库流量控制在1.0×10^{-3} m^3/s，入口含沙量为80～90 kg/m^3。试验从水流进入沟道开始计时，持续放水12 min。试验中连续观测沟道沿程的流速分布；模型的入口处、坝前库区、坝后溢洪道处每隔1 min取一次沙样，以观测洪水含沙浓度沿程变化的规律。放水试验结束后，当库内积水澄清，坝前淤地基本稳定时，用细管排出清水，然后开始观测沟底和坝地的地形。记放水前地形数据的组次为$N_m(0)$组，第一次放水后的地形数据组次为$N_m(1)$组，依次类推。

随着放水次数的增多，坝前淤地高程的增长速度越来越慢。本试验总计放水18组次。

6.3.1.2　坝系的降雨模拟试验

为进一步探索修建坝系以后沟道的水沙条件及地貌形态的演变规律，本研究在李各庄基地的1#试验场进行了10场降雨模拟试验。试验的设备和方法同第5章所述的坝系规划模型试验，但本章侧重于观测历次降雨后模型沟道地形的演变。模型下垫面形态根据羊道沟的地貌特征设计，模型的设计参数同第2章表2-4。模型土壤为与羊道沟原型黄土接近的李各庄试验场附近的次生黄土，下垫面初始地形采用手工拍实制成。模型次降雨持续时间为20 min，雨强约1.60 mm/min。每次降雨模拟试验前率定雨强，保证雨强误差在允许的范围内。试验前先用小雨强湿润地面，每次降雨后，间歇24 h再进行下一次降雨，这样除地形做好后的第一次降雨模拟试验以外，其余各次降雨下垫面的初始含水量和密实度都差不多。模型的布坝顺序见表6-3。每次降雨后沟道的地形变化采用水准仪和测杆配合观测。坝地面积采用数码相机和已知面积的长方形木框配合测量。

表6-3　布坝顺序

试验组次	Pc－1	Pc－2	Pc－3	Pc－4	Pc－5	Pc－6	Pc－7	Pc－8	Pc－9	Pc－10
布置坝号		7#		8#	2#	1#				

本试验模型的几何比尺、下垫面初始形态及降雨条件均与第5章的坝系规划试验相对应。模型试验中由于下垫面的含水量不饱和而导致坡面侵蚀随降雨逐次减小的情况，可以定性地反映小流域坡面综合治理的情况。因为本章主要定性研究建坝后沟道地貌和水沙演变情况，上述含水量不饱和的情况不影响试验结果的可靠性。

6.3.1.3　台地天然降雨试验

在水土流失的试验设备和方法、水土流失比尺模型相似理论及其应用方面，又进行了一系列的试验研究工作。例如，在3#试验场分别观测了天然降雨产沙情况和淤地坝运行情况见图6-3。

6.3.2　试验结果及其分析

6.3.2.1　淤地坝实现相对稳定的表现

淤地坝是控制沟道侵蚀的有效措施。淤地坝（系）的水沙平衡主要体现在坝地高程抬高量的减小及建坝后沟道比降的重新稳定两个方面。以下从这两个方面进行分析。

图 6-3　天然降雨侵蚀观测场

1）坝地抬高量减小

上述单坝的放水试验和沟道坝系的降雨模拟试验结果都表明，随着放水（或降雨）模拟次数的增多，坝地淤积的高程增加量也出现逐渐减小的现象，从而说明沟道逐步趋于稳定。

图 6-4（a）显示了单坝放水试验中，次放水坝地高程增加量逐渐减小的情况。在沟道放水冲刷的过程中，水流流经沟底，在淤地坝影响范围以外的上游地段，沟道发生冲刷；在坝前地段，沟道发生淤积，并逐步形成平展的坝地。在本试验中，根据坝前淤积区的平面坐标和地面高程，可绘出每次放水后坝前地形的等值线图，然后通过对等值线图的判读，得出坝地的平均高程。由图 6-4（a）中可知，随着放水次数的增加，坝地的高程逐年加大，但在开始阶段（图中 $N_m(1) \sim N_m(7)$ 组次），坝地高程的次放水增高量较大，以后逐渐变小。

在坝系的降雨模拟试验中，由于模型的次降雨地貌演变程度比较大，2#、7#坝和 8#坝均在布坝后经历一次或两次降雨即告淤满。1#坝库容较大，又在后期布坝，因此坝库没有淤满，历次降雨后坝地一直在抬高。图 6-4（b）是主沟道建 1#坝后，历次降雨的坝地淤积情况。由图可知，随着降雨次数的增多，次降雨的坝地增高量逐渐减小。

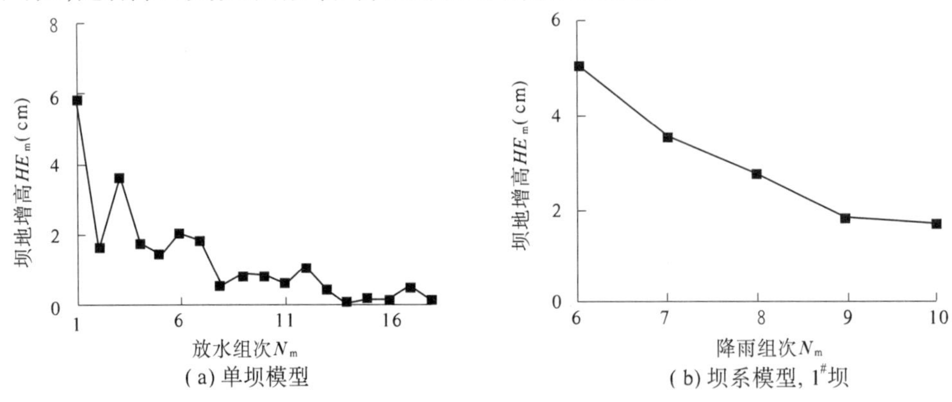

图 6-4　历次放水（降雨）后坝地的增高量

2）平均比降趋于稳定

随着淤地坝上游坝地的抬高，沟道的侵蚀基准面提高，沟道的平均比降逐步减小。参照 Casaly（1999）加权平均比降的计算办法，可定义沟道的长度加权平均比降为：

$$PL_m = \frac{\sum L_i P_i}{\sum L_i} \tag{6-1}$$

式中：L_i 为坡长；P_i 为 L_i 段坡面所对应的比降。

事实上，由于坝地的比降接近于 0，坝地的面积越大，根据式（6-1）计算得出的 PL_m 值越小。PL_m 值实际上反映了一定初始地貌条件下，坝地面积与坝控流域面积的比值。在本试验中，每隔0.1 m间距沟底各点的高程都已经测出，根据各点的平面坐标和高程，就可计算出相邻两点间的比降和坡长，进而可根据式(6-1)计算出平均坡度。

单坝试验和坝系试验中主沟道历次模拟放水(降雨)后，模型主沟道的平均比降计算结果如图6-5(a)和图6-5(b)所示。由图中可以看出，沟道的初始比降较大，随着放水(降雨)试验的进行，坝地的范围逐渐增大，沟道的平均比降随之逐渐减小；起初比降的下降速度很快，然后逐渐趋缓。对于坝系试验(见图6-5(b))，由于1#坝没有淤满，随着降雨次数的增多，沟道的比降仍在不断地减小；对于单坝试验(见图6-5(a))，从 N_m(7)组开始，PL_m 接近于水平线($PL_m \approx 7\%$)，即平均比降几乎不再变化。

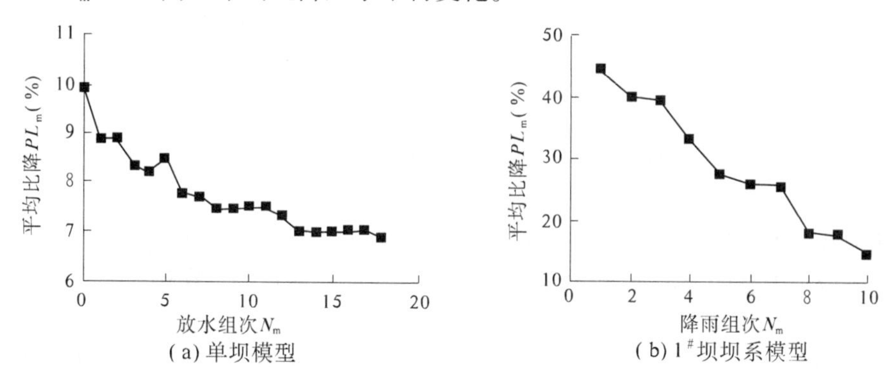

图6-5　历次放水(降雨)后主沟道的比降

综合图6-4、图6-5可以看出，对于单坝试验，大约在第 N_m(7)组放水以后，沟底的纵立面地形、坝前淤地的平均高程和沟道的平均比降等参数都已经趋近于一个恒量，这时候虽然淤地坝尚有一定的库容，并仍能拦截洪水从上游挟带下来的泥沙，但由于坝前的淤地增高非常缓慢，淤地坝的高度不用再增加。可以说，坝前泥沙的冲淤状态已经满足了淤地坝相对稳定的要求。

诚然，如果放水(降雨)的试验不断继续，坝地仍然将不断地增高——尽管增长的幅度是逐渐变小的。本试验只是定性地展示了淤地坝实现水沙相对稳定的一种趋势，证明了淤地坝实现相对稳定的可能性，而并无意于定量地研究出某一具体小流域淤地坝实现相对稳定所需的坝地增高临界值。事实上，坝地的增高量究竟要达到多少才能使当地农民可以忍受，即满足相对稳定的要求，还涉及经济和社会科学领域内的问题，应该通过实地调查和与当地政府部门的配合，根据大量沟道坝系多年的运行状态和当地的经济结构及经济发展水平来决定。在黄土高原小流域水土流失治理实践中，一般坝地的年抬高量小于0.3 m，即最终需要加高坝体的工程量相当于基本农田年修量时，即可认为坝系在水沙平衡方面达到相对稳定状态。

6.3.2.2　淤地坝实现相对稳定的影响因素

1)淤地坝的拦沙减蚀作用

淤地坝拦截的泥沙使沟道的侵蚀基准面抬高，这是沟道侵蚀减小的一个重要原因。由于坝前部分沟道已经被泥沙淤埋，不再发生侵蚀；淤积面以上沟道，也由过去的侵蚀型转化为淤积型或平衡型，于是沟道的侵蚀大为减小。图6-4、图6-5反映了侵蚀基准面抬高、平均比降减小的情况。

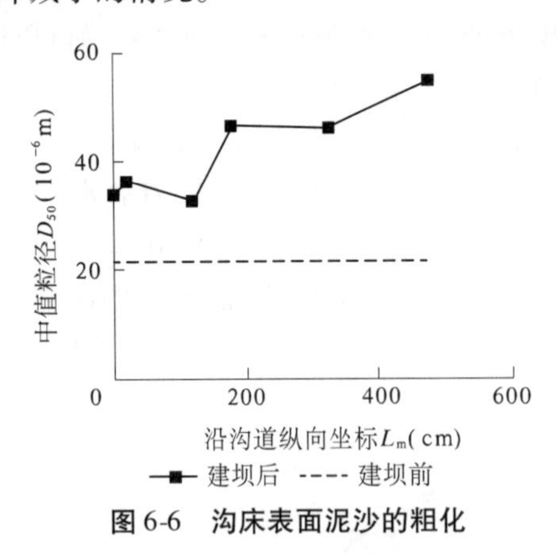

图6-6　沟床表面泥沙的粗化

另外,沟道表面泥沙的粗化也是促使沟道侵蚀减小并趋于稳定的另一个原因。图6-4反映了单坝放水试验前后沟床表面泥沙颗粒的粗化现象(坝系试验中也有类似现象)。由于淤地坝的存在,减小了水流的挟沙力,从坡面汇集下来的洪水中易于搬运、颗粒较细的泥沙被洪水带走,而洪水中颗粒较大的泥沙被留于沟床表面,并形成一层较为致密的保护层,减轻了沟道的侵蚀,促进了沟道的稳定。图6-6中虚线部分表示放水试验前沟底泥沙的中值粒径,实线部分表示18组次放水后泥沙中值粒径的沿程分布。由图6-6可以看出,放水冲刷后沟底的泥沙中值粒径明显比放水前增大,距离淤地坝越远,沟底的粗化现象越显著。

淤地坝的减蚀作用控制了原来水土流失最为严重的沟谷和沟床(曾茂林等,1999),这就相当于减少了大量的流域来沙,从而使淤地坝后期坝前淤积增长缓慢。

2)落淤面积的变化

主沟道历次放水(降雨)后泥沙落淤的面积大小如图6-7所示。对于坝系模型(如图6-7(b)所示),2#、7#坝和8#坝在第6次降雨模拟试验前已经淤满,建1#坝后,坝地的增长主要体现在1#坝的坝地增长上。由图6-7(a)和图6-7(b)可知,无论是单坝试验还是坝系试验,坝地的面积几乎都是呈线性增长的。由于泥沙淤积范围的增大,即使来沙体积相同,因为泥沙平铺在较大的面积上,其增长厚度也将变小。

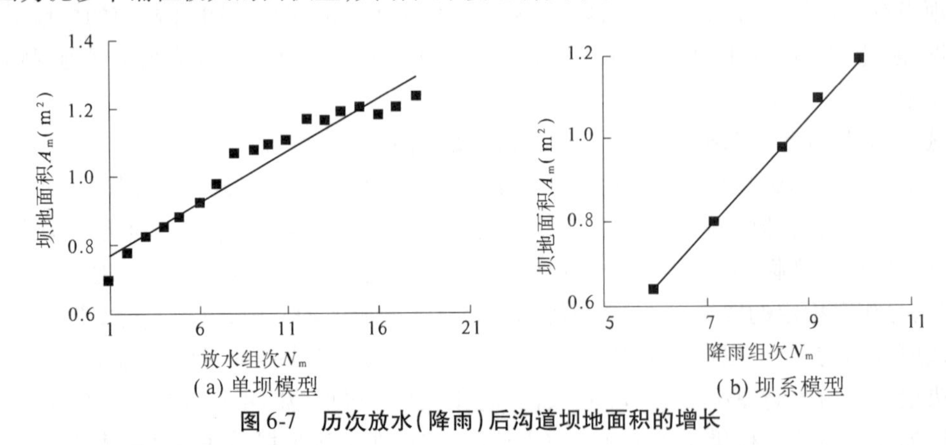

图6-7　历次放水(降雨)后沟道坝地面积的增长

另外,由于坝前淤地的抬高,淤地坝库容逐渐减小,其拦沙减蚀效果逐渐减弱,这也是坝地增高趋缓的一个因素。而且,在治理黄土高原的生产实践中,人们采用"沟坡皆治"的小流域综合治理方针,由于采用了营造梯田、挡墙、绿化造林等治坡措施,上游的来流来沙量亦将得到削减,也促使淤地坝实现相对稳定。

3)沟道的自平衡机制

冲淤平衡是沟道地貌演变现象的一种共性,国内外学者对其他流域沟道的研究也发现了这一现象。Foster(1982)的研究证实,各种形式的沟道,如坡面细沟、沟谷等发育到一定程度时,沟道将展宽,使侵蚀大大减小。当沟道宽度达到某一值时,该沟道在一定的坡面流下几乎不发生侵蚀,此时沟道(的抗侵蚀能力)与坡面流(的侵蚀动力)相平衡,即达到了相对稳定状态。Novak(1985)推导出没有人为干扰的沟道实现相对稳定所需要的时间。Sidorchuk(1999)认为沟道的发育分为两个阶段,第一阶段是沟道的形成阶段,这一阶段以沟底冲刷和沟壁快速扩张为主,沟道的地貌特性(长度、深度、宽度、面积等)变化剧烈,但其持续时间仅占沟道寿命的5%左右;第二阶段是沟道的相对稳定阶段,这一阶段以沟底的泥沙输移和沉降为主,侧向侵蚀引起的沟壁扩张很小。在自然界中,如果当地的地质和地貌条件满足要求,水沙输移达到了相对稳定状态,有的河道就可以历经百年保持不变。

在黄土高原小流域的沟道中建设淤地坝后,相当于改变了当地的地貌条件。一方面,在历年降雨洪水的作用下,大量泥沙在坝地淤积,导致沟道的平均比降不断缩小(如图6-5所示),洪水对沟道的侵蚀不断减小,逐步达到相对稳定状态;另一方面,即使坡面来沙没有得到有效控制,由于坝地面积的增大,在相同的泥沙淤积量下,坝地的增高也渐趋缓慢。黄土高原淤地坝建设的实测资料也表明,建坝后沟道比降明显减小。据黄委西峰水土保持科学试验站对南小河沟流域3座淤地坝的测算,沟道比降由建坝前的11% ~1.5%下降到淤积后的0.5% ~0.1%(黄自强,2003)。

因此,在特定的水沙和地质地貌条件下,存在着一个临界坝高,当淤地坝达到这一高度时(这时坝控面积也是一个定值),沟道的平均比降达到了临界比降,沟道的侵蚀量大大减小,坝前淤地"年均淤积厚度较薄,后期的坝体加高维修工程量小,群众可以承担养护"(曾茂林等,1999)。这是建坝后淤地坝相对稳定特性在水沙平衡方面的体现。

6.3.3 关于淤地坝(坝系)相对稳定理论的进一步探索

6.3.3.1 淤地坝(坝系)拦沙减蚀可以实现相对稳定的力学机理

前面我们已经分析过,在沟道中修建淤地坝,直接拦截了来自上游沟道及坡面输送下来的大量泥沙,减少了可能进入下游的泥沙输移量,而且至为重要的是,从土力学的角度分析,坝地高程的淤积抬升从坝体上游水平面的左、右两侧及正前方三个方向抬高了流域侵蚀基准面,使淤地坝上游及其两侧沟谷坡的土体滑动面减小,增加了沟头及其沟坡两侧对应土坡滑动体的相对稳定性,迟滞了重力侵蚀的发生,极大地减少了伴随着水力侵蚀的发生发展有可能带来的巨量的沟坡重力侵蚀输沙量;并且随着淤地坝的逐步淤积抬高,在其上游逐渐形成新的均衡淤积剖面,必然使得坝体以上流域重力侵蚀产沙的势能逐渐降低、侵蚀作用逐步减弱到与坝地的淤积抬升同步增长的动态稳定状态,这时候便可以认为流域的侵蚀产沙与淤地坝(坝系)的拦沙运用之间实现了真正意义上的相对稳定。无论是从对野外地貌的调查分析还是通过室内试验,这一结果都是客观存在的。这便是淤地坝(坝系)拦沙减蚀可以实现相对稳定的力学机理,同时也从理论上和实践上说明淤地坝(坝系)相对稳定是可以实现的。

6.3.3.2 淤地坝(坝系)相对稳定的特征

通过地貌调查和室内试验对比分析研究不难发现,达到或已经实现相对稳定的淤地坝(坝系)一般具有如下两个共同的特征。

1)影响因素及其实现条件的对立统一性

影响淤地坝(坝系)能否达到或实现相对稳定的因素主要包括:气候因素,对应的定量化条件是降雨量的大小;地理地貌因素,与气候因素结合发生作用,定量化条件是产洪及其产沙量;坝地农业生产利用方面的因素,对应的定量化条件是防洪保收频率的高低及其坝地种植作物的耐淹深度和抗旱保收频率的高低、干旱半干旱地区小片水地灌溉制度设计及其小型集雨蓄水工程的规模(蓄水总量、工程数量);防洪保安方面的因素,对应的非定量化条件是坝库(群)淤积期洪水对坝体建筑物的冲击力(流体压力)、渗透力、坝库群工程体系的总体布局及其对应各单项工程的建筑材料和工程结构组成与型式,定量化条件则是在确保坝系主体工程安全的防洪频率范围内发生的设计暴雨及其相应的设计(校核)洪水和设计泥沙(产沙量)、坝库群总量及其设计淤积库容、设计淤积面积、设计滞洪库容总量和各类型坝库(骨干坝,中、小型淤地坝)的组成以及对应各单项工程的主要技术指标(坝高、淤积库容、滞洪库容、泄洪建筑物规模和泄水建筑物规模等)。通过比较研究我们发现,在影响淤地坝(坝系)相对稳定的诸因素中,所有决定淤地坝(坝系)能否达到或实现相对稳定的影响因素及其实现条件都是对应出现的,即一方面是设计降雨、设计(校核)洪水、设计泥沙、流体压力、渗透力等对淤地坝(坝系)工程发生作用的主导型因子;另一方面则是作物耐淹深度、设计防洪保收频率、设计防洪保安频率、工程数量及结构比例、设计淤积库容、设计淤积面积、设计滞洪库容及单项工程技术指标设计等淤地坝(坝系)工程对主导因子发生反作用的被动防御因子。显然,当淤地坝(坝系)工程达到或实现相对稳定之后,主导因子与被动防御因子诸条件之间存在相互对立统一性,即设计洪水频率与设计防洪保收频率和设计防洪保安频率的相互对立统一、设计侵蚀产沙与设计拦沙减蚀以及泥沙输移比例的合理分摊、坝库(群)流体压力和坝系工程布局及工程结构的相互适应等。

2)拦沙减蚀与侵蚀产沙比例的长期相对一致性

以往的研究从淤地坝(坝系)农业生产利用的角度出发,重在考虑流域洪水泥沙就地拦蓄及其坝地的防洪保收利用,而对拦不住有可能继续输送到流域下游的泥沙考虑较少。事实上,淤地坝(坝系)做不到对其上游泥沙的全拦全蓄,也绝对没必要这样做。从黄河流域及其相关地区地貌演变的历史长河去考察,华北大平原的诞生和发展实际上就是黄土高原地区水土流失的产物,并且在其上面创造了灿烂的华夏文明。只不过在黄河下游经济社会日益繁荣的今天,我们不希望黄土高原可能产生的巨量泥沙对此造成难以挽回的经济损失。而相对稳定的淤地坝(坝系)的拦沙减蚀能力与其所控制的流域可能的侵蚀产沙能力之间的比例在长时期内应该保持相对的一致性,此(流域侵蚀产沙能力)消彼(坝系拦沙减蚀能力)长的结果使流域侵蚀产沙与坝系拦沙运用之间在长时期内保持动态的相对稳定性。从努力减少、处理和利用泥沙的治黄大局出发,可以说,这才是我们追求的最终目标。

6.3.3.3 表征淤地坝(坝系)相对稳定的指标体系

就目前的研究结论,表征淤地坝(坝系)相对稳定的指标不外乎两种:一是按拦沙减蚀要求计算的相对稳定系数;二是按防洪保收要求计算的相对稳定系数,并且择其大者而为之。尽管作者强调,从形式上看,坝系相对稳定系数是以面积关系来表示二维平面指标的,但就其内涵来讲,实际已远远超出了平面指标的范围,体现出了多维性和综合性。更为重要的是,这一指标是人们在长期的淤地坝建设实践中总结出来的,具有较强的说服力和一定的可靠性,同时具有简单明了的特点,易于理解和掌握,有利于在实践中推广运用(朱小勇等,

1997）。但毕竟有些简单，尚未完全揭示坝系相对稳定的深刻内涵，故学术界并不完全认同，在生产实践中推广应用的也不是甚好。因此，在本书研究中，通过野外地貌调查与室内试验相结合的对比研究，笔者认为有必要对衡量淤地坝（坝系）是否达到相对稳定的表征指标体系进一步加以扩展，在以往研究的基础上补充增加以下两个指标：一是坝控面积与流域面积之比，尤其是骨干工程体系的控制面积与流域面积之比，因为这是反映在设计（校核）洪水一旦发生情况下整个流域坝系工程体系的主体能不能确保防洪安全的关键性指标；二是拦沙淤地坝（坝系）拦沙减蚀量与流域侵蚀产沙量的比例及其随时间的变幅范围，因为这是反映淤地坝（坝系）的拦沙减蚀效益能不能得以长期稳定发挥以及通过怎样的简便养护维修制度的贯彻就可以使其长期稳定发挥拦沙减蚀效益的关键性指标。

6.3.3.4　几个具体问题的商榷

1）坝地淤积厚度的内涵

最初的淤地坝相对平衡设想是洪水“平铺”在坝地上，实际上由于坝内“淤积纵坡”即翘尾巴现象存在，加上洪水入库之后的冲击力，使坝内洪水“前倾”，坝前水深增加，而并非“平铺”。

据调查，陕北淤地坝坝地的平均比降为0.2%～0.5%，这种前倾淤积现象对淤地面积较大的坝库拦洪有明显的影响（田永宏等，2004）。在试验中，也发现这种现象普遍存在。图6-8(a)显示了在单坝试验过程中，坝地纵坡比降逐步缩小的过程。图6-8(b)显示了第9次模拟降雨后，主沟道的地形变化。由图6-8可见，在坝库淤满之前，坝地的纵坡比降比较大；在坝库淤满后，坝地的纵坡比降依然存在，只是比降较小而已。

因而，与坝系相对稳定定义中“坝体的加高维修工程量”对应的坝地年淤积抬高量，应是坝地年抬高量的空间平均值。本试验中相关数据的处理即采用这种方法。上述概念的澄清对于坝系生产实践具有一定的指导意义。

2）坝系建设与坡面治理的关系

从前文的试验数据分析中可以看出，坝系的作用只是将水土流失就地拦截在坝控流域内，对坡面水土流失并没有直接的影响。所以要根本改善黄土高原的生态环境，必须结合植树造林及营造梯田、鱼鳞坑等治坡措施，进行小流域综合治理。

事实上，坝系相对稳定与坡面治理之间可以互相促进。沟道既是径流汇集地，又是地表径流的通道，水资源相对集中。通过沟道坝系中的蓄水库，可将这一部分水资源充分拦蓄，为坝地和坡面上的植物提供水源，间接地减轻坡面水土流失。同时坡面治理具有滞洪减洪的作用，有利于坝体结构的防洪安全；而且坡面治理措施使入库泥沙减少，从而使淤地坝的年淤积抬高量减小，有利于坝系早日实现水沙平衡的目标。

3）坝系稳定与单坝稳定的问题

人们最早从黄土高原的天然聚湫认识到了淤地坝的水沙相对平衡问题。后来为了强调防洪安全提出了坝系相对稳定的概念（方学敏，1995）。然而正是坝系相对稳定系数与防洪的关系引起了较大的争议。如前所述坝系相对稳定主要是水沙平衡；满足相对稳定系数要求的坝地对坝体的安全有一定的积极作用，但不能决定单坝的结构安全。

坝系相对稳定反映的是坝系的整体发展水平，前提是假定流域内各个位置坡面的产流产沙特性是均一的，同时坝系各个单坝的淤积和淹水状况也是基本相同的（朱小勇等，

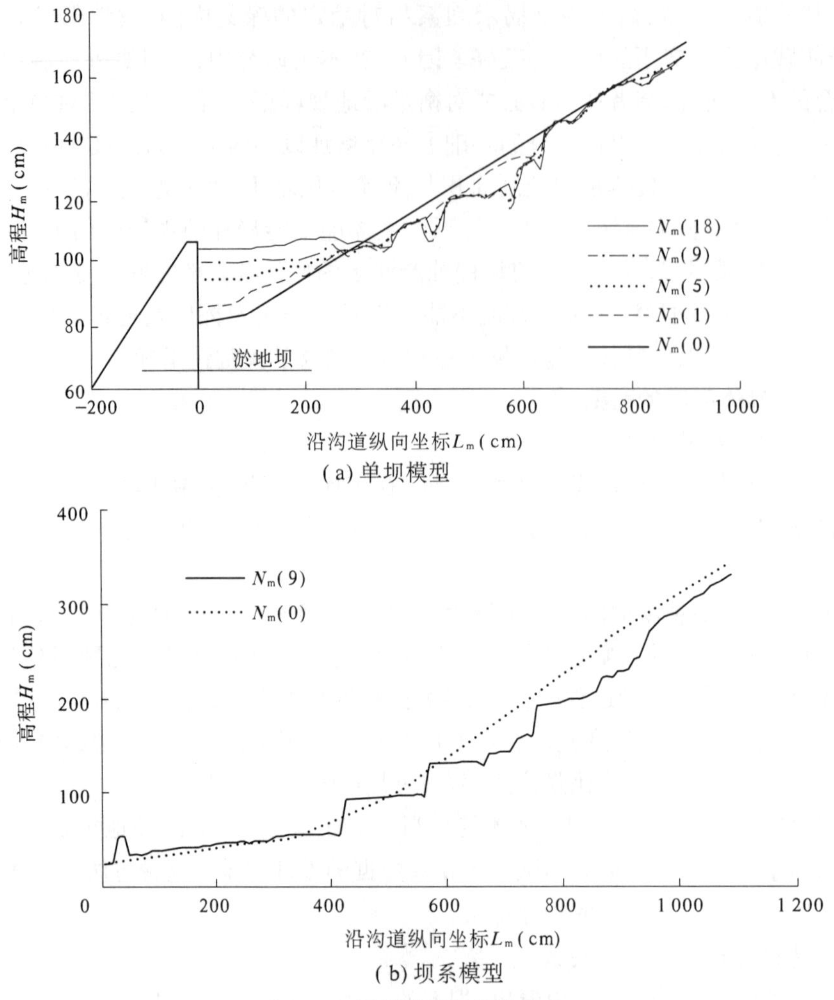

图 6-8　坝地的淤积纵坡现象

1997),因而坝系相对稳定实际上只是考虑理想条件下或者小流域有限部位的水沙“相对平衡”而已(史学建,2005)。从目前的文献来看,虽然出现了“坝系相对稳定”的概念,但与水沙平衡相关的许多研究成果,并没有严格区分“单坝”和“坝系”,实际上所提出的“相对稳定”的标准仍然是主要针对单个淤地坝的来水来沙与用水用沙的“相对平衡”。

结合坝系优化规划的模型试验,我们采用多种布坝方案进行了降雨模拟试验,试验中发现先期布置的库容较小的淤地坝很快就淤满。

坝系相对稳定的最大贡献在于提出了相对稳定系数,此参数为小流域坝系规划提供了一个定量的指标,设计者据此可以确定在指定小流域修建相应库容的淤地坝的数量。

6.4　淤地坝新技术与新方法

近年来水土保持观测技术飞速发展,大力推动了沟道坝系的研究。近 20 年来,遥感技术和示踪元素在水土保持监测中得到广泛应用。水土保持监测开始向规范化、自动化和系统化发展；^{137}Cs、^{210}Pb 和 REE 示踪元素在侵蚀中的应用，从宏观和微观两方面阐明小流域土壤的侵蚀及变化（如张晴雯等 2005 年的研究）。坡面径流含沙量与径流量的动态测量系统为小流域全方位、实时、自动监测沟坡降雨产沙提供了可能（王辉等，2005）。

模型黄土高原的建设已取得初步进展。由于在自然界和室内降雨模拟试验中，径流在坡面和细沟流动有其独特性，而且有关土壤侵蚀机理及工程治理方面的认识还有较大距离，因此将其他模型试验的相似条件直接移植到水土保持模型试验中必然会有许多困难。水土保持比尺模型试验是在生产实践推动下发展起来的，例如，黄委近两年积极推动的“模型黄土高原”建设，最主要目的也是要开发出同原型存在相似关系的比尺模型试验。目前黄土高原已建成淤地坝 11.35 万座。根据水利部制定的《黄土高原地区水土保持淤地坝规划》，预计到 2020 年，在现有的淤地坝基础上，再建设淤地坝 16.3 万座。研究水土保持的模型相似理论，推动“模型黄土高原”的建设，也是一项极有前途的事业。

另外，有学者认为今后的水土保持不可能单纯地停留在应用技术学范畴之内，水土保持理论体系要系统化，要敢于向社会科学方面进军，必须重新研究探讨水土保持的发展方向（邹洪涛等，2003）。

一条小流域里分布着几十座大大小小的淤地坝，它们在坝系中担当的角色各不相同。其中，小型淤地坝分布较广，数量较多，但往往因为交通不便而修筑困难，且还常因坝体强度不大而被洪水冲垮，从而人们对黄土高原水土保持工程有“零存整取”之说。为此，我们对淤地坝的坝型结构进行了研究。

2001 年结合黄土高原小流域地理特点提出了一种新式坝体结构——组装式混凝土坝。这种淤地坝由大小一致的混凝土块体砌筑，见图 6-9。由于混凝土块可以在工厂大规模预制，所以制造成本相对较低。单个的混凝土块体为拱形结构，块体的两端预设有两个贯穿的孔，便于块体之间的固定，见图 6-10。单个混凝土块体重 15 ~ 20 kg，便于搬运。在交通不是很发达的黄土高原农村，当地农民通过畜力就可以运输。单个块体呈拱形，砌筑的淤地坝也呈拱形结构，见图 6-9 和图 6-10，这种拱形结构受力状态良好，易于提高坝体的稳定性和抗洪能力。

图 6-9　组装式混凝土坝

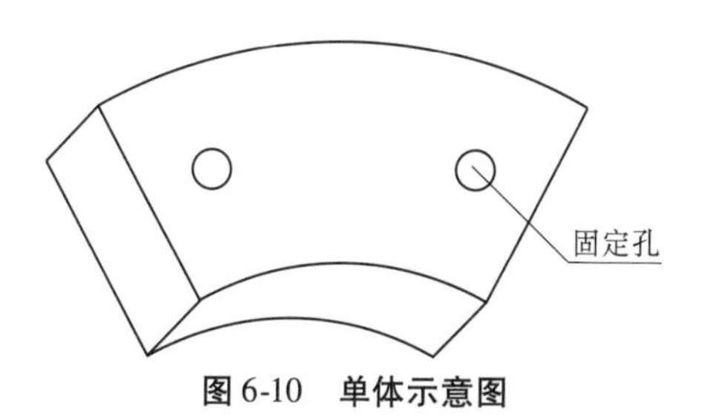

图 6-10　单体示意图

几年来的试验表明，在淤积过程中，混凝土块体砌筑之间的缝隙有一定的排水作用，但又随着细沙的进入而逐渐减小。尤其是随着上游拦沙量的增加，土壤压力逐渐增大，多个混凝土块体因整体拱形结构组合而有较强的整体性，强度逐渐增加。如果有蓄水需要，又可随时将混凝土块体砌筑之间的缝隙用水泥砂浆填充抹实。此外，这种坝型不会在坝顶过水后遭受严重破坏，且能随着拦沙量的增加而分阶段抬高侵蚀基准面，适应不断增加坝高的需要，使淤地坝可分期建成。因此，组装式混凝土坝在黄土高原坝系建设中是有推广前景的。

总之，组装式混凝土坝是一种适合于黄土高原小流域淤地坝建设的新型结构，特别适用于有基岩出露的沟道。

2005 年 5 月 16 日，在黄委水土保持局召开的"黄土高原沟道坝系相对稳定原理与工程规划报告审查会"上，专家们对上述提出的淤地坝坝体新结构都给予了高度评价，认为对于支沟小型淤地坝规划实施是颇有意义的。黄委于 2007 年 12 月 27 日在郑州组织召开了"黄土高原沟道坝系相对稳定原理与工程规划"课题验收会，验收意见肯定了"组装式混凝土坝"的结构型式及建设新设想，并建议尽快推广使用。

此外，2009 年张红武等在研究黄河乌海段胡杨岛保护方案时除推荐上述结构型式修建围堤外，还研制出可组装成互嵌式围堤的"工字钢"型混凝土砌块。一块块可灵活搬运的砌块单元上下错缝并逐渐后退而垒筑成不同线型的互嵌式挡土围堤，对小规模基础沉降或遇到短暂的非常荷载组合时具有相当高的适应能力，因而对于水土保持工程也颇有参考价值。

第 7 章　坝系规划及模型试验研究

由于黄土高原自然地理环境极为复杂,且因对沟道侵蚀过程的野外观测技术和方法还不成熟等,使得目前现场试验资料较少且不系统,尤其是设计条件下的技术参数还难以同步测取,不能满足对流域治理方案及侵蚀产沙基本规律研究的需要。再者,对于各项沟道坝系建设方案又难以全部在原型上进行试验比选。正因为如此,在淤地坝及沟道坝系建设中,诸如坝系总体布局、淤地坝减蚀作用和范围、沟道坝地拦泥减沙效应等关键技术问题,长期缺乏系统和深入的研究,需借助模型试验来揭示土壤侵蚀及沟道重力侵蚀规律,研究建坝顺序、布坝密度,以及沟道与坡面产沙的相应关系,确定合理的坝系布局结构、相对平衡时的合理拦沙库容、坝系分布及相应的坝高等,以便探讨水土保持措施作用机理并论证优化配置方案,为坝系建设提供有关参数。

7.1　沟道坝系的规划与评价

7.1.1　小流域坝系的工程规划

防洪体系是小流域坝系的骨架,是维持坝系安全的中枢,主要由骨干工程来承担防洪任务;生产体系是坝系的"血肉",是确保坝系运行和可持续发展的必要条件,主要由淤地坝拦泥淤地来完成。可想而知,在沟道纵横的小流域里,要确定在什么地方建坝,建造什么功能和规模的坝,要建多少座坝才能达到总体最优的效果,其设计工作量是相当繁重的。设计人员必须进行大量方案的比较、反复计算论证才能甄选出经济、社会效益和生态效益俱佳的坝系规划方案。坝系的前期规划不仅要确定单坝的坝址、坝型,还要考虑坝系建成交付使用后的运行机理。在不同时段,坝系的运行机理都不相同。坝系建成初期以蓄水拦沙为主,而随着已淤坝地面积的不断增加,一些单坝的防洪蓄水能力逐渐降低,生产能力不断突显,这时坝系的运行模式就进入另一种平衡状态。要保证不同时段坝系保持整体平衡效益最优,就必须在前期设计时通盘考虑,进行科学细致的动态分析,否则就可能出现坝系建好后淤了地没法种、蓄了水没法用的尴尬局面,造成生产得不到保障、水资源得不到合理利用、工程效益得不到可持续发挥的严重后果(徐向舟、张红武、欧阳晓红,2008)。

淤地坝系的规划应解决好 3 个问题:①在人工初选的许多坝址中优选出较佳坝址;②确定建坝的座数、最佳的拦泥坝高及滞洪坝高;③确定最佳的建坝顺序及时间间隔。为了减少决策变量个数,目前坝系优化的数学模型方法只涉及骨干坝。其中,骨干坝的最佳建筑顺序及时间间隔问题,是坝系优化规划的重要内容之一,坝系的最佳建筑顺序与时间间隔,是指各坝的坝址、坝高(库容)、控制面积上的平均侵蚀模数等参数都确定时,使坝系在计算期内总效益最大的建筑顺序与时间间隔。各坝库容可以先行确定,也可以与建坝顺序问题同时确定。在坝系的多种效益中,一般以经济效益为目标函数。

沟道坝系的规划方法常用经验规划法和数学模型法。经验规划法是在定性分析的基础上,从几组规划方案中优选出作为规划成果的方法。从黄土高原小流域布坝密度、工程规模、防洪标准、淤地速度、运用迟早、收益多少以及造价高低等因素密切相关的角度出发,有的学者认为这些因素是坝系优化的前提,就当前许多地方的坝系布设密度来看,为0.3~0.5座/km^2。但经验规划法没有特定的指标体系衡量,因而规划的主观性较强,不便于在小流域推广运用。线性规划法是把生态经济理论和系统工程的线性规划理论相结合,采用层次分析法进行系统诊断,揭示小流域生态经济系统全部内容和内在联系的方法,采用LP模型优化土地资源的组合方式和水土保持措施体系配置。但LP模型是静态模型,它表示既定条件下的结果,小流域水土保持措施体系,尤其沟道工程体系是开放的动态系统,其工程费用与效益、坝高与库容、坝高与淤地面积之间都存在着非线性关系,因此从目前的情况看,线性规划法主要用于塬坡面水土保持综合治理的优化布置。多目标规划法是根据小流域生态经济系统多功能、多效益的特点,实现多目标优化,以满足小流域治理多层次、多方位需求的方法。但是这种方法尚不够成熟,有待深化研究,尤其是在沟道坝系相对稳定理论还存在争议的前提下如何实现多目标优化,需要较长时期的探索。

在黄土高原,不同地区的地貌演化存在着明显的差异,应根据地貌演化特点选择拟建坝系的小流域。在黄土塬区的边缘地区或者残塬地区,仍然保留着部分平坦的塬面,塬面周围是正在发育的冲沟,地貌演化处于"幼年期";在黄土丘陵区,原始的地形面已经不存在,尽管在一些较大的支流河谷中已经达到冲淤平衡,地貌上表现为宽广谷地,但大多数支沟的下切侵蚀作用和侧蚀作用依然表现活跃,侵蚀强度高,地形破碎且起伏大,地貌演化处于"壮年期"。对地貌演化处于"幼年期"的地区,在其沟道中修建淤地坝有利于阻止沟头的溯源侵蚀,保护塬面,阻止其地貌演化向"壮年期"发展的进程。对于该类型的小流域,淤地坝建设初期工程量较小,投入也较少,但须不断地进行工程维护。对于地貌演化处于"壮年期"或者"壮年晚期"的地区,在其沟道中修建淤地坝,结合科学的工程布局和规划,可以使小流域地貌演化很快进入"老年期",达到稳定状态。对于该类型的小流域,坝系工程建设投入较大,特别对于处于"壮年期"或"壮年早期"的小流域,要使之达到稳定状态,往往须投入更大工程量和资金。黄土高原面积大、沟谷多、土壤侵蚀强烈,对其水土流失的治理不可能一次投资就达到一劳永逸,须考虑其地貌演化规律以及国家和地方群众的经济实力等因素,选择不同地区的小流域按一定顺序依次开展建设。

即使在同一小流域内,由于地质构造、岩性以及地貌部位不同,所以其发育特征也有明显差异。在黄土高原的大多数小流域,主干沟横剖面为"U"形,其上游和支沟横剖面呈"V"形,表明其地貌演化由下而上由"壮年期"向"老年期"演变的特点。而有的小流域在沟口表现出强烈的下切侵蚀,沟谷呈"V"形,而上游地形起伏较为和缓,沟谷横剖面多呈"U"形,再向上游,沟谷横剖面又呈"V"形,相当于戴维斯学说所述一轮循环尚未结束时,地壳出现了上升,开始了新一轮循环。这样的小流域其主沟道纵剖面线一般也表现为多级阶梯,而不是平滑曲线。针对不同小流域和同一小流域内部不同地貌演化特征,从控制其地貌演化过程和使淤地坝可持续减沙的角度,考虑不同淤地坝布设方案。

7.1.2　小流域坝系规划合理性的评价方法

小流域坝系总体布局合理性评价(赵力毅等,2006)就是在"安全、经济、优效"的原则下,结合小流域坝系形成和发展的基础条件(侵蚀环境、下垫面条件、社会经济条件)及小流域坝系形成和发展的阶段(初建、发育、成熟等),建立小流域坝系总体布局合理性评价指标体系,在相应的分析指标判别标准下,对坝系建设要素(坝系规模、结构、空间布局、建设顺序、运行机制)的总体布局进行综合分析。小流域坝系总体布局合理性评价的内容有:①小流域坝系建设的适宜性分析,重点包括小流域侵蚀环境、下垫面条件、社会经济条件等;②小流域坝系发展各个阶段建设因素的合理性评价,这是小流域坝系总体布局合理性评价的重点,主要分析坝系总体布局 5 个建设要素的合理性,包括坝系规模、结构、空间布局、建设顺序、运行机制。

淤地坝项目效益包括生态、社会效益和经济效益三部分。其中,生态效益表现在:淤地坝拦蓄洪水,滞浑排清,合理控制径流;坝库前期蓄水可灌溉林草,大大提高林草的成活率;淤地坝有效拦截泥沙,制止了沟床下切和沟坡扩张;社会效益包括项目实施后减轻自然灾害和促进社会进步两方面;经济效益包括拦泥效益、坝地种植利用效益、防洪保护效益、养殖效益、灌溉效益。经济合理性分析中,要说明规划实施在减少入黄泥沙、防洪保安、增加高标准基本农田、促进退耕还林(草)、改善当地生态环境、发展当地经济中的作用;还要根据主要经济指标,论证其经济合理性(刘利年等,2002)。

7.2　沟道坝系规划模型试验研究

7.2.1　模型试验概述

淤地坝规划是指在某一区域内,为防治水土流失、合理开发利用水土资源,而制定的淤地坝工程总体布局和安排。淤地坝的最佳建筑顺序及时间间隔问题,是坝系优化规划的重要内容之一。坝系的最佳建筑时间顺序与时间间隔是指在各坝的坝址、坝高(或库容)、控制流域面积上的侵蚀模数等参数都确定的条件下,使坝系在设计期内总效益最大的建筑顺序与时间间隔。本章以上述黄土高原某典型小流域的降雨产沙条件为背景,通过半比尺模型试验,对比两种布坝顺序的拦沙效果。试验结果表明,“先主后支”、“先下后上”的布坝方案在类似小流域较为优越。

本试验在清华大学黄河研究中心李各庄基地的 1#试验场(大模型)上进行,降雨模拟设备采用 SX2004 喷射式降雨模拟试验系统。模型的初始形态根据原型流域的地貌特征设计,根据原型尺寸和试验场地的条件,确定模型的水平比尺和垂直比尺均为 240,即模型坝高、沟道尺寸等按原型的 1/240 缩小,试验场地投影面积 10.8 m×6 m。模型土壤是与原型黄土接近的李各庄试验场附近的黄土。李各庄黄土的粒径分布与山西、甘肃、陕西各地的黄土粒径分布(徐向舟等,2006)接近,如图 7-1 所示。

参考有关技术规范(中华人民共和国水利部,1996)的有关要求,拟在原型的主沟和各支沟修建淤地坝,坝高分别为 68 m、35 m 和 20 m,沟道坝系的平面布置见第 2 章图 2-7。模型次降雨持续时间 20 min,雨强约 1.60 mm/min(误差在内)。模型的设计参数见表 7-1,各参数的设计方法见前述。

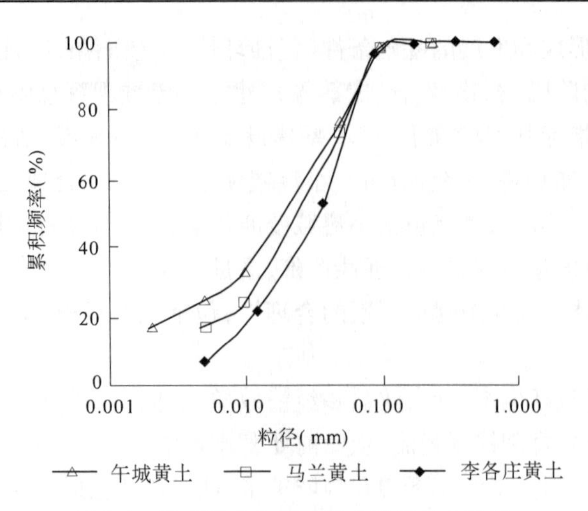

图 7-1 模型黄土与原型黄土粒径分布比较

表 7-1 坝系布局模型设计参数

原型流域参数		比尺	说明
名称	尺寸		
主沟道长度 L (m)	3 008	$\lambda_L \approx 240$	试验场地要求
坝高 H (m)	*	$\lambda_H \approx 240$	几何相似
流域面积 A(km^2)	3.3	$\lambda_A \approx 57\ 600$	几何相似
降雨时间 t (min)	120 ~ 480	$\lambda_t \approx 7.75$	重力相似
含沙量 C(kg/m^3)	≈200	$\lambda_C \approx 3$	参见文献(张红武等,1994)
建坝前降雨产沙量 S(kg)	68.68×10^6	$\lambda_S \approx 565\ 128$	原型资料对模型率定
干容重 γ_0(t/m^3)	≈1.56	$\lambda_{\gamma 0} \approx 1$	模型表面手工拍实

注: * 表示 1#、2#、8#坝的坝高为 68 m;7#坝的坝高为 35 m;3#、4#、5#、6#、9#、10#、11#、12#坝的坝高为 20 m。

降雨后沟道的地形变化采用水准仪和测杆配合观测,流域出口处径流池中收集的次降雨泥沙量采用烘干法和密度瓶法配合测定。坝地面积采用数码相机和已知面积的长方形木框配合测量。由于坝地平整,在俯视的相片中,摆在坝地上的木框与坝地是按同样的比例变形的,于是通过 AutoCAD 测出相片中的坝地面积与木框面积,两者的比值乘以木框的实际面积即得试验中坝地的真实面积。每次试验前先用小雨强湿润地面,对于原型流域同一个系列的降雨模拟试验,每次降雨后,间歇 24 h 再进行下一次降雨,这样除地形做好后的第一次降雨模拟试验以外,其余各次降雨下垫面的初始含水量和密实度都差不多。试验分两个系列进行。

模型流域按设计的平面图纸和各特征点高程做好以后,连续进行 7 场变雨强的降雨模拟试验,研究非饱和含水裸地小流域模型建坝前的降雨产沙规律,试验结果见第 2 章表 2-5。在建坝前的 Po5 组试验中,降雨、下垫面土壤湿度和密实度等因素与建坝后历次降雨(Pa1 ~ Pa10)相应的条件最接近,这一组降雨产沙资料即为所需模拟的治理前原型降雨产沙资料:雨强 1.53 mm/min,降雨历时 20 min,产沙量 121.53 kg。

在本试验中,淤地坝的布置顺序分 A 和 B 两种方案, A 方案是“先主后支”、“先下后上”,B 方案是“先支后主”、“先上后下”,见表 7-2。除了布置顺序不同外,这两种方案对应的坝址、坝高都相同。

按照概化的地貌做好模型下垫面地形,先根据表 7-2 所示的 A 方案布坝,降雨模拟试验共进行 10 次,观测历次降雨的产流产沙变化过程及雨后地形。然后恢复地形,按 B 方案布坝,按与 A 方案一致的降雨,再进行 10 次降雨模拟试验,观测历次降雨的产流产沙变化过程及雨后地形。

在生产实践中,通常采用多年平均洪量模数和侵蚀模数作为流域产流产沙的指标,来进行坝系建设进度计划的安排(郑新民,2003;黄河上中游管理局,2004)。

在本试验中,可以根据建坝前原型流域的多年平均侵蚀产沙模数及模型流域的降雨产沙量,计算出原型与模型之间的产沙比例关系。

7.2.2　试验结果

两种布坝方案的降雨产沙试验结果见表 7-2。

小流域坝系规划的主要目标是拦沙和淤地造田;而且由于淤地造田与拦沙量的多少有关,所以最重要的目标是拦沙目标,在此基础上,确定经济效益和生态效益目标。本研究通过半比尺模型试验比较两种不同布坝方案对小流域坝系拦沙、淤地造田效果的影响。

由于建坝前流域的下垫面状态相同,建坝后历次降雨动力及地形的雨前初始含水量也一致,因此两种方案中,历次降雨集积产沙量较小者,拦沙效果较为显著。模型试验的结果表明,经过 10 次特征降雨,若按 A 方案布坝,小流域总计产沙 32.6 万 t;若按 B 方案布坝,小流域总计产沙 41.6 万 t,前者比后者少产沙 27.6%。尤其在初期的几场降雨中,A 方案的拦沙效益更为显著。因此,从拦沙的角度而言,A 方案优于 B 方案。图 7-2 显示了两种布坝方案历次降雨后累计的出口产沙量,图中两种方案的次降雨产沙量已通过式(2-36)转换成原型值。

表 7-2　两种布坝方案的降雨产沙试验结果

试验组次	坝号	次降雨	出口产沙量(kg)	次降雨	径流量(m^3)	说明
Pa1	1#	40.09	577.69	0.89	14.51	
Pa2		138.06	1.78			
Pa3	2#	72.98	1.46			
Pa4	3#、4#、5#、6#	44.66	1.49			
Pa5	7#	48.90	1.66			A 方案
Pa6	8#、9#、10#、11#、12#	47.14	1.46			
Pa7		36.70	1.52			
Pa8		47.21	1.26			
Pa9		61.34	1.60			
Pa10		40.61	1.39			A 方案

续表 7-2

试验组次	坝号	次降雨	出口产沙量(kg)	次降雨	径流量(m^3)	说明
Pb1	9[#]、10[#]、11[#]、12[#]	223.1	736.00	1.39	14.58	
Pb2	7[#]	210.3	1.87			
Pb3	3[#]、4[#]、5[#]、6[#]	105.0	1.38			
Pb4	8[#]	73.5	1.45			B 方案
Pb5	2[#]	51.1	1.34			
Pb6	1[#]	18.9	1.39			
Pb7		13.8	1.43			
Pb8		13.8	1.43			
Pb9		14.3	1.35			
Pb10		12.2	1.55			

淤地造田目标是根据小流域的沟道形态、经济社会现状及农村经济发展需求综合确定的。经过一定的年限后，坝系中集积形成的坝地面积越大，则沟道的侵蚀就越小，且坝系农业的效益就可能越高。

本研究中两种布坝方案历次降雨后累计的淤地面积如图 7-3 所示。由图可以看出，除第 3 次降雨以外，在其他历次降雨中，A 方案的淤地面积都大于 B 方案。经历 10 次特征降雨后，若按 A 方案布坝，累计淤地面积为 0.423 km^2；若按 B 方案布坝，累计淤地面积为 0.345 km^2，前者约为后者的 1.23 倍。因此，从淤地造田的角度考虑，A 方案亦优于 B 方案。

当然，如果继续对模型实施降雨，随着降雨次数的增多，A 方案各坝已经淤满，B 方案的个别坝库仍然还有库容，达到一定年限后，两种方案最终的拦沙量应趋于一致。但是由于 A 方案较早地拦截了大量的泥沙，因此按该方案建坝，不仅较快地形成了坝地，有益于农业生产；而且能尽早地实现水土保持的治理效果。

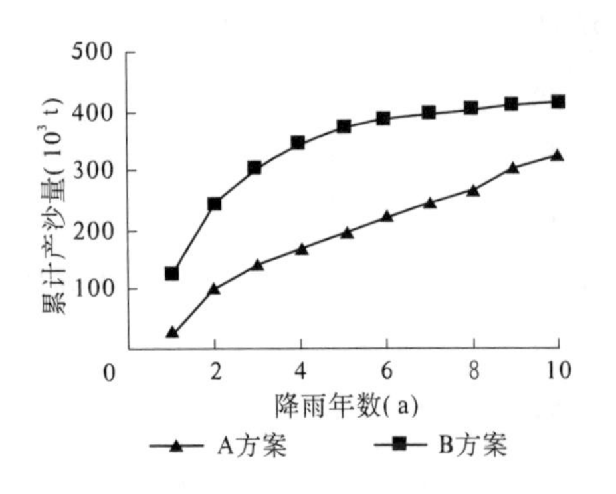

图 7-2　两种布坝方案的产沙量比较

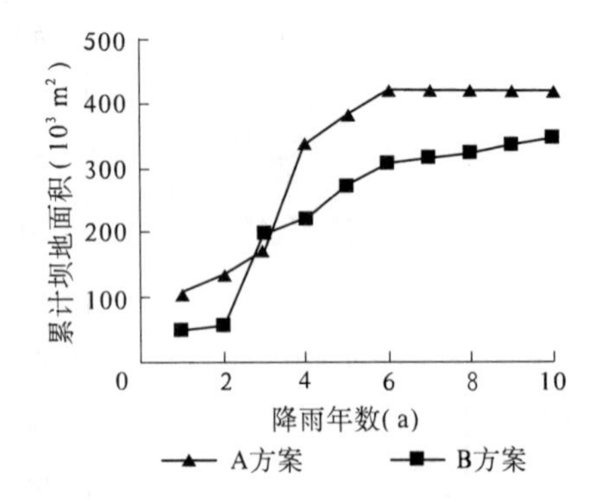

图 7-3　两种布坝方案的淤地面积比较

7.2.3　机理分析

7.2.3.1　流量与产沙浓度对比

通过比较试验中两种布坝方案模型出口处降雨径流的平均含沙浓度和平均流量,可以得出两种布坝方案拦沙效果发生差异的原因。两种布坝方案历次降雨平均径流的流量相差不大,见图 7-4。10 次模拟降雨后,总的径流量几乎相等(A、B 方案分别为 14.51 m^3、14.58 m^3,见表 7-2)。但两种布坝方案对流域出口处径流的含沙浓度影响很大。

由图 7-5 可以看出,在前 4 次降雨中,A 方案的出口径流平均浓度都大于 B 方案,尤其是第 1 次高强度降雨,A 方案的径流平均浓度(25.32 kg/m^3)仅为 B 方案的径流平均浓度(174.39 kg/m^3)的 14.5%。这说明,本试验中建造在主沟沟口的库容最大的 1# 淤地坝拦截了大量泥沙,而且这种拦泥作用在坝系建设的初期流域产沙浓度较大时,效果最为明显:A 方案第一次降雨产沙量为 2.27 万 t,占总产沙量的 6.94%;B 方案第一次降雨产沙量为 12.61万 t,占总产沙量的 30.30%。当然,由于 1# 坝的库容较大(超过 9# ~12# 共 4 座淤地坝的库容总和),降雨后,蓄积在库内的浑水量也相对大一些,但在 B 方案中,虽然 1# 坝的库容与 A 方案中 1# 坝库容相等,但由于入库水流的含沙浓度较小,大库容 1# 坝的拦沙优势没有发挥出来,所以总的来说,10 次模拟降雨以后,A 方案的拦沙量仍然大于 B 方案。

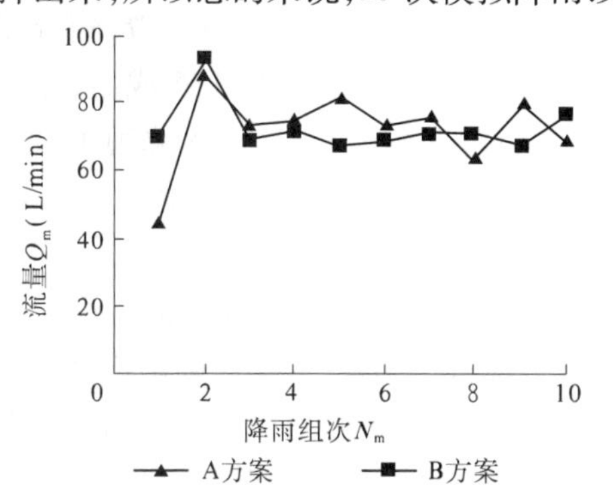

图 7-4　两种方案的流量比较

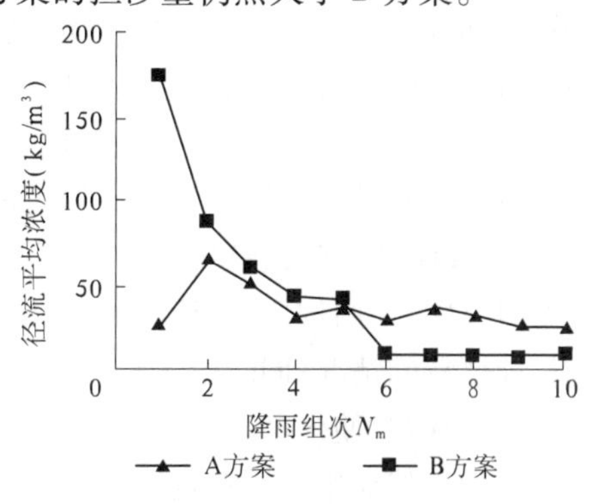

图 7-5　两种方案的平均产沙浓度比较

7.2.3.2　淤地面积与拦沙减蚀的关系

模型试验的研究成果证实:沟道侵蚀量大于坡面侵蚀量。淤地坝建成后,由于泥沙的淤积使库区原来侵蚀剧烈的沟道变成平整的坝地,减少了沟道侵蚀,但由于小流域不同部位的侵蚀程度不同,安排建坝顺序时及早控制土壤侵蚀剧烈的区域,必将有助于控制整个小流域的水土流失。相对于 A 方案,B 方案按自上而下、先支后主的顺序建坝,在起初的几场降雨中,发生在侵蚀现象最活跃的主沟道和支沟的下游沟道中的水土流失完全没有控制,因而造成了巨大的水土流失。由表 7-2 可以看出,B 方案中,前两场降雨的产沙量约占总产沙量的 60%;而在 A 方案中,前两场降雨的产沙量仅占总产沙量的 31%。

另外,在相同的初始地形、同样的建坝条件下(淤地坝的数量及各坝坝高、坝址相同),由于建坝顺序的不同,淤地面积形成的速度不同,即相同场次的降雨后累计的坝地面积不同。图 7-6 反映了两种布坝方案的淤地速度:按照 A 方案布坝,经过 6 场模拟降雨后,主沟道的所有淤地坝均已淤满;而按 B 方案布坝,10 场模拟降雨以后,库容最大的 1# 坝仍然没淤满。较慢的坝地淤积速度也耽误了农业生产,影响了坝地经济效益的发挥。

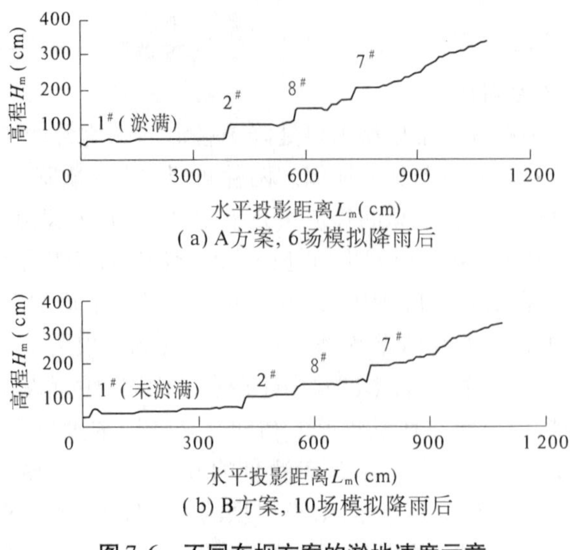

(a) A方案,6场模拟降雨后

(b) B方案,10场模拟降雨后

图7-6　不同布坝方案的淤地速度示意

坝系建成后,由于坝地的增加,一方面控制了更多的沟底冲刷,增加了淤地坝的减蚀能力;另一方面由于坝库滞洪能力的减小,削弱了淤地坝的拦沙能力。但总体来看,随着坝地面积的增加,坝系的拦沙能力是逐渐减弱的。研究图7-2可以看出,当坝系建成后,随着降雨的持续,A、B两种布坝方案的拦沙能力趋于接近,并且都逐渐减小(流域次降雨出口的累计产沙量增大),即坝系建成后随着坝地的扩大,坝系的拦沙能力是逐渐减小的。

7.2.3.3　模型黄土对试验模拟的影响

本研究中,采用均质的、接近原型土壤的黄土作为模型沙,没有考虑到小流域中局部区域的侵蚀率特殊情况;同时由于模型试验中初始含水量没有达到饱和,多次降雨后模型表面将出现结皮现象,使模型表面的次降雨产沙浓度逐次减小,这些都将对试验成果的精度造成一定的影响。然而本书旨在定性地比较两种布坝方案的拦沙减蚀效果,除了布坝顺序外,淤地坝数量和结构设计以及模型小流域的初始地形、每次降雨模拟前的初始含水量都一致,因而对于A、B两种布坝方案,局部区域侵蚀率对总体土壤流失量的影响是一致的。同时,由于沟道建坝后只是将水沙就地拦蓄,对占流域面积绝大部分的坡面而言,其侵蚀情况并不因建坝而受到影响,所以在本试验中,其土壤结皮对两种布坝方案次降雨产沙量的影响是同步的。因而,采用均质模型土壤和下垫面的结皮现象并不影响对两种布坝方案优越性的定性判断。

在本试验中,土壤结皮现象对下垫面抗侵蚀性的影响也可以理解为定性地反映小流域坡面综合治理的情况:小流域建坝的同时,植被、鱼鳞坑等坡面治理措施同时进行,整个流域的侵蚀模数减小。如果在今后的生产实践中,只是研究建坝对小流域水土流失的影响,不需反映坡面治理的因素,只要使每次降雨前模型下垫面土壤的含水量达到饱和就行。前文已经表明,对于某一指定的沟坡模型进行多场次等时间的降雨模拟试验,每次降雨前下垫面初始含水量达到饱和时,沟坡模型出口处的径流含沙浓度和沙量只和雨强有关。因此,只要历次降雨的雨强和降雨时间不变(微地形可以略有变化),模型的次降雨产沙量就一致。加了淤地坝以后,相同降雨条件下,模型出口产沙量的减小,就反映了淤地坝的拦沙减蚀情况。

7.3　不同沟道级别坝系的工程规划方法研究

按照规划区域范围的大小不同,淤地坝(坝系)工程规划分为流域(区域)淤地坝规划、支流淤地坝规划、小流域淤地坝(坝系)规划。流域(区域)淤地坝规划多以大型流域或省级行政区及其某一特定自然区域进行,如黄河流域黄土高原地区淤地坝规划;支流淤地坝规划多以大江大河的一级支流水系或具有某一重要意义的多个支流区间进行,如黄河流域或陕西省无定河流域淤地坝规划;小流域淤地坝(坝系)规划多在支流水系 50 ~ 100 km^2 流域面积的范围内进行,如黄河流域黄土高塬沟壑区齐家川小流域淤地坝(坝系)规划。根据规划工作深度的不同,流域(区域)淤地坝规划、支流淤地坝规划一般为比较宏观的规划,主要作为最近一段时期("五年"计划、"十年"规划等)国家进行水土保持淤地坝行业建设宏观决策的依据,规划的主要技术指标要求相对简单,只需提供各类型坝库的总体数量和宏观布局即可;小流域淤地坝坝系规划作为实施性规划,必须具有一定的可操作性,作为工程建设的实施依据。所以,不同级别的淤地坝(坝系)规划方法、工作深度和技术要求是有区别的。从有利于指导淤地坝(坝系)规划的生产实践出发,本节研究内容重点反映小流域淤地坝(坝系)规划的具体方法。

7.3.1　流域(区域)淤地坝规划、支流淤地坝规划主要内容及方法

7.3.1.1　流域(区域)或支流淤地坝规划主要内容

流域(区域)淤地坝规划、支流淤地坝规划主要工作内容包括:前期准备、确定规划目标、确定建设规模、确定建设布局、制定实施计划、投资估算与效益分析等。

(1)前期准备。流域(区域)淤地坝规划、支流淤地坝规划由于规划面积较大,在收集现有成果资料的基础上,应选择有代表性的小流域,进行典型调查,掌握第一手资料。基础资料包括:规划区的自然条件、社会经济条件、水土保持治理现状和淤地坝建设方面的资料等。基础资料应按流域、水土保持类型区、省(区),采用点面结合与综合分析法进行系统的整理,摸清规划区的基本情况、存在的主要问题。在此基础上,选择有代表性的典型小流域,详细调查流域内地形地貌、沟道特征、水文气象、土壤植被、自然资源等自然条件资料;人口、劳力、土地利用、工农业生产、群众生活、交通等社会经济资料;水土流失、水土保持生态建设、淤地坝建设等方面的资料;流域沟道淤地坝科研、试验、规划、设计等方面的成果资料和基础图件,为开展规划提供技术资料。

(2)确定规划目标。流域(区域)淤地坝规划、支流淤地坝规划总目标是改善生态环境,促进国民经济发展。具体目标包括减沙目标、淤地目标、生产利用目标等,首先要符合国民经济和社会发展的方针政策以及上一级区域淤地坝建设规划和水土保持生态环境建设规划的总体要求。其次,要结合当地实际,根据存在的主要问题,实事求是地确定规划目标,做到因地制宜,因害设防,充分利用水沙资源,发挥其效益。如水土流失严重、土地资源缺乏地区,淤地坝规划应以防洪拦泥淤地、发展基本农田为主要目标;水资源缺乏地区,应以拦蓄洪水、发展灌溉、解决人畜饮水为主要目标。

(3)确定建设规模。淤地坝的建设规模与小流域地形地貌、土壤侵蚀程度密切相关,沟

壑密度越大,侵蚀模数越高,可布设淤地坝数量就越多。在实际规划中,选择具有代表性的典型小流域进行坝系规划,根据规划结果,推算流域(区域)或支流淤地坝的建设数量,经综合分析,最终确定流域(区域)或支流的淤地坝建设规模。具体步骤如下:第一,按照地形地貌、沟道特征、产流产沙、社会经济状况等进行类型区划分;第二,按不同类型区实地调查土壤侵蚀方式,收集土壤侵蚀观测资料,并进行统计分析,确定各类型区多年平均侵蚀模数;第三,根据各类型区土壤侵蚀面积和多年平均侵蚀模数,计算出各类型区的多年平均侵蚀量;第四,在各类型区选择典型小流域,进行实地勘测,确定各类型区淤地坝的布坝数量、布坝密度,骨干坝与中小型淤地坝的配置比例;第五,根据典型小流域坝系淤地坝建设规模,推算各类型区大、中、小型淤地坝的可建数量,骨干坝单坝控制面积,防洪库容,中、小型淤地坝单坝平均拦泥库容。汇总各类型区淤地坝的建设数量,经分析论证和综合平衡,确定淤地坝建坝总规模,以及骨干坝与中、小型淤地坝配置比例。

(4)确定建设布局。根据流域(区域)或支流内部区域差异特征,将规划区划分成若干个土壤侵蚀类型区、行政区(片)或小流域;根据其水土流失特点、建坝条件、社会经济状况和发展目标,分别确定淤地坝的建设规模、配置比例和规划布局方案。总的原则是:因地制宜,因害设防,先易后难,突出重点,兼顾一般。此外,淤地坝规划布局还应考虑行政单元的完整性,便于实施。大区域、大流域一般以县为单元。沟道坝系要以骨干坝为主体,中、小型淤地坝合理配置,形成高起点、高质量、高效益的坝系建设格局。

(5)制定实施计划。区域及支流淤地坝规划范围较大,计划安排不可能具体到每一座坝,而是根据轻重缓急,分类型区、行政区(片)或小流域,制定实施计划。近期实施计划应详尽,远期计划可适当粗略。

(6)投资估算与资金筹措。本着实事求是、科学合理的原则编制投资估算。淤地坝建设是一项社会公益性事业,所规划实施的区域一般是贫困地区,地方财政困难,群众生活贫困,财政资金匹配和群众自筹能力很差。因此,为确保工程建设的顺利实施,编制投资估算应本着国家、地方和群众共同投资,以国家投资为主的原则。

(7)经济评价。采取定性和定量分析的方法,分析计算规划实施后预期达到的生态、经济效益和社会效益。淤地坝属水土保持生态工程,应从国民经济发展的角度,评价工程建设对促进国民经济发展的作用及工程规划的合理性。评价一般采用《水利建设项目经济评价规范》(SL 72—94)及《水土保持综合治理　效益计算方法》(GB/T 15774—1995)。

(8)建立淤地坝建设与运行管理机制。在调查淤地坝建设和运行管理的成功经验及存在问题的基础上,紧密结合本地区实际,制定淤地坝工程建设和运行管理方案,提出淤地坝工程建设的管理机构,拟定建设期的管理办法和运行期的管理机制。根据国家现行有关社会公益性项目的管理要求,建立淤地坝工程建设管理体制时,应注意以下几点:一是加强行业管理,实行统一规划;二是严格基建程序,实行基本建设三项制度;三是流域管理与行政区域管理相结合;四是中央资金管理严格执行国库集中支付制度。

(9)拟订规划保障措施。主要包括:列入国家基本建设计划,制定优惠政策,落实管护责任,加强科学研究等。

7.3.1.2　流域(区域)或支流淤地坝规划方法

流域(区域)或支流淤地坝规划方法主要包括以下两种。

(1)逐级汇总法。将区域或支流划分为不同的类型区、行政区(片)和小流域,分别按小流域进行坝系规划，自下而上汇总。对汇总成果再进行自上而下平衡、补充调整，考虑全局，增补大型控制性骨干工程，形成比较翔实和全面的科学规划。

逐级汇总法适用于范围不太大、类型较为简单，且过去已有一定的规划成果资料，规划基础较好的地区。

(2)典型推算法。具体工作步骤如下：第一，按照自然条件(包括水土流失特点、产流产沙特性、流域沟道特征等)和经济社会发展要求(对坝系生态农业可持续发展要求)将区域或支流划分为若干类型区。第二，在每个类型区选择具有代表性的典型小流域进行坝系规划。第三，根据小流域坝系规划成果，采取“以点推面”的方法推算每个类型区淤地坝工程建设规模，(包括工程控制面积、各类型坝的数量与配置比例、技术经济指标等)。第四，将各类型区进一步汇总形成区域及支流淤地坝工程总体规划。典型推算法的关键技术是进行类型区划分和选择具有代表性的典型小流域，并对小流域进行坝系规划。这种方法一般应用于规划范围较大、类型较为复杂，且过去规划成果资料较少的地区。第五，以类型区、行政区(片)和小流域为单元，制定淤地坝实施计划安排；第六，进行投资估算、效益分析、经济评价。

7.3.2　小流域淤地坝(坝系)规划主要内容及方法

7.3.2.1　小流域淤地坝(坝系)规划主要内容

小流域淤地坝(坝系)规划的主要内容包括：基本资料收集与整理、沟道工程规划、坡面措施规划、投资估算、方案论证、效益分析和保证措施等。其中，重点是沟道工程规划。

(1)基本资料收集与整理。主要包括流域自然社会经济情况、土壤侵蚀特征、水土流失规律、土地利用现状和水土保持治理经验与存在问题。

(2)沟道工程规划。包括骨干坝规划(新建坝和旧坝加固配套)、中小型淤地坝规划和蓄水塘坝规划及其他配套工程(渠系、道路、治河造地、农田灌溉等)规划。分别确定各类工程的布局、枢纽组成、工程规模、建设顺序、工程造价和工程效益等。

(3)坡面措施规划。依据土壤侵蚀方式和侵蚀程度，因地制宜规划不同措施的布局和规模，采取工程措施与生物措施相结合、沟道治理与坡面治理相结合，建立小流域立体防护体系。

(4)投资估算。依据工程造价估算的有关规定和国家的投资政策，结合当地的实际情况，编制坝系规划投资估算报告，提出工程总投资与国家、地方和群众投资比例，以及分年度投资计划。

(5)方案论证。若采用综合平衡规划法，至少应有两个以上规划方案进行对比分析论证。条件许可时，采用系统工程规划法。

(6)效益分析。包括拦泥减沙、经济、生态效益和社会效益。

(7)保证措施。提出保障规划实施的组织领导措施、技术措施、资金筹措和劳动力投入措施等。

7.3.2.2　小流域淤地坝(坝系)规划方法

目前，小流域淤地坝(坝系)规划主要采用综合平衡规划法(也称经验法)和系统工程规划法两种方法。

1)综合平衡规划法

综合平衡规划法，是根据行政及业务管理部门的决策意向，通过对小流域进行实地调查或查勘，按照有关技术规范的要求，利用专业知识及经验，结合人工智能干预决策而获得的一种规划方案。用综合平衡法进行坝系规划，首先根据需要和可能确定控制性骨干工程，然后合理配置中小型淤地坝及蓄水塘坝；最后确定加固配套工程。通过对规划的各类坝型的坝高、库容、淤地面积、工程量、投工、投资等指标的分析计算，提出坝系规划初步方案，最后根据坝系规划目标对方案作进一步调整、修改。一般地，综合平衡规划法须设计两个以上的规划方案，并进行对比分析和选优，最终确定一个推荐方案。

2）系统工程规划法

系统工程规划法较综合平衡规划法有较大的优越性，可以在一定程度上排除人为因素的干扰，针对较为复杂的规划模型，得到基本符合实际的优化规划方案。但目前阶段，系统工程规划方法也存在着一定的局限性，坝系规划所涉及的可变因素很多，如布局问题、规模问题、建设时序问题、溢洪道的优化等，使模型十分复杂，难以求解。一个比较完善的系统工程规划模型需要以遥感技术、地理信息系统（GIS）技术、计算机技术和专业理论、经验为技术支撑。

A. 非线性规划及其数学模型

非线性规划的设计思路是以净收益最大为目标，以坝高为决策变量，在满足坝系整体防洪安全的前提下，考虑无较大淹没损失，把拦泥淤地、防洪库容、生产发展、坝系相对稳定等作为约束条件。其数学模型如下：

第一步，确定决策变量。设定坝高为决策变量，则

$$H_i = H_{is} + H_{li} \quad (i = 1, 2, 3, \cdots, m) \tag{7-1}$$

式中：H_i 为坝系中第 i 座坝的坝高，m；H_{is}为坝系中第 i 座坝的拦泥坝高，m；H_{li}为坝系中第 i 座坝的滞洪坝高，m。

第二步，确定目标函数。以经济效益的最大值为目标函数，则

$$\mathrm{Max}Z = B - I - C \tag{7-2}$$

式中：B 为综合经济效益，$B = \sum_{i=1}^{m}(B_{ci} + B_{si})$，其中 B_{ci} 为第 i 座坝的坝地种植经济效益，B_{si} 为第 i 座坝的拦泥经济效益；I 为投资折现值，$I = \sum_{i=1}^{m} I_i$，其中 I_i 为第 i 座坝的投资折现值；C 为运行费折现值，$C = \sum_{i=1}^{m}(C_{mmi} + C_{cmi})$，其中 C_{mmi} 为第 i 座坝养护管理费，C_{cmi} 为第 i 座坝坝地种植运行费。

（1）淤地坝种植经济效益。其计算公式为

$$B_c = \sum_{j=1}^{30} f_i a_1 Y_c P_c (1 + r)^j \tag{7-3}$$

式中：f_i 为第 i 座坝预测淤地面积，hm^2；a_1 为坝地利用率；Y_c 为粮食单位面积产量，kg/hm^2；P_c 为粮食作物价格，元/kg；r 为利率；j 为基准年后收益年份至基准年的年限。

（2）淤地坝拦泥经济效益。其计算公式为

$$B_s = \sum_{j=1}^{30} V_{si} E_s / (1 + r)^j \tag{7-4}$$

式中：V_{si}为第 i 座坝预测新增拦泥量，m^3；E_s 为拦泥效益定额，元/m^3；其余符号意义同上。

（3）淤地坝养护管理费。其计算公式为

$$C_{mm} = \sum_{j=1}^{30} E_{mm} / (1 + r)^j \tag{7-5}$$

式中：E_{mm}为养护管理费运行费定额，元/hm^2；其余符号意义同上。

（4）淤地坝的坝地种植运行费。其计算公式为

$$C_{cm}=\sum_{i=1}^{30}f_i a_1 E_{cm} \tag{7-6}$$

式中：E_{cm}为坝地种植运行费定额，元/hm^2；其余符号意义同上。

第三步，建立约束方程体系。

（1）坝高最大值约束。其条件为

$$H_i \leqslant H_{max} \tag{7-7}$$

式中：H_{max}为避免较大淹没损失的坝高最大值，或受地形限制可能达到的坝高最大值，m。

（2）坝高最小值约束。其条件为

$$H_i \geqslant H_{min} \tag{7-8}$$

式中：H_{min}为满足防洪安全所需的坝高最小值，m。

（3）坝系拦泥库容约束。其条件为

$$V_{si}-V_{sbi} \geqslant N_{min}F_{si}M_s X_s \tag{7-9}$$

式中：V_{si}为第 i 座坝预测拦泥量，m^3；V_{sbi}为第 i 座坝已淤库容，m^3；N_{min}为《水利建设项目经济评价规范》中规定的设计最小拦泥年限；F_{si}为第 i 座坝区间控制面积，km^2；M_s 为年均输沙模数，t/（km^2 · a）；X_s 为淤地坝的拦泥比例。

（4）生产发展，粮食自给坝地种植面积约束。其条件为

$$\sum_{i=1}^{m}f_i+\sum_{i=1}^{m}\Delta f_{pi}a \geqslant d_f d_p F \tag{7-10}$$

式中：f_i 为第 i 座坝已淤面积，hm^2；Δf_{pi}为第 i 座坝预测新增淤地面积，hm^2；a 为坝地利用率；d_f 为满足粮食自给所需的人均坝地面积，hm^2/人；d_p 为人口密度，人/km^2；F 为控制面积，km^2。

（5）坝系相对稳定约束。其条件为

$$\sum_{i=1}^{m}f_i+\sum_{i=1}^{m}\Delta f_{pi} \geqslant C_{rs}\sum_{i=1}^{m}F_{si} \tag{7-11}$$

式中：C_{rs}为坝地相对稳定系数；其余符号意义同上。

第四步，选择寻优方法求解。采用 Lagrange 乘子法作为不等式约束非线性规划的求解方法，利用单纯形加速法作为寻优方法。

B. 动态优化规划及其数学模型

根据运筹学原理，如果某个坝系布局方案是一个优化方案，则该坝系中任何一个坝与其上游各坝构成的子坝系也是一个优化方案，并且在这个结构中，各规划坝均符合《水利建设项目经济评价规范》规定的各种限制条件，其坝址是通过评价指标（投入、产出或经济效益）的综合平衡（优化程度）来选取的。当规划到第 i 号坝时，上游第 $i-1$、$i-2$、$i-3$ 号坝以上的优化子坝系已经建立，而对 i 号坝的建设方案有（$i,i-1$），（$i,i-2$）（即不建第$i-1$号坝），（$i,i-3$）（即不建第 $i-2$ 号坝和第 $i-1$ 号坝），这三种方案各有不同的规划指标值，我们从中选取的一个规划指标值最优的组合就是第 i 号坝址上游的优化坝系结构。从第 i 号开始，顺序向下游一直到流域出口，便可以找到整个流域的优化坝系结构。从任一个可建坝址开始，到其上游的水文网末梢间的可建坝资源共同形成坝系的一个最优结构。当考虑第 i 号坝址时，与它构成优化坝系的上坝址从控制面积 $F_i=\{F_{min},F_{max}\}$ 中的 $i-1,i-2,i-3,\cdots,$

$i-k$号坝址均已由前面的计算使与其上游的坝址一起分别形成优化结构，故第 i 号坝址的优化结构产生于：

$$opt\{d_1(u_1)+f[f_1(u_1)]\}=opt\{\text{本坝的指标}+\text{上坝优化坝系结构指标}\}$$

$$d_1(u_1)\in\{i-1,i-2,i-3,\cdots,i-k\}$$

动态规划方法的数学处理步骤如下：

(1)阶段划分。把所给定问题发展变化的过程恰当地离散化，即划分为若干个相互有联系的序列单元，称为阶段。设在流域主沟上共有串联可建坝址 N 个，则可将其划分为 N 个规划阶段，从流域出口到上游末端的可建坝址依次编号 $1,2,3,\cdots,N$。

(2)状态与决策。系统在某状态中过程演变的各种可能发生的情况，称为该阶段过程的状态，描述状态的变量称为状态变量，以 X 表示。状态表示某段的起点(出发位置)，同时也是前一段某支路的终点。一个阶段只有一个起点，但有多个终点，也就是说一个阶段的起点可以是多个阶段的终点，因而某一阶段的开始是单状态的，而终点是多状态的。

决策就是在某一阶段的状态给定以后，从该状态演变到下一个阶段某状态的选择。描述决策的变量，称为决策变量，用 $u_1(X_1)$ 表示，决策变量允许的取值范围称为允许决策集合，可以用 $D_1(X_1)$ 表示第 i 阶段的允许决策集合。

将第 i 号坝址定义为第 i 阶段的起始状态，则状态变量 $X_i=i$，即第 i 阶段(每一阶段)只有一个起始状态。从第 i 号坝址开始，在允许范围内，向上游选择的第一个坝址 j 为从 X_1 出发的第一决策 $u_1(X_1)=j$(j 为选择坝址的编号，简记为 u_i)，第 j_m 个坝址对应于 m 个决策，则

$$u_1\in D_1(u_1)=\{j_1,j_2,j_3,\cdots,j_m\}\tag{7-12}$$

(3)计算指标函数。在多阶段最优决策过程中，指标函数值是用来表示过程优劣的一种数量指标，最优指标函数则是衡量全过程优劣的数量指标的极限值。根据决策者确定的优化目标的不同，可以将它们分成三类：以投入最小为规划目标，由于投入与骨干工程的工程量成正比，故可以在满足防洪、拦泥及生产的前提下的最小工程量作为规划指标；以产出最大为规划目标，以淤地面积最大为规划指标；以经济效益最大为规划目的，以投入产出比作为规划指标。

当一个决策确定以后，第 i 号坝的控制面积即已确定，根据相对平衡条件及防洪、生产要求(如作物允许的耐淹深度)便可以计算(根据工程的特征曲线)出所需要的坝高，进而求得工程量，由淤地面积可求得产出，由两者可求得经济效益，故它们是决策 u_i 的函数，可以写成 $d_1(u_1)$，当 j(即决策 u_1)从 j_1 变化到 j_m 时，由于上游舍弃的坝址增多，第 i 号坝的控制面积逐渐增大，故第 i 号坝的工程量即随之而逐渐增加。

(4)最优指标函数。最优指标函数是根据指标函数和优化要求得到的，指标函数的一般形式为

$$f_1(i)=d_1(u_1)+f_{u1}(u_1)\tag{7-13}$$

$$f_0(0)=0$$

投入指标：

$$d_1(u_1)=G_{1,}(u_1)\tag{7-14}$$

产出指标：

$$d_1(u_1)=S_1(u_1) \tag{7-15}$$

经济效益指标：

$$d_1(u_1)=E_1(u_1) \tag{7-16}$$

最优指标函数可以写成：

$$f(1)=opt\{d_1(u_1)+f_{u1}(u_1)\} \tag{7-17}$$
$$f_0(0)=0$$

式中：opt 为优化形式 min 或 max；$d_1(u_1)$为第 i 号坝上游选取第 $u_1(X_1)$号坝时的评价指标值；$f_{u1}(u_1)$为从第 $u_1(X_1)$号坝到流域末梢的坝址构成优化坝系时的最优指标值。

（5）允许决策集合的推求。允许决策集合 $D_1(u_1)$是在规划过程中搜寻得到的，可根据两个约束条件予以确定：①当选择第 $u_1(X_1)$号坝址后，则第 i 号的控制面积 F_{k1} 确定（从 $u_1(X_1)$到 i 号的区间面积），再根据相对平衡条件即可求得所需的淤地面积 S_i。又由防洪要求可求算坝高 h_1，它们还需与调查得到的允许值 h_{01} 及 S_{01} 比较，若计算值 h_1、S_1 小于调查值 h_{01} 和 S_{01}，则该决策还需与调查得到的允许决策集合比较。当逐渐向上游搜索，一旦发现有 $d_1(u_1)=u_1(X_1)$不是允许决策，那么，所有小于 $u_1(X_1)$的坝址均不是允许决策集合中的决策。②若控制面积满足 $F_{min}\leqslant F_k\leqslant F_{max}$，同时条件①也成立，便称 u_i 为允许决策，否则为非允许决策。

上述两个判别条件是独立使用的，判别①是纯理论准则，认为只要达到相对稳定平衡，则该坝址便是可行的。判别②是出于对《水利建设项目经济评价规范》和其他政策上的考虑，从而使工程的规模控制在一定范围内，故在我们的规划中可以采取判别②准则。

（6）迭代循环。规划从第 N 号坝址开始，逐渐向流域出口第1号坝搜索，因而是一逆序规划。对于第 i 号坝，由决策 $u_1(X_1)$求最优指标 $f_{u1}(u_1)$，再由 $f_{u1}(u_1)$求得最优决策 u_1。如此反复交替进行，直到第1号坝址的方案求出后便结束规划。这样求出最优规划是每一个坝址 i 与其上游坝址构成一个优化坝系，故共有 N 个优化坝系方案，但只有一个全过程优化策略，其余的都是子坝系优化方案。

（7）对支流汇入情况的处理。上述方法是从串联情况出发进行考虑的，当有支流汇入时，规划方法有一定的改进才能适应这种汇入情况。具体体现在：首先从干流的最末梢开始规划，如规划到某一汇合处上游第 i 号坝址，那么在第 $i+1$ 号时需判断上游有无支流汇入和支流上有无坝址。如有，则先对支流上的子坝系进行规划，一直到该支流的最末一个坝址 j。第 $i+1$ 号（坝址）阶段的决策集合 $u_{i+1}(X_{i+1})$不但包括干流上的坝址选择，同时包括支流上的坝址选择。但寻求允许决策集合的方法同上。

当第 i 号坝址上游有多少个支流要作规划时，顺序是从上到下、从左到右逐个进行。

（8）规划的预处理。上述方法对建坝资源有严格要求，即各坝的控制面积必须符合，若有，则必须在其上游增加坝址。增加的坝数根据下式确定：

$$P=\mathrm{Int}\{F_k/F_{max}\} \tag{7-18}$$

增加的方法有人工增加和模型增加两种。①人工增加法：由计算机对现有建坝资源进行初步审查，当需要增加时，告知决策者需要增加坝址的个数及位置，决策者可以回答计算机各个增加坝址的 h_0、S_0 及 F_{k0}。②模型增加法：系统自动增加 p 个坝址，$F'_k=F/(p+1)$，S_k 和 h_k 则按坝址的位置在第 i 号坝的 h_{0i}、S_{0i} 和第 $i-1$ 号坝的 $S_{0,i-1}$、$h_{0,i-1}$ 线性插值，新坝址插入后对所有坝址要重新编号，以保证规划阶段划分的正确性。

需要说明的是，用上述基本方法做出的规划方案只是提供给决策者的备选方案，通过与决策者（用户）的信息交换，即模型参数（优化指标、控制面积上下限和相对平衡指标等）的变更可以形成新的规划方案，决策者可以根据自己的评价指标从中选取一个或多个优化方案。

第 8 章　应用相对稳定原理指导流域坝系建设实例

由于黄土高原沟道坝系相对稳定原理与工程规划研究适应了黄土高原水土保持工程的实际需要，项目进行过程中尤其是水利部 2003 年把黄土高原淤地坝建设作为今后一个时期我国水利建设的“三大亮点”工程之一后，有关部门要求我们的工作必须同黄委淤地坝建设密切结合，从而利用《黄土高原沟道坝系相对稳定原理与工程规划》研究成果指导了黄河流域淤地坝系建设，而且又促进了本书自身的研究，加强了成果的实用性。本章给出了相应的典型实例。

8.1　韭园沟示范区坝系优化规划布设

8.1.1　示范区概况

韭园沟示范区，包括韭园沟流域和辛店沟流域，总面积 74.65 km^2，其中韭园沟 70.7 km^2，辛店沟 3.95 km^2。韭园沟示范区位于陕西省绥德县无定河中游左岸，地理位置介于东径 110°16′~110°26′，北纬 37°33′~37°38′，主沟长 18 km，平均比降 1.15%，沟壑密度 5.34 km/km^2，海拔 820~1 180 m。

示范区地处水土流失严重的陕北黄土高原，属黄土丘陵沟壑区第一副区。地面组成物质分为两部分，即基岩和土状堆积物，前者主要是三叠纪砂页岩，干沟和较大支沟都切入岩层，部分沟道两侧可见高几米至几十米的岩壁出露。岩层以上土状堆积物为第四纪紫红色黏土，在少数沟坡下零星分布。黄土分布最广，是本区农业生产的主要土类，也是被侵蚀主体，垂直节理发育，颗粒均匀，黏粒含量低，土粒间胶结力很弱，有机质含量低，一般只有 0.21%~0.3%，氮素奇缺，一般只含 0.017%~0.027%，土性疏松，抗蚀性低，黄土直接覆盖于基岩或红色黏土上，是构成本流域地貌的骨架。

示范区内丘陵起伏，沟壑纵横，土壤侵蚀极为剧烈，土地类型复杂，从分水岭至沟底可分为梁峁坡、沟谷坡和沟谷底三部分。梁峁坡位于峁边线以上，坡面较完整，顶部较平坦；沟谷坡位于峁边线以下，是冲沟、崩塌及多种重力作用活跃的地方；沟谷底沟蚀严重，表现为沟底下切、沟岸扩张和沟头前进。

示范区属温带半干旱大陆性季风气候，春季干旱多风，夏季炎热，秋季凉爽，冬季严寒，四季分明，温差较大，日照充足。据多年观测统计，年均气温 8 ℃，最高 39 ℃，最低 -27 ℃，日温差 28.7 ℃左右，日均气温≥10 ℃的活动积温为 3 499.2 ℃，多年平均无霜期 150~190 d，水面蒸发量年均 1 519 mm，最大 1 600 mm。风向除汛期多为东南风外，其余月份都为西北风，七级以上大风年均出现 47 次，最大风速 40 m/s。干旱、冰雹等自然灾害频繁。

示范区多年平均降水量 475.1 mm，年际变化大，多雨的 1964 年达 735.3 mm，少雨的 1956 年仅 232 mm，相差 3 倍多。年内分配极不平衡，7、8、9 月三个月占全年降水量的

64.4%,且多为暴雨出现,历时短、强度大、灾害严重。多年平均径流量为275万m^3,径流深为39.2 mm。径流随降雨而变化,丰水的1977年径流总量为1 476万m^3,枯水的1995年只有108万m^3,相差13倍多。径流主要来源于降雨及所产生的洪水,7、8、9月三个月径流总量占全年总量的60%以上,流域多年平均流量0.114 m^3/s,多年平均常流水量为20~60 L/s。多年平均输沙量为59.1万t,最大年输沙量959万t(1977年),最小年输沙为0(1982~1990年)。泥沙来源于洪水,洪水集中在汛期,年输沙又主要来源于1~2次洪水。

示范区以水蚀、风蚀、重力侵蚀为主,侵蚀形态一般在分水岭、梁峁顶部5°以下平缓地段,以面蚀为主;梁峁坡上部及峁顶地以下的延伸地带,坡度较缓,以细沟侵蚀为主,间或有浅沟发生;梁峁坡中下部地形较为复杂,坡度为20°~25°,细沟侵蚀进一步发育,以浅沟侵蚀为主,间或有坡面切沟与陷穴发生;在较陡的谷坡或接近沟头陡崖部分,疏松的黄土层受外界因素影响,内部抗剪强度减少,土体失去稳定平衡,发生滑坡、崩塌、泻溜三种侵蚀形态,分布范围虽小,但侵蚀速度快。根据多年淤地坝淤积测量结果分析,示范区多年平均侵蚀模数为1.5万$t/(km^2 \cdot a)$。

示范区总面积7 465 hm^2,耕地面积3 795.22 hm^2,其中农坡地面积1 782.39 hm^2,占耕地面积的46.96%,农坡地贫瘠,产量很低;"三田"面积2 012.83 hm^2,占耕地的53.04%,是示范区主要的粮食生产基地。韭园沟示范区以绥德县韭园乡为主,涉及周边辛店乡、四十铺镇、薛家河乡等共6个乡(镇)40个行政村1个试验场。沟口距绥德县城5 km。示范区共有人口11 139人,在总人口中,农业人口占98.10%,共10 927人,人口密度为149人/km^2,总劳力444人。示范区经济水平低下,主要经济收入以农业生产为主,农业总产值721.22万元,农业人均收入660.0元,人均纯收入573元(1999年资料)。

8.1.2 水土流失特点及强度

8.1.2.1 土壤侵蚀方式

示范区土壤侵蚀按营力作用可分为水蚀、重力侵蚀和风蚀三种方式。

1)水蚀

(1)雨滴溅蚀。在梁峁坡顶,由于坡面平缓、地表径流少,雨滴溅蚀是主要的,侵蚀作用使表土结构破坏,形成雨滴斑痕和薄层泥浆,产生结皮现象,这是导致细沟侵蚀的主要原因,雨滴溅蚀的侵蚀部位以梁峁坡顶为主。

(2)细沟侵蚀。由于薄层地表径流的产生,地表面有大量的纹沟出现,随着汇水面积的增加,纹沟中的薄层水流经过袭击兼并汇聚成股流,形成细沟侵蚀,细沟侵蚀形态有浅沟、切沟、悬沟侵蚀,均呈线状切入坡面。侵蚀结果是坡面支离破碎、坎坷不平。侵蚀部位以梁峁坡面为主。

(3)沟蚀。包括冲沟和切沟侵蚀,它是细沟侵蚀的发展结果,其特点是有较大的形体和明显的谷形,发生部位介于梁、峁之间,侵蚀作用表现为沟底下切、侧蚀、溯源等形式,由于沟谷汇集的坡面流水切入了黄土层中,侵蚀机理活跃,泥沙流失严重。沟蚀主要发生在流域内的沟道和沟头地段。

(4)洞穴侵蚀。主要表现形式为陷穴、盲沟和串洞,它是径流渗入地下产生的一种侵蚀形态，多发生在地体松散、地表径流充足，且有足够表流渗入的谷头、源头附近。峁坡下扩大后形成暗洞、陷穴、盲沟和串洞等，这是沟头前进和沟岸扩张的前奏。

2）重力侵蚀

重力侵蚀多发生在沟谷边坡，侵蚀形态主要有滑坡、崩塌、泻溜和泥石流等，侵蚀作用主要是沟谷扩展、沟间缩小、地面破碎和下切侧蚀。侵蚀部位多在沟谷、沟缘断面。

3）风蚀

由地形地貌因素和气候条件决定其侵蚀形态，主要表现为吹扬、沉积和循环过程，主要特点是移动性大，侵蚀发展较快。

8.1.2.2　侵蚀形态分析

土壤侵蚀方式随着地形地貌形态的变化，在水平和垂直方向有着明显的变化，这对治理措施的配置有重要的指导意义。沟道侵蚀形态空间分布示意图见图 8-1。

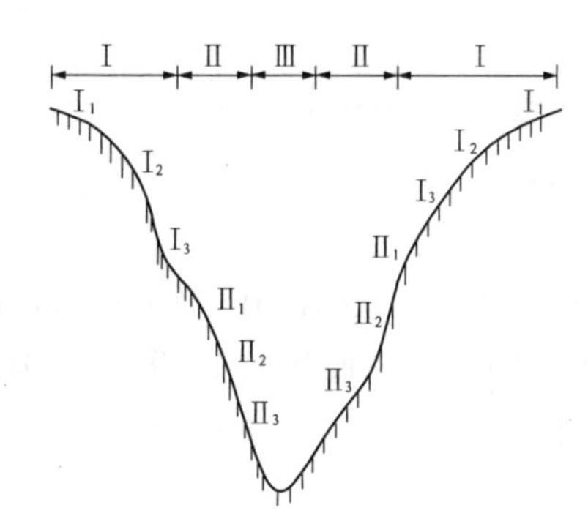

Ⅰ—梁峁坡溅蚀、水蚀带

Ⅰ$_1$—梁峁坡溅蚀、面蚀分带

Ⅰ$_2$—梁峁坡上部细沟侵蚀分带

Ⅰ$_3$—梁峁坡中下部细沟、细沟侵蚀分带

Ⅱ—沟谷坡水蚀、重力侵蚀、洞穴侵蚀带

Ⅱ$_1$—谷坡陡崖崩塌、滑塌、水蚀分带

Ⅱ$_2$—谷坡中上部水蚀、重力侵蚀洞穴侵蚀分带

Ⅱ$_3$—谷坡下部泻溜水蚀分带

Ⅲ—沟谷底冲蚀崩塌带

图 8-1　沟道侵蚀形态空间分布示意图

1）梁峁坡

梁峁坡顶端坡度多在 5°以下，坡长 10～20 m，侵蚀以溅蚀和面蚀为主。梁峁坡上部，坡度在 20°以下，坡长 20～30 m，侵蚀形态以细沟侵蚀为主，间有浅沟侵蚀发生。梁峁坡中下部地形比较复杂，坡度在 20°～30°，坡长 15～20 m，细沟侵蚀进一步发育，以浅沟侵蚀为主，间有坡面切沟和陷穴侵蚀发生。该区侵蚀模数为 7 800 t/(km^2·a)。

2）沟谷坡

沟谷坡是沟缘线以下至坡脚线以上部分，这部分地形极为复杂，各种侵蚀形态兼备，但以切沟侵蚀、重力侵蚀及洞穴侵蚀为主，是剧烈侵蚀区，侵蚀模数为 13 170 t/(km^2·a)。谷坡侵蚀受梁峁坡来水影响很大，若控制坡面来水，谷坡侵蚀量将大大减少。因此，治理好沟间地是治理好谷坡地的前提和基础。

3）沟谷底

坡脚线以下至流水线地段，包括沟条地和沟床地两部分，侵蚀以沟岸扩张、沟底下切及溯源侵蚀为主，各种侵蚀形态兼备，为剧烈侵蚀，侵蚀模数为 23 640 t/(km^2·a)。

8.1.2.3　土壤侵蚀特点

示范区主要受水力侵蚀和重力侵蚀交织作用，一般而言，梁峁地带由面（片）蚀向细沟和浅沟侵蚀演化，并进一步发展成切沟，最后形成冲沟。冲沟形成后，地面切割进一步加剧，地面坡度变陡，重力侵蚀加剧。

从侵蚀部位来看，地貌类型按基本地貌单元可划分为沟间地和沟谷地两类：沟间地的梁峁顶部，坡度平缓；下部坡度逐渐增大，变化于5°～15°；由梁峁再向沟谷方向延伸进入梁峁斜坡段，坡度为15°～25°，呈现细沟、浅沟等侵蚀形态；在峁边附近、坡度变缓，在潜蚀作用下，陷穴等洞穴侵蚀发育。沟谷地中的谷坡较梁峁坡陡，多为20°～70°，谷坡重力侵蚀严重，40°以下坡面常有泻溜；40°以上多崩塌、滑坡，是重力侵蚀带。土壤侵蚀强度沟谷地大于沟间地，侵蚀方式以沟蚀和重力侵蚀为主，这是本区土壤侵蚀的重要特点。

8.1.2.4　土壤侵蚀强度划分

土壤侵蚀强度划分是利用形态成因相结合的原则，按照侵蚀形态分布规律、现有治理措施的分布、侵蚀地貌的差异，依据流域地貌，从峁顶到谷底有明显的三条界限，即峁顶分水线、沟缘线及谷坡与坝地（沟底）交接的坡脚线，把示范区分成两个区域，再根据治理措施和侵蚀模数作为侵蚀程度的示意指标进行划分。

（1）微度侵蚀区（Ⅰ）。分布在主沟及支沟的坝地、堰窝地、小片水地、沟条地等，被覆度大于90%的林草地和石质沟床，面积21.1 km^2，占总面积的28.3%，该区为泥沙堆积区，年侵蚀模数小于1 000 t/km^2。

（2）轻度侵蚀区（Ⅱ）。分布在沟间地内的水平、隔坡梯田以及树龄在5年以上，被覆度大于70%的林、草地和坡度小于10°的坡地。面积14.1 km^2，占总面积的18.9%，占沟间地面积的33.4%。侵蚀形态主要有溅蚀、面蚀及细沟侵蚀，年侵蚀模数为1 000～2 500 t/km^2。

（3）中度侵蚀区（Ⅲ）。有治理措施的谷坡地；坡度大于10°的未治理坡地，林草被覆度小于50%，侵蚀模数为2 500～5 000 t/(km^2 · a)，这部分面积为19.75 km^2，占总面积的26.5%。

（4）强度侵蚀区（Ⅳ）。有治理措施的坡度大于15°的荒坡陡崖和经过生物工程措施治理后的切沟、悬沟、滑塌、陷穴等，而由于沟间地治理尚未达到标准，侵蚀依然严重，侵蚀模数为5 000～8 000 t/(km^2 · a)，面积为7.4 km^2，占总面积的9.9%。

（5）极强度侵蚀（Ⅴ）。分布在沟间地没有治理的坡地下部，该区坡面较完整，地面坡度大于25°，侵蚀模数为8 000～15 000 t/(km^2 · a)，面积约5.80 km^2，占总面积的7.7%。

（6）剧烈侵蚀区（Ⅵ）。包括没有治理的谷坡和各级沟道上游及源头，重力侵蚀活跃，水流沟蚀严重，侵蚀模数为15 000～37 000 t/(km^2 · a)，面积为6.5 km^2，占总面积的8.7%。

示范区侵蚀强度分级特征见表8-1。

8.1.2.5　水土流失成因分析

1）自然因素

区内地质构造条件、土壤质地疏松、地形起伏、地面破碎、降雨集中且多暴雨、植被稀疏等都给土壤侵蚀提供了有利的条件。

（1）地质地貌因素。本区地处鄂尔多斯台地向斜的南部，以上升为主的新构造运动，相对降低了侵蚀基点，从而加剧了水流侵蚀与切割，其结果又强化了地面的起伏强度，构成了侵蚀发展的地貌基础，加之覆盖物是疏松的黄绵土，又为侵蚀提供了丰富的物质条件。

(2)土壤因素。土壤质地组成直接影响着侵蚀的发生和发展,示范区土壤类型主要是绵沙土、风沙土和黄绵土,土层厚,新黄土质地疏松,内含可溶性盐类,垂直节理发育,在暴雨条件下,易引起面蚀和潜蚀,下部老黄土黏性大、质硬,有垂直节理,易发生沟蚀、溶蚀和重力侵蚀。

表8-1　示范区土壤侵蚀强度分级特征

分级	侵蚀强度名称	侵蚀强度($t/(km^2 \cdot a)$)	侵蚀特征	面积(km^2)	占示范区面积比(%)
Ⅰ	微度侵蚀	<1 000	雨滴溅蚀为主,有纹沟出现	21.10	28.3
Ⅱ	轻度侵蚀	1 000~2 500	面蚀、细沟侵蚀发育,沟宽<20 cm	14.10	18.9
Ⅲ	中度侵蚀	2 500~5 000	沟蚀发育,沟宽数米,深20~60 cm,风蚀严重	19.75	26.5
Ⅳ	强度侵蚀	5 000~8 000	冲沟侵蚀发育、切割深,有重力侵蚀	7.40	9.9
Ⅴ	极强度侵蚀	8 000~15 000	水蚀为主,重力侵蚀活跃,地形破碎	5.80	7.7
Ⅵ	剧烈侵蚀	15 000~37 000	水力、重力侵蚀剧烈,侵蚀形态兼备	6.50	8.7
合计				74.65	100

(3)气候因素。地处温带寒冷半干旱地域,盛行暴雨是招致水土流失的主要外营力,降雨集中、暴雨多、强度大,常常引起剧烈的水土流失。

2)人为活动因素

自然地理特征构成了水土流失的潜在条件因素,而人类不合理的社会经济活动,又加剧了水土流失的进程。

(1)历史时期人类活动的影响。黄土高原曾广布草原与森林,由于人类的生产活动和战争原因,使天然草原、森林消失,接踵而来的就是严重的水土流失,造成当今举世瞩目的严重流失区。60年来,虽经治理,但仍未达到理想效果。

(2)近年来人类活动的破坏影响。示范区自20世纪50年代以后就是全国的治理典型,试验场也是我站试验研究场地,国家在20世纪80年代以前投入了大量的资金,布设了许多水土保持措施,区域的自然环境得到了很大改善,土地利用结构日趋合理,水土流失有效控制,基本上达到了洪水不出沟。近20年来由于农村机制的改变,国家投资锐减,治理措施大面积破坏,梯田年久失修,失去了水土保持作用和效益;坡面林草基本上全部退化,仅留下部分经济林,水保效益较低。韭园沟淤地坝多数淤满,失去防洪能力;农地上山、广种薄收的经营方式得以恢复。随着人口的增长和基本建设,新的水土流失日趋严重。

8.1.3　水土保持综合治理情况

8.1.3.1　历史沿革

韭园沟示范区是典型的黄土高原丘陵沟壑区地貌,梁峁起伏,沟壑纵横,水土流失十分严重,侵蚀模数高达1.5万$t/(km^2 \cdot a)$。治理前,以单一的粮食生产为主,广种薄收,产量低而不稳,20世纪50年代人口仅有5 013人,但农耕地高达4 227 hm^2,没有“三田”和成片林地,只有人工草地44 hm^2,区内近一半为荒地。年产粮食总量80万kg,人均仅100 kg,群众生活极其贫困。1953 年韭园沟被列为水土保持试验、示范基地，并开始治理，特别是 60 年以来，在黄委、省、地、县和有关各部门的大力支持下，经广大群众的共同努力，取得了较大成绩，但 20 世纪 70 年代后期和 90 年代初期，受自然灾害特别是暴雨、干旱的影响，破坏相当严重，治理成果保存面积减少。

8.1.3.2 治理现状

截至 1999 年底，示范区各类水土保持措施保存面积 3 736.12 hm^2，总的治理程度 50.05%。示范区水土保持措施现状详见表 8-2。

各类水保措施现状分述如下。

1）淤地坝

示范区有各类淤地坝工程 237 座，其中骨干坝 17 座，大、中型坝 34 座，小型坝 186 座，总库容 2 877.78 万 m^3，可淤面积 346.78 hm^2，已淤 278.46 hm^2，现利用 219.32 hm^2，利用率 78.8%，相对稳定系数 1/27，基本形成了沟沟有坝、小多成群、骨干控制的格局，调查中发现，大多数坝库淤满，急须加高、加固和配套，这也是本次初设的重点内容。

2）小型蓄水保土工程

示范区现有小型水库 3 座，有效库容 13.45 万 m^3，灌溉面积 8.10 hm^2；有抽水站 2 处，扬程 240.20 m，实灌面积 0.12 hm^2；池塘工程有 7 处，水面面积 1.34 hm^2，主要用于临时浇地和人工养殖。

3）基本农田

截至 1999 年底，“三田”面积保存 2 012.83 hm^2，其中水地 41.65 hm^2，占“三田”面积的 2.07%；坝地 263.95 hm^2，占“三田”面积的 13.11%；梯田是示范区基本农田建设中面积最大的一项措施，共有 1 707.23 hm^2，占“三田”面积的 84.82%。示范区各行政村基本农田情况详见表 8-3、表 8-4。

4）林草措施

示范区内共有各类林地 1 685.88 hm^2，其中以柠条为主的灌木最多，面积为 1 111.60 hm^2；果园、经济林面积 433.03 hm^2，以苹果、枣树为主，兼有梨、杏等；乔木林 115.09 hm^2，以“四旁”、村庄附近和沟滩地为主，品种有柳树、杨树、槐树等乡土树种；混交林 26.16 hm^2；草地以人工草为主，面积仅为 7.25 hm^2，以紫花苜蓿为主，质量较差。

8.1.3.3 主要治理经验

1953 年，提出了“由上而下的防冲治理与自下而上的沟壑控制拦泥蓄水发展灌溉”的方法，具体做法是：25°以下的坡地为农区及水果区，26°～35°坡地为人工草地和干果区，30°以上及峁顶为林区。畜牧发展以饲牧为主。现在看来，这些技术路线虽不完全正确，但毕竟为当时治理工作的开展指出了方向，迈出了第一步。

经过一段时间的实践，到 1957 年，又提出了该区发展农业生产应是“全面规划，农林牧综合发展”，并提出解决粮食问题的关键是蓄水保土发展水利，种草发展畜牧解决肥料，配合草、树、蚕桑合理利用土地，在具体做法上指出，必须自上而下从峁顶到坡面和自下而上的沟壑治理配合。具体措施上，突破性地改变地埂为水平梯田，草木樨、洋槐、苹果大面积推广，开始推行水保耕作法。

表 8-2　示范区水土保持措施现状

流域名称	总面积(hm^2)	基本农田(hm^2)				造林(hm^2)						草地(hm^2)	水面(hm^2)	合计(hm^2)	治理程度(%)
		小计	水地	坝地	梯田	小计	果园	经济林	乔木林	灌木林	混交林				
韭园沟	7 070.00	1 934.43	40.51	254.37	1 640.05	1 613.12	401.00	5.60	99.62	1 083.87	23.03	4.73	30.16	3 582.94	50.68
辛店沟	395.00	77.90	1.14	9.58	67.18	72.76	16.05	10.38	15.47	27.73	3.13	2.52		153.18	38.78
合计	7 465.00	2 012.83	41.65	263.95	1 707.23	1 685.88	417.05	15.98	115.09	1 111.60	26.16	7.25	31.16	3 736.12	50.05

表 8-3　辛店沟水土保持措施现状

名称	面积(hm^2)	基本农田(hm^2)				造林(hm^2)						草地(hm^2)	水面(hm^2)	合计(hm^2)	治理程度(%)
		小计	水地	坝地	梯田	小计	果园	经济林	乔木林	灌木林	混交林				
试验场	156.43	15.13	0.12	6.35	8.66	66.95	16.05	7.00	13.75	27.02	3.13			82.08	52.47
龙湾	31.80	16.41		0.37	16.04	0.05			0.05					16.46	51.76
庙岔	25.47	4.66			4.66	1.11			0.40	0.71		0.84		6.61	25.95
王家山	59.84	21.12		1.63	19.49	0.90			0.90			0.78		22.80	38.10
辛店	121.46	20.58	1.02	1.23	18.33	3.75		3.38	0.37			0.90		25.23	20.77
合计	395	77.90	1.14	9.58	67.18	72.76	16.05	10.38	15.47	27.73	3.13	2.52		153.18	38.78

表 8-4　韭园沟各行政村水土保持措施现状

村名	总面积（hm^2）	基本农田（hm^2）				造林（hm^2）						草地（hm^2）	水面（hm^2）	合计（hm^2）	治理程度（%）
		小计	水地	坝地	梯田	小计	果园	经济林	乔木林	灌木林	混交林				
吴家畔	604.93	164.21	3.76	28.33	132.12	172.95	31.00		6.50	135.45			0.81	337.97	55.87
折家砭	300.11	56.81	3.15	11.03	42.63	90.25	13.62		2.13	74.50		1.02	0.30	148.38	49.44
魏家塬	135.28	28.30		3.25	25.05	33.59	12.86			20.73		1.47		63.36	46.84
李家寨	601.33	126.25	3.33	22.41	100.51	134.99	24.49		3.66	106.84				261.24	43.44
雷家坡	32.57	11.02		3.75	7.27	16.63	1.63			15.00				27.65	84.89
刘家渠	106.13	22.48		4.98	17.50	32.64	0.71			31.93				55.12	51.94
王茂庄	539.43	164.20	4.89	25.05	134.26	173.69	47.36		3.05	117.28	6.00			337.89	62.64
蒲家	479.83	140.10	0.70	15.91	123.49	123.89	46.24		23.07	45.53	9.05			263.99	55.02
西雁沟	425.53	130.68		14.64	116.04	100.71	7.37		5.79	87.55				231.39	54.38
三角坪	406.36	108.61	0.66	15.22	92.73	121.59	14.95		3.66	98.86	4.12		5.48	235.68	58.00
高舍沟	274.77	64.37	1.00	11.72	51.65	48.83	26.09	1.05	0.25	21.44			1.02	114.22	41.57
任家	109.14	55.35		5.91	49.44	26.61	2.09	3.65	1.30	19.57				81.96	75.10
王家	166.32	42.19		6.82	35.37	48.17	8.08		13.03	27.06				90.36	54.33
林家砭	427.58	116.30		18.63	97.67	59.76	21.96	0.30	1.93	35.57		2.24	0.91	179.21	41.91
马连沟	492.01	141.46	2.44	13.18	125.84	94.73	46.14		1.79	46.80			12.65	248.84	50.58
王家沟	158.75	24.07	0.40	5.83	17.84	32.72	7.06		5.47	20.19				56.79	35.77
刘家坪	195.06	48.30	0.47	8.27	39.56	22.42	3.72		0.97	13.87	3.86		1.27	71.99	36.91
马家沟	56.09	10.88		2.75	8.13	6.76	5.08			1.68				17.64	31.45
韭园	422.08	193.89	2.00	19.20	172.69	71.48	18.14		16.34	37.00				265.37	62.87
桑坪则	265.22	74.40	5.00	7.81	61.59	45.50	19.22	0.60	4.68	21.00			0.81	120.71	45.51
赵家	60.52	21.80			21.80	2.24				2.24				24.04	39.72
林场	42.07	1.32		1.32		25.71	8.03		1.32	16.36			6.91	33.94	80.68
小计	6 301.11	1 746.99	27.80	246.01	1 473.18	1 485.86	365.84	5.60	94.94	996.45	23.03	4.73	30.16	3 267.74	51.86

从 20 世纪 60 年代开始，水土保持治理技术路线渐趋成熟，较完整地提出了“从单一农业经济过渡到农林牧副综合发展和治理方法上的综合治理、连续治理、沟坡兼治、以农为主，建牧促农，以林促牧，大力兴建基本农田，提高单位面积产量”。同时，在措施的布局上提出“梁峁坡面兴修田间工程，造林种草，沟谷坡种草及沟谷兴修小淤地坝，沟谷底兴建大中型淤地坝的三道防线”。

20 世纪 70 年代以来，三道防线内容更加完善，较明确地提出以小流域为单元，进行综合治理，实行工程措施与生物措施、水土保持耕作措施相结合，治坡与治沟相结合等一套水土保持技术路线。通过治理，水土流失基本得到控制，土地利用及产业结构趋于合理，经济收入明显上升，人民群众生活水平有所提高，人均纯收入、粮食年拥有量等主要指标均高于当地水平。

8.1.3.4　存在的主要问题

示范区经过多年治理，流域自然环境和生产条件发生了巨大变化，群众生活水平明显提高，农、林、牧用地趋向合理，但目前仍存在一些问题，表现为以下几个方面：

（1）农地比例太大，粮食单产不高，广种薄收、毁林开荒现象仍然存在，土地利用结构仍需进一步调整。

（2）林草面积偏少，品种单一，保存率低，林木成活率低，生长慢，“老头树”仍然存在，草地面积不稳定。

（3）沟道防洪工程还需完善，许多淤地坝年久失修，大部分快淤满，防洪标准低，许多支毛沟没有工程设施，骨干坝防洪拦泥压力大。沟道工程建设是本示范区设计的重点，沟道工程存在的问题及对策将在第 6 章重点叙述。

（4）水土保持治理工程管护责任制落实不力，形成治管脱节、管用分离的状况。梯田完好率低、坝地利用率低、干沟盐碱化较为严重。

（5）仍然没有解决群众生活水平低下的问题，经济十分落后。

（6）水利灌溉工程很少，利用率低，制约着示范区的发展。

8.1.4　示范区坝系建设优化布设

8.1.4.1　坝系发展历程

从 20 世纪 50 年代起，沟道坝系工程作为示范区水土保持综合治理的主要措施之一，开始试验示范，首先在主沟和较大支沟修建第一座坝，淤满后在其上游建第二座拦洪坝，如此上蓄下种依次由下而上形成坝系。60 年代在试验示范取得成功后，大大激励了群众建库修坝的积极性，沟道坝系既可蓄水拦洪，减少当地水土流失和入黄泥沙，又使荒沟变为高产稳产的基本农田。70 年代在北方农业会议精神的鼓舞下，随着水坠筑坝技术的推广应用，大规模修库建坝的群众运动全面展开，沟道坝系工程在此期间得到空前的发展，坝系建设特点是“小多成群、小型为主、蓄种并行”。支、毛沟多数为全拦全蓄的“死葫芦”坝，干沟大坝多设溢洪道，但设计标准低，泄洪能力差，工程不安全。经过 1977 年特大暴雨洪水袭击后，沟道坝系工程大部分坝库程度不等地受到毁坏，从暴露出的问题看，主要是坝系的防洪标准低,布局不合理,工程不配套。80 年代根据坝系安全防洪生产的要求,对沟道坝系进行改建,生产坝按 20 年一遇设计洪水标准,骨干坝按 50 年一遇设计洪水标准加高加固,采用小坝并大坝,大小结合,骨干控制,以库容制胜,有效地拦蓄洪水泥沙,扩大坝地面积,坝系经过改建加固后,在布局上得到调整改进,拦蓄能力有较大提高。90 年代,在沟道坝系工程调整的基础上,进一步充实提高其防洪拦泥和生产能力,采取蓄种相间,分期加高加固配套,按 20 ~ 30 年一遇洪水标准设计,200 ~ 300 年一遇洪水校核,在较大支沟中增设骨干坝,增加防洪库容,提高坝系防洪保收能力,进一步充实完善沟道坝系。经过 40 多年的沟道坝系建设,截至 1999 年底,示范区共有坝库 240 座,其中:骨干坝和大、中、小淤地坝 237 座,总库容 2 877.78万 m^3,已淤库容 1 808.04 万 m^3,剩余库容 1 069.74 万 m^3,可淤地面积 346.78 hm^2,已淤地面积278.46 hm^2,利用面积 219.32 hm^2,坝地利用率为 78.8%。水库、塘坝共 3 座,总库容 89.40 万 m^3,兴利库容 13.45 万 m^3,养鱼 11.46 万尾,灌溉面积 8.10 hm^2;提灌工程 2 处,设计灌溉面积 34.51 hm^2,实灌面积 0.12 hm^2,自流灌渠 13 处,灌溉面积 40.51 hm^2;蓄水池 7 个,蓄水量3.6万 m^3,设计灌溉面积 8.52 hm^2,实灌面积 4.78 hm^2,韭园沟示范区沟道坝系工程现状详见表 8-5。

表 8-5　韭园沟示范区沟道坝系工程现状

坝型	数量(座)	库容(万 m^3)				淤地面积(hm^2)			灌溉面积(hm^2)
		总库容	已淤	兴利	剩余	可淤	已淤	利用	
骨干坝	17	1 410.7	760.9		649.8	134.71	93.49	61.92	
中型坝	34	1 059.58	686.08		373.5	113.02	90.58	78.53	
小坝	186	407.5	361.06		46.44	99.05	94.39	78.87	
塘坝	3	89.40	54.05	13.45	35.35				8.10

8.1.4.2　坝系建设经验、存在问题及对策

1)经验

韭园沟示范区经过 40 多年的坝系建设和发展,在坝系建设次序、布局形式、生产运行方法等方面都积累了丰富的经验。

(1)坝系建设次序。在坝系建设发展中,经历了"先干沟后支沟,先单坝后群坝"、"同时修上下坝,上坝拦洪淤地,下坝蓄水灌地"、"前期水库,后期淤地坝"等建设次序,总之建坝修库发展沟壑坝系大体有以下两种:一是从沟口逐级向上游打,有的是先打一坝,有的是同时打两坝,上坝拦泥拦洪,下坝蓄水灌地,逐步向上追逐。这种方法的优点是:控制面积大,拦泥多,淤地快,三五年即可淤成一大块坝地(几十亩,几百亩);便于集中管理、养护和利用。缺点是:要求技术高,用劳、用材、用物比较集中。二是从上游逐级往下游打。这种方式优点是:各坝分别控制各自的流域面积,控制面积适当,要求的技术相对较低,群众易掌握。缺点是:工程分散,战线长,技术指导和统一管理不易跟上,流域面积、水、沙、洪、库容等不协调,科学性差。

(2)坝系布局形式。在坝系布局方面采取:"因地制宜、因害设防、小多成群、大小结合、

骨干控制、节节蓄水、分段拦泥”，其优点是：有利于坝系拦泥防洪保丰收，能以工程之长对付洪水之短，充分开发利用水资源，可大大提高坝地的利用率、保收率，确保坝系安全防洪，充分发挥坝系生产、拦泥效益。

(3)坝系生产运行方法。在开始建坝修库到整个坝系初步形成之前，主要采取“上蓄下种，蓄种相间”的形式，这种方法，土坝设计不但要求一定淤地面积的坝高，而且还要有拦蓄一次以上设计洪水的库容，再加安全超高，这些坝除不能加高或沟内有较大的常流水外，一般不设永久性泄水建筑物。其特点是拦蓄效益高，淤地快，保收率高，坝地生产效益大。

另外，在坝系基本形成后，坝系生产运行方式主要采取“轮蓄轮种、计划淤排”，将坝系中大部分坝作为生产坝种植作物。少数坝作为拦洪坝保证坝系安全生产，安全生产要求各坝轮换加高，既有效地拦蓄了洪水，扩大了坝地，也保证了坝系坝地安全生产。

2)存在问题

沟道坝系突出的问题是：防洪标准低，排洪能力差，水资源得不到充分利用，坝地产量不稳，坝地盐碱化和渠路布设不合理是影响坝地利用率的主要原因。据调查统计，目前韭园沟示范区坝系中达不到省颁防洪标准的大型淤地坝有3座，占大型淤地坝的43%。影响坝系安全和坝地生产及效益的主要问题是：

(1)库容淤满，无滞洪能力。据调查，韭园沟示范区219座大、中、小型淤地坝中，淤泥面不足2 m的坝43座，占总坝数的20%，有11座淤地坝因淤满未及时加高而遭破坏，占总坝数的5%，其余165座虽较完整，但淤泥面距坝顶也只有2～8 m，防洪库容有限，经不起大洪水的考验。

(2)工程不配套，缺少排洪泄水设施。20世纪六七十年代群众运动中修建的淤地坝，因资金和技术力量的限制，大多支、毛沟坝无泄水设施，成“死葫芦”坝，经多年淤积，现已基本淤满，因缺少泄水建筑物，影响坝地的生产利用和效益发挥。主沟和较大支沟沟口坝，淤满后排洪渠道不配套，使坝地利用率和保收率很低。据调查资料统计分析，目前无排洪泄水建筑物的工程占总坝数的84%。

(3)坝系布设不合理，缺少骨干坝。20世纪六七十年代在沟道中建坝，缺少统一规划和技术设计，乡村建坝，各自为政，其结果出现了“坝套坝”、“坝中坝”、下坝淹上坝、下坝难淤满、上坝“胀破肚”的现象，加之缺少控制性骨干坝工程，坝系防洪标准低，一坝有事，会造成连锁反应，加剧危害程度。

(4)水的利用问题没有很好解决。在沟道坝系建设中，注重淤地坝的建设，轻视水库、塘坝、灌溉渠等的配置，使有限的水资源得不到有效利用，白白流走；目前示范区沟道坝系工程中水利设施极少，但还多为病危工程，水库、塘坝基本淤满，灌溉渠系多年失修，破烂不堪，基本不能使用。遇大旱之年，多数淤地坝无洪水可拦，坝地既得不到洪水淤漫，又不能灌溉，产量很低，极大地影响坝系高产稳产保丰收和效益的发挥。

(5)坝地盐碱化较严重。因缺少排水设施，来水多排水少，有常流水的沟道，坝地末端或坝前乃至整个坝地盐碱化严重，迫使在坝地上造林，影响坝地的粮食生产。

(6)管护不善，影响安全利用。20世纪80年代前的淤地坝多为国家投资部分材料费，由村委组织群众出工完成,工程产权关系不清楚,特别是农村实行家庭联产承包责任制以后,坝地分给农户使用,农民对工程只利用,不管护,随着工程运行期的增长,工程的利用管护矛盾更加突出,年久失修,亟待加固修复的病险坝大量增加,严重影响工程安全和生产利用。

3)对策

(1)明确政策,突出重点。在加固配套病险淤地坝中,要按照安全、费省、效益好的原则进行,实行“一为主,三优先和一突出”的原则,即新修和加固配套工程为主,在工程安排上优先安排危害大的工程,优先安排费省效宏的工程,优先安排坝系中水利灌溉工程,集中配套突出重点。对于跨组、村、乡的大中型淤地坝,工程量大,群众无力修复的工程,实行民办公助的办法,国家适当补助材料(钢材、水泥、炸药、柴油)费、抽水设备和工具补助费用。对于小型淤地坝工程的修补加固,主要由受益村组农民自己负责,国家给予适当补助。

(2)按坝的规模用途不同,区别制定防洪标准。要参照原水电部颁布的SD 175—86技术规范、陕西省标准局颁布的陕DB—86地方标准和黄河中游局制定的有关规定,进行规划和工程设计。设计洪水应按流域、按坝系统一考虑,按坝的用途区别对待。对上拦下保的骨干坝、蓄水库,按水电部和省颁发的标准进行规划设计;对现已种植的生产坝,依据安全生产的原则,可降低一级防洪标准。

(3)配套坝系,充分利用水沙资源。要按流域坝系统一考虑洪水泥沙,充分利用水沙资源,为生产服务。根据工程的用途和沟道形状,支毛沟和干沟的特征、相互关系,确定坝的密度、高度和位置,提出最优坝系布设方案。根据方案要求该加高的加高,该合并的合并,该配套的配套,该增加骨干坝的增加骨干坝。依次进行坝系规划,逐年实施、完善。

(4)加固配套的技术方案。针对淤地坝病险情况和水资源分布及灌溉排洪的需求,因地制宜,区别对待,可采用以下技术方案进行排险加固。

①加高土坝,增大防洪库容。在泄水建筑物比较完善,坝上游淹没损失小的沟道内可加高坝体。为减少工程量,一般在淤泥面上加高坝体。加高后,既可用做滞洪,又可作为水库加以利用,还可利用泄水涵洞排走清水后种地。

②完善排洪设施,确保安全利用。对于淹没损失大而不宜加高的淤地坝,可采用修建完善溢洪道或泄水涵洞、开挖排洪渠等办法,配套排洪设施。

③加高与配套泄水建筑物同时进行。对已基本淤满且防洪建筑物不配套的工程,既要加高坝体,又要修建溢洪道或泄水涵洞。

④配套控制性的骨干工程。在流域坝系已经初步形成的沟道内,如没有控制性的骨干工程,是不能安全度汛的,可根据需要配套上拦洪水、下保坝地的骨干工程。

⑤最大限度地利用水资源,在有水源的地方修建小水库、塘坝和蓄水池,同时配备灌渠和抽水设备,采用自流和提水灌溉发展水地,提高水资源的利用率,确保坝系高产稳产。

⑥对盐碱化严重的坝地,要采取引洪漫地或垫土压碱的措施,开挖低于坝地泥面1.5~2.0 m的排水渠,以排出积水,根治坝地盐碱化。

8.1.4.3 坝系优化规划布设

一般来讲,对某一条小流域进行坝系优化规划布设,首先要使之建立在流域综合治理规划或设计的基础之上。韭园沟示范区建设作为黄河流域水土保持生态工程建设重点示范建设项目更是如此。韭园沟示范区综合治理指导思想的核心在于采用现代化技术手段与沟道坝系相对稳定理论相结合的综合技术，把示范区建成工程措施与生物措施布局合理、“三大效益”协调发展的流域；探索符合市场经济需求的治理开发和管理运行机制；在新技术应用、水土资源利用、建设内容安排、观测研究、工程建设与管理等方面进行示范，使示范区成为高标准、综合治理的典型。

示范区以相对稳定坝系建设为重点，实行山、川、田、林、路综合治理，在现有水保措施的基础上形成以坝系建设为主体，工程措施、生物措施相结合的布置格局；梁峁顶主要种植灌木、人工草，形成生物防护带；梁峁坡主要兴修梯田和发展经济林果；沟谷坡以林草措施为主；沟底建设以坝系为主，适地发展谷坊、沟头防护工程，因地制宜发展小型拦蓄工程，实现沟道川台化和水利化；农坡地全部退耕还林还草。把示范区建成农林牧用地合理、治坡和治沟有机结合的防治体系。同时，注重道路建设，并做好村与村、居民点与主要生产区道路规划。

示范区综合治理初步设计的主要内容包括示范区人口、劳力、粮食、环境容量等的预测，示范区土地适宜性评价，应用多目标规划方法进行示范区土地利用规划和水土保持综合治理诸措施，诸如基本农田（水地、坝地、梯田）、经济林、水保林、人工草地等的规划设计和优化配置等。鉴于这些内容并非我们此间论述的主要对象，故只作以上简略的介绍，下面还是重点论述有关示范区坝系优化规划布设的相关内容。

1）坝系优化规划布设的内容与方法

从完整性的角度考虑，示范区坝系建设优化规划布设的主要内容包括：①骨干坝、中型坝的优化布设；②小型淤地坝相对稳定设计（主要是现有淤地坝加高、加固、配套）；③排洪渠、泄水设施配套工程布设（主要是对已建坝泄水建筑物配套以及已淤成地而不能加高坝的排洪渠修筑等）；④小水库、塘坝设计；⑤蓄水池初步设计；⑥提灌工程初步设计；⑦自流灌溉初步设计；⑧集雨工程初步设计。鉴于本书论述的主要对象是有关坝系相对稳定原理及其工程规划应用等问题，所以重点论述其中的前两部分内容，后五部分内容不予涉及。

示范区坝系建设的优化规划方法主要采用非线性优化规划法，但在优化模型设计中，充分利用坝系相对稳定的基本原理，反映坝系相对稳定研究的最新成果。

2）骨干坝、中型坝的优化布设

A. 模型结构

（1）系统思想。示范区骨干坝、中型坝优化模型主要考虑建坝投资和坝地生产效益，因坝数量多，未考虑拦泥效益，但不会影响优化结果，即考虑坝系从开始建设到安全生产运用一定时期内的投入产出。通过对坝系中拟建坝（包括改建坝）的建坝高度进行优化选择，使坝系的整体经济效益在规定的某一时段内达到或趋近最优。所谓安全生产是指坝系在满足一定防洪安全标准条件下全面发挥效益。经济效益最优是指在动态条件下整个坝系的投入产出比最小，并且纯收入最大。

（2）决策变量和目标函数的选取。决策变量是指在系统的优化过程中可以变动，而在优化结束时，又须加以确定的参数。根据示范区生态经济系统的特点和有关数学规划方法的局限性，决策变量的选择应满足以下两方面的要求：一是能够充分反映环境对系统的制约，即示范区的自然、社会及技术环境对坝系布设方案的约束；二是用尽可能少的变量来建立系统模型，使之既能反映坝系布设的密度，又有利于模型的简化和求解。由于淤地坝的总坝高主要是由 H 构成的，故在确定布坝密度时，只须进行拦泥坝高的优化即可，故选择拦泥坝高 H 为决策变量。事实上，建筑顺序及打坝间隔年限对坝系形成快慢影响很大，但考虑规划实施年限只有 5 年，时间很短，为不使决策变量数太多，不再选择建坝年作为决策变量。设所建各坝拦泥高度为 $H_i, i=1,2,\cdots,n$，则决策变量为 $\{H_i\}$，其总个数为 $i=n$。

选取坝系总投入(P)与总产出(X)之比(M_f)取最小值为目标函数，其表达式为

$$\mathrm{Min}M_f = P/X = \sum_{i=1}^{n} P_i(H_i) / \sum_{i=1}^{n} X_i(H_i) \tag{8-1}$$

式中：H_i 为 i 号坝的拦泥坝高；n 为坝系参与优化坝的总数；$P_i(H_i)$ 为 i 号坝建设投资的现值；$X_i(H_i)$ 为 i 号坝经济效益的现值。

(3)约束条件选择。

第一，最大拦泥坝高约束：拟建各坝都要受到坝址处可建高度的限制和沟道内重要设施不能淹没的限制，一般来讲，沟道内的居民区不能淹没，重要交通干线不能淹没，在没有这些淹没项的情况下，才考虑地形条件(可建坝高度)的限制，同时要考虑设计标准。这个坝高应通过现场勘测，并考虑滞洪坝高和安全超高后加以确定，即：

$$\{H_i\} \leqslant H_{i\max} \qquad (i=1,2,\cdots,n) \tag{8-2}$$

式中：H_i 为各坝址处的拦泥坝高；$H_{i\max}$ 为各坝址的地形允许最大拦泥坝高。

第二，最小拦泥坝高约束：对于加高加固坝，最小拦泥坝高为现已拦泥坝高($H_i \geqslant H_{已}$)对于新建坝，最小拦泥坝高 $H_i \geqslant 0$。

第三，相对稳定约束：坝系的淤地面积达到一定数量时，其在正常年安全生产条件下的用洪用沙量与流域坡面和沟谷来洪来沙量保持平衡，这时坝系控制流域面积 F 与淤地面积 S 之比 U 即为相对稳定指标，当 U 小于某个值时，坝系既能拦蓄泥沙不出沟，又能安全生产，即认为坝系达到相对稳定，该约束为：

$$U \geqslant \frac{\sum F_i}{\sum S_i} \tag{8-3}$$

第四，拦泥量约束：淤地坝拦蓄泥沙的数量，反映它对水土流失的控制作用，因此从生态效益的角度讲，对于已建设的坝系，最小拦泥能力应大于目前已拦泥量。又因为坝系达到相对稳定的最晚形成年限为 Y 年，所以坝系拦泥库容的最大值不应大于流域 Y 年内的来沙量，即：

$$\sum_{i=1}^{n} V_i \geqslant \sum V_{已淤} \tag{8-4}$$

$$\sum_{i=1}^{n} V_i \leqslant MFY/d \tag{8-5}$$

B. 优化布设过程

非园沟示范区坝系优化布设的经济计算期为 50 年，基准年选在 1999 年初。

(1)候选坝坝址的测定。根据实地勘测,示范区现有骨干坝 18 座,中型淤地坝 33 座,小型淤地坝 12 座,可供新建的骨干坝或中型淤地坝坝址 8 座,一并作为优化规划的候选坝址。在外业中实测候选坝址处沟道地形横断面图、主沟道及支沟纵断面图,分析确定各坝最大可建坝高、各坝淹没高度等。同时调查模型所需的各项参数,以供优化规划采用。

(2)数据准备。在地形图上量算各坝址各等高线相应的坝高淤地面积、坝轴长度及库容;选定边坡系数,再计算出与各坝高相对应的工程量,并量算各坝区间及流域控制面积。

(3)建立回归方程。以拦泥坝高 H_i 为自变量,运用统计分析软件,建立各坝的坝高—淤地面积、坝高—库容、坝高—工程量回归方程。韭园沟示范区参加优化设计的坝 $H \sim S$、$H \sim V$、$H \sim W$ 回归方程见表 8-6。

(4)确定数学模型中的有关参数。根据有关调查和分析,确定的各参数值见表 8-7。

(5)建立模型。建立骨干坝、中型坝优化的数学模型,将有关参数代入系统模型即可得到如下的约束条件方程组和目标函数。

约束条件方程组。①地形约束:经现场勘查,并考虑滞洪坝高和拦泥坝高,确定各坝的最大拦泥坝高约束。②最小拦泥坝高约束:对于加高加固坝,其最小拦泥坝高为现已拦泥坝高约束,对新建坝而言,最小拦泥坝高应大于零(即 $H_i > 0$)。③ 坝系相对稳定约束:坝系达到相对稳定后,流域面积 F 与坝系中各坝淤地面积 $\sum S_i$ 之比要大于相对稳定系数指标 U,即 $\sum S_i/F \geqslant U$。④淤积年限约束:由于该示范区建设期限为 5 年,而坝系达到相对稳定需 30 年,相比而言,建设期很短,故此次规划不考虑建设期限,根据这一要求,确定各坝淤积年限约束。⑤最大拦泥约束:示范区坝系控制流域面积为 74.65 km^2,而不参与优化坝控制面积 15.72 km^2,年侵蚀模数为 18 000 t/km^2,坝系达到相对稳定不超过 30 年。⑥最小拦泥约束:目前,该示范区坝系已基本形成,故最小拦泥约束应大于现已拦泥库容。

以上约束条件方程组详见表 8-8 ~ 表 8-10。

坝系相对稳定约束方程:

$$S = \sum_{i=1}^{71} \alpha H_i^b > (74.65 - 15.72) \times 100/20 = 294.65(\text{hm}^2)$$

最大拦泥约束方程:

$$S = \sum_{i=1}^{53} \alpha H_i^b < 30 \times 1.5 \times 54.38/1.3 + 1\,749.1 + \cdots + 0.011 H_{71}{}^{2.548} < 4\,183.54(\text{万 m}^3)$$

最小拦泥约束方程:

$$S = 0.108 H_1{}^{2.127} + 0.004 H_2{}^{2.975} + 0.164 H_3{}^{2.137} + \cdots + 0.011 H_{71}{}^{2.548} > 1\,522.38(\text{万 m}^3)$$

目标函数,根据坝系优化布设的数学模型,选取坝系总投入(P)与总产出(X)之比(M_f)取最小值为目标函数,其表达式见前述式(8-1)。

$$\text{Min } M_f = P/X = \sum_{i=1}^{n} P_i(H_i) / \sum_{i=1}^{n} X_i(H_i)$$

目标函数中的收益项和投资项分别见表 8-11 和表 8-12,将有关数据资料分别代入投资项和收益项进行求解。

表 8-6　韭园沟示范区参加优化设计的坝 $H \sim S$、$H \sim V$、$H \sim W$ 回归方程

优化坝中编号	坝名	坝系中编号	村名	沟名	流域面积(km²)		坝高和面积关系		坝高和库容关系		坝高和土方量关系	
					控制	区间	$S=\alpha H^{\beta}$	r	$V=\delta H^{k}$	τ	$W=\varepsilon H^{\phi}$	τ
1	羊圈嘴坝	001	吴家畔	羊圈沟	0. 969	0. 969	$S_1=0.173H_1^{1.217}$	0. 998	$V_1=0.108H_1^{2.127}$	0. 999	$W_1=55.6H_1^{2.235}$	0. 999
2	二郎岔 2[#]坝	007	吴家畔	主沟	0. 461	0. 461	$S_2=0.006H_2^{2.081}$	0. 993	$V_2=0.004H_2^{2.975}$	0. 998	$W_2=284.7H_2^{1.752}$	0. 099
3	二郎山坝	010	折家硷	二郎山沟	0. 605	0. 605	$S_3=0.257H_3^{1.243}$	0. 998	$V_3=0.164H_3^{2.137}$	0. 999	$W_3=125.1H_3^{2.075}$	0. 969
4	折家沟 3[#]坝	011	折家硷	折家沟	0. 355	0. 355	$S_4=0.139H_4^{1.014}$	0. 999	$V_4=0.073H_4^{1.996}$	0. 999	$W_4=118.3H_4^{1.991}$	0. 998
5	折家沟 1[#]坝	013	折家硷	折家沟	1. 194	0. 627	$S_5=0.018H_5^{1.815}$	0. 999	$V_5=0.021H_5^{2.530}$	0. 999	$W_5=127.1H_5^{2.038}$	0. 999
6	李家寨 1[#]坝	017	李家寨	李家寨主沟	0. 873	0. 512	$S_6=0.179H_6^{1.237}$	0. 997	$V_6=0.089H_6^{2.222}$	0. 999	$W_6=679.9H_6^{1.532}$	0. 995
7	魏家塬 3[#]坝	021	魏家塬	何家沟	0. 811	0. 644	$S_7=0.071H_7^{1.491}$	0. 999	$V_7=0.041H_7^{2.393}$	0. 999	$W_7=132.5H_7^{1.949}$	0. 999
8	团卧沟 1[#]坝	030	三角坪	团卧沟	0. 521	0. 232	$S_8=0.229H_8^{0.942}$	0. 993	$V_8=0.127H_8^{1.914}$	0. 999	$W_8=136.1H_8^{2.039}$	0. 999
9	沟对面坝	026	蒲家坬	想她沟	0. 453	0. 453	$S_9=0.049H_9^{1.283}$	0. 999	$V_9=0.031H_9^{2.182}$	0. 999	$W_9=34.9H_9^{2.310}$	0. 999
10	死地嘴 1[#]坝	031	王茂庄	死地沟	0. 615	0. 477	$S_{10}=0.086H_{10}^{1.322}$	0. 999	$V_{10}=0.052H_{10}^{2.232}$	0. 999	$W_{10}=56.7H_{10}^{2.177}$	0. 999
11	关地沟 1[#]坝	042	王茂庄	关地沟	0. 852	0. 408	$S_{11}=0.034H_{11}^{1.599}$	0. 996	$V_{11}=0.025H_{11}^{2.407}$	0. 999	$W_{11}=93.3H_{11}^{2.029}$	0. 982
12	关地沟 4[#]坝	040	土地岔 张家沟村	关地沟	0. 397	0. 397	$S_{12}=0.159H_{12}^{1.098}$	0. 999	$V_{12}=0.087H_{12}^{2.061}$	0. 999	$W_{12}=50.6H_{12}^{2.179}$	0. 999
13	马家沟村前坝	165	马家沟	马家沟主沟	0. 684	0. 602	$S_{13}=0.053H_{13}^{1.357}$	0. 988	$V_{13}=0.022H_{13}^{2.377}$	0. 999	$W_{13}=60.9H_{13}^{2.187}$	0. 995
14	西雁沟村后坝	060	西雁沟	西雁沟主沟	1. 450	0. 084	$S_{14}=0.014H_{14}^{1.880}$	0. 998	$V_{14}=0.011H_{14}^{2.661}$	0. 999	$W_{14}=27.9H_{14}^{2.410}$	0. 999
15	高舍沟沟口坝	171	高舍沟	高舍沟主沟	0. 319	0. 319	$S_{15}=0.788H_{15}^{0.735}$	0. 989	$V_{15}=0.390H_{15}^{1.767}$	0. 999	$W_{15}=168.9H_{15}^{2.015}$	0. 998
16	西雁沟村前坝	050	西雁沟	西雁沟主沟	1. 421	1. 237	$S_{16}=0.152H_{16}^{1.343}$	0. 998	$V_{16}=0.085H_{16}^{2.246}$	0. 999	$W_{16}=35.2H_{16}^{2.265}$	0. 996
17	泥沟沟掌坝	128	王家坬	泥沟	0. 728	0. 728	$S_{17}=0.066H_{17}^{1.441}$	0. 999	$V_{17}=0.038H_{17}^{2.356}$	0. 999	$W_{17}=33.3H_{17}^{2.299}$	0. 998
18	水神庙沟掌坝	109	辛店乡 黑家坬村	水神庙沟	0. 398	0. 398	$S_{18}=0.173H_{18}^{2.168}$	0. 996	$V_{18}=0.004H_{18}^{2.940}$	0. 999	$W_{18}=23.0H_{18}^{2.388}$	0. 998

续表 8-6

优化坝中编号	坝　名	坝系中编号	村名	沟名	流域面积(km^2)		坝高和面积关系		坝高和库容关系		坝高和土方量关系	
					控制	区间	$S=\alpha H^{\beta}$	r	$V=\delta H^{k}$	τ	$W=\varepsilon H^{\phi}$	τ
19	泥沟坝	129	马连沟	泥沟	1.433	0.319	$S_{19}=0.497H_{19}^{0.841}$	0.990	$V_{19}=0.268H_{19}^{1.827}$	0.999	$W_{19}=128.2H_{19}^{1.948}$	0.999
20	下桥沟 2#坝	168	刘家坪	桥沟	1.327	0.143	$S_{20}=0.036H_{20}^{1.690}$	0.972	$V_{20}=0.040H_{20}^{2.365}$	0.999	$W_{20}=33.4H_{20}^{2.344}$	0.996
21	柳树沟坝	003	吴家畔	主沟	1.876	0.355	$S_{21}=0.044H_{21}^{1.553}$	0.998	$V_{21}=0.045H_{21}^{2.279}$	0.999	$W_{21}=4.3H_{21}^{2.747}$	0.925
22	雒家沟坝	004	吴家畔	主沟	1.426	1.071	$S_{22}=0.033H_{22}^{1.764}$	0.998	$V_{22}=0.192H_{22}^{2.152}$	0.999	$W_{22}=36.0H_{22}^{2.343}$	0.999
23	吴家沟坝	005	吴家畔	吴家沟	0.779	0.779	$S_{23}=0.221H_{23}^{1.105}$	0.999	$V_{23}=0.112H_{23}^{2.093}$	0.999	$W_{23}=139.7H_{23}^{1.984}$	0.999
24	二郎岔 1#坝	006	吴家畔	主沟	1.138	1.138	$S_{24}=0.384H_{24}^{0.950}$	0.999	$V_{24}=0.182H_{24}^{1.977}$	0.999	$W_{24}=261.5H_{24}^{1.910}$	0.999
25	何家沟 2#坝	022	雷家坡	何家沟	2.300	2.300	$S_{25}=0.009H_{25}^{1.883}$	0.999	$V_{25}=0.035H_{25}^{2.010}$	0.999	$W_{25}=25.4H_{25}^{2.380}$	0.999
26	梁家沟坝	170	折家砭	梁家沟	2.255	2.255	$S_{26}=0.053H_{26}^{1.620}$	0.998	$V_{26}=0.017H_{26}^{2.692}$	0.999	$W_{26}=17.1H_{26}^{2.430}$	0.957
27	龙王庙坝	015	李家寨	李家寨沟	1.958	1.167	$S_{27}=0.037H_{27}^{1.723}$	0.996	$V_{27}=0.014H_{27}^{2.736}$	0.999	$W_{27}=182.3H_{27}^{2.001}$	0.999
28	马张嘴坝	016	刘家渠	李家寨沟	1.012	1.012	$S_{28}=0.352H_{28}^{1.025}$	0.996	$V_{28}=0.202H_{28}^{1.976}$	0.999	$W_{28}=75.9H_{28}^{2.165}$	0.999
29	蒲家坬大坝	115	蒲家坬	蒲家坬主沟	2.485	2.344	$S_{29}=0.086H_{29}^{1.484}$	0.998	$V_{29}=0.043H_{29}^{2.401}$	0.999	$W_{29}=110.5H_{29}^{2.114}$	0.999
30	林砭村前坝	107	林砭	林砭	2.871	2.652	$S_{30}=0.102H_{30}^{1.446}$	0.992	$V_{30}=0.067H_{30}^{2.270}$	0.998	$W_{30}=361.8H_{30}^{1.767}$	0.999
31	马连沟大坝	137	马连沟	主沟	2.589	2.477	$S_{31}=0.042H_{31}^{1.757}$	0.989	$V_{31}=0.038H_{31}^{2.435}$	0.995	$W_{31}=119.3H_{31}^{2.196}$	0.999
32	刘家坪坝	142	马连沟	主沟	2.250	1.629	$S_{32}=0.115H_{32}^{1.500}$	0.987	$V_{32}=0.012H_{32}^{2.874}$	0.999	$W_{32}=115.0H_{32}^{2.174}$	0.999
33	韭园大坝	159	韭园沟	主沟	2.560	2.271	$S_{33}=0.016H_{33}^{2.117}$	0.983	$V_{33}=0.017H_{33}^{2.793}$	0.999	$W_{33}=121.1H_{33}^{2.209}$	0.999
34	王茂沟 2#坝	043	王茂沟	王茂沟主沟	2.173	2.173	$S_{34}=0.017H_{34}^{1.857}$	0.999	$V_{34}=0.026H_{34}^{2.460}$	0.999	$W_{34}=112.3H_{34}^{2.080}$	0.999
35	王茂沟 1#坝	047	王茂沟	王茂沟主沟	2.654	1.094	$S_{35}=0.519H_{35}^{0.820}$	0.998	$V_{35}=0.271H_{35}^{1.830}$	0.999	$W_{35}=89.2H_{35}^{2.186}$	0.999
36	三角坪老坝	018	李家寨 三角坪	主沟	1.354	1.354	$S_{36}=0.001H_{36}^{2.761}$	0.994	$V_{36}=0.0007H_{36}^{3.507}$	0.999	$W_{36}=85.5H_{36}^{2.202}$	0.999

续表 8-6

优化坝中编号	坝　名	坝系中编号	村名	沟名	流域面积(km²)		坝高和面积关系		坝高和库容关系		坝高和土方量关系	
					控制	区间	$S=\alpha H^{\beta}$	r	$V=\delta H^{k}$	τ	$W=\varepsilon H^{\phi}$	τ
37	龙王庙大坝	082	高舍沟	高舍沟主沟	1.592	0.520	$S_{37}=0.009H_{37}^{2.070}$	0.990	$V_{37}=0.021H_{37}^{2.325}$	0.978	$W_{37}=126.6H_{37}^{2.033}$	0.999
38	西雁沟沟口坝	065	三角坪 西雁沟	西雁沟主沟	0.779	0.779	$S_{38}=0.061H_{38}^{1.457}$	0.991	$V_{38}=0.035H_{38}^{2.343}$	0.998	$W_{38}=92.7H_{38}^{2.061}$	0.999
39	折家硷坝		折家硷	主沟	2.280	2.280	$S_{39}=0.135H_{39}^{1.530}$	0.987	$V_{39}=0.025H_{39}^{2.829}$	0.999	$W_{39}=113.7H_{39}^{1.979}$	0.999
40	崖窑沟2#坝		任家坬	崖窑沟	2.200	2.200	$S_{40}=0.071H_{40}^{1.462}$	0.983	$V_{40}=0.071H_{40}^{2.135}$	0.996	$W_{40}=118.2H_{40}^{1.970}$	0.999
41	上桥沟2#坝		三角坪	上桥沟	2.590	2.590	$S_{41}=0.070H_{41}^{1.491}$	0.990	$V_{41}=0.043H_{41}^{2.342}$	0.998	$W_{41}=62.4H_{41}^{2.203}$	0.999
42	水堰沟2#坝		韭园	水堰沟	2.350	2.350	$S_{42}=0.094H_{42}^{1.070}$	0.960	$V_{42}=0.048H_{42}^{2.031}$	0.998	$W_{42}=77.3H_{42}^{2.092}$	0.999
43	范山大坝	014	李家寨	李家寨主沟	1.442	1.442	$S_{43}=0.595H_{43}^{0.893}$	0.977	$V_{43}=0.345H_{43}^{1.835}$	0.999	$W_{43}=123.5H_{43}^{2.032}$	0.998
44	三角坪新坝	024	三角坪	主沟	1.196	1.196	$S_{44}=0.388H_{44}^{1.040}$	0.996	$V_{44}=0.229H_{44}^{1.979}$	0.997	$W_{44}=172.2H_{44}^{1.966}$	0.988
45	林硷村后坝	105	林硷	林硷主沟	1.106	0.614	$S_{45}=0.013H_{45}^{1.966}$	0.998	$V_{45}=0.024H_{45}^{2.546}$	0.999	$W_{45}=109.9H_{45}^{2.196}$	0.983
46	劳里峁大坝	134	马连沟	泥沟	1.232	0.627	$S_{46}=0.037H_{46}^{1.605}$	0.996	$V_{46}=0.031H_{46}^{2.467}$	0.999	$W_{46}=59.6H_{46}^{2.236}$	0.998
47	水神庙沟坝		林硷	水神庙沟	0.836	0.466	$S_{47}=0.004H_{47}^{2.190}$	0.998	$V_{47}=0.003H_{47}^{2.940}$	0.999	$W_{47}=122.1H_{47}^{2.115}$	0.998
48	老克嘴坝		马家沟	马家沟	0.876	0.284	$S_{48}=0.003H_{48}^{2.200}$	0.998	$V_{48}=0.004H_{48}^{2.982}$	0.999	$W_{48}=26.4H_{48}^{2.332}$	0.999
49	双庙沟坝		蒲家坬	双庙沟	2.469	2.469	$S_{49}=0.110H_{49}^{1.230}$	0.986	$V_{49}=0.076H_{49}^{2.091}$	0.999	$W_{49}=102.2H_{49}^{2.082}$	0.996
50	楞山沟2#坝	055	西雁沟	楞山沟	0.459	0.259	$S_{50}=0.822H_{50}^{0.499}$	0.922	$V_{50}=0.447H_{50}^{1.486}$	0.997	$W_{50}=39.5H_{50}^{2.333}$	0.998
51	黑家坬坝		黑家坬	黑家坬沟	1.918	1.487	$S_{51}=0.032H_{51}^{1.522}$	0.995	$V_{51}=0.018H_{51}^{2.400}$	0.999	$W_{51}=54.6H_{51}^{2.267}$	0.995
52	王家沟坝		王家沟	王家沟主沟	0.564	0.130	$S_{52}=0.011H_{52}^{1.771}$	0.999	$V_{52}=0.008H_{52}^{2.584}$	0.999	$W_{52}=161.6H_{52}^{1.781}$	0.998
53	想她沟沟口坝		三角坪	想她沟	0.146	0.146	$S_{53}=0.081H_{53}^{1.264}$	0.980	$V_{53}=0.048H_{53}^{2.139}$	0.997	$W_{53}=114.1H_{53}^{1.891}$	0.998
54	阴湾沟坝	127	马连沟	阴湾沟坝	0.258	0.258	$S_{54}=0.075H_{54}^{1.791}$	0.991	$V_{54}=0.068H_{54}^{1.625}$	0.996	$W_{54}=135.2H_{54}^{1.463}$	0.992

续表 8-6

优化坝中编号	坝　名	坝系中编号	村名	沟名	流域面积(km²)		坝高和面积关系		坝高和库容关系		坝高和土方量关系	
					控制	区间	$S=\alpha H^{\beta}$	r	$V=\delta H^{k}$	τ	$W=\varepsilon H^{\phi}$	τ
55	沟掌沟 4#坝	073	桑坪则	沟掌沟	0.156	0.156	$S_{55}=0.738H_{55}^{1.466}$	0.995	$V_{55}=0.093H_{55}^{1.928}$	0.998	$W_{55}=157.4H_{55}^{1.825}$	0.996
56	南梁沟 2#坝	066	桑坪则	南梁沟	0.290	0.290	$S_{56}=0.941H_{56}^{1.358}$	0.996	$V_{56}=0.0083H_{56}^{1.967}$	0.997	$W_{56}=124.3H_{56}^{1.562}$	0.998
57	马地嘴坝	032	王茂沟	主沟	0.501	0.148	$S_{57}=0.551H_{57}^{1.489}$	0.999	$V_{57}=0.075H_{57}^{2.087}$	0.999	$W_{57}=165.2H_{57}^{1.558}$	0.999
58	黄柏沟 2#坝	045	王茂沟	黄柏沟	0.181	0.181	$S_{58}=0.076H_{58}^{1.806}$	0.996	$V_{58}=0.069H_{58}^{1.275}$	0.998	$W_{58}=148.5H_{58}^{1.926}$	0.997
59	康和沟 2#坝	045	王茂沟	康和沟	0.316	0.065	$S_{59}=0.063H_{59}^{1.924}$	0.998	$V_{59}=0.083H_{59}^{1.270}$	0.999	$W_{59}=178.3H_{59}^{1.832}$	0.999
60	青阳峁坝		试验场	鸭峁沟	0.367	0.367	$S_{60}=0.606H_{60}^{0.366}$	0.999	$V_{60}=0.004H_{60}^{2.945}$	0.998	$W_{60}=205.5H_{60}^{1.598}$	0.999
61	鸭峁沟 2#坝		王家山	鸭峁沟	1.160	0.098	$S_{61}=0.075H_{61}^{1.153}$	0.999	$V_{61}=0.489H_{61}^{1.135}$	0.998	$W_{61}=145.6H_{61}^{1.658}$	0.999
62	关道沟 1#坝	084	高舍沟	关道沟	0.520	0.520	$S_{62}=0.004H_{62}^{2.057}$	0.999	$V_{62}=0.003H_{62}^{2.895}$	0.999	$W_{62}=158.20H_{62}^{1.723}$	
63	南嘴沟坝	009	吴家畔	南嘴沟	0.623	0.623	$S_{63}=0.036H_{63}^{1.505}$	0.981	$V_{63}=0.016H_{63}^{2.506}$	0.983	$W_{63}=123.61H_{63}^{1.872}$	
64	旧沟 1#坝	049	李家寨	旧沟	0.615	0.615	$S_{64}=0.168H_{64}^{0.838}$	0.976	$V_{64}=0.080H_{64}^{1.858}$	0.998	$W_{64}=143.82H_{64}^{1.673}$	
65	黄柏沟 1#坝	049	王茂沟	黄柏沟	0.344	0.344	$S_{65}=0.009H_{65}^{1.684}$	0.998	$V_{65}=0.006H_{65}^{2.517}$	0.999	$W_{65}=110.93H_{65}^{1.674}$	
66	背和沟 1#坝	119	黑家洼	背和沟	0.574	0.574	$S_{66}=0.003H_{66}^{2.115}$	0.978	$V_{66}=0.001H_{66}^{3.406}$	0.999	$W_{66}=143.21H_{66}^{1.872}$	
67	王家沟 2#坝	146	王家沟	王家沟	0.814	0.814	$S_{67}=0.054H_{67}^{1.449}$	0.914	$V_{67}=0.037H_{67}^{2.257}$	0.965	$W_{67}=112.81H_{67}^{1.982}$	
68	水堰沟 3#坝	153	韭园沟	水堰沟	0.548	0.548	$S_{68}=0.113H_{68}^{1.005}$	0.975	$V_{68}=0.061H_{68}^{1.961}$	0.993	$W_{68}=173.50H_{68}^{1.639}$	
69	炭阳沟坝	051	西雁沟	炭阳沟	0.290	0.290	$S_{69}=0.106H_{69}^{0.987}$	0.878	$V_{69}=0.009H_{69}^{2.474}$	0.990	$W_{69}=128.71H_{69}^{1.923}$	
70	试验场 3#坝		试验场	鸭峁沟	0.840	0.100	$S_{70}=0.032H_{70}^{1.411}$	0.993	$V_{70}=0.003H_{70}^{2.748}$	0.988	$W_{70}=115.33H_{70}^{1.921}$	
71	辛店 3#坝		辛店	南窑沟	0.585	0.076	$S_{71}=0.028H_{71}^{1.563}$	0.987	$V_{71}=0.011H_{71}^{2.548}$	0.994	$W_{71}=198.12H_{71}^{1.911}$	

表 8-7　模型参数值

年侵蚀模数 M（t/km²）	坝系达到相对稳定形成年限 Y(a)	经济计算期（a）	坝地年公顷产值 C（元/hm²）	碾压土方单价 K_1（元/m³）	水坠土方单价 K_2（元/m³）	贴现率 P	泥沙干容重 d（t/m³）	"相对稳定时"坝地面积与控制流域面积之比 U
18 000	30	50	3 000	8.22	4.27	0.07	1.35	1/20

表 8-8　示范区候选项优化约束条件

优化中编号	坝名	控制区间面积（km²）	最大拦泥坝高约束（m）	最小拦泥坝高约束（m）	各坝淤积年限约束
1	羊圈嘴坝	0.969	35.1	9.0	$0.0966H_1^{2.127}-9<30$
2	二郎岔 2#坝	0.461	24.9	24.9	$0.0075H_2^{2.975}-108<30$
3	二郎山坝	0.605	16.4	6.4	$0.2349H_3^{2.137}-13<30$
4	折家沟 3#坝	0.355	31.0	13.1	$0.1782H_4^{1.996}-31<30$
5	折家沟 1#坝	1.194	37.0	22.4	$0.0152H_5^{2.53}-31<30$
6	李家寨 1#坝	0.873	8.5	6.5	$0.0884H_6^{2.222}-6<30$
7	魏家塌 3#坝	0.811	24.2	10.2	$0.0438H_7^{2.392}-7<30$
8	团卧沟 1#坝	0.232	25.0	16.0	$0.2113H_8^{1.914}-43<30$
9	沟对面坝	0.453	31.0	17.5	$0.0593H_9^{2.182}-70<30$
10	死地嘴 1#坝	0.615	25.0	12.5	$0.0733H_{10}^{2.232}-21<30$
11	关地沟 1#坝	1.143	35.0	16.0	$0.0189H_{11}^{2.407}-15<30$
12	关地沟 4#坝	0.397	26.0	10.6	$0.1899H_{12}^{2.061}-15<30$
13	马家沟村前坝	1.671	23.0	18.0	$0.0114H_{13}^{2.377}-12<30$
14	西雁沟村后坝	1.450	30.5	17.2	$0.0065H_{14}^{2.661}-10<30$
15	高舍沟沟口坝	0.319	11.0	9.5	$1.0596H_{15}^{1.767}-55<30$
16	西雁沟村前坝	1.421	20.0	17.0	$0.0518H_{16}^{2.246}-26<30$
17	泥沟沟掌坝	0.728	38.0	13.0	$0.0452H_{17}^{2.356}-37<30$
18	水神庙沟掌坝	0.398	33.0	12.5	$0.0087H_{18}^{2.940}-20<30$
19	泥沟坝	1.433	28.0	6.5	$0.1621H_{19}^{1.827}-6<30$
20	下桥沟 2#坝	1.327	37.0	15.9	$0.0261H_{20}^{2.365}-19<30$
21	柳树沟坝	1.876	35.0	11.0	$0.0208H_{21}^{2.279}-12<30$
22	雒家沟坝	1.426	27.0	19.3	$0.1167H_{22}^{2.152}-68<30$
23	吴家沟坝	1.872	31.0	12.5	$0.1246H_{23}^{2.093}-25<30$
24	二郎岔 1#坝	1.138	22.5	13.4	$0.1386H_{24}^{1.977}-24<30$

续表 8-8

优化中编号	坝名	控制区间面积(km^2)	最大拦泥坝高约束(m)	最小拦泥坝高约束(m)	各坝淤积年限约束
25	何家沟 2#坝	2. 300	44. 0	16. 5	$0.0132H_{25}^{2.010}-4<30$
26	梁家沟坝	2. 255	40. 0	>0	$0.0065H_{26}^{2.692}<30$
27	龙王庙坝	1. 958	41. 0	20. 5	$0.0062H_{27}^{2.736}-25<30$
28	马张嘴坝	1. 929	39. 0	13. 3	$0.1729H_{28}^{1.976}-29<30$
29	蒲家坬大坝	2. 485	32. 5	21. 6	$0.0150H_{29}^{2.401}-24<30$
30	林硷村前坝	2. 871	17. 6	17. 6	$0.0202H_{30}^{2.270}-14<30$
31	马连沟大坝	2. 589	23. 3	18. 7	$0.0127H_{31}^{2.435}-16<30$
32	刘家坪坝	2. 250	25. 0	>0	$0.0046H_{32}^{2.874}<30$
33	韭园大坝	2. 560	26. 5	24. 5	$0.057H_{33}^{2.793}-39<30$
34	王茂沟 2#坝	2. 173	38. 0	20. 0	$0.0104H_{34}^{2.460}-17<30$
35	王茂沟 1#坝	2. 654	18. 0	15. 0	$0.0885H_{35}^{1.830}-13<30$
36	三角坪老坝	1. 354	31. 0	28. 0	$0.0004H_{36}^{3.507}-60<30$
37	龙王庙大坝	1. 592	29. 0	19. 0	$0.0114H_{37}^{2.325}-11<30$
38	西雁沟沟口坝	0. 779	19. 5	11. 2	$0.0389H_{38}^{2.343}-15<30$
39	折家硷坝	2. 280	16. 0	>0	$0.0095H_{39}^{2.829}<30$
40	崖窑沟 2#坝	2. 200	30. 0	13. 0	$0.0279H_{40}^{2.135}-5<30$
41	上桥沟 2#坝	2. 590	32. 0	15. 3	$0.0144H_{41}^{2.342}-9<30$
42	水堰沟 2#坝	2. 500	32. 0	9. 9	$0.0166H_{42}^{2.031}-7<30$
43	范山大坝	1. 442	34. 0	11. 5	$0.2074H_{43}^{1.835}-19<30$
44	三角坪新坝	1. 196	16. 2	13. 2	$0.1659H_{44}^{1.979}-28<30$
45	林硷村后坝	1. 106	29. 0	24. 8	$0.0188H_{45}^{2.546}-55<30$
46	劳里峁沟大坝	1. 232	38. 0	22	$0.0218H_{46}^{2.467}-49<30$
47	水神庙沟坝	0. 836	38. 0	>0	$0.0031H_{47}^{2.940}<30$
48	老克嘴坝	0. 876	33. 0	>0	$0.0020H_{48}^{2.982}<30$
49	双庙沟坝	1. 469	43. 0	>0	$0.0448H_{49}^{2.091}<30$
50	楞山沟 2#坝	0. 259	38. 0	>0	$1.4957H_{50}^{1.486}<30$
51	黑家坬坝	1. 487	40. 0	>0	$0.1049H_{51}^{2.400}<30$
52	王家沟坝	0. 564	25. 0	>0	$0.0123H_{52}^{2.584}<30$
53	想她沟沟口坝	0. 146	38. 0	>0	$0.2849H_{53}^{2.139}<30$
54	阴湾沟坝	0. 258	19. 0	15. 5	$0.178H_{54}^{1.625}-2<30$
55	沟掌沟 4#坝	0. 156	15. 0	8. 0	$0.402H_{55}^{1.928}-24<30$
56	南梁沟 2#坝	0. 290	16. 0	12. 0	$0.016H_{56}^{1.967}-26<30$

续表 8-8

优化中编号	坝名	控制区间面积(km^2)	最大拦泥坝高约束(m)	最小拦泥坝高约束(m)	各坝淤积年限约束
57	马地嘴坝	0.501	18.0	12.0	$0.101H_{57}^{2.087}-16<30$
58	黄柏沟2#坝	0.181	17.0	13.0	$0.257H_{58}^{1.276}-6<30$
59	康和沟2#坝	0.316	18.0	15.0	$0.17H_{59}^{1.270}-3<30$
60	清阳峁坝	0.367	13.0	8.3	$0.098H_{60}^{1.846}-6<30$
61	鸭峁沟2#坝	1.160	20.0	10.6	$0.316H_{61}^{1.135}-5<30$
62	关道沟1#坝	0.520	21.0	14.8	$0.004H_{62}^{2.895}-11<30$
63	南嘴沟坝	0.623	16.0	9.0	$0.019H_{63}^{2.056}-5<30$
64	旧沟1#坝	0.615	17.0	9.0	$0.098H_{64}^{1.858}-6<30$
65	黄柏沟1#坝	0.344	20.0	13.0	$0.013H_{65}^{2.517}-9<30$
66	背和沟1#坝	0.574	18.0	11.0	$0.001H_{66}^{3.406}-5<30$
67	王家沟2#坝(6.7)	0.814	17.5	10.0	$0.034H_{67}^{2.257}-7<30$
68	水堰沟3#坝(3.6)	0.548	18.0	8.0	$0.084H_{68}^{1.961}-5<30$
69	炭阳沟坝(3.02)	0.290	15.0	10.5	$0.023H_{69}^{2.474}-9<30$
70	试验场3#坝(1.4)	0.840	24.0	9.5	$0.003H_{70}^{2.748}-2<30$
71	辛店3#坝(0.25)	0.585	15.0	3.4	$0.014H_{71}^{2.548}-1<30$

表 8-9　坝系相对稳定约束系数

i	α	b	i	α	b	i	α	b	i	α	b	i	α	b
1	0.173	1.217	13	0.053	1.357	25	0.009	1.883	37	0.009	2.070	49	0.110	1.230
2	0.006	2.081	14	0.014	1.880	26	0.053	1.620	38	0.061	1.457	50	0.822	0.499
3	0.257	1.243	15	0.788	0.735	27	0.037	1.723	39	0.135	1.530	51	0.032	1.522
4	0.139	1.014	16	0.152	1.343	28	0.352	1.025	40	0.071	1.462	52	0.011	1.771
5	0.018	1.815	17	0.066	1.441	29	0.086	1.484	41	0.070	1.491	53	0.081	1.264
6	0.179	1.237	18	0.005	2.168	30	0.102	1.446	42	0.094	1.070	⋮	⋮	⋮
7	0.071	1.491	19	0.497	0.841	31	0.042	1.757	43	0.595	0.893	71	0.028	1.563
8	0.229	0.942	20	0.036	1.690	32	0.115	1.500	44	0.388	1.040			
9	0.049	1.283	21	0.044	1.553	33	0.016	2.117	45	0.013	1.966			
10	0.086	1.322	22	0.033	1.764	34	0.017	1.857	46	0.037	1.605			
11	0.034	1.599	23	0.221	1.105	35	0.519	0.820	47	0.004	2.190			
12	0.15	1.098	24	0.384	0.950	36	0.001	2.761	48	0.003	2.200			

表 8-10　最大拦泥约束系数

i	α	b	i	α	b	i	α	b	i	α	b	i	α	b
1	0.108	2.127	13	0.022	2.377	25	0.035	2.010	37	0.021	2.352	49	0.076	2.091
2	0.004	2.975	14	0.011	2.661	26	0.017	2.692	38	0.035	2.343	50	0.447	1.486
3	0.164	2.137	15	0.390	1.767	27	0.014	2.736	39	0.025	2.829	51	0.018	2.400
4	0.073	1.996	16	0.085	2.246	28	0.202	1.976	40	0.071	2.135	52	0.008	2.584
5	0.021	2.530	17	0.038	2.356	29	0.043	2.401	41	0.043	2.342	53	0.048	2.139
6	0.089	2.222	18	0.004	2.940	30	0.067	2.270	42	0.048	2.031			
7	0.041	2.393	19	0.268	1.827	31	0.038	2.435	43	0.345	1.835			
8	0.127	1.914	20	0.040	2.365	32	0.012	2.874	44	0.229	1.979			
9	0.031	2.182	21	0.045	2.279	33	0.017	2.793	45	0.024	2.546			
10	0.052	2.232	22	0.192	2.152	34	0.026	2.460	46	0.031	2.467			
11	0.025	2.407	23	0.112	2.093	35	0.271	1.830	47	0.003	2.940			
12	0.087	2.061	24	0.182	1.977	36	0.000 7	3.507	48	0.004	2.982			

目标函数中的收益项表达式：

$$P_i = \frac{\alpha H_i^b}{1.078^c H_{i-g}^d}$$

目标函数中的投资项表达式：

$$x_i = \sum_{i=1}^{71} \alpha H_i^b$$

（6）模型求解。对于上述非线性优化布设模型求解，主要步骤如下：①将坝系规划的数学模型编入非线性规划程序，并将程序调试好；②给决策变量赋值，进行计算机求解；③把优化结果交于“专家”评判，淘汰坝高小的淤地坝；④修正系统模型，重复①、②步骤，作下一轮的计算机优选。

按照上述步骤，采用可变容差法，对韭园沟参与优化的坝，进行多次优化求解。最后获得如下既满足模型约束又满足目标函数的较优解。模型求解结果详见表 8-13、表 8-14。

表 8-11　目标函数中的收益项系数

i	α	b	c	d	g	i	α	b	c	d	g
1	7.414.28	1.217	0.096 6	2.127	9	12	6 814.29	1.098	0.189 9	2.061	15
2	257.14	2.081	0.007 5	2.975	108	13	2 271.43	1.357	0.011 4	2.377	12
3	11 014.29	1.234	0.234 9	2.137	13	14	600	1.880	0.006 5	2.661	10
4	5 957.14	1.014	0.178 2	1.996	31	15	33 771.4	0.735	1.059 6	1.767	55
5	771.43	1.815	0.025 2	2.530	31	16	6 514.29	1.343	0.051 8	2.246	26
6	7 671.42	1.237	0.088	2.222	6	17	2 828.57	1.441	0.045 2	2.356	37
7	3 042.8	1.491	0.043 8	2.392	7	18	214.29	2.168	0.008 7	2.940	20
8	9 817.29	0.942	0.211 3	1.914	43	19	21 300	0.841	0.162 1	1.827	6
9	2 100	1.283	0.059 3	2.183	70	20	1 542.86	1.690	0.026 1	2.365	19
10	3 685.71	1.322	0.073 3	2.232	21	21	1 885.71	1.553	0.020 8	2.279	12
11	1 457.14	1.599	0.018 9	2.407	15	22	1 414.29	1.764	0.116 7	2.152	68

续表 8-11

i	α	b	c	d	g	i	α	b	c	d	g
23	9 471.43	1.105	0.124 6	2.093	25	40	3 042.86	1.462	0.027 9	2.135	5
24	16 457.14	0.950	0.138 6	1.977	24	41	3 000	1.491	0.014 4	2.342	9
25	385.71	1.883	0.013 2	2.010	4	42	4 028.57	1.070	0.016 6	2.031	7
26	2 271.43	1.620	0.006 5	2.692	0	43	25 500	0.893	0.207 4	1.835	19
27	1 585.71	1.723	0.006 2	2.736	25	44	16 628.57	1.040	0.165 9	1.979	28
28	15 085.7	1.025	0.172 9	1.976	29	45	557.14	1.966	0.018 8	2.546	55
29	3 685.71	1.484	0.051 0	2.401	24	46	1 585.71	1.605	0.021 8	2.467	46
30	4 371.43	1.446	0.202	2.270	14	47	171.43	2.190	0.003 1	2.940	0
31	1 800	1.757	0.012 7	2.435	16	48	128.57	2.200	0.002 0	2.982	0
32	4 928.57	1.500	0.004 6	2.874	0	49	4 714.29	1.230	0.004 8	2.091	0
33	685.71	2.117	0.057	2.973	39	50	35 228.57	0.499	1.495 7	1.486	0
34	728.57	1.857	0.010 4	2.460	17	51	1 371.43	1.522	0.010	2.400	0
35	22 242.86	0.820	0.088 5	1.830	13	52	471.43	1.771	0.012 3	2.584	0
36	42.86	2.761	0.000 4	3.507	60	53	3 471.43	1.264	0.284 9	2.139	0
37	385.71	2.070	0.011 4	2.325	11	⋮	⋮	⋮	⋮	⋮	⋮
38	2 614.29	1.457	0.038 9	2.343	15	71	2 587.82	1.563	0.238 5	2.548	0
39	5 785.71	1.530	0.095	2.829	0						

表 8-12　目标函数中的投资项系数

i	α	b	i	α	b	i	α	b	i	α	b
1	268.2	2.235	15	814.1	2.015	29	532.6	2.114	43	595.3	2.032
2	1 372.3	1.752	16	169.7	2.265	30	806.8	1.767	44	830.0	1.966
3	603.0	2.075	17	160.5	2.299	31	266.0	2.196	45	529.7	2.196
4	570.2	1.991	18	110.9	2.388	32	256.5	2.174	46	587.3	2.236
5	612.6	2.038	19	617.9	1.948	33	270.1	2.209	47	588.5	2.115
6	3 277.1	1.532	20	161.0	2.344	34	250.4	2.080	48	127.2	2.332
7	638.7	1.949	21	20.8	2.747	35	198.9	2.186	49	492.6	2.082
8	656.0	2.039	22	173.5	2.343	36	190.7	2.202	50	142.1	2.333
9	168.2	2.130	23	311.5	1.984	37	282.3	2.033	51	263.2	2.267
10	273.3	2.177	24	1 260.4	1.910	38	206.7	2.061	52	360.4	1.781
11	449.7	2.029	25	122.4	2.380	39	253.6	1.979	53	254.4	1.891
12	243.9	2.179	26	82.4	2.430	40	569.7	1.970	⋮	⋮	⋮
13	293.5	2.187	27	406.5	2.001	41	300.8	2.203	71	1 628.55	1.911
14	134.5	2.410	28	365.8	2.165	42	172.4	2.092			

表 8-13　计算机第一轮优化结果

优化编号	1	2	3	4	5	6	7	8	9
优化拦泥坝高 H(m)	13.684	25.312	10.875	15.972	24.728	6.729	11.815	17.213	21.932
现状已拦泥坝高 H_{il}(m)	8.3	24.9	6.4	13.1	20.2	6.5	8.1	16	17.5
现状拦泥坝高 H_{xl}(m)	8.3	24.9	7	16	23.4	6.5	10.8	16	17.5
地形允许坝高 H_{dl}(m)	37	27	18.5	32.6	40.4	8	27.2	27	33
优化可增加拦泥坝高 $H-H_{xl}$(m)	5.384	0.412	3.875	0	1.328	0.229	1.015	1.213	4.432

优化编号	10	11	12	13	14	15	16	17	18
优化拦泥坝高 H(m)	16.583	22.118	11.438	19.173	24.292	8.734	16.842	22.493	19.945
现状已拦泥坝高 H_{il}(m)	12.5	15.8	8.1	18.3	17.2	9.5	15	13	12.5
现状拦泥坝高 H_{xl}(m)	12.5	21	8.1	18.3	23.4	9.5	15	23	18
地形允许坝高 H_{dl}(m)	28	38	28.1	25.3	33.4	12.5	22	40	35
优化可增加拦泥坝高 $H-H_{xl}$(m)	4.083	1.118	3.338	0.873	0.892	0	1.842	0	1.945

优化编号	19	20	21	22	23	24	25	26	27
优化拦泥坝高 H(m)	13.829	26.832	27.924	25.832	18.935	16.253	25.132	18.947	27.213
现状已拦泥坝高 H_{il}(m)	6.5	15.9	11.0	19.3	12.5	13.4	16.5	0	20.5
现状拦泥坝高 H_{xl}(m)	6.5	17.3	26.7	24.0	13.0	15.0	24.5	19.3	25.5
地形允许坝高 H_{dl}(m)	30.0	39.3	35.0	29.0	31.0	24.0	46.5	42.7	43.0
优化可增加拦泥坝高 $H-H_{xl}$(m)	7.329	9.532	1.224	1.832	5.935	1.253	0.632	0	1.713

优化编号	28	29	30	31	32	33	34	35	36
优化拦泥坝高 H(m)	20.142	28.429	15.729	25.835	20.159	23.938	28.129	15.728	31.129
现状已拦泥坝高 H_{il}(m)	13.3	21.6	17.6	18.7	0	24.5	20.0	14.9	28.0
现状拦泥坝高 H_{xl}(m)	13.3	28.0	17.6	24.0	20.2	24.5	27.0	14.9	30.0
地形允许坝高 H_{dl}(m)	40.6	34.6	17.6	26.7	25.0	33.0	40.0	19.4	36.5
优化可增加拦泥坝高 $H-H_{xl}$(m)	6.842	0.429	0	1.835	0	0	1.129	0.828	1.129

优化编号	37	38	39	40	41	42	43	44	45
优化拦泥坝高 H(m)	27.835	20.384	17.729	20.943	25.583	20.136	18.744	16.874	28.112
现状已拦泥坝高 H_{il}(m)	19.0	11.2	0	10.0	13.5	10.0	11.8	13.2	24.8
现状拦泥坝高 H_{xl}(m)	26.5	19.5	0	10.0	13.5	10.0	13.9	15.3	25.5
地形允许坝高 H_{dl}(m)	34.0	23.5	19.0	25.0	30.0	28.0	36.1	17.8	32.0
优化可增加拦泥坝高 $H-H_{xl}$(m)	1.335	0.884	17.729	10.943	12.083	10.136	4.844	1.574	2.612

优化编号	46	47	48	49	50	51	52	53	54
优化拦泥坝高 H(m)	28.189	25.744	23.168	19.867	4.325	25.876	20.954	21.876	16.235
现状已拦泥坝高 H_{il}(m)	22.0	0	0	0	0	0	0	0	15.0
现状拦泥坝高 H_{xl}(m)	27.5	0	0	0	0	0	0	0	15.5
地形允许坝高 H_{dl}(m)	40.0	40.0	35.0	45.0	20.0	42.0	28.0	40.0	25.0
优化可增加拦泥坝高 $H-H_{xl}$(m)	0.689	25.744	23.168	19.867	4.325	25.876	20.954	21.876	0.735

续表 8-13

优化编号	55	56	57	58	59	60	61	62	63
优化拦泥坝高 H(m)	10.176	9.832	13.576	12.789	14.102	16.983	17.924	19.319	14.716
现状已拦泥坝高 H_{il}(m)	8.0	10.0	11.3	11.7	9.0	15.0	10.3	14.8	9.0
现状拦泥坝高 H_{xl}(m)	10.0	10.0	12.5	12.8	14.0	17.0	17.5	14.8	9.0
地形允许坝高 H_{dl}(m)	15.0	13.0	18.0	17.0	19.0	20.0	20.0	25.0	21.0
优化可增加拦泥坝高 $H-H_{xl}$(m)	0.176	0	1.076	0	0.102	0	0.424	4.519	5.716
优化编号	64	65	66	67	68	69	70	71	
优化拦泥坝高 H(m)	13.106	17.713	15.835	16.007	14.978	14.352	21.527	13.969	
现状已拦泥坝高 H_{il}(m)	9.0	13.0	11.0	10.0	8.0	10.5	9.5	3.4	
现状拦泥坝高 H_{xl}(m)	9.0	13.0	11.0	10.0	8.0	10.5	9.5	3.4	
地形允许坝高 H_{dl}(m)	20.0	25.0	22.0	20.0	22.0	20.0	28.0	21.0	
优化可增加拦泥坝高 $H-H_{xl}$(m)	4.106	4.713	4.835	6.007	6.978	3.852	12.027	10.569	

表 8-14　计算机第二轮优化结果

优化编号		1	3	8	9	10	12	19	20	23
优化拦泥坝高(m)		12.872	10.101	17.931	20.873	15.923	11.087	13.035	23.646	18.359
优化淤积年限(a)		11.652	12.057	9.872	10.006	12.752	10.009	12.673	13.876	10.976
最终取优化	淤积年限(a)	10	10	10	10	10	10	10	10	10
	拦泥坝高(m)	12.4	9	18	20.7	15.4	10.7	12.6	21.9	17.9
优化编号		28	39	40	41	42	43	45	47	48
优化拦泥坝高(m)		20.998	12.976	18.673	20.102	20.108	17.384	28.102	24.876	23.384
优化淤积年限(a)		14.098	19.831	10.129	5.146	10.007	15.498	21.657	20.913	9.998
最终取优化	淤积年限(a)	15	20	10	5	10	15	20	20	10
	拦泥坝高(m)	21.4	13	18.5	19.9	20.1	16.8	28	24.3	23.4
优化编号		49	51	52	53	62	63	64	65	66
优化拦泥坝高(m)		21.328	24.938	21.763	21.219	19.107	14.318	13.004	17.809	15.518
优化淤积年限(a)		13.874	15.864	9.728	15.758	10.276	10.175	9.996	10.001	10.127
最终取优化	淤积年限(a)	22.1	15	10	15	10	10	10	10	10
	拦泥坝高(m)	15	24.4	22.2	21.1	18.6	14.2	13.1	17.8	15.4
优化编号		67	68	69	70	71				
优化拦泥坝高(m)		15.763	14.359	14.636	21.236	13.487				
优化淤积年限(a)		10.378	10.421	9.813	10.416	10.124				
最终取优化	淤积年限(a)	10	10	10	10	10				
	拦泥坝高(m)	15.5	14	14.7	20.8	13.3				

从模型求解结果分析，在 71 座候选坝中，保持现状的坝 38 座，加高加固坝 25 座，新建坝 7 座，淘汰 1 座。其中，新建骨干坝 5 座，小型坝加高改建成骨干坝 3 座 。示范区骨干坝和中型淤地坝轮廓设计结果详见表 8-15、表 8-16。总库容 509.73 万 m^3，已淤库容 58.47 万 m^3，可淤面积 46.63 hm^2，已淤面积 10.25 hm^2，新增面积 36.38 hm^2，防洪保护面积 132.70 hm^2。新建中型淤地坝 2 座，加高加固中型坝 22 座，总库容 730.97 万 m^3，已淤库容 305.45 万 m^3，可淤面积 77.10 hm^2，已淤面积 34.72 hm^2，新增淤地面积 36.38 hm^2。

3）小型淤地坝相对稳定设计

示范区现保存大小坝 237 座，数量太多，为使模型尽量简化，保证求解结果且不致失真，只选骨干坝、中型新建骨干坝、中型坝及坝址条件较好的小型坝参与流域坝系整体的优化布设（见表 8-17），而其他小型坝未参与流域坝系系统整体的优化布设。对这部分小型淤地坝的加高、加固、配套采用局部坝系或单一淤地坝相对稳定规划设计的方法确定相应的建设规模。

A. 相对稳定系数确定

对于骨干坝、大中型淤地坝、新建坝，相对稳定系数取 1/20，故小型淤地坝也取 1/20，洪水标准为 50 年一遇设计洪水频率。

B. 相对稳定优化规划设计方案

根据相对稳定系数对被选定的 40 座小型淤地坝进行加高、加固配套。计算设计淤地面积，由淤地坝坝高—淤地面积、坝高—库容关系推出相应设计坝高、设计库容，并计算加高坝高，再根据暴雨频率、侵蚀模数推算出坝内水深和淤积年限、坝内淤厚，计算成果详见表 8-17。

由表 8-17 可知，相对稳定系数 B_1 为 1/20 时，暴雨频率 2%，坝内平均水深 0.773 m，平均淤积年限 22 年，坝内平均淤厚 0.23 m，符合相对稳定条件和标准。

实施期末，小型淤地坝达到 186 座，加高、加固坝 40 座。规划总库容 167.64 万 m^3，可淤面积 42.34 hm^2，新增淤地面积 21.26 hm^2。

8.2　阳曲坡流域坝系工程建设相对稳定可行性研究

8.2.1　流域概况

8.2.1.1　自然概况

1）地理位置

阳曲坡流域发源于吕梁山中段西翼的骨脊山，于信义镇汇入三川河流域的二级支流——小东川。该流域地处黄河中游多沙粗沙区，隶属于山西省离石市信义镇，距离石市 20 km。地理坐标为 E111°13′08″ ~ 111°24′38″，N37°33′50″ ~ 37°41′24″。海拔 1 075 ~ 1 954 m，相对高差 879 m。流域面积 133 km^2，平均沟壑密度 4.45 km/km^2。

2）地质地貌

阳曲坡流域在地质构造上属祁吕弧形构造东翼、吕梁山中段西翼。因地壳隆起，逐渐形成背斜高地，在离石阳曲坡区域发育为船形盆地。

流域内出露的基岩有花岗岩、石灰岩等，其上覆盖有午城黄土、离石黄土和马兰黄土等。

由于长期的地质运动、气候变迁，以及径流冲刷侵蚀等外营力作用，流域由上至下形成了

表 8-15　示范区骨干坝建设设计汇总

优化中的编号	坝名	村名	沟名	控制面积（km^2）	工程结构	坝高（m）			库容（万 m^3）			淤地面积（hm^2）		防洪保护（hm^2）	灌溉保护（hm^2）
						已拦泥坝高	加高高度	最终坝高	总	已淤	拦泥	可淤	已淤		
40	崖窑沟2#坝	任家坬	崖窑沟	2.200	两大件	8.0	15.0	23.0	72.23	7.2	50.3	6.83	2.67	16.7	
39	折家硷坝	折家硷	主沟	2.280	三大件			18.0	73.50		63.7	8.17		20.0	20.0
47	水神庙沟坝	林硷	水神庙沟	1.500	两大件			28.5	50.40		40.0	4.67		6.7	
49	双庙沟坝	蒲家坬	双庙沟	2.469	两大件			27.0	66.15		49.35	4.95		18.9	
51	黑家坬坝	黑家坬	黑家坬沟	1.918	两大件			29.0	51.44		38.4	4.11		16.3	
28	马张嘴坝	刘家渠	李家寨沟	1.929	两大件	13.3	11.7	25.0	64.53	33.6	59.4	8.17	4.98	7.5	
53	想她沟沟口坝	三角坪	想她沟	1.910	两大件			26.0	51.33		38.10	3.53	0	13.3	
41	上桥沟2#坝	三角坪	上桥沟	2.590	两大件			28.0	80.15	17.67	59.37	6.20	2.60	33.3	
合计									509.73	58.47	390.62	46.63	10.25	132.7	

表8-16 示范区大、中型淤地坝设计

优化中的编号	坝名	村名	沟名	控制面积（km^2）	工程结构	坝高（m）			库容（万 m^3）			淤地面积（hm^2）	
						已拦泥坝高	加高高度	最终坝高	总	已淤	拦泥	可淤	已淤
43	范山大坝	李家寨	李家寨沟	1.442	两大件	11.8	8.2	20.0	69.12	32.0	60.8	7.374	2.0
45	林硷村后坝	林硷	林硷主沟	1.106	三大件	24.8	5.8	30.6	120.76	85.2	114.6	9.07	7.13
3	二郎山坝	折家硷	二郎山沟	0.605	两大件	6.4	9.1	11.3	21.49	8.6	18.6	3.80	2.47
8	团卧沟1#坝	三角坪	团卧沟	0.232	两大件	16.0	4.0	20.0	33.15	28.8	32.0	3.48	1.78
9	沟对面坝	蒲家坬	沟对面沟	0.453	两大件	17.5	5.5	23.0	25.15	17.0	23.0	2.40	1.99
10	死地嘴1#坝	王茂庄	死地沟	0.615	两大件	12.5	5.7	18.2	25.94	14.6	22.8	3.17	2.45
12	关地沟4#坝	张家沟村	关地沟	0.397	两大件	8.1	5.0	13.1	23.59	6.40	21.5	2.13	1.59
19	泥沟坝	马连沟	泥沟	1.433	两大件	6.5	9.7	16.2	33.94	8.20	27.1	4.20	2.40
1	羊圈嘴坝	吴家畔	羊圈沟	0.969	两大件	8.3	7.7	16.0	27.23	9.40	22.6	3.87	2.23
42	水堰沟2#坝	韭园沟	水堰沟	2.350	两大件	10.0	16.0	26.0	32.0	5.40	20.8	2.32	0.64
20	下桥沟2#坝	刘家坪	桥沟	1.327	两大件	15.9	9.1	25.0	70.42	27.80	59.3	6.60	3.67
48	老克嘴坝	马家沟	马家沟	1.824	两大件			28.0	32.99		24.3	3.07	
52	王家沟坝	王家沟	王家沟	1.795	两大件			24.0	32.59		24.0	2.69	

续表 8-16

优化中的编号	坝名	村名	沟名	控制面积（km^2）	工程结构	坝高（m）			库容（万 m^3）			淤地面积（hm^2）	
						已拦泥坝高	加高高度	最终坝高	总	已淤	拦泥	可淤	已淤
23	吴家沟坝	吴家畔	吴家沟	1.872	两大件	12.5	9.5	22.0	55.93	22.1	47.0	4.79	3.45
63	南嘴沟坝	吴家畔	南嘴沟	0.623	两大件	9.0	8.0	17.0	15.52	2.5	12.24	1.97	0.77
64	旧沟 1#坝	李家寨	旧沟	0.361	两大件	9.0	7.0	16.0	11.27	4.2	9.55	1.45	1.13
65	黄柏沟 1#坝	王茂沟	黄柏沟	0.344	两大件	13.0	8.0	21.0	10.06	1.2	8.42	1.15	0.39
69	炭阳沟坝	西雁沟	炭阳沟	0.290	两大件	10.5	7.0	17.5	8.30	2.6	6.92	1.50	0.84
62	关道沟 1#坝	高舍沟	关道沟	0.520	两大件	14.8	6.7	21.5	16.58	7.6	14.50	2.70	1.03
66	背和沟 1#坝	黑家洼	背和沟	0.574	两大件	11.0	7.0	18.0	13.82	1.3	11.10	1.00	0.39
67	王家沟 2#坝	王家沟	王家沟	0.814	两大件	10.0	8.5	18.5	21.49	4.0	17.60	2.87	1.14
68	水堰沟 3#坝	韭园沟	水堰沟	0.548	两大件	8.0	9.5	17.5	13.38	3.6	10.80	1.60	1.02
70	试验场 3#坝	试验场	鸭峁沟	0.842	两大件	9.5	15.0	24.5	15.21	2.0	11.20	2.31	0.80
71	辛店 3#坝	辛店	南窑沟	0.585	两大件	3.4	13.1	16.9	10.84	0.2	8.05	1.59	0.18
合计	24 座			22.919					750.94	294.7	628.78	77.10	39.49

表 8-17　小型淤地坝相对稳定规划表（$B = 1/20$）

编号	坝名	村名	控制面积（km^2）	坝高（m）	总库容（万 m^3）	已淤库容（万 m^3）	可淤面积（hm^2）	面积比	设计淤地面积（hm^2）	设计坝高（m）	加高数（m）	坝内水深 $P=1\%$（m）	设计库容（万 m^3）	剩余库容（万 m^3）	淤积年限（a）	坝内淤泥厚（m）	建设年份
023	何家沟 1#坝	属水保站管理	0.110	3.0	3.2	0.2	0.80	1/24	0.55	5.5	2.5	0.75	4.9	1.0	8	0.23	2001
024	深堰沟 3#坝	三角坪	0.270	4.5	1.8	0.8	0.42	1/97	1.35	14.0	9.5	0.77	4.8	4.0	13	0.23	2003
028	想她沟 1#坝	三角坪	0.246	6.6	2.9	2.0	0.90	1/39	1.23	11.5	5.0	0.77	4.4	2.4	9	0.23	2002
027	想她沟 3#坝	蒲家坬	0.402	6.5	6.0	4.2	1.90	1/32	2.01	14.5	8.0	0.78	8.8	4.6	10	0.23	2004
121	大山沟 1#坝	蒲家坬	0.210	10.0	2.0	1.7	1.10	1/39	1.05	14.0	4.0	0.77	3.4	1.7	7	0.23	2005
033	王塔沟 1#坝	王茂沟	0.353	6.0	3.3	2.1	0.82	1/55	1.76	15.0	9.0	0.78	7.3	3.9	10	0.23	2002
035	埝堰沟 3#坝	王茂沟	0.356	9.5	4.2	3.0	1.30	1/52	2.30	14.5	5.0	0.78	9.5	6.5	8	0.23	2001
045	康和沟 2#坝	王茂沟	0.316	8.0	2.7	1.0	0.82	1/86	1.58	13.0	5.0	0.77	6.1	5.1	9	0.23	2001
052	大路沟 3#坝	西雁沟	0.176	10.5	1.9	1.9	0.29	1/60	0.88	14.0	4.5	0.76	2.9	1.0	5	0.23	2003
061	猪山沟坝	西雁沟	0.329	9.3	1.7	1.7	0.53	1/62	1.64	14.3	7.0	0.78	6.4	4.7	13	0.23	2001
062	东沟坝	西雁沟	0.219	5.0	2.2	2.2	0.69	1/31	1.10	11.5	6.5	0.77	3.9	1.7	7	0.23	2004
066	南梁沟 2#坝	桑坪则	0.290	8.0	1.5	1.3	0.42	1/69	1.45	12.0	4.0	0.77	4.4	3.1	7	0.23	2003
072	沟掌沟 5#坝	桑坪则	0.409	8.0	4.8	4.8	1.34	1/30	2.04	14.5	6.5	0.78	9.8	5.0	7	0.23	2002
074	沟掌沟 3#坝	桑坪则	0.358	6.0	1.0	1.0	0.31	1/112	1.79	13.5	7.5	0.78	7.3	6.0	9	0.23	2001
077	苦菜峁坝	桑坪则	0.114	6.5	0.7	0.7	0.24	1/47	0.57	10.5	4.0	0.75	1.8	1.1	9	0.23	2005
087	狐子沟坝	任家坬	0.175	10.5	1.5	1.5	0.46	1/38	0.88	14.5	4.0	0.76	2.9	1.4	7	0.23	2001
088	上山沟 2#坝	任家坬	0.210	9.0	3.0	3.0	0.88	1/24	1.05	11.5	2.5	0.77	3.6	0.6	3	0.23	2003
099	对面沟坝	王家坬	0.146	6.5	5.1	3.4	0.80	1/18	0.93	8.5	2.0	0.59	6.4	3.3	18	0.18	2002
100	米驼子沟 1#坝	林 硷	0.350	8.0	2.8	2.8	0.54	1/102	1.75	14.0	6.0	0.79	9.5	6.7	12	0.23	2004
102	烧炭沟坝	林 硷	0.348	8.0	4.0	4.0	1.12	1/31	1.74	12.0	4.0	0.78	6.8	2.8	7	0.23	2001
162	红岩沟坝	马连沟	0.293	7.0	1.6	1.0	0.42	1/144	1.47	13.5	6.5	0.78	6.7	5.1	10	0.23	2003
143	王家沟 5#坝	王家沟	0.309	4.7	1.5	1.5	0.45	1/68	1.55	13.5	8.8	0.77	5.7	4.2	8	0.23	2004
150	园子沟 1#坝	王家沟	0.174	8.0	1.6	0.9	0.51	1/61	0.87	11.0	3.0	0.76	2.9	2.0	10	0.23	2002

续表 8-17

编号	坝名	村名	控制面积 (km^2)	坝高 (m)	总库容 (万 m^3)	已淤库容 (万 m^3)	可淤面积 (hm^2)	面积比	设计淤地面积 (hm^2)	设计坝高 (m)	加高数 (m)	坝内水深 $P=1\%$ (m)	设计库容 (万 m^3)	剩余库容 (万 m^3)	淤积年限 (年)	坝内淤泥厚 (m)	建设年份
157	下柳沟 2#坝	韭园沟村	0.214	7.0	2.0	2.0	0.59	1/70	1.07	14.5	7.5	0.78	8.2	6.2	14	0.23	2002
S1	小石沟 2#坝	试验场	0.185	10.7	2.1	0.9	0.53	1/35	0.93	13.9	3.2	0.78	3.2	2.3	8	0.23	2001
S17	试验场 4#坝	试验场	0.360	9.5	2.6	1.6	1.05	1/34	1.80	12.1	2.6	0.78	5.3	3.7	6	0.23	2001
S3	小石沟 3#坝	试验场	0.118	8.8	0.1	0.1	0.09	1/131	0.59	10.8	2.0	0.77	0.6	0.5	3	0.23	2004
S5	小石沟 5#坝	试验场	0.134	2.9	0.1	0.03	0.03		0.67	8.9	6.0	0.78	1.6	1.57	9	0.23	2005
S6	小石沟 6#坝	试验场	0.105	3.6	0.3	0.03	0.04		0.53	7.6	4.0	0.78	0.9	0.8	6	0.23	2002
S7	小石沟 7#坝	试验场	0.092	5.2	0.1	0.06	0.04		0.46	8.2	3.0	0.77	0.6	0.54	4	0.23	2005
S16	白草洼坝	试验场	0.063	6.8	0.4	0.3	0.19	1/33	0.32	11.8	5.0	0.78	2.1	1.8	10	0.23	2005
S12	谷地沟坝	龙 湾	0.104	5.8	0.4	0.4	0.24	1/43	0.52	11.8	6.0	0.78	2.5	2.1	13	0.23	2002
S9	辛店坝	辛 店	0.121	3.6	0.2	0.2	0.17	1/71	0.61	9.6	6.0	0.78	2.4	2.2	13	0.23	2005
S19	试验场 2#坝	试验场	0.184	12.1	1.8	1.6	0.37	1/49	0.91	14.8	2.7	0.77	2.9	1.3	5	0.23	2003
S20	试验场 3#坝	试验场	0.065	3.8	1.2	1.1	0.02		0.33	7.8	4.0	0.78	1.7	0.6	5	0.23	2002
S23	井渠 2#坝	试验场	0.050	3.5	0.06	0.06	0.07	1/71	0.25	7.5	4.0	0.78	0.7	0.64	6	0.23	2003
S24	南窑沟 1#坝	辛 店	0.103	5.8	0.2	0.2	0.16		0.52	8.8	3.0	0.78	0.84	0.64	5	0.23	2004
S29	南窑沟 6#坝	辛 店	0.077	6.1	0.2	0.2	0.13	1/59	0.39	10.1	4.0	0.78	1.4	1.2	9	0.23	2004
S30	南窑沟 7#坝	辛 店	0.067	3.2	0.2	0.1	0.19	1/35	0.34	7.2	4.0	0.78	1.2	1.1	9	0.23	2005
S32	南窑沟 9#坝	试验场	0.111	9.4	0.2	0.1	0.11	1/100	0.56	8.4	4.0	0.78	1.3	1.2	7	0.23	2003
合计	40 座		8.313		73.16	57.1	21.08		42.34				167.64	106.29			
		2001 年			28.10	16.30	6.92		13.21				52.40				
		2002 年			16.66	18.71	5.49		9.60				44.70				
		2003 年			11.80	7.86	2.98		7.92				27.30				
		2004 年			13.0	11.20	3.96		7.91				30.74				
		2005 年			3.6	3.03	1.73		3.70				12.50				

土石山区和黄土丘陵区两大地貌类型。

黄土丘陵沟壑区分布于流域中下游，面积107 km^2，占流域总面积的80.5%。该区植被稀疏，梁峁林立、沟壑纵横，沟壑密度4.7 km/km^2，沟壑面积占40%。沟谷下切强烈，切深为80～120 m，多呈“V”形或“U”形，谷底深窄弯曲。

位于流域上游的土石山区，面积26 km^2，占流域总面积的19.5%，地貌特征是：地势高而陡、土壤覆盖薄、基岩裸露、植被茂密，大部分范围是天然林保护区。该区沟谷多呈“V”形，切割深30～120 m。沟壑密度3.4 km/km^2。

全流域地表平均坡度24.98°，其中土石山区坡度20°，黄丘区坡度26.19°，各级坡度面积见表8-18。

表8-18　阳曲坡流域地面坡度组成

坡　度	坡　度　分　级						合计
	0°～5°	5°～8°	8°～15°	15°～25°	25°～35°	>35°	
面积(hm^2)	667	1 959	2 513	206	2 187	5 768	13 300

3）土壤植被

流域上游的土石山区，分布有少量的淋溶褐土，中低山地多为草灌黄褐土，覆盖于黄土母质之上；流域中下游的黄土丘陵沟壑区，以马兰黄土为主。

该流域地形复杂、起伏较大，植被分布不均衡。上游的天然林保护区，以针叶林为主。土石山区向黄丘区过渡带分布有人工乔木和灌木或乔灌混交林，该区植被平均覆盖度为69.23%；流域下游的黄土丘陵沟壑区，自然植被稀少，仅在荒山、荒坡、村庄及川台地四周分布有零星植被，植被平均盖度24.19%（见表8-19）。

表8-19　阳曲坡流域植被盖度现状

类型区	平均盖度(%)	面积(hm^2)
土石山区	69.23	2 600
黄土丘陵沟壑区	24.19	10 700
全流域	33.76	13 300

4）水文气象

阳曲坡流域地处暖温带半干旱大陆性季风气候区，春季干旱多风沙，夏季炎热少雨，秋季凉爽多雨，冬季寒冷干旱。多年平均气温7.9 ℃，最高气温36.9 ℃，最低气温－27.5 ℃，≥10 ℃积温2 200～3 300 ℃，无霜期150 d。流域内日照充足，年平均光照时数2 578.5 h（见表8-20）。历年平均相对温度58%；最大风速25 m/s，平均风速4 m/s。

表8-20　阳曲坡流域气象特征

气象站名	气温(℃)			年降水量(mm)				≥10 ℃积温	年日照时数(h)	无霜期(d)	观测年份
	最高	最低	年均	最大	最小	多年平均	汛期降雨				
离石	36.9	－27.5	7.9	763.7	229.2	493.8	365	2 200～3 300	2 578.5	150	1956～2001

阳曲坡流域多年平均降水量493.8 m，地域分布不均，由上游向下游呈递减趋势，主降

雨区在流域上游的土石山区；降雨年内分布不均，6～9 月份降雨占年降水量的 73.9%，且多以暴雨形式出现，7、8 月两个月的暴雨次数占全年的近 80%（见表 8-21）；年际变化大，最大年降水量 763.7 mm（1973 年），最小年降水量 229.2 mm（1965 年）。多年平均蒸发量 1 854 mm，是年均降水量的 3.75 倍。

表 8-21　阳曲坡流域暴雨年内分布

暴雨总次数月旬分布（%）											合计（%）
5 月	6 月			7 月			8 月			9 月	
	上旬	中旬	下旬	上旬	中旬	下旬	上旬	中旬	下旬		
2.82	1.13	1.13	2.26	12.43	11.30	14.69	11.30	15.82	12.43	14.69	100
	4.52			38.42			39.55				

阳曲坡流域多年平均径流量 982.7 万 m^3，6～9 月的暴雨洪水径流量 726.4 万 m^3，占年径流量的 73.9%（见表 8-22）。该流域洪水峰高量小，历时短，含沙率高。

表 8-22　阳曲坡流域径流特征值

水文站名	面积（km^2）	年径流量					多年平均汛期径流量（万 m^3）
		最大		最小		多年平均	
		量（万 m^3）	年份	量（万 m^3）	年份		
杜家庄	133	1 519.8	1973	456.1	1965	982.7	726.4

5）沟道特征

阳曲坡流域是黄河流域三川河水系的三级支流，主沟道长 21.5 km^2，平均比降 1.6%；流域平均宽度 7.5 km。

该流域共有一级支沟 114 条，呈羽毛状分布。根据 1∶1 万地形图量算统计，全流域共有面积大于 0.1 km^2 的支沟 335 条，其中，10～50 km^2 的支沟 3 条，5～10 km^2 的 5 条，3～5 km^2 的 10 条，小于 3km^2 的 317 条。沟道呈不对称分布，主沟右岸面积占全流域面积的 65%，大于 3 km^2 的 10 条一级支沟中有 9 条分布于右岸，左岸面积只占 35%，且左岸支沟面积较小。由此可知，骨干坝建坝资源主要分布于右岸。阳曲坡流域沟道特征见表 8-23。

表 8-23　阳曲坡流域沟道特征统计

三等 $f=10\sim50$ km^2		四等 $f=5\sim10$ km^2		五等 $f=3\sim5$ km^2		六等 $f<3$ km^2		平均
n	j	n	j	n	j	n	j	j
3	2.2	5	2.7	10	3.0	317	3.6	2.6

注：表中 n 为沟道条数，j 为沟道比降。

6）水土流失

阳曲坡流域水土流失面积 120 km^2，占流域总面积的 90%，由于自然条件的差异，造成该流域不同地区具有不同的水土流失特征。黄土丘陵沟壑区植被稀少，开垦过度，母土裸露，水土流失严重，泥沙主要来源于坡面侵蚀和沟蚀；土石山区植被发育良好，侵蚀较轻，泥沙主要来源于切沟侵蚀。现状土壤侵蚀模数由《土壤侵蚀分类分级标准》法、淤地坝淤积量推算法、模型法和水文手册法等四种方法分别分析计算，参考当地侵蚀模数背景值，综合分析后确定为：黄土丘陵沟壑区 1.0 万 t/(km² · a)，土石山区 0.5 万 t/(km² · a)。可见，泥沙主要来源于下游的黄土丘陵沟壑区。流域水土流失现状见表 8-24。

表 8-24　阳曲坡流域水土流失现状

类型区	总面积(km^2)	强度分类									
		轻度(km^2)	占(%)	中度(km^2)	占(%)	强度(km^2)	占(%)	极强(km^2)	占(%)	剧烈(km^2)	占(%)
黄土丘陵沟壑区	107.0	22.65	21.1	10.45	9.8	19.69	18.4	34.75	32.5	19.46	18.2
土石山区	26.0	16.10	61.9	9.9	38.1						
合计	133	38.75	29.1	20.35	15.3	19.69	14.8	34.75	26.1	19.46	14.7

8.2.1.2　社会经济状况

阳曲坡流域涉及离石市信义镇的 10 个行政村，38 个自然村，1 410 户，3 660 人，劳力 1 235 个。流域内 10 个行政村有 6 个分布于杜家庄以下的主沟道两岸，其余 4 个分布于下游右岸的回龙塔、王家耳和岔沟内，流域上游靠近土石山区及其以上区域基本无人居住。在 13 300 hm² 总土地中，有坡耕地 3 106.2 hm²，基本农田 470.4 hm²(其中川坝地 169.1 hm²，机修梯田 301.3 hm²)，农地主要分布在中下游的黄丘区。人均耕地 0.98 hm²，其中川坝地 0.046 hm²，机修梯田 0.082 hm²；平均每个劳动力耕种 2.9 hm² 的土地。2001 年粮食总产 274.4 万 kg，人均粮食 750 kg，国民生产总值 449.6 万元，总收入 224.6 万元，人均纯收入 614 元。国民经济总收入中，农、林、牧、第三产业各比重分别为 61.1%、5.3%、4%、29.6%。由此可见，广种薄收是该流域的主要生产方式，传统农业是该流域经济的主要组成部分。阳曲坡流域社会经济现状、土地利用现状及经济结构现状见表 8-25 ~ 表 8-27。

表 8-25　阳曲坡流域社会经济现状

人口(人)	劳力(个)	坡耕地(hm^2)	基本农田(hm^2)	人均			
				坡耕地(hm^2)	基本农田(hm^2)	产值(元)	纯收入(元)
3 660	1 235	3 106.2	470.4	0.85	0.13	1 228	614

表 8-26　阳曲坡流域土地利用现状　(%)

农 地	果 园	林 地	牧草地	荒地	非生产用地	合计
26.9		37.2	1	31.4	4.4	100

表 8-27　阳曲坡流域经济结构现状

总产值(万元)	各业占(%)			
	农 业	林 业	牧 业	第三产业
100	61.1	5.3	4	29.6

8.2.1.3　综合治理现状

阳曲坡流域水土保持治理始于 20 世纪 50 年代，20 世纪 70 年代开始沟道治理，农村集体组织建设了大量的梯田、川台地和淤地坝。截至 2002 年，流域内有林、草面积4 962 hm^2，基本农田 470. 4 hm^2，坡耕地面积 3 106. 2 hm^2，治理度 40. 8%，骨干坝 14 座，淤地坝 33 座。综合治理现状见表 8-28。

表 8-28　阳曲坡流域综合治理现状

总面积 (km^2)	水土流失面积 (km^2)	工程措施 (hm^2)				生物措施 (hm^2)			合计 (hm^2)	治理度 (%)
		梯田	坝地	川地	小计	林	草	小计		
133	120	301. 3	112. 5	56. 6	470. 4	4 949	13	4 962	5 432. 4	40. 8

8. 2. 2　水文泥沙分析

8. 2. 2. 1　设计洪水标准与设计淤积年限

阳曲坡流域坝系工程的等级划分及设计标准，是根据《水土保持治沟骨干工程暂行技术规范》(SD 175—86)和《山西省淤地坝工程技术规范》(Q 834—85)确定的(见表 8-29)。

表 8-29　阳曲坡流域骨干坝、淤地坝等级划分及设计标准

工程名称、类型		骨干坝		中型坝	小型坝
总库容(万 m^3)		50 ~ 100	100 ~ 500	10 ~ 50	<10
工程等级		五级	四级	中型淤地坝	小型淤地坝
洪水重现期 (a)	设计	20	30	20	10
	校核	200	300	50	30
设计淤积年限(a)		10 ~ 20	20 ~ 30	10	5

8. 2. 2. 2　设计洪水计算

根据《山西省淤地坝工程技术规范》规定的公式进行洪水计算。

(1)设计暴雨。计算公式为

$$H_{24P} = k_P H_{24} \tag{8-6}$$

式中：H_{24P}为频率为 P 的 24 h 暴雨量，mm；H_{24}为最大 24 h 暴雨量均值，mm，为65 mm；变差系数 C_v =0. 56；k_P 为频率为 P 的皮Ⅲ型曲线模比系数，见表 8-30。

表 8-30　阳曲坡流域不同重现期下的 k_P 值

重现期(年)	10	20	30	50	100	200	300
模比系数 k_P 值	1. 73	2. 12	2. 37	2. 62	3. 01	3. 39	3. 61

(2)设计洪峰流量。公式为

$$Q_P = C_1 H_{24P} F^{2/3} \tag{8-7}$$

式中：Q_P 为频率为 P 的洪峰流量，m^3/s；C_1 为洪峰地理参数，C_1 =0. 7；F 为坝控面积，km^2。

(3)设计洪水总量。计算公式为

$$W_P = KR_P F \tag{8-8}$$

式中：W_P 为频率为 P 的设计洪水总量，万 m^3；F 为坝控流域面积，km^2；R_P 为相应于某设计暴雨的次洪水模数，万 m^3/km^2；K 为小面积洪水折减系数，选用 K=0. 6。

当洪水重现期在 100 年一遇以上时，K=1. 0，暴雨、洪水计算结果见表 8-31。

表8-31　阳曲坡流域不同重现期洪水模数、洪量模数

设计洪水重现期 P(%)	10	5	3.33	2	1	0.5	0.33
最大24 h暴雨均值 H_{24}	65	65	65	65	65	65	65
变差系数 C_v	0.56	0.56	0.56	0.56	0.56	0.56	0.56
模比系数 k_P	1.73	2.12	2.37	2.62	3.01	3.39	3.61
最大24 h暴雨量 H_{24}	112.45	137.8	154.1	170.3	195.65	220.35	234.65
洪峰地理参数 C_1	0.17	0.17	0.17	0.17	0.17	0.17	0.17
洪峰模数($m^3/(km^2 \cdot s)$)	19.12	23.43	26.19	28.95	3.26	37.46	38.89
一次洪水径流模数	2.95	4.65	5.92	7.22	9.41	11.71	13.06
小面积洪水折减系数 K	0.60	0.60	0.60	0.60	1.0	1.0	1.0
洪量模数(万 $m^3/(km^2 \cdot a)$)	1.77	2.79	3.55	4.33	9.41	11.71	13.06

8.2.2.3　调洪演算

根据《山西省淤地坝工程技术规范》规定的方法进行计算。

1)设计洪水过程

洪水总历时 T 采用的计算公式为：

$$T = 12W_P/Q_P \tag{8-9}$$

洪水过程线采用下列公式计算：

纵坐标
$$Q_i = yQ_P \tag{8-10}$$

横坐标
$$T_i = xT \tag{8-11}$$

x、y 值过程取值见表8-32。

表8-32　x、y 比例关系

分段	0	1	2	3	4	5	6	7	8	9	10	11	12	13
$x(=T_i/T)$	0	0.05	0.10	0.15	0.20	0.25	0.30	0.40	0.50	0.60	0.70	0.80	0.90	1.0
$y(=Q_i/Q_P)$	0	0.01	0.08	0.27	0.68	1.00	0.78	0.37	0.18	0.09	0.04	0.02	0.01	0

2)坝系调洪演算

(1)单坝调洪演算。公式为：

$$q_P = Q_P(1 - W_{调}/W_P) \tag{8-12}$$

$$q_P = MBH^{1.5} \tag{8-13}$$

式中：q_P 为溢洪道最大下泄流量，m^3/s；$W_{调}$ 为调节库容，万 m^3；M 为溢洪道(宽顶堰)流量系数，$M=1.5$；B 为溢洪道底宽，m；H 为溢洪道最大水深，m；其余符号含义同前。

(2)坝系调洪演算。当上游只有一座骨干坝时：

$$Q_P' = Q_{P区} + (Q_P - Q_{P区}) \times q_{1P}/Q_{1P} \tag{8-14}$$

式中：Q_P' 为经过上游坝调节后的设计洪峰流量，m^3/s；$Q_{P区}$ 为区间设计洪峰流量，m^3/s；Q_P 为未经上游坝调节的设计洪峰流量，m^3/s；q_{1P} 为上游坝最大下泄流量，m^3/s；Q_{1P} 为上游坝设计洪峰流量，m^3/s。

8.2.2.4　现状土壤侵蚀模数调查分析

阳曲坡流域土壤侵蚀模数背景值，根据《山西省吕梁地区水文计算手册》查算为1.1万～1.7万 t/km^2。经过多年的水土保持治理，流域内的土壤侵蚀情况有所变化，应对其现状侵蚀模数进行调查分析，以便于坝系研究应用。

1)调查分析方法

分别采用水文手册法、淤地坝淤积量推算法、土壤侵蚀强度分级法和数学模型法等四种

方法分析计算。

(1)水文手册法。水文手册法是根据《山西省吕梁地区水文计算手册》和《山西省淤地坝工程技术规范》所规定的,沟道工程设计中年来沙量 V_S 计算方法,计算公式为:

$$V_S = K_S S F \tag{8-15}$$

式中:V_S 为年来沙量,万 m^3;S 为侵蚀模数背景值;F 为坝控流域面积,km^2;K_S 为坡面治理措施平均拦沙率(%)。

阳曲坡流域坡面措施面积 5 250.3 hm^2,占流域面积的 39.5%,侵蚀模数减少率为 40%,由此推算的阳曲坡流域土壤多年平均侵蚀模数值为 0.66 万 ~ 1.02 万 t/km^2,平均为 0.84 万 t/km^2。

(2)淤地坝淤积量推算法。本次可研过程中,实测了流域内 14 座骨干坝的淤积量,其中西麻沟 1[#]坝和南沟坝这两座坝,从建坝至今洪水泥沙一直未出沟,由实测淤积高度和设计资料推算得这两座坝控范围内的土壤侵蚀模数分别为 0.934 6 万 t/km^2 和 0.952 5 万 t/km^2,平均值为 0.943 6 万 t/km^2,这两座坝控流域都位于黄土丘陵沟壑区,基本情况见表 8-33。

表 8-33　阳曲坡流域骨干坝实测淤积成果分析

<table>
<tr><th>坝名</th><th>类型区</th><th>坝控面积 F (km²)</th><th>建坝时间 (年-月)</th><th>拦泥量 (万 m³)</th><th>拦泥时段 n (年)</th><th>Fn</th><th>拦泥模数 (万 t/km²)</th></tr>
<tr><td rowspan="2">西麻沟 1#坝</td><td rowspan="2">黄土丘陵沟壑区</td><td>4.5</td><td>1997-06</td><td rowspan="2">9.0</td><td>2(1997、1998)</td><td>9</td><td rowspan="2">0.934 6</td></tr>
<tr><td>1.0</td><td></td><td>4(1999 ~ 2002)</td><td>4</td></tr>
<tr><td>南沟坝</td><td>黄土丘陵沟壑区</td><td>2.0</td><td>1993-11</td><td>12.7</td><td>9</td><td>18</td><td>0.952 5</td></tr>
<tr><td>平均</td><td></td><td></td><td></td><td></td><td></td><td></td><td>0.943 6</td></tr>
</table>

(3)土壤侵蚀强度分级法。按照水利部《土壤侵蚀分类分级标准》(SL 90—96)要求,本次可研过程中,实地调绘了阳曲坡流域土地利用现状图,在 1∶1 万地形图上调绘了坡度图,据此二图套绘后的图斑和分级标准,分别确定每一图斑侵蚀强度,再确定黄土区和土石山区的平均侵蚀强度,求得阳曲坡流域黄丘区平均侵蚀强度为 0.8 万 ~ 1.5 万 t/km^2,土石山区为 0.1 万 ~ 0.25 万 t/km^2。

(4)数学模型法。参照黄河流域水土保持遥感普查过程中,陕西片提出的土壤侵蚀模型,对阳曲坡流域进行土壤侵蚀模数计算。在前述工作基础上,实地调绘流域植被盖度图,在 1∶1 万地形图上量算各类型区的沟壑密度,然后依据下述公式计算侵蚀模数。

$$S = 93.2 M^{-0.434\,4} V^{-0.485\,5} R^{0.166\,9} J^{0.980\,1} G^{0.438\,0} H^{0.253\,6} \tag{8-16}$$

式中:S 为侵蚀模数,$t/(km^2 \cdot a)$;M 为地表土壤抗冲刷系数,$L \cdot s/g$,黄土丘陵沟壑区 $M = 0.046\ L \cdot s/g$、土石山区 $M = 99.85\ L \cdot s/g$;R 为年均降雨侵蚀力,$R = 119.5\ t \cdot m \cdot cm/(hm^2 \cdot h \cdot a)$;$V$ 为植被盖度(%),黄土丘陵沟壑区 $V = 24.19\%$、土石山区 $V = 69.23\%$;J 为地表平均坡度(°),黄土丘陵沟壑区 $J = 26.19°$、土石山区 $J = 20°$;G 为平均沟壑密度,km/km^2,黄土丘陵沟壑区 $G = 4.7\ km/km^2$、土石山区 $G = 3.4\ km/km^2$;H 为陡坡开荒密度,hm^2/km^2,黄土丘陵沟壑区 $H = 1.45\ hm^2/km^2$、土石山区为零,取 $H = 1.0\ hm^2/km^2$。

经计算,侵蚀模数为:黄土丘陵沟壑区 $S_{丘} = 8\ 924\ t/(km^2 \cdot a)$,土石山区 $S_{石} = 116\ t/(km^2 \cdot a)$。

2)侵蚀模数分析确定

根据各种方法分析确定的侵蚀模数值,参考当地近年骨干坝设计中采用的值,经综合分析并征求当地有关部门意见后，确定本次可研采用值为：黄丘区 $S = 1.0$ 万 t/(km^2 · a)，土石山区 $S = 0.5$ 万 t/(km^2 · a)。

8.2.3　坝系工程建设现状

8.2.3.1　坝系工程现状

1）坝系建设发展过程

阳曲坡流域坝系建设经历了三个阶段：第一阶段是20世纪70年代群众性建坝阶段，共建淤地坝25座，占淤地坝建设总数35座的71%，在流域的上下游、左右岸都有分布；第二阶段是小流域治理阶段，1982～1989年间，由国家补助、群众自筹共建淤地坝10座，占淤地坝建设总数的29%，主要分布在岔口（6座）和回龙塔（3座）两个试点小流域内，另一座在王家耳沟；第三阶段是骨干坝建设阶段，1987～2002年间共新建骨干坝12座，同时将2座淤地坝配套加固为骨干坝。

2）坝系建设现状

截至2002年10月底，全流域共建成中、小型淤地坝35座，除2座配套加固为骨干坝外，现存33座，其中库容大于10万 m^3 的有6座，这些坝分布在6条一级支沟中。淤地坝坝高为6～15 m，总控制面积25.49 km^2，总库容562万 m^3，已淤430万 m^3，剩余132万 m^3，已淤坝地60 hm^2，利用48.4 hm^2。

1987～2002年共新建骨干坝12座，由大型淤地坝配套加固为骨干坝2座——岔沟1$^{\#}$坝和青石盘坝，库容大于100万 m^3 的有3座。14座骨干坝总控制区间面积75.4 km^2，总库容1 379.9万 m^3，已淤396.2万 m^3，剩余983.7万 m^3，坝高为17.1～30.5 m，设防标准均为200年一遇，已淤坝地52.7 hm^2，已有4座坝开始利用，利用面积25.4 hm^2。利用结构组成以两大件为主，有4座为三大件，施工方式以碾压为主，有四座坝采用水坠筑坝。骨干坝现状见表8-34。

阳曲坡流域现有骨干坝14座，中、小型淤地坝33座，分布于回龙塔、王家耳、陈家沟、岔沟、新井里、澳则沟、西麻沟、清涧沟、青石盘等9条支沟中，其中形成具有防洪、拦泥、生产综合功能的支沟坝系有4个，主要分布在流域中下游。全流域平均布坝密度为2.83 km^2 一座，其中骨干坝为9.50 km^2 一座，淤地坝为4.03 km^2 一座。坝系总控制面积82.55 km^2，占流域总面积的62%，其中骨干坝控制面积75.4 km^2，骨干坝未控制范围的淤地坝控制面积7.15 km^2。骨干坝与淤地坝的配置比例为1∶2.36。

3）坝系防洪能力现状分析

坝系的防洪任务主要由骨干坝来承担。现状骨干坝中岔沟1$^{\#}$和6$^{\#}$、青石盘、南沟4座为三大件，其设防标准为200年一遇，通过滞洪削峰方式来防洪，目前有3座坝的淤积高度已达到（如青石盘）甚至超过（如岔沟1$^{\#}$、6$^{\#}$）溢洪道底部高程，南沟坝剩余库容较大；其余10座为两大件，它们的防洪方式是以库容制胜，用水运沙方式是滞洪排清，达到设计拦泥库容后，将利用滞洪库容继续拦泥，有效防洪库容逐年减少，直至淤满。防洪能力分析结果见表8-35。由表8-35可知，现状骨干坝中，有5座坝可防御0.5%的洪水，有9座坝可以防御0.33%的洪水。现状骨干坝可控制0.5%和0.33%洪水的范围分别为流域面积的56.7%、19.2%。阳曲坡流域14座骨干坝的剩余库容只有983.7万 m^3，平均每平方千米6.64万 m^3，从坝系防洪安全和拦泥方面考虑，还需新建或配套加固。

表 8-34　阳曲坡流域骨干坝现状

编号	坝名	面积(km²)		结构组成	坝高(m)		库容(万 m³)			淤地面积(hm²)			施工方式	建坝时间
		控制	区间		总	已淤	总	已淤	剩余	可淤	已淤	利用		
1	磨湾	3.5	3.5	洞	27	15.4	84.5	39.0	45.5	6.67	3.10	未	碾压	1997
2	西麻沟 1#	4.5	1	洞	28	10.0	72.5	9.0	63.5	5.0	0.63	未	碾压	1997
3	西麻沟 2#	3.5	3.5	洞	19	8.1	61.2	19.5	41.7	4.67	4.13	未	碾压	1998
4	南沟	2	2	溢	22	17.0	51.0	12.7	38.3	3.67	1.67	未	碾压	1993
5	回龙塔 1#	1.09	1.09	洞	20.5	8.0	50.0	10.0	40.0	4.0	2.13	未	碾压	1998
6	回龙塔 3#	5.82	5.82	洞	22.5	5.7	89.9	6.0	83.9	6.8	1.77	未	碾压	1999
7	回龙塔 2#	9.7	2.8	洞	19	5.4	65.8	2.0	63.8	6.8	1.47	未	碾压	2000
8	王家耳 1#	9.32	2.1	洞	30.5	18.2	171.0	38.0	133.0	12.0	7.67	7.7	水坠	1989
9	王家耳 2#	7.2	7.2	洞	24	11.9	273.0	50.0	223.0	25.6	1.00	未	水坠	1998
10	羊圈沟	3.06	3.06	洞	20	0	52.6	0	52.6	5.3	0	未	碾压	2001
11	岔沟 6#	10.9	11	溢	22.7	13.5	95.0	45.0	50.0	13.3	6.17	5.7	碾压	1999
12	马家沟	0.5	0.5	洞	21	15.5	58.2	0	58.2	6.7	0	未	碾压	2002
13	青石盘	21	21	溢	18		85.1	28.5	56.6	6.7	4.67	4	水坠	1992
14	岔沟 1#	24.9	10.94	溢	17.8		170.0	140.0	30.0	10.7	9.33	8	水坠	1971
合计		107	75				1 379.9	396.2	983.7	117.9	52.7	25.4		

4)坝系拦泥能力分析

阳曲坡流域现有淤地坝33座,由于淤地坝大多淤满或接近淤满,并开始利用,群众为了提高保收率、降低水毁率,大多淤地坝在岸边留设土质排洪渠,所以它们的运用状态是滞洪排洪,不发挥拦泥作用,泥沙都排向下游骨干坝或输入主沟。因此,阳曲坡坝系中有拦泥能力的只有骨干坝。

在14座骨干坝中,4座坝的结构组成为三大件,其中岔沟1#和6#、青石盘坝等3座坝的泥面至溢洪道底,已无拦泥能力,只能滞洪。陈家沟坝尚有较大的拦泥库容。其余两大件结构的骨干坝都在发挥着滞洪拦泥作用,其拦泥能力见表8-35。其中,11座有拦泥能力的骨干坝在现状条件下可以拦泥12~116 a,拦泥能力为831.5万t。需要说明的是,这些坝在运行到一定年限后需要逐个加高,才能确保其防洪拦泥作用的长期发挥。

表 8-35　阳曲坡流域现状骨干坝工程防洪及拦泥能力分析

编号	坝名	面积(km^2)		库容(万 m^3)			现状拦泥能力		防洪能力(%)
		控制	区间	总库容	已淤	剩余	年限(a)	拦泥量(万t)	
1	磨湾	3.50	3.50	84.50	39.00	45.50	13	45.5	0.5
2	西麻沟1#	4.50	1.00	72.54	9.00	63.54	63	63	0.33
3	西麻沟2#	3.50	3.50	61.20	19.50	41.70	12	41.7	0.5
4	南沟	2.00	2.00	51.00	12.70	38.30	15	30	0.33
5	回龙塔1#	1.09	1.09	50.00	10.00	40.00	37	40	0.33
6	回龙塔3#	5.82	5.82	89.93	6.00	83.93	14	81.5	0.33
7	回龙塔2#	9.70	2.79	65.79	2.00	63.79	23	63.79	0.33
8	王家耳1#	9.32	2.12	171.00	38.00	133.00	63	133	0.33
9	王家耳2#	7.20	7.20	273.00	50.00	223.00	31	223	0.33
10	羊圈沟	3.06	3.06	52.60	0	52.60	17	52	0.33
11	岔沟6#	10.90	10.90	95.00	45.00	50.00	0	0	0.5
12	马家沟	0.50	0.50	58.20	0	58.20	116	58	0.33
13	青石盘	21.00	21.00	85.10	28.5	56.60	0	0	0.5
14	岔沟1#	24.90	10.94	170.00	140.0	30.00	0	0	0.5
合计		106.99	75.42	1 379.86	396.7	983.7		831.5	

5)坝系保收能力现状分析

坝地保收能力,与降雨特性、土壤侵蚀强度、坝系用水运沙方式及淤地面积等因素有关。坝地保收条件是:在10%的洪水作用下,坝地内洪水积水深小于0.8 m,积水通过放水设施在3~5 d内排空,坝地种植的高秆作物不至于淹死,同时坝地内来沙按平均侵蚀模数考虑,年均淤积厚度小于0.3 m,也不影响高秆作物的正常生长。

上述条件是针对滞洪排清运行方式的,对于设置溢洪道且坝地淤泥面达到溢洪道底的坝,其运行方式是滞洪排洪,则坝地作物在10%的洪水作用下也能保收,但坝内不再拦泥。

阳曲坡坝系现有33座淤地坝都已利用,群众为提高保收率,在岸边留土质溢洪道或排洪渠,这些坝在小洪水情况下不拦蓄洪沙。所以,防洪保收只对现状骨干坝进行分析。

14座现状骨干坝中,设置溢洪道的坝有岔沟1#和6#、青石盘和南沟坝。前三座已淤到溢洪道底部,以滞洪排洪方式运行,小洪水对它们的生产利用影响不大。南沟坝拦泥库容很大,运行方式同两大件骨干坝。另外,羊圈沟和马家沟两座骨干坝尚未拦泥,不需分析。所以,防洪保收能力只对其余9座骨干坝进行。按上述条件分析,现状骨干坝防洪保收能力见表8-36。

表8-36　阳曲坡流域现状骨干坝保收能力分析

序号	坝名	控制区间面积(km^2)	已淤地(hm^2)	利用面积(hm^2)	来水量(万 m^3)	来沙量(万 m^3)	坝地水深(m)	坝地年均淤泥厚(m)
1	磨湾	3.50	3.1		6.20	3.5	1.5	0.48
2	西麻沟1#	1.00	0.63		1.77	1.0	1.77	1.18
3	西麻沟2#	3.50	4.13		6.20	3.5	1.5	0.63
4	南沟	2.00	1.67		3.54	2.0	2.1	0.89
5	回龙塔1#	1.09	2.13		1.93	1.09	0.91	0.38
6	回龙塔3#	5.82	1.77		10.3	5.82	5.82	2.44
7	回龙塔2#	2.79	1.47		4.94	2.79	3.56	1.41
8	王家耳1#	2.12	7.67	7.67	3.75	2.12	0.48	0.20
9	王家耳2#	7.20	101		2.74	7.2	1.27	0.53
10	羊圈沟	3.06	0					
11	岔沟6#	10.90	6.17	5.7				
12	马家沟	0.50	0					
13	青石盘	21.00	4.67	4				
14	岔沟1#	10.94	9.33	8				
合计		75.42	52.73	25.4				

由表8-36可知,仅有王家耳1#坝可以保收,另外,岔沟1#和6#、青石盘等三座坝可以利用。这一分析结果与实地调查情况相符。前述四座坝的利用面积分别为7.67、8、5.7、4 hm^2,总利用面积25.4 hm^2,利用率和保收率均为已淤面积52.73 hm^2 的48%。可见,阳曲坡现状坝系保收能力较差。

6)坝系运行管护现状

阳曲坡坝系有14座骨干坝,只有4座已开始利用,33座淤地坝中有27座开始利用。各坝的防洪管护维修及利用主要形式如下:骨干坝的防洪责任由镇政府负责,淤地坝的防洪责任由所在村负责;管理、维修、养护由各村负责;坝地利用方式由各村自定。

对某些效益较好的坝采取了不同形式的管护形式,青石盘骨干坝是由淤地坝增设溢洪道后配套加固而成的,该坝除可利用坝地4 hm^2 外,还有2 hm^2 水面用于养鱼,其效益较好,所有权归镇政府,该坝于1998年以4万元的价格拍卖给个人使用。王家耳1#骨干坝已利用坝地7.67 hm^2,种植效益非常显著,所有权归村上,坝地使用权由村民联合承包,其余已开始利用的坝地,多数由村上分给村民使用。

在坝系运行过程中存在的普遍问题是:重使用,轻维修加固,特别是对于较大规模的维修、加固配套建设,由于村委筹资困难,存在等、靠、要思想,而对于那些未发挥效益的坝,大多数处于无人管护的状态,建立坝系运行管护的有效机制是坝系建设与发展所面临的问题。

8.2.3.2　主要经验与存在的问题

1)坝系建设经验

(1)以坝系建设为主,进行综合治理,加快高产稳产基本农田建设。

(2)以支沟为单元,骨干控制,中型为主,进行坝系结构合理布局,以实现最大限度地拦沙淤地，并与生产有机结合。阳曲坡流域的一级支沟布设两座以上坝的有 7 条，其中布局较合理、淤地面积较大、防洪保收能力较强的典型坝系是岔沟和陈家沟。阳曲坡流域典型支沟坝系情况见表 8-37。这两个坝系的布局特点是：都有骨干坝控制（陈家沟 1 座，岔沟 3 座），已淤坝地较多（岔沟每平方千米已淤地 1.76 hm^2，陈家沟 2.81 hm^2），利用率较高（岔沟 86%，陈家沟 69%，平均 82%），拦洪能力较高（岔沟 6.49 万 m^3/km^2，陈家沟 24 万 m^3/km^2）。

表 8-37　阳曲坡流域典型支沟坝系基本情况

坝系	流域面积（km^2）	坝数（座）		滞洪库容（万 m^3）	坝地面积（hm^2）			每平方千米淤地面积		
		骨干坝	淤地坝		可淤	已淤	利用	可淤（hm^2）	已淤（hm^2）	滞洪库容（万 m^3）
岔沟	24.9	3	12	161.6	56.64	43.81	37.62	2.27	1.76	6.49
陈家沟	3.8	1	5	91.2	17.34	10.67	7.34	4.56	2.81	24

（3）骨干坝以两大件为主，有利于降低工程造价和后续加高，小型淤地坝留土质溢洪道，可减少工程投资。

（4）实行“三项”制度改革是骨干坝建设的有效模式。近 6 年中，建设的 10 座骨干坝全部采用招标的方式，优选施工单位。近两年又实行了骨干工程建设监理制，在骨干工程建设中形成了一套比较完善的管理制度。骨干工程建设步入基建项目的正规化管理轨道。

（5）治沟工程管护使用形式多样，推动了产权制度改革的深入。坝系中效益较好的坝采取承包、租赁、拍卖使用权的形式，可将管护责任落到实处。

2）坝系建设存在的问题

（1）缺乏科学、系统的规划。过去在坝系建设中，由于投资等方面的原因，在流域坝系建设方面没有一个比较系统的规划。比如，骨干坝如何布局，淤地坝如何配置，每座坝的建坝时序如何安排最合理等问题考虑得较少。

（2）坝系整体控制能力和生产能力差。沟道工程布设数量少、布局不平衡。沟道工程主要分布在中下游的几条支沟中，而中上游地区布坝少，或是坝系不配套，此外部分已建骨干坝控制面积太大，坝系拦蓄洪水泥沙的能力小，淤地面积小，坝地利用率低，急需加设和配套加固骨干坝（如回龙塔 2#、王家耳 2#、岔沟 6#坝、青石盘坝等）和淤地坝。

（3）坝系建设不注重道路建设。在骨干坝建设过程中，将沟道中原有的乡村道路或生产道路阻断，使山区的交通十分困难。

（4）重建设和使用、轻管护是工程运行过程中存在的普遍问题。坝系中部分效益较好的坝采取了租赁、承包或拍卖等形式的管护措施，但多数坝处于有人种、无人维修、养护、加固、加高的状态。

8.2.4　坝系建设目标与任务

8.2.4.1　坝系建设目标

阳曲坡流域具有建坝资源丰富、降雨多（493.8 mm/a）、天然径流量较大（7.39 万 m^3/km^2）、人口密度小(28 人/km^2)、坝系建设基础好等优势,同时还存在着水、旱灾害,水土流失严重,高产、稳产、基本农田较少,林业和畜牧业不发达(林业和畜牧业产值占总产值的 5.48% 和 4.0%)等劣势。从发挥区域优势、促进产业结构调整和区域经济发展的目的出发,本流域坝系建设的总目标是:将坝系建成具有拦泥、防洪、蓄调上游常水径流、生产等综合功能的沟道工程体系。为此,需新建骨干坝 13 座,配套加固骨干坝 5 座,新建淤地坝 29 座。

具体目标:

(1)坝系初步形成防洪、拦蓄泥沙的沟道工程体系,为建成相对稳定的坝系奠定基础。

(2)骨干坝控制面积达到 112.71 km^2,控制全流域 200 年一遇洪水的能力为 84.7%,坝系控制泥沙范围达到 117.13 km^2,年减少输沙量 104.13 万 t。

(3)新增坝地 223.17 hm^2,其中骨干坝新增 175.67 hm^2,淤地坝新增 47.5 hm^2,期末坝地面积达到 335.6 hm^2,坝系整体上达到相对平衡,使坝系成为当地主要的粮食和饲料基地。

(4)在目标(3)达到的同时,人均建设 0.1 hm^2 的高标准梯田,农耕地总数由原来的 3 576.6 hm^2减少到 717 hm^2。农田中坝、川、梯的面积为 230.4 hm^2、56.6 hm^2、430 hm^2;新增退耕还林还草 2 866 hm^2,同时还可巩固现有退耕还林还草成果,为全流域的生态修复与建设及发展畜牧业奠定基础。

8.2.4.2　建设任务

根据流域的地形地质条件、沟道特征、水沙分布特点、坝系布局现状、人口和劳力分布状况、区域经济发展方向,按照快速建设相对稳定坝系和建设稳定的粮食与饲料基地、整体防洪能力、保收能力的要求,确定建设任务如下:

(1)坝系建设期为 2002 ~ 2006 年。

(2)配套加固骨干坝 5 座,其中加固骨干坝 2 座,配套加固淤地坝 3 座。

(3)新建骨干坝 13 座,其中,三大件的 2 座,两大件的 11 座。

(4)新建淤地坝 32 座,其中,中型坝 13 座,小型坝 19 座。

(5)完成上述工程项目需要动用土方 173.70 万 m^3,石方 1.52 万 m^3,需投劳 15.00 万工日,见表 8-38。

表 8-38　阳曲坡坝系建设任务

坝类	投资(万元)	投劳(万工日)	土方(万 m^3)	石方(万 m^3)	分年度									
					2002 年		2003 年		2004 年		2005 年		2006 年	
					座数(座)	投资(万元)	座数(座)	投资(万元)	座数(座)	投资(万元)	座数(座)	投资(万元)	座数(座)	投资(万元)
新建骨干坝	869.68	9.33	107.42	0.96	3	191.44	3	187.71	3	180.02	2	164.88	2	145.63
配套加固	154.44	1.53	17.23	0.19	1	41.40	1	26.20	1	28.93	1	32.28	1	25.63
中型淤地坝	287.01	2.82	32.39	0.37	4	94.72	3	56.03	4	100.18	0	0	2	36.09
小型淤地坝	136.35	1.32	16.66	0	2	24.02	4	29.52	3	22.50	7	43.80	3	16.51
合计	1 447.48	15.00	173.70	1.52	10	351.58	11	299.46	11	331.63	10	240.96	8	223.86

8.2.5　坝系工程布局设计

8.2.5.1　布局原则

1）坝系布局重点分析

阳曲坡流域上游的土石山区，植被茂密，降雨丰沛，侵蚀强度低（0.5 万 t/km^2），同时该区无人居住，沟道狭窄，且比降较大，所以该区不应为布坝重点地区。

流域中下游的黄丘区，是人类活动的主要区域，居民大部分居住于主沟道两侧和下游的回龙塔、王家耳及岔沟流域内，农地也分布于此。该区降雨相对较少，植被稀疏，水土流失严重（年侵蚀模数 1.0 万 t/km^2）。在该区建设沟道工程，拦沙效益显著，坝地便于耕种，便于管理。所以这里应为坝系建设工程布局的重点区域。

从建设相对稳定坝系的要求出发，整个阳曲坡流域沟道工程应形成一个体系。这就要求上游地区的洪水应得到有效控制，否则下游坝的防洪压力大，洪水灾害难以得到有效减轻。因此，上游地区也应布设具有控制洪水功能的骨干坝。

另外，从有利增加淤地，便于生产、管理等方面考虑，在黄丘区靠近村庄的支毛沟中布设一定数量的淤地坝。

2）布局原则

（1）坚持建设完善、系统坝系和较大的一级支沟形成独立坝系的原则。整个流域从支沟到主沟都形成比较完整的坝系。

（2）坚持以治沟骨干工程为主体，合理布设中、小型淤地坝的原则。使坝系形成具有滞洪、拦泥、淤地、生产、养殖、灌溉等多种功能的沟道工程体系。

（3）坚持坝系可持续发展的原则。选择有后续加高条件的骨干坝和淤地坝进行布设，以利于坝系持续发挥拦泥、防洪、淤地、生产的功能。

（4）坚持效益优先原则。具有重要保护作用的坝优先考虑。

8.2.5.2　设计方法与设计标准

1）设计方法

采用综合平衡法（经验规划法）进行坝系布局。

在实地摸清全流域骨干坝和中型淤地坝的建坝资源的基础上，实地测量新建、配套加固骨干坝和中型淤地坝的坝址横断面，在 1∶1 万地形图上量算并绘制每一座骨干坝和中型淤地坝的库容特性曲线，用于单坝典型设计。根据实地勘测结果和坝系总体布局，确定每座坝的结构组成（两大件或三大件），然后进行单坝设计。确定每座坝的土方和石方量。最后计算出单坝的投资估算，为方案比选奠定基础。

对于有常流水的沟道，建设骨干坝时，要增设反滤体。

2）设计标准

坝系工程的设计标准、规模、结构等根据《水土保持治沟骨干工程暂行技术规范》（SD 175—86）和《山西省淤地坝工程技术规范》（Q 834—85）的规定，结合各坝的实际情况确定。骨干坝、淤地坝等级划分及设计标准见表 8-39。

表 8-39 骨干坝、淤地坝等级划分及设计标准

总库容(万 m^3)		50 ~ 100	100 ~ 500	10 ~ 50	< 10
工程等级		五级骨干坝	四级骨干坝	中型淤地坝	小型淤地坝
洪水重现期(a)	设计	20	30	20	10
	校核	200	300	50	30
设计淤积年限(a)		10 ~ 20	20 ~ 30	10	5

8.2.5.3 坝系布局方案

1)骨干坝布局

布局思路,根据阳曲坡流域沟道特征和坝系建设现状,为达到坝系建设目标。首先,在较大支沟布设骨干坝和淤地坝,形成独立坝系;其次,在流域上游主沟道内布设大型拦泥滞洪骨干坝,其一可以控制主沟两岸区域的洪水,保护下游村庄、道路;其二使干、支沟能形成统一的坝系。据上述思路布局如下:

(1)在流域面积较大、坡面植被较好的上游支沟中兴建骨干坝,以拦蓄径流、控制洪水,同时可以发展灌溉和养殖业,如马槽里2#坝、龙石头、后马家沟、向东沟、石槽沟2#坝等。

(2)对淤地坝较多沟道,如岔沟、回龙塔、王家耳等,为了提高现有坝系的防洪标准和坝地保收利用率,在坝系内选控制面积大的坝配套加固,如岔沟1#、3#、6#坝,任家沟坝,陈家沟1#坝,或在坝系上游新建骨干坝,控制洪水,确保坝系运行安全,如岔沟8#坝和食鸡沟坝。

(3)原有骨干坝已淤满,再无加高条件的,在坝上游或较大的支沟新建骨干坝分拦洪水泥沙,保护下游坝安全生产,如回龙塔4#坝和王家耳3#坝。

(4)在流域面积较大空白沟道,布设骨干坝,最大限度地拦泥淤地,如石槽沟1#、2#坝。

(5)主沟道骨干坝布设。阳曲坡主沟道只有两处可以布设骨干坝的坝址,位于中上游的杜家庄和贾务村。为了控制主沟道中游两侧洪水泥沙,并使中上游、左右岸的坝形成整体,在主沟布设两座骨干坝。

2)淤地坝布局

淤地坝具有投资小、见效快、管理方便、维护费用低、坝地利用率高的优点,深受群众欢迎。同时,坝系中淤地坝与骨干坝配套布设,更有利于提高坝系的综合功能。因此,应在坝系中布设一定数量的淤地坝。

首先,在主沟道两侧小于3 km^2 的12条一级空白支沟中布设淤地坝,使支、毛沟的泥沙就近控制。其次,对已经形成坝系的流域,在空白支毛沟中布设淤地坝,可以保证其下游已淤坝地的生产利用。如磨湾2#坝、东义沟坝、袁家峁坝等。

3)方案设置

以坝系拦泥、防洪功能无明显改变为目标,设置两个可以相互替代的方案进行比较选优。

方案1:以骨干坝为主,同时适当布设淤地坝,使各个小流域形成由骨干坝和淤地坝组成的独立坝系。该方案的特点是:综合性强,淤地速度快,洪水泥沙就近拦蓄,支、毛沟中建淤地坝可以抬高侵蚀基准面,减轻沟蚀,提升地下水位,改善生态环境,效果显著,但投资较大。其新建骨干坝13座,配套加固骨干坝5座,新建淤地坝32座。

方案2:在骨干坝控制范围内不新建淤地坝,对骨干坝未控制区域布设淤地坝5座,该方案与方案一比较,控制洪水、泥沙的范围未改变,且投资较小,但淤地速度较慢。各方案的主要技术经济指标见表8-40。

表 8-40　不同布局方案的主要技术经济指标

方案	新建骨干坝		配套加固骨干坝		新建淤地坝		可控制		建设投资（万元）	新增可淤地（hm^2）	新增库容（万 m^3）
	座数	控制面积（km^2）	座数	控制面积（km^2）	座数	面积（km^2）	面积（km^2）	泥沙（万 t/a）			
1	13	70.26	5	17.94	29	29.49	116.38	103.38	1 447.48	223.17	2 043.50
2	13	70.26	5	17.94	5	3.67	116.38	103.38	1 096.04	181.86	1 805.21
1 - 2	0	0	0	0	24	25.82	0	0	351.44	41.31	238.29

8.2.5.4　方案分析比选

1）方案分析比选的内容与方法

对所拟定的两个方案，分别从相对平衡、防洪能力和防洪保收能力、经济效益等四个方面进行分析。

A. 相对平衡分析

相对平衡，是指坝系在发挥防洪拦泥、淤地、生产过程中，对于一般来水年份，坝系在拦蓄泥沙的同时，不影响坝地的种植利用，坝内拦蓄的洪水以滞洪排清的方式在三天内通过放水设施排走。据坝系防洪保收试验研究成果，当坝地年淤积厚度≤0.3 m、坝地内次洪水深不超过 0.7 ~ 0.8 m 时，坝地种植的高秆作物可保收。阳曲坡流域年侵蚀模数为 1 万 t/km^2，10% 的洪水年径流模数为 1.77 万 m^3/km^2，推求相对平衡指标为：流域面积与淤地面积之比为1∶40.5，即每平方千米拥有 2.47 hm^2 坝地时基本达到相对平衡。全流域坝控区间面积 117.13 km^2，当全流域坝地面积达到 289 hm^2 时坝系基本达到相对平衡。按照两个方案的布设规模和建坝时序，分析其坝地变化过程，从而确定达到相对平衡的时间。分析结果见表 8-41。

表 8-41　阳曲坡流域坝系相对平衡分析

方案	时间	流域面积（km^2）骨干坝控制面积	流域面积（km^2）淤地坝控制面积	流域面积（km^2）全流域坝控面积	淤地面积（hm^2）骨干坝淤地面积	淤地面积（hm^2）淤地坝淤地面积	淤地面积（hm^2）合计	F/S
方案1	2001 年现状	75.4	6.65	82.05	46.64	56.4	103.04	79.63
	2010 年	112.71	4.42	117.13	71.6	46.59	174.59	67.09
	2015 年	112.71	4.42	117.13	108.18	75.02	286.24	40.92
	相对平衡年 2019 年	112.71	4.42	117.13	143.93	83.93	330.90	35.40
	2031 年	112.71	4.42	117.13	163.63	83.93	350.60	33.41
方案2	2001 年现状	75.4	6.65	82.05	46.64	56.4	103.04	79.63
	2010 年	112.71	4.42	117.13			179.0	65.44
	2015 年	112.71	4.42	117.13			219.4	53.39
	2024 年	112.71	4.42	117.13			272.0	43.06
	2031 年	112.71	4.42	117.13			277.1	42.27

方案1:到2019年(第18年),全流域坝系淤地面积达到330.90 hm^2,大于289 hm^2,流域坝系基本达到相对平衡,此时流域面积与淤地面积之比为1∶35.40。到2031年(第30年)时,全流域坝系淤地面积达到350.60 hm^2,流域面积与淤地面积之比为1∶33.41。

方案2:全流域坝控面积同方案1,到2024年(第25年),坝系淤地面积达到272.0 hm^2,流域面积与淤地面积之比为1∶43.06。到2031年(第30年)全流域坝系淤地面积达到277.1 hm^2,流域面积与淤地面积之比为1∶42.27。没有达到相对平衡。

通过以上分析,阳曲坡流域坝系方案1在第18年,全流域坝系基本达到相对平衡,而方案2到第30年还没有达到相对平衡。所以方案1优于方案2。

B. 防洪能力分析

防洪能力是指坝系工程抵御其校核洪水的能力。根据坝系布局设防标准,坝系防洪任务应由骨干坝来承担。

两个方案的骨干坝布局都相同,新建骨干坝13座,加固配套骨干坝5座(其中两座是现状骨干坝加固),另外还有12座现状骨干坝,总共30座承担防洪任务。它们控制流域面积117.13 km^2。两个方案的骨干坝都具有相同的坝控面积,但方案1骨干坝控制范围内有淤地坝分担拦泥任务,使骨干坝的寿命延长,其拦蓄能力因此比方案2持续时间较长。

防洪能力分析的思路是,防洪任务由骨干坝承担,在某一时刻(年份)骨干坝总库容减去此前的累计拦泥量为该坝此时的有效拦洪库容,与不同频率下其控制范围的洪水总量比较,确定其能否拦蓄所控制范围内的洪水,若可以控制,则控制能力用其控制的流域面积表示。分析各单坝不同时刻、防御不同频率洪水的能力后,再分析评判坝系整体防洪能力。考虑骨干坝垮坝引起的连锁反应,在同频率条件下,上游坝跨坝时,下游坝此时的有效拦洪库容与这两座坝的洪水总量进行比较,分析判定其控制能力。分析结果见表8-42、表8-43。

表8-42 阳曲坡坝系防洪能力分析(方案1)

年份	项目	10%	5%	3.33%	2%	0.50%	0.33%
现状	完好坝数(座)					14	9
	坝控有效面积(km^2)					75.42	25.58
	控制率(%)					56.71	19.23
第5年	完好坝数(座)	30	30	30	30	28	26
	坝控有效面积(km^2)	112.71	112.71	112.71	112.71	105.71	89.87
	控制率(%)	84.74	84.74	84.74	84.74	79.48	67.57
第10年	完好坝数(座)	30	30	30	30	27	25
	坝控有效面积(km^2)	112.71	112.71	112.71	112.71	102.65	84.81
	控制率(%)	84.74	84.74	84.74	84.74	77.18	63.77
第15年	完好坝数(座)	29	29	29	29	26	18
	坝控有效面积(km^2)	109.21	109.21	109.21	109.21	100.65	62.61
	控制率(%)	82.11	82.11	82.11	82.11	75.68	47.08
第20年	完好坝数(座)	29	28	28	28	11	9
	坝控有效面积(km^2)	109.21	106.15	106.15	106.15	38.06	29.13
	控制率(%)	82.11	79.81	79.81	79.81	28.62	21.90

续表 8-42

年份	项目	10%	5%	3.33%	2%	0.50%	0.33%
第 25 年	完好坝数(座)	26	26	26	26	8	7
	坝控有效面积(km^2)	100.65	100.65	100.65	100.65	20.63	12.23
	控制率(%)	75.68	75.68	75.68	75.68	15.51	9.20
第 30 年	完好坝数(座)	21	17	16	15	7	5
	坝控有效面积(km^2)	78.64	69.53	65.83	62.80	12.23	6.41
	控制率(%)	59.13	52.28	49.50	47.22	9.20	4.82

表 8-43　阳曲坡坝系防洪能力分析(方案 2)

年份	项目	10%	5%	3.33%	2%	0.50%	0.33%
现状	完好坝数(座)					14	9
	坝控有效面积(km^2)					75.40	25.60
	控制率(%)					56.69	19.25
第 5 年	完好坝数(座)	30	30	30	30	28	28
	坝控有效面积(km^2)	112.71	112.71	112.71	112.71	105.71	105.71
	控制率(%)	84.74	84.74	84.74	84.74	79.48	79.48
第 10 年	完好坝数(座)	30	30	30	30	26	24
	坝控有效面积(km^2)	112.71	112.71	112.71	112.71	97.75	86.53
	控制率(%)	84.74	84.74	84.74	84.74	73.50	65.06
第 15 年	完好坝数(座)	29	28	28	28	23	13
	坝控有效面积(km^2)	109.21	105.71	105.71	105.71	89.42	45.64
	控制率(%)	82.11	79.48	79.48	79.48	67.23	34.32
第 20 年	完好坝数(座)	28	27	27	27	9	8
	坝控有效面积(km^2)	105.71	102.65	102.65	102.65	33.55	25.56
	控制率(%)	79.48	77.18	77.18	77.18	25.23	19.22
第 25 年	完好坝数(座)	26	26	26	21	6	5
	坝控有效面积(km^2)	100.65	100.65	100.65	82.71	14.81	6.41
	控制率(%)	75.68	75.68	75.68	62.19	11.14	4.82
第 30 年	完好坝数(座)	18	17	17	15	5	5
	坝控有效面积(km^2)	72.72	69.7	69.7	61.63	6.41	6.41
	控制率(%)	54.68	52.41	52.41	46.34	4.82	4.82

由此可知,方案 1 控制 200 年一遇洪水的骨干坝座数,在第 5、10、15、20、25、30 年分别是 28、27、26、11、8、7 座,坝控流域面积的比例分别为 79.48%、77.18%、75.68%、28.62%、15.51%、9.20%。方案 2 在同样条件下的骨干坝座数,在 5、10、15、20、25、30 年分别是 28、26、23、9、6、5 座,坝控流域面积的比例分别为 79.48%、73.50%、67.23%、25.23%、11.14%、4.82%。方案 1 与方案 2 相比,从第 10 年起,在上述各个时间的骨干坝完好座数分别多 1、3、2、2、2 座,坝控流域面积的百分比分别多 3.68%、8.45%、3.39%、4.37%、4.38%。由此可见,方案 1 的防洪能力高于方案 2。

C. 防洪保收能力分析

阳曲坡流域坝工程保收能力分析见表 8-44 和表 8-45。

根据坝系布设特点,防洪保收能力应对新建、配套加固骨干坝、新建淤地坝和现状骨干坝进行分析,现状淤地坝除配套加固坝外,其余都以滞洪排洪方式运行,其下泄泥沙由下游坝拦蓄,因而不对它们进行分析。

坝地保收条件是:在 10% 的洪水作用下,坝地内一次洪水积水深不超过 0.7 ~ 0.8 m 及

表 8-44　阳曲坡流域坝系工程保收能力分析(方案 1)

频率	项目	第 10 年			第 15 年			第 20 年			第 25 年			第 30 年		
		可淤面积(hm^2)	保收面积(hm^2)	保收率(%)	可淤面积(hm^2)	保收面积(hm^2)	保收率(%)	可淤面积(hm^2)	保收面积(hm^2)	保收率(%)	可淤面积(hm^2)	保收面积(hm^2)	保收率(%)	可淤面积(hm^2)	保收面积(hm^2)	保收率(%)
10%	现状骨干坝	107.60	64.40	59.90	133.20	93.00	69.80	145.90	104.80	71.83	145.90	104.80	71.83	145.90	104.80	71.83
	新建骨干坝	31.50	0	0	58.20	0	0	84.90	24.70	29.09	96.20	52.60	54.68	98.90	59.90	60.57
	加固配套骨干坝	32.90	24.70	75.08	41.10	30.30	73.72	49.30	44.10	89.45	52.60	47.40	90.11	55.00	49.80	90.55
	新建中型淤地坝	23.23	9.58	41.24	39.18	24.59	62.76	46.45	30.14	64.89	46.45	30.14	64.89	46.45	30.14	64.89
	新建小型淤地坝	23.36	12.86	55.05	35.84	35.06	97.82	37.48	36.63	97.73	37.48	36.63	97.73	37.48	36.63	97.73
	合计	218.59	111.54	55.30	307.52	182.95	59.29	364.03	240.37	66.03	378.63	271.57	71.72	383.73	281.27	73.30

表 8-45　阳曲坡流域坝系工程保收能力分析(方案 2)

频率	项目	第 10 年			第 15 年			第 20 年			第 25 年			第 30 年		
		可淤面积(hm^2)	保收面积(hm^2)	保收率(%)	可淤面积(hm^2)	保收面积(hm^2)	保收率(%)	可淤面积(hm^2)	保收面积(hm^2)	保收率(%)	可淤面积(hm^2)	保收面积(hm^2)	保收率(%)	可淤面积(hm^2)	保收面积(hm^2)	保收率(%)
10%	现状骨干坝	107.60	64.40	59.90	133.20	93.00	69.8	145.90	104.80	71.83	145.90	104.80	71.83	145.90	104.80	71.83
	新建骨干坝	31.50	0	0	58.20	0	0	84.90	24.70	29.09	96.20	52.60	54.68	98.90	59.90	60.57
	加固配套	32.90	24.70	75.08	41.10	30.30	73.72	49.30	44.10	89.45	52.60	47.40	90.11	55.00	49.80	90.55
	中型淤地坝	3.67	0	0	6.67	3.02	45.28	8.64	6.03	69.79	8.64	3.78	43.75	8.64	3.78	43.75
	小型淤地坝	0.68	0.68	100.00	1.52	1.52	100.00	1.82	1.82	100.00	1.82	1.82	100.00	1.82	1.82	100.00
	合计	176.35	89.78	50.91	240.69	127.84	53.11	290.56	181.45	62.45	305.16	210.40	68.95	310.26	220.10	70.94

坝地内年均淤积厚度小于0.3 m，据此条件分别分析坝系建设开始后的第10、15、20、25、30年，遇到10%的暴雨洪水时，坝内洪水深和年均淤积厚度与上述条件相比较来判断其保收与否，结果见表8-44、表8-45。

由分析可知，方案1在坝系开始建设第20年可以基本保收，届时坝内平均淤积厚度0.29 m，坝内平均水深0.79 m；方案2到第30年也不能保收。由此可见方案1的防洪保收能力比方案2好。

D. 经济效益分析

两个方案的经济效益计算，计算结果见表8-46。

表8-46　坝系经济评价指标比较

方案		总投入现值（万元）	总收入（万元）	净效益（万元）	效益费用比	投资回收年限（年）
1	静态	1 469.24	5 691.46	4 222.22	3.87	2012
	动态	1 297.34	1 925.31	627.97	1.48	2017
2	静态	1 100.33	4 643.92	3 543.59	4.22	2013
	动态	970.98	1 579.52	608.54	1.63	2019

从经济效益角度讲，方案1优于方案2。

2）方案选择

根据前述分析，方案1比方案2相对平衡实现时间早；经济效益方案1比方案2高，防洪保收能力方案1比方案2强，防洪能力方案1高于方案2。因此方案1整体上优于方案2，选择方案1为最终实施方案。

3）坝系布局结果

根据方案比选，新建骨干坝13座，现状淤地坝配套加固骨干坝3座、加固现状骨干坝2座；新建淤地坝32座，其中2座是在原坝址上新建的。阳曲坡流域骨干坝布局示意见图8-2。坝系建设总投资1 447.49万元，其中新建骨干坝投资869.68万元，占总投资的60.08%；配套加固骨干坝投资154.44万元，占总投资的10.67%；新建淤地坝投资423.37万元，占总投资的29.25%。

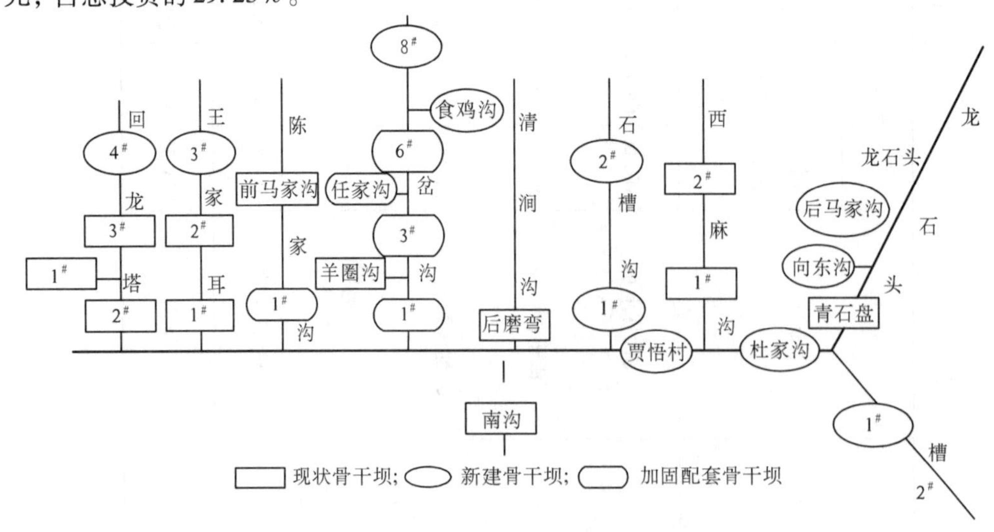

图8-2　阳曲坡流域骨干坝布局示意

坝系布局技术经济指标见表8-47。

表8-47　坝系布局技术经济指标

项目	座数（座）	控制面积（km^2）	总库容（万 m^3）	拦泥库容（万 m^3）	可淤地（hm^2）	投资（万元）	投劳（万工日）
新建骨干坝	13	70.2	1 357.0	595.5	81.2	869.68	9.33
配套加固骨干坝	5	17.9	409.4	199.3	49.6	154.44	1.53
中型淤地坝	13	20.0	212.9	141.8	16.7	287.01	2.82
小型淤地坝	19	9.5	77.9	38.6	21.0	136.35	1.32
合计	50	117.6	2 057.2	975.2	168.5	1 447.48	15.00

8.2.5.5　坝系相对稳定分析

相对稳定坝系是坝系发展的终极阶段。坝系相对稳定的涵义是，坝系经过长时间建设与发展，在达到相对平衡的同时也有较高水准的防洪能力，坝系中各单坝的作用与分工在较长的时期内无大的变化和调整，坝系建设任务逐渐减轻，只需通过年修即可维持防洪能力和生产水平不降低；这时，对于正常来水来沙年份，坝系在生产利用的同时，可以充分利用所拦蓄的水沙资源，坝系的利用率和保收率处于一个较高且稳定的水平上；遇到大洪水袭击时，可确保坝系整体安全，同时可以确保控制范围内的洪水泥沙不出沟，坝系的安全也处于一个较高和稳定的水准。据此，坝系相对稳定分析应从防洪能力和保收能力两个方面进行分析。

1）坝系防洪能力

坝系防洪能力是指坝系工程抵御其校核洪水的能力。根据坝系布局设防标准，其防洪任务主要由骨干坝承担，所以，防洪能力分析只对骨干坝进行。阳曲坡坝系现有骨干坝14座，规划新建13座，规划配套加固5座（其中2座由原骨干坝配套加固），届时三类骨干坝总数达到30座，坝控面积为112.71 km^2，达到流域面积的84.71%。

这些坝的结构组成有26座为两大件，4座为三大件。在实际运行过程中，两大件骨干坝是以滞洪排清方式运行的，泥沙全部拦在库内；三大件骨干坝在淤泥面高程达到溢洪道底部之后，是以滞洪排洪的方式运行的，此时，不考虑泥沙淤积。另外，考虑骨干坝控制区域内淤地坝的拦沙作用。

防洪能力分析从两方面入手，一方面在不同频率暴雨作用下，对坝系中骨干坝在不同时刻（年份）控制流域内洪水的能力（以控制流域面积表示）进行分析，用来评价坝系总体防洪能力；另一方面是在校核洪水（0.5%）情况下，坝系中骨干坝发挥作用后，对阳曲坡干流中下游可能出现的最大洪峰进行分析，用来提供防汛决策依据。

（1）总体防洪能力。按照上述思路分析得到阳曲坡坝系防洪能力，用具有防洪能力的坝数和坝控流域面积反映。分析时考虑上游骨干坝垮坝引起下游坝垮坝后的连锁反应，详见表8-48。由表可知，随着时间的推移，骨干坝的库容因被泥沙所占用而防洪库容逐渐减小,即防洪能力逐渐下降,满足防洪校核标准的骨干坝数量愈来愈少,骨干坝控制洪水的有效面积也愈来愈小。为确保坝系防洪能力不下降,应在坝系发展过程中适时加固加高骨干坝。

表 8-48　阳曲坡坝系防洪能力

年份	项目	10%	5%	3.33%	2%	0.50%	0.33%
现状	完好坝数(座)					14	9
	坝控有效面积(km^2)					75.42	25.58
	控制率(%)					56.71	19.23
第5年	完好坝数(座)	30	30	30	30	28	26
	坝控有效面积(km^2)	112.71	112.71	112.71	112.71	105.71	89.87
	控制率(%)	84.74	84.74	84.74	84.74	79.48	67.57
第10年	完好坝数(座)	30	30	30	30	27	25
	坝控有效面积(km^2)	112.71	112.71	112.71	112.71	102.65	84.81
	控制率(%)	84.74	84.74	84.74	84.74	77.18	63.77
第15年	完好坝数(座)	29	29	29	29	26	18
	坝控有效面积(km^2)	109.21	109.21	109.21	109.21	100.65	62.61
	控制率(%)	82.11	82.11	82.11	82.11	75.68	47.08
第20年	完好坝数(座)	29	28	28	28	11	9
	坝控有效面积(km^2)	109.21	106.15	106.15	106.15	38.06	29.13
	控制率(%)	82.11	79.81	79.81	79.81	28.62	21.90
第25年	完好坝数(座)	26	26	26	26	8	7
	坝控有效面积(km^2)	100.65	100.65	100.65	100.65	20.63	12.23
	控制率(%)	75.68	75.68	75.68	75.68	15.51	9.20
第30年	完好坝数(座)	21	17	16	15	7	5
	坝控有效面积(km^2)	78.64	69.53	65.83	62.80	12.23	6.41
	控制率(%)	59.13	52.28	49.50	47.22	9.20	4.82

(2)主沟道可能最大洪水。阳曲坡流域主沟道贾悟村以上及其下游两岸较大的一级支沟全由骨干坝控制。贾悟村以下主沟道长 10.2 km,骨干坝未控面积 20.29 km,其中阳曲坡村以上 10.1 km,以下 10.19 km。坝系在校核洪水条件下,向贾悟村以下主沟道下泄较大洪量的坝有:贾悟村坝溢洪道下泄 103 m^3/s,岔沟 1# 坝溢洪道下泄 41 m^3/s。其他支沟骨干坝放水洞下泄洪量较小,构不成洪峰。主沟道贾悟村以下最大的村庄是阳曲坡村,住户宅院分布于主沟道两侧的台地上,而且沟谷有一座三孔式拱桥影响了行洪能力,因此,该村最易受主沟道洪水威胁。据分析计算,在上述洪水条件下,该村洪峰流量为 166 ~ 269 m^3/s,阳曲坡流域出口的信义镇断面洪峰流量为 243 ~ 387 m^3/s。

2）防洪保收能力

坝系防洪保收能力，是指坝系在拦蓄某一频率洪水泥沙的情况下，坝系中坝地高秆农作物可以正常生产的能力。坝系规划实施后，骨干坝总控制流域面积达到 112.71 km^2，在该范围内，有新建淤地坝 24 座，控制面积 25.07 km^2；在骨干坝未控制区间有新建淤地坝 5 座，控制面积 4.42 km^2，这些淤地坝和骨干坝的设计标准分别为 10%、5%、3.33%。校核标准分别为 3.33%、2%、0.50%、0.33%，所以它们都可以抵御 10% 的暴雨洪水。现状淤地坝已经全部利用，且都设有土质溢洪道，他们在小暴雨洪水作用下，起不到拦泥滞洪作用，在较大暴雨洪水作用下，可以起到有限的滞洪作用，但拦泥作用不明显。因此，防洪保收能力分析只对现状骨干坝、新建骨干坝、新建淤地坝、加固配套骨干坝进行，现状淤地坝原控制区间的洪沙全部由其下游坝拦蓄。

（1）坝地保收条件。坝地保收条件为：坝内一次洪水深度不超过 0.7 ~ 0.8 m 和坝地年均淤积厚度小于 0.3 m。据此条件，分析新建骨干坝、加固配套骨干坝和淤地坝在开始建设后的第 5、10、15、20、25、30 年，在遇到 10% 的暴雨洪水时，坝地内洪水深和年平均淤积厚，以此来分析坝地的保收情况。

（2）分析方法。保收能力分析是在单坝保收能力分析的基础上，以每座骨干坝控制范围为子坝系进行分析。在子坝系保收能力分析时假定：骨干坝控制范围内的骨干坝和新建淤地坝都参与拦蓄洪沙，淤满（留 10% 的防洪库容）后其控制范围内的洪水泥沙由下游坝拦蓄，不考虑淤满后的垮坝问题。根据阳曲坡流域坝系的实际，分别对现状骨干坝子坝系、新建骨干坝子坝系、加固配套骨干坝子坝系及骨干坝未控区域内的淤地坝进行保收能力分析。

（3）骨干坝子坝系保收能力。阳曲坡流域各类骨干坝共组成 29 个子坝系，其保收能力分析汇总见表 8-49，由表可知，现状骨干坝子坝系保收能力提升最快，保收率最高，加固配套骨干坝子坝系保收能力次之，而新建骨干坝子坝系保收能力最低。全部子坝系中，有 6 个子坝系到第 30 年都不能保收，其中新建骨干坝 5 个，加固配套骨干坝 1 个，这 6 个坝系中都没有淤地坝。

另外，在各类骨干坝未控制范围内还有 5 座淤地坝，其保收能力分析见表 8-50，由表可知，淤地坝的淤积速度慢，保收期到来迟，保收率低。

（4）坝系整体保收能力分析。坝系整体包括各类骨干坝及淤地坝，其保收能力分析见表 8-50，由表可知，对于整个坝系来说，在规划实施第 15 年，坝系在 10% 的暴雨条件下，坝地可淤面积为 322.12 hm^2，保收面积达到 225.43 hm^2，保收率 69.98%，此时坝地内平均洪水深 0.79 m，平均年淤厚 0.29 m，基本可以保收。

第 20 年时，坝系在 10% 的暴雨条件下，在可淤 380.72 hm^2 面积中，保收面积达到 301.59 hm^2，保收率 79.22%。此时坝内平均洪水深 0.66 m，坝地平均年淤泥厚 0.25 m，坝系控制流域面积与坝地面积之比为 30.7，基本达到相对稳定。

第 25 年，保收面积达到 329.81 hm^2，占可淤面积的 80.69%。坝系控制流域面积与坝地面积之比为 28.6，达到相对稳定。

到第 30 年，保收面积达到 362.38 hm^2，占可淤面积 426.11 hm^2 的 85.04%。坝系控制流域面积与坝地面积之比为 27.4，坝系整体达到相对稳定。

表 8-49　骨干坝子坝系保收能力分析汇总

子坝系			区间面积（km^2）	保收情况											
类型	序号	名称		第 5 年		第 10 年		第 15 年		第 20 年		第 25 年		第 30 年	
				保收面积（hm^2）	保收率(%)	保收面积（hm^2）	保收率(%)	保收面积（hm^2）	保收率(%)	保收面积（hm^2）	保收率(%)	保收面积（hm^2）	保收率(%)	保收面积（hm^2）	保收率(%)
现状骨干坝	1	磨湾	3. 50	3. 38	70. 7	3. 74	54. 3	4. 09	45. 5	10. 23	100. 0	11. 26	100. 0	11. 26	100. 0
	2	西麻沟 1#	1. 00					2. 51	100. 0	3. 18	100. 0	3. 85	100. 0	4. 52	100. 0
	3	西麻沟 2#	3. 50			9. 07	100. 0	11. 82	100. 0	12. 92	100. 0	12. 92	100. 0	12. 92	100. 0
	4	南沟	2. 00					4. 40	100. 0	5. 37	100. 0	6. 35	100. 0	6. 74	100. 0
	5	回龙塔 1#	1. 09	2. 82	100. 0	3. 68	100. 0	4. 54	100. 0	5. 40	100. 0	6. 26	100. 0	7. 12	100. 0
	6	回龙塔 2#	2. 25			4. 13	73. 7	7. 90	100. 0	9. 80	100. 0	11. 70	100. 0	13. 59	100. 0
	7	回龙塔 3#	2. 79			6. 20	100. 0	8. 65	100. 0	11. 11	100. 0	13. 08	100. 0	15. 54	100. 0
	8	王家耳 1#	2. 12	8. 84	98. 0	9. 97	90. 2	13. 08	100. 0	14. 65	100. 0	16. 22	100. 0	17. 78	100. 0
	9	王家耳 2#	2. 70	11. 48	95. 8	15. 80	100. 0	19. 62	100. 0	21. 83	100. 0	23. 85	100. 0	25. 87	100. 0
	10	羊圈沟	3. 06							7. 91	100. 0	10. 00	100. 0	12. 08	100. 0
	11	马家沟	0. 50							1. 29	100. 0	1. 63	100. 0	1. 97	100. 0
	小计		24. 51	26. 52	55. 9	52. 59	77. 4	76. 61	86. 8	103. 69	100. 0	117. 12	100. 0	129. 39	100. 0
新建骨干坝	1	马家沟	4. 43												
	2	龙石头	8. 4							20. 20	100. 0	20. 20	100. 0	20. 20	100. 0
	3	向东沟	3. 02												
	4	马槽里 1#	3. 81							3. 10	51. 2	4. 80	61. 9	4. 80	61. 9
	5	马槽里 2#	7. 99					0. 64	7. 1	0. 71	5. 5	0. 71	4. 2	18. 61	100. 0
	6	石槽沟 1#	3									7. 20	100. 0	7. 20	100. 0
	7	石槽沟 2#	8. 5												
	8	岔沟 9#	3. 25												
	9	食鸡沟	3. 95												
	10	王家耳 3#	4. 5			4. 68	78. 3	6. 43	68. 2	6. 43	56. 3	6. 43	56. 3	6. 43	56. 3
	11	回龙塔 4#	3. 57					4. 53	66. 8	7. 39	76. 7	10. 09	81. 8	10. 09	81. 8
	12	杜家沟	6. 62			4. 51	70. 0	6. 90	64. 0	6. 90	50. 2	6. 90	50. 2	6. 90	50. 2
	13	贾牾村	9. 22			3. 59	36. 7	8. 31	44. 6	13. 71	61. 7	13. 71	61. 7	13. 71	61. 7
	小计		70. 26			12. 78	23. 5	26. 81	27. 7	58. 44	45. 2	70. 04	49. 9	87. 94	61. 4
加固配套骨干坝	1	岔沟坝 1#	4. 9	9. 55	83. 8	23. 40	100. 0	25. 52	100. 0	26. 92	100. 0	27. 22	100. 0	27. 22	100. 0
	2	岔沟坝 3#	3. 03			12. 50	100. 0	16. 56	100. 0	18. 96	100. 0	21. 36	100. 0	23. 76	100. 0
	3	岔沟坝 6#	3. 7			16. 15	100. 0	19. 33	100. 0	21. 86	100. 0	22. 16	100. 0	22. 16	100. 0
	4	任家沟	3. 01												
	5	陈家沟	3. 3							7. 70	100. 0	8. 00	100. 0	8. 00	100. 0
	小计		17. 94	9. 55	36. 4	52. 05	86. 4	61. 41	85. 0	75. 44	93. 6	78. 74	93. 8	81. 14	94. 0
合计			112. 71	36. 07	37. 9	117. 42	64. 4	164. 83	64. 1	237. 57	75. 8	265. 90	77. 9	298. 47	83. 2

表 8-50　阳曲坡坝系整体保收能力分析汇总

时间	项目	骨干坝子坝系				骨干坝未控区域淤地坝	合计*
		现状	新建	改建	小计		
	数量(座)	11	13	5	29	5	34
	控制流域面积(km^2)	24.51	70.26	17.94	112.71	4.42	117.13
2002 年	已淤地(hm^2)	32.56	0	23.2	55.76	56.70	112.46
第 5 年	可淤面积(hm^2)	47.4	21.59	26.25	95.24	1.93	153.87
	保收面积(hm^2)	26.52	0	9.55	36.07	0	91.9
	保收率(%)	55.94	0	36.38	36.96	0	59.73
第 10 年	可淤面积(hm^2)	67.9	54.29	60.25	182.44	4.35	243.49
	保收面积(hm^2)	52.57	12.78	52.05	117.4	0	174.1
	保收率(%)	77.4	23.54	86.39	64.35	0	71.50
第 15 年	可淤面积(hm^2)	88.29	96.73	72.21	257.23	8.19	322.12
	保收面积(hm^2)	76.6	26.81	61.41	164.82	3.91	225.43
	保收率(%)	86.8	27.72	85.04	64.07	47.74	69.98
第 20 年	可淤面积(hm^2)	103.69	129.19	80.64	313.52	10.5	380.72
	保收面积(hm^2)	103.69	58.44	75.54	237.67	7.22	301.59
	保收率(%)	100	45.24	93.55	75.81	69.02	79.22
第 25 年	可淤面积(hm^2)	117.11	140.49	83.94	341.54	10.5	408.74
	保收面积(hm^2)	117.11	70.04	78.74	265.89	7.22	329.81
	保收率(%)	100	49.85	93.81	77.85	69.02	80.69
第 30 年	可淤面积(hm^2)	129.38	143.19	86.34	358.91	10.5	426.11
	保收面积(hm^2)	129.38	87.94	81.14	298.46	7.22	362.38
	保收率(%)	100	61.41	93.98	83.16	69.02	85.04

注： * 保收率(%) = 可淤面积/已淤面积。

第9章　结　论

本书在回顾黄土高原演化及侵蚀历史的基础上，研究了新的土壤侵蚀模型试验方法，从理论上划分了黄土高原粗泥沙的临界粒径，讨论了黄土高原高强度侵蚀对黄河下游河道淤积和河床形态变化的影响，论证了通过黄土高原淤地坝（系）建设根治黄河的合理性，提出了淤地坝的新坝型结构，并通过黄土高原沟道坝系试验及原型资料分析等，在淤地坝（系）减沙机理及坝系优化方面得出如下主要结论。

（1）小流域淤地坝（坝系）工程是针对黄土高原严重水土流失地区侵蚀（输沙）特点而修筑的一种针对性极强的沟道治理措施。淤地坝拦沙减蚀的力学机理表现为它直接拦截了来自上游沟道及坡面输送下来的大量泥沙，减少了可能进入下游的泥沙输移量；而且至为重要的是，随着淤地坝的淤积抬高，在其上游逐渐形成新的均衡淤积剖面，逐步抬高了其控制区域的局部侵蚀基准面，使淤地坝上游沟谷及其两侧沟谷坡的土体滑动面减小，土体抗滑稳定性增加，土壤侵蚀的重力能量逐渐降低，侵蚀作用也随之减弱，控制沟头前进和沟岸崩塌扩张。这是淤地坝之所以在水土保持诸措施中对减少进入黄河下游泥沙起到关键性控制作用的最根本原因。淤地坝拦沙减蚀试验结果表明，在地形坡度不变的情况下，随着侵蚀基准面的下降，流域侵蚀产沙的强度会越来越大，在同样的降雨强度和降雨历时条件下，侵蚀产沙量增加的幅度更大；相应地，其侵蚀方式也会由坡面水力侵蚀逐步向沟坡重力侵蚀乃至水力、重力复合侵蚀的方向发展。这是对在自然地理地貌中，流域侵蚀产沙的型式与强度和流域侵蚀基准面之间呈现如下关系的真实再现。在地形坡度不变的情况下，随着淤地坝的渐趋淤积，流域沟道侵蚀基准面逐步抬升，流域侵蚀产沙的强度会越来越小，在同样的降雨强度和降雨历时的条件下，淤地坝淤积面积越大，表明平均侵蚀基准面抬升越高，侵蚀产沙量减小的幅度更大；相应地，其侵蚀方式也会由水力、重力复合侵蚀逐步弱化转变为以坡面水力侵蚀为主，偶尔夹杂局部地段的沟坡重力侵蚀。

（2）野外地貌调查分析表明，坝地高程的淤积抬升从坝体上游水平面的左、右两侧及正前方三个方向抬高了流域侵蚀基准面，使淤地坝上游及其两侧沟谷坡的土体滑动面减小，增加了沟头及其沟坡两侧对应土坡滑动体的相对稳定性，迟滞了重力侵蚀的发生，极大地减少了伴随着水力侵蚀发生发展有可能带来的巨量的沟坡重力侵蚀输沙量；并且随着淤地坝的逐步淤积抬高，在其上游逐渐形成新的均衡淤积剖面，必然使得坝体以上流域重力侵蚀产沙的势能逐渐降低、侵蚀作用逐步减弱到与坝地的淤积抬升同步增长的动态稳定状态，使得流域的侵蚀产沙与淤地坝（坝系）的拦沙运用之间实现相对稳定。单坝放水试验和沟道坝系的降雨模拟试验结果都表明，随着放水（降雨）模拟次数的增多，坝地淤积的高程增加量逐渐减小，并且随着淤地坝上游坝地的抬高，沟道的侵蚀基准面提高，沟道的平均比降也逐步减小，一直到渐趋近一个恒量；此时，淤地坝尚有一定的库容，并仍能拦截洪水从上游挟带下来的泥沙，但由于坝前的淤地增高非常缓慢，淤地坝的高度只要少许增加即可满足拦沙要求，由此展示了淤地坝（坝系）已经呈现出上游来沙与淤地坝（坝系）之间渐趋相对稳定的态势。以上两种研究方法一致说明，淤地坝（坝系）相对稳定都是客观存在的，也是可以实现的。

(3)比较分析研究表明,相对稳定的淤地坝(坝系)一般具有如下两个共同的特征:一是在影响淤地坝(坝系)相对稳定的诸因素中,所有决定淤地坝(坝系)能否达到或实现相对稳定的影响因素及其实现条件都是对应出现的,并且存在对立统一性,即一方是设计降雨、设计(校核)洪水、设计泥沙、流体压力、渗透力等对淤地坝(坝系)工程发生作用的主导型因子;另一方则是作物耐淹深度、设计防洪保收频率、设计防洪保安频率、工程数量及结构比例、设计淤积库容、设计淤积面积、设计滞洪库容及单项工程技术指标设计等淤地坝(坝系)工程对主导因子发生反作用的被动防御因子。显然,当淤地坝(坝系)工程达到或实现相对稳定之后,主导因子与被动防御因子诸条件之间存在相互对立统一性,即设计洪水频率与设计防洪保收频率和设计防洪保安频率的相互对立统一、设计侵蚀产沙与设计拦沙减蚀以及泥沙输移比例的合理分摊、坝库(群)流体压力和坝系工程布局及工程结构的相互适应等。二是相对稳定的淤地坝(坝系)的拦沙减蚀能力与其所控制的流域可能的侵蚀产沙能力之间的比例在长时期内应该保持相对的一致性,以实现流域侵蚀产沙与坝系拦沙运用之间在长时期内保持动态的相对稳定性。从努力减少、处理和利用泥沙的治黄大局出发,这应该作为淤地坝(坝系)工程立项建设的根本原因和最终目标,而绝不是追求对其上游泥沙的全拦全蓄。因此,无须担心所谓的“零存整取”。

(4)按照规划区域范围的大小不同,淤地坝(坝系)工程规划分为流域(区域)淤地坝规划、支流淤地坝规划、小流域淤地坝(坝系)规划。研究分析表明,流域(区域)或支流淤地坝规划方法主要包括逐级汇总法和典型推算法。逐级汇总法即是将区域或支流划分为不同的类型区、行政区(片)和小流域,分别按小流域进行坝系规划,自下而上汇总。对汇总成果再进行自上而下平衡、补充调整,考虑全局,增补大型控制性骨干工程,形成比较翔实和全面的科学规划,适用于范围不太大、类型较为简单,且过去已有一定的规划成果资料、规划基础较好的地区。典型推算法首先按照自然条件和经济社会发展要求将区域或支流划分为若干类型区,然后在每个类型区选择具有代表性的典型小流域进行坝系规划,再根据小流域坝系规划成果,采取“以点推面”的方法推算每个类型区淤地坝工程建设规模,最后将各类型区进一步汇总形成区域及支流淤地坝工程总体规划。典型推算法的关键技术是进行类型区划分和选择具有代表性的典型小流域,并对小流域进行坝系规划。典型推算法一般应用于规划范围较大、类型较为复杂,且过去规划成果资料较少的地区。

小流域淤地坝(坝系)规划主要采用综合平衡规划法和系统工程规划法两种方法。综合平衡规划法即是根据行政及业务管理部门的决策意向,通过对小流域进行实地调查或查勘,按照有关技术规范的要求,利用专业知识及经验,结合人工智能干预决策而获得的一种规划方案。用综合平衡法进行坝系规划,首先根据需要和可能确定控制性骨干工程,然后合理配置中小型淤地坝及蓄水塘坝;最后确定加固配套工程。通过对规划的各类坝型的坝高、库容、淤地面积、工程量、投工、投资等指标的分析计算,提出坝系规划初步方案,最后根据坝系规划目标对方案作进一步调整、修改。一般地,综合平衡规划法须设计两个以上的规划方案,并进行对比分析和选优,最终确定一个推荐方案。

目前,系统工程规划法一般采用非线性规划和动态优化规划两种方法。非线性规划的设计思路是以净收益最大为目标,以坝高为决策变量,在满足坝系整体防洪安全的前提下,考虑无较大淹没损失,把拦泥淤地、防洪库容、生产发展、坝系相对稳定等作为约束条件。动态优化规划的设计思路认为:根据运筹学原理,如果某个坝系布局方案是一个优化方案,则该坝系中任何一个坝与其上游各坝构成的子坝系也是一个优化方案,并且在这个结构中,各规划坝均符合《水利建设项目经济评价规范》规定的各种限制条件,其坝址是通过评价指标(投入、产出或经济效益)的综合平衡(优化程度)来选取的。以此类推,按照从上游到下游的顺序一直向下搜寻到流域出口,便可以找到整个流域的坝系优化布局结构。

系统工程规划法较综合平衡规划法有较大的优越性,可以在一定程度上排除人为因素的干扰,针对较为复杂的模型,得到基本符合实际的优化规划方案。但目前阶段,系统工程规划方法也存在着一定的局限性,由于坝系规划所涉及的可变因素很多,如布局问题、规模问题、建设时序问题、溢洪道的优化问题等,使得规划数学模型十分复杂,难以求解。所以,在实际工作中,一般还是较多地采用综合平衡规划法。

参考文献

[1] 安芷生,孙怀东. 1988. 黄土高原三万年来自然环境变迁的初步研究[M]//黄土高原地区综合开发治理研究. 北京:科学出版社,55 - 59.

[2] 把多辉,朱拥军,王若生,等. 2005. 气候变迁与黄土高原演变的研究综述[J]. 干旱气象,23(3):69 - 73.

[3] 卜海磊,杨娜,张罗号. 2009. 黄河下游桥渡冲刷计算问题探讨[J]. 人民黄河,31(12):29 - 31.

[4] 蔡强国. 1988. 坡面侵蚀产沙模型的研究[J]. 地理研究,7(4): 94 - 101.

[5] 蔡强国. 1998. 坡长对坡耕地侵蚀产沙过程的影响[J]. 云南地理环境研究,10(1):34 - 43.

[6] 蔡强国,陆兆熊. 1996. 黄土发育表皮结皮过程和微结构分析的试验研究[J]. 应用基础与工程科学学报,4 (4):363 - 370.

[7] 蔡为武. 1995. 治黄的根本措施是下游河道整治[J]. 人民黄河,(1):48 - 51.

[8] 陈伯让. 2003. 关于黄土高原地区淤地坝规划主要问题的说明[J]. 中国水利,A 刊(9): 16 - 18.

[9] 陈浩,Y. Tsui, 蔡强国,等. 2004. 沟道流域坡面与沟谷侵蚀演化关系——以晋西王家沟小流域为例[J]. 地理研究,23(3):329 - 338.

[10] 陈明扬. 1995. 黄土高原的形成与演化[M]//中国科学院黄土高原综合科学考察队. 黄土高原地区环境治理与资源开发研究. 北京:中国环境科学出版社,41 - 54.

[11] 陈文亮,王占礼. 1991. 人工模拟降雨特性的试验研究[J]. 水土保持通报,11(2):55 - 62.

[12] 陈永宗. 1991. 人类活动在黄土高原土壤侵蚀中的地位与作用[C]//黄河流域环境演化与水沙运行规律研究文集(第一集). 北京:地质出版社,53 - 61.

[13] 陈永宗,等. 1988. 黄土高原的侵蚀与治理[M]. 北京:科学出版社.

[14] 程飞,徐向舟,高吉惠,等. 2008. 用于土壤侵蚀试验的降雨模拟器研究进展[J]. 中国水土保持科学,6(2): 107 - 112.

[15] 程琴娟,蔡强国,郑明国. 2007. 黄土土壤结皮对产流临界雨强的影响分析[J]. 地理科学,27(5): 678 - 682.

[16] 戴英生. 1980. 从黄河中游的古气候环境探讨黄土高原的水土流失问题[J]. 人民黄河,8(4):1 - 8.

[17] 邓成龙,袁宝印. 2001. 末次冰期以来黄河中游黄土高原沟谷侵蚀堆积过程初探[J]. 地理学报,56(1):92 - 98.

[18] 丁文峰,李占斌,崔灵周. 2001. 黄土坡面径流冲刷侵蚀试验研究[J]. 水土保持学报,15(2): 99 - 101.

[19] 丁文峰,李占斌,鲁克新. 2001. 黄土坡面细沟侵蚀发生的临界条件[J]. 山地学报,19(6): 551 - 555.

[20] 杜娟,赵景波. 2001. 黄土高原构造侵蚀期研究[J]. 陕西师范大学学报:自然科学版,29(3):107 - 111.

[21] 段喜明,王治国. 1999. 小流域淤地坝坝系分布设计方案的优化研究[J]. 山西农业大学学报, 19(4): 326 - 329.

[22] 范荣生,王高英,李占斌. 1993. 陡坡侵蚀产沙特点及含沙量过程计算模型研究[J]. 水土保持通报,13(4): 6 - 14.

[23] 范瑞瑜. 1999. 山西省坝系农业建设与发展前景[J]. 山西水利,(4): 4 - 7.

[24] 范世香,韩绍文. 1991. 地面坡度对地表径流影响的实验研究[J]. 水土保持通报,11(4): 6 - 10.

[25] 方学敏. 1995. 坝系相对稳定的条件和标准[J]. 中国水土保持,(11): 29 - 32.

[26] 方学敏,万兆惠,匡尚富. 1998. 黄河中游淤地坝拦沙机理及作用[J]. 水利学报,(10): 49 - 53.
[27] 方彦军,张红梅,程瑛. 1999. 含沙量测量的新进展[J]. 武汉水利电力大学学报,32(3): 55 - 57.
[28] 费祥俊,舒安平. 2003. 泥石流运动机制与灾害防治[M]. 北京:清华大学出版社.
[29] 冯国安. 2000. 治黄的关键是加快粗沙多沙区淤地坝建设[J]. 科技导报,(7): 53 - 57.
[30] 符素华,付金生,王晓岚,等. 2003. 径流小区集流桶含沙量测量方法研究[J]. 水土保持通报,23(6): 39 - 41.
[31] 韩鹏,倪晋仁,王兴奎. 2003. 黄土坡面细沟发育过程中的重力侵蚀实验研究[J]. 水利学报,(1): 51 - 61.
[32] 何长高. 2004. 关于水土保持生态修复工程中几个问题的思考[J]. 中国水土保持科学, 2(3): 99 - 102.
[33] 侯晖昌. 1982. 河流动力学基本问题[M]. 北京:水利电力出版社.
[34] 胡一三,张红武,刘贵芝,等. 1998. 黄河下游游荡性河段河道整治[M]. 郑州:黄河水利出版社.
[35] 胡明鉴, 汪稔, 张平仓. 2002. 蒋家沟流域坡面侵蚀特征实验研究[J]. 岩土力学, 23(5): 645 - 648.
[36] 胡世雄,靳长兴. 1999. 坡面动力侵蚀过程的实验研究进展[J]. 地理科学进展, 18(2): 103 - 110.
[37] 胡霞,严平,李顺江,等. 2005. 人工降雨条件下土壤结皮的形成以及与土壤溅蚀的关系[J]. 水土保持学报, 19(2): 13 - 16.
[38] 黄河流域水土保持科研基金第四攻关课题组. 1993. 黄河中游多沙粗沙区水土保持减水减沙效益及水沙变化趋势研究报告[R]. 29 - 48.
[39] 黄河上中游管理局. 2004. 淤地坝规划[M]. 北京:中国计划出版社, 62,80 - 81,150,169.
[40] 黄自强. 2003. 黄土高原地区淤地坝建设的地位及发展思路[J]. 中国水利,A 刊(9): 8 - 11.
[41] 蒋定生,黄国俊. 1984. 地面坡度对降水入渗影响的模拟试验[J]. 水土保持通报, 4(2): 10 - 20.
[42] 蒋定生, 周清, 范兴科, 等. 1994. 小流域水沙调控正态整体模型模拟实验[J]. 水土保持学报, 8(2): 25 - 30, 73.
[43] 蒋定生,等. 1997. 黄土高原土壤流失与治理模式[M]. 北京:中国水利水电出版社.
[44] 蒋复初,吴锡浩,肖国华. 1998. 邙山黄土与三门峡贯通的时代[M]//安芷生. 黄土、黄河、黄河文化. 郑州:黄河水利出版社,13 - 19.
[45] 焦恩泽,张翠萍. 1994. 历史时期潼关高程演变分析[J]. 西北水电, (4):8 - 11.
[46] 焦恩泽,张翠萍. 1996. 潼关河床高程演变规律研究[J]. 泥沙研究, (3):64 - 72.
[47] 焦菊英,王万中,郝小品. 1999a. 黄土高原不同类型暴雨的降水侵蚀特征[J]. 干旱区资源与环境,13(1): 34 - 42.
[48] 焦菊英,王万忠,郝小品. 1999b. 黄土高原流域出口站降雨的面代表性分析[J]. 水文, (4): 33 - 36.
[49] 金德生. 1990. 河流地貌系统的过程响应模型实验[J]. 地理研究, 9(2):20 - 28.
[50] 金德生,陈浩,郭庆伍. 2000. 流域物质与水系及产沙间非线性关系实验研究[J]. 地理学报, 55(4): 439 - 447.
[51] 金德生, 郭庆伍. 1995a. 均质流域地貌发育过程实验研究[M]//金德生. 地貌实验与模拟. 北京:地震出版社, 79 - 101.
[52] 金德生, 郭庆伍. 1995b. 流水地貌系统模型实验的相似性问题[M]//金德生. 地貌实验与模拟. 北京:地震出版社, 265 - 268.
[53] 金德生,刘书楼,郭庆伍. 1992. 应用河流地貌实验与模拟研究[M]. 北京:地震出版社.
[54] 金德生,张欧阳,陈浩,等. 2003. 侵蚀基准面下降对水系发育与产沙影响的实验研究[J]. 地理研究, 22 (5):560 - 570.

[55] 景可,陈永宗. 1983. 黄土高原侵蚀环境与侵蚀速率的初步研究[J]. 地理研究,2(2):1－11.
[56] 景可, 申元村. 2002. 水土保持对未来地表水资源影响研究[J]. 中国水土保持, 1:12－15.
[57] 景可, 郑粉莉. 2004. 黄土高原水土保持对地表水资源的影响[J]. 水土保持研究, 11(4): 11－13.
[58] 康熠,于渲,张淑英,等. 2003. 西黑岱沟小流域坝系相对稳定及形成因素分析[J]. 内蒙古水利,(2): 37－40.
[59] 孔亚平,张科利,唐克丽. 2001. 坡长对侵蚀产沙过程影响的模拟研究[J]. 水土保持学报, 15(2): 17－24.
[60] 孔亚平,张科利. 2003. 黄土坡面侵蚀产沙沿程变化的模拟试验研究[J]. 泥沙研究,(1): 33－38.
[61] 雷廷武,赵军,袁建平, 等. 2002. 利用γ射线透射法测量径流含沙量及算法[J]. 农业工程学报,18(1): 18－21.
[62] 雷元静,朱小勇. 2000. 相对稳定坝系形成过程控制原理与方法[J]. 人民黄河,22(2): 23－26.
[63] 李保如. 1984. 我国部分河道的整治方法及其效果[J]. 水利水电技术,(9):10－13.
[64] 李风,吴长文. 1997. RUSLE侵蚀模型及其应用(综述)[J]. 水土保持研究, 4(1): 109－112.
[65] 李吉均,方小敏,马小洲, 等. 1996. 晚新生代黄河上游地貌演化与青藏高原隆起[J]. 中国科学:D辑,26(4): 316－322.
[66] 李靖,秦向阳,柳林旺. 1995. 国内小流域综合治理规划方法刍议[J]. 水土保持通报,15(3): 8－10, 32.
[67] 李勉,李占斌,丁文峰,等. 2002. 黄土坡面细沟侵蚀过程的REE示踪[J]. 地理学报,57(2): 218－223.
[68] 李敏,张丽. 2004. 淤地坝安全与稳定的理论与实践[C]//水利部科技推广中心,黄河研究会. 黄土高原小流域坝系建设关键技术研讨会文集. 郑州:黄河水利出版社,10－15.
[69] 厉强,陆中臣,袁宝印. 1990. 地貌发育阶段的定量研究[J]. 地理学报,45(1):110－120.
[70] 李国英. 2003. 治理黄河思辨与践行[M]. 北京:中国水利水电出版社,郑州:黄河水利出版社.
[71] 李容全,邱维理, 张亚立, 等. 2005. 对黄土高原的新认识[J]. 北京师范大学学报:自然科学版, 41(4):431－436.
[72] 李占斌. 1996. 黄土地区小流域次暴雨侵蚀产沙研究[J]. 西安理工大学学报,12(3): 177－183.
[73] 梁其春,薛顺康,李靖, 等. 2003. 试论治沟骨干工程单坝控制面积按侵蚀强度分级区分[J]. 中国水利, (9): 37－38.
[74] 梁在潮. 1987. 紊流力学[M]. 郑州:河南科学技术出版社.
[75] 蔺明华,朱明绪,白风林, 等. 1995. 小流域坝系规划模型及其应用[J]. 人民黄河,(11): 29－33.
[76] 刘东生,等. 1964. 黄河中游黄土[M]. 北京:科学出版社.
[77] 刘东生,等. 1985. 黄土与环境[M]. 北京:科学出版社.
[78] 刘利年. 2002. 积极实行封禁治理、加快增加天然植被[J]. 中国水土保持,(3):34－36.
[79] 刘震,郝振纯. 1998. 人工模拟降雨系统总体设计[J]. 水利水电技术,29(8): 1－4.
[80] 陆中臣,陈劭锋,陈浩. 2006. 黄土高原侵蚀产沙的地貌临界[J]. 水土保持研究,13(1):1－3,7.
[81] 陆中臣,贾绍凤,黄克新,等. 1991. 流域地貌系统[M]. 大连:大连出版社.
[82] 孟庆枚. 1996. 黄土高原水土保持[M]. 郑州:黄河水利出版社.
[83] 孟庆香,刘国彬,杨勤科. 2008. 黄土高原土壤侵蚀时空动态分析[J]. 水土保持研究,15(3):20－22.
[84] 闵隆瑞,迟振卿,朱关祥. 1998. 第四纪时期前套平原的环境变迁[M]//安芷生. 黄土、黄河、黄河文化. 郑州:黄河水利出版社, 50－54.
[85] 牟金泽. 1983. 雨滴速度计算公式[J]. 中国水土保持, (3):40－41.
[86] 倪晋仁,马蔼乃. 1998. 河流泥沙动力学[M]. 北京:北京大学出版社, 320－331.
[87] 钮仲勋. 1991. 论人为因素在黄河变迁中的作用[C]//黄河流域环境演变与水沙运行规律研究文集

(第二集). 北京:地质出版社,138 - 144.
[88] 彭文英,张科利. 2001. 不同土地利用产流产沙与降雨特征的关系[J]. 水土保持通报, 21(4): 4 - 8.
[89] 齐璞, 赵文林,杨美卿. 1993. 黄河高含沙水流运动规律及应用前景[M]. 北京:科学出版社.
[90] 齐璞,刘月兰,李世滢,等. 1997. 黄河水沙变化与下游河道减淤措施[M]. 郑州:黄河水利出版社.
[91] 钱宁. 1989. 高含沙水流运动[M]. 北京:清华大学出版社.
[92] 钱宁,万兆惠,钱意颖. 1979. 黄河的高含沙水流问题[J]. 清华大学学报, 19 (2): 1 - 17.
[93] 钱宁,万兆惠. 1983. 泥沙运动力学[M]. 北京:科学出版社.
[94] 钱宁,王可钦,阎林德. 1980. 黄河中游粗泥沙来源区对黄河下游冲淤的影响[C]//第一次河流泥沙国际学术讨论会论文集. 北京:光华出版社, 53 - 62.
[95] 钱宁,张仁,周志德. 1987. 河床演变学[M]. 北京:科学出版社.
[96] 秦向阳,郑新民. 1994. 小流域治沟骨干坝系优化规划模型研究[J]. 中国水土保持,(1): 18 - 22.
[97] 钱意颖,叶青超,周文浩. 1993. 黄河干流水沙变化与河床演变[M]. 北京:中国建材工业出版社.
[98] 钱正英. 2001. 在考察黄河多沙粗沙区两川两河总结座谈会上的讲话[J]. 中国水土保持,(4): 4 - 6.
[99] 秋吉康弘,张兴奇. 1998. 坡面径流冲刷及泥沙输移特征的试验研究[J]. 地理研究,17(2): 163 - 170.
[100] 冉大川, 罗全华, 刘斌,等. 黄河中游地区淤地坝减洪减沙及减蚀作用研究[J]. 水利学报, 2004 (5):7 - 13.
[101] 桑广书,2004. 黄土高原历史地貌与土壤侵蚀演变研究进展[J]. 浙江师范大学学报:自然科学版,27 (4):398 - 402.
[102] 沙际德,白清俊. 2001. 黏性土坡面细沟流的水力特性试验研究[J]. 泥沙研究,(12): 39 - 44.
[103] 上官周平. 2005. 黄土区水分环境演变与退化生态系统恢复[J]. 水土保持研究,12(5): 92 - 94.
[104] 沈冰,王文焰,沈晋. 1995. 短历时降雨强度对黄土坡地径流形成影响的实验研究[J]. 水利学报, (3): 21 - 27.
[105] 盛海洋,丁爱萍. 2002. 黄土高原的历史演变、地貌特征与水土保持[J]. 水土保持研究,9(4):83 - 86.
[106] 师长兴,尤联元,李炳元,等. 2003. 黄河三角洲沉积物的自然固结压实过程及其影响[J]. 地理科学, 23 (2):175 - 181.
[107] 石辉,田均良,刘普灵. 1997a. 小流域坡沟侵蚀关系的模拟试验研究[J]. 土壤侵蚀与水土保持学报, 3(1): 30 - 33.
[108] 石辉,田均良,刘普灵,等. 1997b. 小流域侵蚀产沙空间分布的模拟试验研究[J]. 水土保持研究,4 (2): 75 - 85.
[109] 石生新,蒋定生. 1994. 几种水土保持措施对强化降水入渗和减沙的影响实验研究[J]. 水土保持研究,1(1): 82 - 88.
[110] 史念海. 2001. 黄土高原历史地理研究[M]. 郑州:黄河水利出版社.
[111] 史培军,王静爱. 1985. 论风水两相侵蚀地貌过程[J]. 内蒙古林学院学报,(2):25 - 30.
[112] 史学建. 2005. 黄土高原小流域坝系相对稳定研究进展及建议[J]. 中国水利, (4): 49 - 50.
[113] 申冠卿. 1996. 黄河不同来源区洪水粗细泥沙的沿程调整[J]. 人民黄河, 18 (9): 48 - 49.
[114] 水利电力部农村水利水土保持司. 1988. 水土保持试验规范(SD 239—87)[S]. 北京:水利电力出版社.
[115] 孙传尧. 2001. 黄河中游河龙段岩土侵蚀的地质背景[J]. 陕西地质,19(2):38 - 41.
[116] 孙虎,唐克丽. 1998. 城镇建设中人为弃土降雨侵蚀实验研究[J]. 土壤侵蚀与水土保持学报,4

(2): 29－35.

[117] 孙太旻,赵家银. 2003. 加强水土保持工作,再造西北秀美山川——黄河流域黄土高原地区水土保持工作纪实[EB/OL]. http://www.people.com.cn/GB/jingji/8215/28575/28576/2023006.html. 2003－08－18.

[118] 孙役. 1998. 降雨入渗下的饱和－非饱和裂隙渗流实验研究及其工程应用[D]. 北京:清华大学水利水电工程系.

[119] 唐克丽,等. 2004. 中国水土保持[M]. 北京:科学出版社.

[120] 唐克丽,张平仓,王斌科. 1991. 土壤侵蚀与第四纪生态环境演变[J]. 第四纪研究,(4):300－309.

[121] 田永宏, 郑宝明, 王煜,等. 1999. 黄河中游韭园沟流域坝系发展过程及拦沙作用分析[J]. 土壤侵蚀与水土保持学报, 5(6): 24－28.

[122] 田永宏,刘海军,杨明,等. 2004. 黄河多沙粗沙区小流域坝系相对稳定条件及可行性研究[C]//水利部科技推广中心, 黄河研究会. 黄土高原小流域坝系建设关键技术研讨会文集. 郑州:黄河水利出版社.

[123] 万兆惠,钱意颖,杨文海,等. 1979. 高含沙水流的室内试验研究[J]. 人民黄河,(1):53－66.

[124] 王答相. 2005. 略谈以支流为单元的淤地坝体系建设[J]. 中国水利,(2): 54－56.

[125] 王国庆,史忠海,李皓冰,等. 2004. 水土保持措施对黄河水沙影响评价模型及效益评价研究[J]. 水资源与水工程学报,15(4): 27－31.

[126] 王光谦,张红武,夏军强. 2006. 游荡型河流演变及模拟[M]. 北京:科学出版社.

[127] 王光谦,胡春宏. 2006. 泥沙研究进展[M]. 北京:中国水利水电出版社,297－299.

[128] 王玲,董雪娜,顾弼生,等. 1991. 黄河历次洪水对下游河道冲淤资料的统计分析[C]//左大康. 黄河流域环境演变与水沙运行规律研究文集(第一集). 北京:地质出版社,32－35.

[129] 王守春. 1991. 历史时期渭河流域环境变迁与河流水沙变化[C]//黄河流域环境演变与水沙运行规律研究文集(第二册). 北京:地质出版社,123－130.

[130] 王万忠,焦菊英. 1996a. 黄土高原坡面降雨产流产沙过程变化的统计分析[J]. 水土保持通报,16(5): 21－28.

[131] 王万忠,焦菊英. 1996b. 黄土高原降雨侵蚀产沙与黄河输沙[M]. 北京:科学出版社.

[132] 王文龙,雷阿林,李占斌,等. 2003. 黄土丘陵区坡面薄层水流侵蚀动力机制实验研究[J]. 水利学报, (9): 66－70.

[133] 王英顺,马红. 2003. 坝系相对稳定系数的研究与应用[J]. 中国水利,A刊(9): 57－58.

[134] 王占礼,邵明安. 2001. 黄土高原典型地区土壤侵蚀共性与特点[J]. 山地学报,19(1): 87－91.

[135] 吴长文,徐宁娟. 1995. 摆喷式人工降雨机的特性试验[J]. 南昌大学学报,7(1): 57－66.

[136] 吴普特,周佩华. 1991. 地表坡度对雨滴溅蚀的影响[J]. 水土保持通报,11(3): 8－13.

[137] 吴普特,周佩华. 1992. 雨滴击溅在薄层水流侵蚀中的作用[J]. 水土保持通报,12(4): 19－26.

[138] 吴普特,周佩华. 1993. 地表坡度与薄层水流侵蚀关系的研究[J]. 水土保持通报,13(3):1－5.

[139] 吴普特,周佩华. 1996. 黄土坡面薄层水流侵蚀试验研究[J]. 土壤侵蚀与水土保持学报,2(1): 40－45.

[140] 吴普特,刘普灵. 1997. 沟坡侵蚀 REE 示踪法试验研究初探[J]. 水土保持研究,1(2): 69－74.

[141] 吴祥定, 钮仲勋, 王守春. 1994. 历史时期黄河流域环境变迁与水沙变化[J]. 北京: 气象出版社.

[142] 武永昌. 1994. 变区间线性化方法及淤地坝系库容、建坝时序的同步优化[J]. 水土保持学报,8(4): 60－65.

[143] 武永昌,黄林. 1995. 骨干坝系最佳建筑时间的存在条件及实际淤积期的计算[J]. 中国水土保持,(6): 21－24.

[144] 夏震寰. 1992. 现代水力学(第三册,紊动力学)[M]. 北京:高等教育出版社.

[145] 肖培青,郑粉莉. 2001. 上方来水来沙对细沟侵蚀产沙过程的影响[J]. 水土保持通报,21(1):23-25,38.
[146] 肖培青,史学建,陈江南,等. 2004. 高速公路边坡防护的降雨和径流冲刷试验研究[J]. 水土保持通报,24(2):16-18.
[147] [日]小田晃,阿部彦七,水山高久,等. 2001. 泥石流水工模型试验[J]. 水土保持科技情报,(1):20.
[148] 谢家泽. 1995. 关于黄河下游治理问题[M]. 北京:中国科学技术出版社.
[149] 谢鉴衡,赵文林. 1996. 黄河泥沙问题的历史和现状[M]. 郑州:黄河水利出版社.
[150] 徐福龄. 1993. 河防笔谈[M]. 郑州:河南人民出版社.
[151] 徐明权,汪岗. 2000. 加快黄土高原地区淤地坝建设[J]. 人民黄河,(1):26-28.
[152] 徐为群,倪晋仁,徐海鹏,等. 1995a. 黄土坡面侵蚀过程试验研究 I. 产流产沙过程[J]. 水土保持学报,9(3):9-18.
[153] 徐为群,倪晋仁,徐海鹏,等. 1995b. 黄土坡面侵蚀过程试验研究 II. 坡面形态过程[J]. 水土保持学报,9(4):19-27.
[154] 徐向舟,张红武,张欧阳. 2003. 淤地坝相对稳定的模型试验研究[J]. 中国水土保持,(12):21-23.
[155] 徐向舟,张红武,朱明东. 2004. 雨滴粒径的量测方法及其改进研究[J]. 中国水土保持,(2):22-24.
[156] 徐向舟,张红武,张羽. 2005. 坡面水土流失比尺模型相似性的模型试验研究[J]. 水土保持学报,19(1):25-27.
[157] 徐向舟,张红武,董占地,等. 2006. SX2002 管网式降雨模拟器的试验研究[J]. 中国水土保持,(4):8-10.
[158] 徐向舟,刘大庆,张红武,等. 2006. 室内人工模拟降雨试验研究[J]. 北京林业大学学报,28(5):52-58.
[159] 徐向舟,张红武,张力,等. 水土保持模型试验中产沙量观测方法的研究[J]. 中国水土保持,2007,(1):35-37.
[160] 徐向舟,张红武,欧阳晓红. 2008. 黄土高原沟道坝系建设的理论与实践[J]. 中国水利,(6):45-47.
[161] 徐学选, 崔小琳. 1999. 穆兴民. 黄土高原水土保持与水环境[J]. 水土保持通报,19(5):44-49.
[162] 许炯心. 1992. 高含沙曲流形成机理的初步研究[J]. 地理学报,47(1):40-48.
[163] 许炯心. 1997a. 黄河上中游产水产沙系统与下游河道沉积系统的耦合关系[J]. 地理学报, 52(5):421-429.
[164] 许炯心. 1997b. 黄河下游泥沙淤积的统计关系[J]. 地理研究,16(1):23-30.
[165] 许炯心. 1997c. 一万年以来黄河下游河道沉积速率及沉积过程模式[M]//叶青超,尤联元,许炯心. 黄河下游地上和发展趋势与环境后效. 郑州:黄河水利出版社, 16-25.
[166] 许炯心. 1997d. 河型对含沙量空间变异的响应及其临界现象[J]. 中国科学:D 辑,27(6):548-553.
[167] 许炯心. 1999a. 黄土高原高含沙水流形成的自然地理因素[J]. 地理学报, 54 (4):318-326.
[168] 许炯心. 1999b. 黄土高原的高含沙水流侵蚀研究[J]. 土壤侵蚀与水土保持学报,5(1):27-34.
[169] 许炯心. 1999c. 天然河道挟沙水流的复杂行为及其在河型形成中的意义[J]. 水利学报,(3):44-48.
[170] 许炯心. 2000. 黄河中游多沙粗沙区的风水两相侵蚀产沙过程[J]. 中国科学,30(5):540-548.
[171] 许炯心. 2004. 水沙条件对黄河下游河道输沙功能的影响[J]. 地理科学,24(3):275-280.

[172] 薛燕妮,徐向舟,王冉冉,等. 2007. 人工模拟降雨的能量相似及其实现[J]. 中国水土保持科学,5(6):102 - 105.

[173] 杨爱民, 段淑怀, 刘大根, 等. 2007. 水土保持的水环境效应研究[J]. 中国水土保持科学, 5(3):7 - 13.

[174] 杨爱民, 王浩, 潘玉娟. 2006. 水土保持的水环境质量效应研究进展[J]. 中国水土保持科学, 4(5):112 - 118.

[175] 杨爱民, 王浩, 孟莉, 等. 2008. 水土保持对水资源量与水质的影响[J]. 中国水土保持科学, 6(1):72 - 76.

[176] 杨国顺. 1993. 历史时期黄河中游环境演变与下游河道变迁的关系[C]//黄河流域环境演变与水沙运行规律研究文集(第四集). 北京:地质出版社,88 - 105.

[177] 杨怀仁. 1987. 第四纪地质[M]. 北京:高等教育出版社,428.

[178] 杨赉斐,吕永航,王晖. 1993. 黄河上游修建大型水库后兰州至河口镇河段河道冲淤特性及其变化趋势预测[C]//黄河水沙变化研究基金会. 黄河水沙变化研究论文集(3). 郑州:黄河水利出版社.

[179] 杨丕庚,赵志进,陆洪斌,等. 1984. 人工模拟降雨方法及其初步应用[J]. 中国水土保持,(10):20 - 24.

[180] 杨勤业, 郑度. 1996. 关于陆地系统科学的若干认识[J]. 地理研究, 15 (4):10 - 15.

[181] 杨根生,拓万全,戴丰年. 2003. 风沙对黄河内蒙古河段河道泥沙淤积的影响[J]. 中国沙漠,23(2):152 - 159.

[182] 姚文艺. 1996. 坡面流阻力规律试验研究[J]. 泥沙研究,(1):74 - 82.

[183] 姚文艺, 赵业安, 汤立群, 等. 1999. 黄河下游河道断流灾害初探[J]. 水科学进展,10(2):160 - 164.

[184] 叶青超, 景可, 杨毅芬, 等. 1983. 黄河下游河道演变和黄土高原侵蚀的关系[C]//第二次河流泥沙国际学术讨论会文集. 北京:水利电力出版社,597 - 607.

[185] 叶青超,等. 1990. 黄河下游河流地貌[M]. 北京:科学出版社.

[186] 叶青超. 1994. 黄河流域环境演变与水沙运行规律研究[M]. 济南:山东科学技术出版社.

[187] 尹国康. 1984. 中国大地近代侵蚀速率[J]. 南京大学学报:地理学,(1):13 - 33.

[188] 袁宝印,巴特尔,崔久旭. 1987. 黄土区沟谷发育与气候变化的关系(以洛川黄土塬区为例)[J]. 地理学报, 42(4):328 - 336.

[189] 袁建平. 1999. 小流域土壤入渗速率随空间和治理度之变异规律研究[D]. 杨凌: 中科院水利部水土保持研究所.

[190] 袁建平,蒋定生,甘淑. 2000. 不同治理度下小流域正态整体模型试验——林草措施对小流域径流泥沙的影响[J]. 自然资源学报,15(1):91 - 96.

[191] 袁建平, 雷廷武, 蒋定生, 等. 2000. 不同治理度下小流域正态整体模型试验——工程措施对小流域径流泥沙的影响[J]. 农业工程学报,6(1):22 - 25.

[192] 曾茂林. 1999. 黄土高原世行贷款项目减水减沙效益计算[J]. 中国水土保持, 10:28 - 31.

[193] 曾茂林,方学敏,康玲玲,等. 1995. 沟道坝系发展相对稳定是完全可能的[J]. 人民黄河,(4):18 - 21.

[194] 曾茂林,朱小勇,康玲玲,等. 1999. 水土流失区淤地坝的拦泥减蚀作用及发展前景[J]. 中国水土保持, (6):127 - 132.

[195] 张光斗. 1995. 张光斗教授致本刊的一封信[J]. 人民黄河,(7):5.

[196] 张红武. 1986. 冲积河流糙率模拟的探讨[J]. 武汉水利电力学院学报,(3):20 - 28.

[197] 张红武,吕昕. 1993. 弯道水力学[M]. 北京:水利电力出版社,1 - 15.

[198] 张红武,马继业,张俊华,等. 1993. 河流桥渡设计[J]. 北京:中国建材工业出版社,114 - 116.

[199] 张红武,江恩惠,白咏梅,等. 1994. 黄河高含沙洪水模型的相似律[M]. 郑州:河南科学技术出版社.

[200] 张红武,张俊华,姚文艺. 1997-02-08. 根治黄河不是梦幻[N]. 科技日报.

[201] 张红武,张俊华,姚文艺. 1999. 黄河治理方略[J]. 泥沙研究,(4):1-4.

[202] 张红武,刘振东,曹丰生,等. 1999. 洛河故县水库工程寻峪沟物理模型试验研究[M]//张红武,张俊华,等. 工程泥沙研究与实践. 郑州:黄河水利出版社,189-214.

[203] 张红武, 曹丰生, 邵苏梅, 等. 1999. 黄河丁坝网罩护根模型试验研究[M]//张红武,张俊华等. 工程泥沙研究与实践. 郑州: 黄河水利出版社,176-188.

[204] 张红武,蒋昌波,徐向舟. 黄河治理基本对策[J]. 自然灾害学报,2002,11(4):180-183.

[205] 张红武. 2003. 黄河下游"二级悬河"成因、危害及治理对策[M]//廖义伟. 黄河下游"二级悬河"成因及治理对策. 郑州:黄河水利出版社, 171-178.

[206] 张红武. 未来黄河下游治理的主要对策[J]. 人民黄河,2004,(11).

[207] 张红武,徐向舟,张欧阳,等. 2005. 黄土高原沟道坝系模型设计方法[J]. 人民黄河,27(12):1-2.

[208] 张红武,徐向舟,吴腾. 2006. 黄土高原沟道坝系模型设计实例与验证[J]. 人民黄河,28(1):4-8.

[209] 张红武,张俊华,吴腾. 2008. 基于河流动力学的黄河"粗泥沙"的界定[J]. 人民黄河,30(3):24-27.

[210] 张红武. 1984. 床沙质及冲泻质区划问题的探讨[J]. 武汉水力电力学院学报(校友专辑).

[211] 张红武,张俊华,吴腾. 2008. 基于河流动力学的黄河"粗泥沙"的界定[J]. 人民黄河,30(3):24-27.

[212] 张红武,赵业安,温善章. 2000. 论大柳树水利枢纽工程的战略地位与作用[C]//全国政协人口资源环境委员会. 西部大开发与水资源文集. 北京:中国水利水电出版社.

[213] 张红武. 2008. 土壤侵蚀及沟道坝系模型试验方法探讨[C]//周孝德. 第七届全国泥沙基本理论研究学术讨论会论文集. 西安:陕西科学技术出版社, 90-94.

[214] 张红武,张俊华,钟德钰. 2008. 黄河下游宽河道的治理方略[C]//薛松贵. 第十届中国科协年会——黄河中下游水资源综合利用专题论坛文集. 郑州:黄河水利出版社, 55-64.

[215] 张俊华,许雨新,张红武,等. 河道整治及堤防管理[M]. 郑州:黄河水利出版社,1998.

[216] 张俊华,张红武,陈书奎,等. 1999. 黄河下游断流影响、原因及对策[M]//邵维文. 中国水利水电工程技术进展. 北京:海洋出版社,65-73.

[217] 张科利. 1991. 黄土坡面侵蚀产沙分配及其与降雨特征关系的研究[J]. 泥沙研究,(4):39-46.

[218] 张科利,秋吉康弘,张兴奇. 1998. 坡面径流冲刷及泥沙输移特征的试验研究[J]. 地理研究,17(2):163-170.

[219] 张科利,唐克丽. 2002. 黄土坡面细沟侵蚀能力的水动力学试验研究[J]. 土壤学报,31(1):9-15.

[220] 张丽萍,唐克丽,张平仓,等. 1999. 泥石流源地松散体起动人工降雨模拟及放水冲刷实验[J]. 山地学报, 17(1):45-49.

[221] 张丽萍,张妙仙. 2000. 土壤侵蚀正态模型试验中产流畸变系数[J]. 土壤学报,37(4):450-455.

[222] 张丽萍,朱大奎,杨达源. 2001. 黄河中游土壤侵蚀与下游古河道三角洲演化的过程响应[J]. 地理科学, 21(1):52-56.

[223] 张欧阳,马怀宝,张红武, 等. 2005. 不同含沙量水流对河床形态调整影响的实验研究[J]. 水科学进展,16(1):1-6.

[224] 张欧阳,许炯心. 2002. 黄河流域产水产沙、输移和沉积系统的划分[J]. 地理研究,21(2):188-194.

[225] 张欧阳,许炯心,张红武. 2002. 不同来源区洪水对黄河下游游荡河段河床横断面形态调整过程的影响[J]. 泥沙研究,(6):1-7.

[226] 张欧阳,张红武,马怀宝,等. 2004. 高含沙水流河床稳定性试验研究[J]. 清华大学学报,44(3):

406 - 409.

[227] 张欧阳,张红武,景可,等. 2005. 黄河内蒙古河段河道冲淤变化及其对防洪水资源配置的影响[C]//第六届全国泥沙基本理论研究学术讨论会文集,郑州:黄河水利出版社.

[228] 张晴雯. 2004. 细沟侵蚀物理模型参数研究及其动力学分析[D]. 杨凌: 中科院水利部水土保持研究所.

[229] 张晴雯,雷廷武,潘英华,等. 2002. 细沟侵蚀动力过程极限沟长试验研究[J]. 农业工程学报,18(2): 32 - 35.

[230] 张晴雯,雷廷武,赵军. 2005. 应用REE示踪法研究细沟流净剥蚀率[J]. 土壤学报,42(1): 163 - 166.

[231] 张仁,钱宁,蔡体录. 1982. 高含沙水流长距离稳定输送条件的分析[J]. 泥沙研究,(3): 1 - 12.

[232] 张瑞瑾. 1996. 关于河道挟沙水流比尺模型相似律问题[M]. 北京:中国水利水电出版社,157 - 170.

[233] 张瑞瑾. 1998. 河流泥沙动力学[M]. 北京:中国水利水电出版社.

[234] 张胜利,李光录. 2000. 黄土高原沟壑区小流域水土保持工程体系优化配置研究[J]. 西北林学院学报,15(4): 30 - 38.

[235] 张治国,王桂平,贾志军,等. 1995. 浅析晋西王家沟流域较高治理度情况下的泥沙来源[J]. 山西水土保持科技,(2):1 - 3.

[236] 张宗祜. 1993. 黄土高原土壤侵蚀基本规律[J]. 第四纪研究,(1):34 - 40.

[237] 张宗祜, 等. 1999. 中国北方晚更新世以来地质环境演化与未来生存环境变化趋势预测[M]. 北京: 地质出版社.

[238] 赵护兵, 刘国彬, 曹清玉, 等. 2006. 黄土丘陵区不同土地利用方式水土流失及养分保蓄效应研究[J]. 水土保持学报, 20(1): 20 - 24.

[239] 赵景波,杜娟,黄春长. 2002. 黄土高原侵蚀期研究[J]. 中国沙漠,22(3):257 - 261.

[240] 赵景波,黄春长,朱显谟. 1999. 黄土高原的形成和发展[J]. 中国沙漠,19(4):33 - 37.

[241] 赵景波,刘东生,韩家懋. 1997. 黄土高原的演变[J]. 地学工程进展,14(4):63 - 68.

[242] 赵力毅,沈俊厚. 2006. 小流域坝系总体布局合理性评价方法探讨[J]. 中国水土保持,(10):33 - 35.

[243] 赵庆英,杨世伦,朱骏. 2003. 河口河槽季节性冲淤变化及其对河流来水来沙响应的统计分析——以长江口南槽为例[J]. 地理科学,23 (1):112 - 117.

[244] 赵晓光,石辉. 2003. 水蚀作用下土壤抗蚀能力的表征[J]. 干旱区地理,26(1): 12 - 16.

[245] 赵业安, 潘贤娣, 樊左英, 等. 1989. 黄河下游河道冲淤情况及基本规律[C]//黄河水利委员会水利科学研究所科学研究论文集(第一集). 郑州: 河南科学技术出版社, 12 - 26.

[246] 赵业安,潘贤娣,等. 1996. 泥沙研究在黄河治理开发中的战略地位[M]//赵文林. 黄河泥沙. 郑州:黄河水利出版社.

[247] 赵业安,等. 1998. 黄河下游河道演变基本规律[M]. 郑州:黄河水利出版社.

[248] 赵羽,金争平,史培军,等. 1989. 内蒙古土壤侵蚀研究[M]. 北京:科学出版社.

[249] 赵志进,李桂英. 1989. 人工模拟降雨机具和方法的发展研究与展望[J]. 中国水土保持,(5):30 - 33.

[250] 郑宝明, 王晓, 田永宏,等. 2006. 黄河水土保持生态工程韭园沟示范区建设理论与实践[M]. 郑州:黄河水利出版社, 328 - 334.

[251] 郑粉莉. 1998. 坡面降雨侵蚀和径流侵蚀研究[J]. 水土保持通报,18(6): 17 - 21.

[252] 郑良勇,李占斌,李鹏. 2003. 黄土高原陡坡土壤侵蚀特性试验研究[J]. 水土保持研究,10(2): 47 - 49.

[253] 郑新民. 2003. 黄土高原沟壑坝系建设有关问题探讨[J]. 中国水利,(9): 19 - 22.

[254]《中国自然地理》编辑委员会. 1982. 中国自然地理 · 历史自然地理[M]. 北京:科学出版社.

[255] 中国科学院黄土高原综合科学考察队. 1991. 黄土高原地区自然环境及其演变[M]. 北京:科学出版社.

[256] 中国科学院黄土高原综合科学考察队. 1992. 黄土高原地区综合治理开发简要报告集[M]. 北京:中国经济出版社.

[257] 中华人民共和国水利部. 1996. 水土保持综合治理技术规范——沟壑治理技术(GB/T 16453—3)[S]. 北京:中国水利水电出版社.

[258] 周佩华. 1997. 黄土侵蚀机理探讨[J]. 水土保持研究,4(5): 40 - 46.

[259] 周佩华,豆葆璋,孙清芳,等. 1981. 降雨能量的试验研究初报[J]. 水土保持通报,1(1): 51 - 61.

[260] 周佩华,吴普特,等. 1994. 治黄之本在于水土保持[J]. 水土保持通报,(1): 1 - 6,11.

[261] 周佩华,张学栋,唐克丽. 2000. 黄土高原土壤侵蚀与旱地农业国家重点实验室土壤侵蚀模拟实验大厅降雨装置[J]. 水土保持通报,20(4): 27 - 31.

[262] 周佩华,郑世清,吴普特,等. 1997. 黄土高原土壤抗冲性的试验研究[J]. 水土保持研究,4(5): 47 - 58.

[263] 周清. 1994. 小流域水沙平衡及调控正态整体模型试验研究[D]. 杨凌:中科院水利部西北水土保持研究所.

[264] 朱建中,段喜明. 2003. 河沟流域坝系建设优化方案分析研究[J]. 山西水土保持科技,(2): 23 - 24.

[265] 朱士光. 1999. 黄土高原地区环境变迁及其治理[M]. 郑州:黄河水利出版社,312.

[266] 朱显谟. 1994. 黄土—土壤结构剖面构型的形成及其重要意义[J]. 水土保持学报, 8(2):1 - 9.

[267] 朱小勇,雷元静,刘立斌. 1997. 对坝系相对稳定几个重要问题的认识[J]. 中国水土保持,(7): 53 - 56.

[268] Al-Drrah M M, Bradford J M. 1981. New methods of studying soil detachment due to water drop impact [J]. Soil Sci. Soc. Am. J., 45: 949 - 953.

[269] Al-Drrah M M, Bradford J M. 1982a. Parameters for describing soil detachment due to single water drop impact[J]. Soil Sci. Am. J., 46: 836 - 864.

[270] Al-Drrah M M, Bradford J M. 1982b. The mechanism of raindrop splash on soil surface[J]. Soil Sci. Soc. Am. J., 46:1086 - 1090.

[271] Beverage J P, Culberston J K. 1964. Hyperconcentrations of suspended sediment[J]. Journal of Hydraulic Division, American Society of Civil Engineering, 90 (HY6), 117 - 128.

[272] Bi, Cifen. 1989. The cause of morphological change of the wandering braided reach of the lower Yellow River[C] // Proceedings of the 4th international symposium on river sedimentation. China: China Ocean Press, 795 - 802.

[273] Browning G M. 1976. Development that led to the Universal Soil Loss Equation: An historical review[C] // Soil Conservation Society of America, eds. Soil Erosion: Prediction and Control: the Proceeding of a National Conference on Soil Erosion. West Lafayette, Indiana: Purdue University, 3 - 5.

[274] Bubenzer G D, Jones B A. 1971. Drop size and impact velocity effects on the detachment of soil under simulated rainfall[J]. TRANSACTIONS of the ASAE, 14(4): 625 - 628.

[275] Bubzenzer G D. 1979. Inventory of rainfall simulators[M] // Proceedings of the rainfall simulator workshop, Tucson, AZ, ARM-W-10/July, 120 - 130.

[276] Casal J, Lopez J J, Giraldez J V. 1999. Ephemeral gully erosion in southern Navarra Spain. Catena[J]. 36: 65 - 84.

[277] Cerdan O, Bissonnais Y Le, Souchere V, et al. 2002. Sediment concentration in interrill flow: interactions between soil surface conditions, vegetation and rainfall[J]. Earth Surface Processes and Landforms, 27: 193 - 205.

[278] Chen L D, Wei W, Fu B J, et al. 2007. Soil and water conservation on the Loess Plateau in China: review and perspective[J]. Progress in Physical Geography, 31(4): 389 - 403.

[279] Chorley R J, Schumm, et al. 1985. Geomorphology[M]. Mechuen, Landon & New York, 626.

[280] Costa John E. 1988. Rheologic, Geomorphic and sedimentologic differentiation of water floods, hyperconcentrated flows and debris flows[M]//Victor R., Kochel, R. Craig & Patton, Peter C., Flood geomorphology, John Wiley & Sons, pp. 113 - 122.

[281] Davis W M. 1899. The geographic cycle[J]. Geoglogical Journal. 14, 481 - 504.

[282] De Boer D H. 1992. Hierarchies and spatial scale in geomorphology[J]. Geomorphology, 4: 303 - 318.

[283] Ellison W D. 1944. Studies of raindrop erosion[J]. Agriculture Engineering, 25: 131 - 136.

[284] Embleton, Clifford, Thornes, et al. 1979. Process in geomorphology[J]. London: Edward Arnold Ltd., 436.

[285] Foster G R. 1982. Modeling the erosion process[M]//H. P. Johnson, D. L. Brakensiek. Hydrologic Modeling of Small Watersheds C. T. Hann. ASAE Monograph, St. Joseph, MI; 297 - 380.

[286] Foster G R, Huggins L F, Meyer L D. 1984a. A laboratory study of rill hydraulics: I. Velocity relationships[J]. TRANSACTIONS of the ASAE, 27: 790 - 797.

[287] Foster G R, Huggins L F, Meyer L D. 1984b. A laboratory study of rill hydraulics: II. Shear stress relationships[J]. TRANSACTIONS of the ASAE, 27: 797 - 804.

[288] Gunn R, Kinzer G D. 1949. Terminal velocity of water droplets in stagnant air[J]. J. Meteor, 6(4): 243 - 248.

[289] Hancock G R, Willgoose G R. 2003. A qualitative and quantitative evaluation of experimental model catchment evolution[J]. Hydrological Processes, 17: 2347 - 2363.

[290] Hancock G R, Willgoose G R. 2004. An experimental and computer simulation study of erosion on a mine tailings dam wall[J]. Earth Surface Processes And Landforms, 29: 457 - 475.

[291] Hignett C T, Gusli S, Cass A, et al. 1995. An automated laboratory rainfall simulation system with controlled rainfall intensity, raindrop energy and soil drainage[J]. Soil technology, 8: 31 - 42.

[292] Kang S Z, Zhang L, Song X Y, et al. 1995. An automated laboratory rainfall simulation system with controlled rainfall intensity, raindrop energy and soil drainage[J]. Soil technology, 8: 31 - 42.

[293] Laws J O. 1941. Measurements of the fall-velocity of water-drops and raindrops[J]. Transactions, American Geophysical Union, 22: 709 - 720.

[294] Laws J O, Parsons D A. 1943. The relation of raindrop-size to intensity[J]. Transactions, American Geophysical Union, 24: 452 - 459.

[295] Liu Libin, Liu Bin, Hou Qixiu. 2003. Compound Efect of Comprehensive Soil and Water Conservation Measures on Sediment Trapping[C]//Proceedings 1st International Yellow River Forum on River Basin Management, Volume. The Yellow River Conservancy Publishing House, 12 - 19.

[296] Mcknight, Tom L. 1999. Physical Geography, A Landscape Aprreciation[M]. Sixth edition. New Jsrsey: Prentice Hall.

[297] Meyer L D, McCune D L. 1958. Rainfall Simulator for Runoff Plots[J]. Agricultural Engineering, 39 (10): 644 - 648.

[298] Novak M D. 1985. Soil loss and time to equilibrium for rill and channel erosion[J]. TRANSACTION of the ASAE, 28(6): 1790 - 1793.

[299] Oostwoud Wijdenes D J, Ergenzinger P. 1998. Erosion and sediment transport on steep marly hillslopes, Draix, Haute-Provence, France: an experimental field study[J]. Catena, 33: 179 - 200.
[300] Park S W, Mitchell J K, Bubenzer G D. 1983. Rainfall characteristics and their relation to splash erosion [J]. TRANSACTIONS of the ASAE, 26(3): 795 - 804.
[301] Poesen J W, Torri D, Bunte K. 1994. Effects of rock fragments on soil erosion by water at different spatial scales: a review[J]. Catena, 23: 141 - 166.
[302] Rosewell C J. 1986. Rainfall kinetic energy in Eastern Australia[J]. J. Clim. Appl. Meteorol, 25(11): 1695 - 1701.
[303] Schumm S A. 1969. River metamorphosis[J]. Journal of Hydraulic Division, ASCE, 95(Hy1):255 - 273.
[304] Schumm S A. 1977. The fluvial system[J]. New York: John Wiley and Sons, 338.
[305] Schumm S A, Mosley M P, Weaver W E. 1987. Experimental Fluvial Geomorphology[M]. John Wiley and Sons, 413.
[306] Shelton C H, Bernuth, R D, Rajbhandari S P. 1985. A Continuous Application Rainfall Simulator[J]. Transactions of the ASAE, 28(4): 1115 - 1119.
[307] Sidorchuk A. 1999. Dynamic and static models of gully erosion[J]. Catena, 37: 401 - 414.
[308] Strahler A N. 1952. Dynamic basis of geomorphology[J]. Geological Society of America Bulletin, 63: 923 - 938.
[309] Strahler A N. 1958. Dimensional analysis applied to fluvially Eroded Landforms[J]. Bulletin of the Geological Society of America, 69: 279 - 300.
[310] Thompson A L, James L G. 1985. Water droplet impact and its effect on infiltration[J]. TRANSACTIONS of the ASAE, 28(5): 1506 - 1510.
[311] Uson A, Ramos M C. 2001. An improved rainfall erosivity index obtained from experimental interrill soil losses in soils with a Mediterranean climate[J]. Catena, 43: 293 - 305.
[312] Watson D A, Laflen J M. 1986. Soil strength, slope and rainfall intensity effects on interrill erosion[J]. TRANSACTIONS of the ASAE, 29(1):98 - 102.
[313] Wischmeier W H, Smith D D. 1958. Rainfall energy and its relation to soil loss[J]. Transactions, American Geophysical Union, 39: 285 - 291.
[314] Wischmeier W H, Foreword. 1976. Soil Erosion: Prediction and Control the Proceeding of a National Conference on Soil Erosion[M]. West Lafayette, Indiana: Purdue University.
[315] Xu Jiongxin. 1998. Naturally and anthropogenically accelerated sedimentation in the lower Yellow River, China, over the past 13000 years[J]. Geografisca Annaler, 80A(1):67 - 78.
[316] Xu Jiongxin. 1999. Erosion caused by hyperconcentrated flow on the Loess Plateau of China[J]. Catena, 36:1 - 19.
[317] Xu Xiangzhou, Zhang Hongwu, Zhang Ouyang. 2004. Development of check-dam systems in gullies on the Loess Plateau, China[J]. Environmental Science and Policy, 7(2): 79 - 87.
[318] Zhang Ouyang, Feng Xiufu, Xu Jiongxin. 2007. Impacts of flood events in coarse sediment producing areas on channel siltation and fluvial process of the lower Yellow River[J]. International Journal of sediment Research, 22(2):142 - 149.